模具设计与制造专业群岗位能力标准与课程标准建设与实践

主 编 张玉平 裴江红 王 丽

北京理工大学出版社
BEIJING INSTITUTE OF TECHNOLOGY PRESS

内 容 简 介

本书基于中国特色高水平高职学校和专业建设计划建设单位（B 档）模具设计与制造专业群（模具设计与制造专业、数控技术专业、机械设计与制造专业、电气自动化专业、工业机器人技术等专业）的建设，围绕模具智能制造产业中高端发展需求，服务模具工业作为基础制造支撑产业的转型升级需求，坚持立德树人为根本、内涵建设为引领，创新"双元共育、分类培养、项目主导、书证融合"四维一体人才培养模式，专业链对接产业链，人才培养标准对接职业技能等级标准，新技术、新工艺、新规范对接教学内容，实施中国特色现代学徒制，校企联合双主体培养复合型技术技能人才。

通过行业企业调研，制定模具设计与制造专业群岗位能力标准与课程标准。与同行共享。

版权专有　侵权必究

图书在版编目（CIP）数据

模具设计与制造专业群岗位能力标准与课程标准建设与实践 / 张玉平，裴江红，王丽主编. -- 北京：北京理工大学出版社，2024.1

ISBN 978-7-5763-3637-5

Ⅰ.①模… Ⅱ.①张…②裴…③王… Ⅲ.①模具－设计－课程标准－高等学校－教学参考资料②模具－制造－课程标准－高等学校－教学参考资料 Ⅳ.①TG76-41

中国国家版本馆 CIP 数据核字（2024）第 024967 号

责任编辑：陈莉华　　**文案编辑**：李海燕
责任校对：周瑞红　　**责任印制**：李志强

出版发行 / 北京理工大学出版社有限责任公司
社　　址 / 北京市丰台区四合庄路 6 号
邮　　编 / 100070
电　　话 / （010）68914026（教材售后服务热线）
　　　　　（010）68944437（课件资源服务热线）
网　　址 / http://www.bitpress.com.cn
版 印 次 / 2024 年 1 月第 1 版第 1 次印刷
印　　刷 / 三河市华骏印务包装有限公司
开　　本 / 787 mm×1092 mm　1/16
印　　张 / 22.25
字　　数 / 600 千字
定　　价 / 96.00 元

图书出现印装质量问题，请拨打售后服务热线，负责调换

本书编委会

主　编　张玉平　裴江红　王　丽
副主编　朱开波　周渝庆　韦光珍　黄晓敏　王俊州
参　编　（以姓氏首字母为序）

陈　峥　窦作成　公冶凡娇　郭艳萍　黄皥磊
蒋　健　蒋小娟　李大英　　李亚利　刘秀珍
刘艳菊　罗应娜　丘柳东　　屈晓凡　瞿　玮
沈燕卿　孙惠娟　吴莉莉　　夏江梅　杨　皓
杨淞淇　叶家飞　游晓畅　　张津竹　张　玲
张晓娟　张　燕　赵淑娟　　郑　益　周　蔚

前言

本书基于中国特色高水平高职学校和专业建设计划建设单位（重庆工业职业技术学院）模具设计与制造专业群（模具设计与制造、数控技术、机械设计与制造、电气自动化技术、工业机器人技术等专业）的建设，围绕模具智能制造产业中高端发展需求，满足模具工业作为基础制造支撑产业的转型升级需求，坚持以立德树人为根本、以内涵建设为引领，打造"双元共育、分类培养、项目主导、书证融合"四维一体人才培养模式，实现专业链对接产业链，人才培养标准对接职业技能等级标准，新技术、新工艺、新规范对接教学内容，实施中国特色现代学徒制，校企联合双主体培养复合型技术技能人才。

通过行业企业调研，制定模具设计与制造专业群岗位能力标准和课程标准，与同行共享。

编　者

专业群建设指导委员会（编审）

模具设计与制造专业群建设指导委员会的主要职责是：提出专业群的设置、编制（修订）专业群人才培养方案、编制（修订）岗位能力标准、编制（修订）课程标准、指导专业群建设和专业群教学改革、指导专业群实践教学、监控专业群教学质量。

模具设计与制造专业群指导委员会组成如下。

主　任：裴江红（教授，重庆工业职业技术学院机械工程学院院长）
副主任：张玉平（副教授，重庆工业职业技术学院机械工程学院模具技术教研室主任）
副主任：刘文露（高级工程师，重庆庆铃模具有限公司总经理）
成　员：
朱开波（副教授，重庆工业职业技术学院电气工程学院副院长）
周渝庆（教授，重庆工业职业技术学院机械工程学院智造教研室主任）
韦光珍（副教授/全国技术能手，重庆工业职业技术学院机械工程学院专任教师，专业负责人）
黄晓敏（教授，重庆工业职业技术学院机械工程学院专任教师）
王俊洲（教授，重庆工业职业技术学院电气工程学院专任教师，专业负责人）
夏江梅（教授，重庆工业职业技术学院机械工程学院专任教师）
郭艳萍（教授，重庆工业职业技术学院电气工程学院专任教师）
李大英（副教授，重庆工业职业技术学院机械工程学院专任教师，专业负责人）
洪杰伟（高级工程师，重庆长安模具有限公司项目处处长）
张云（教授/教育部青年长江学者，华中科技大学）
虞学军（副教授/高级工程师，重庆杰信模具有限公司总经理）
薛清华（高级工程师，重庆开物工业有限公司总经理）
张辉（高级工程师，重庆西门雷森精密装备制造研究院有限公司总工程师）
张练（高级工程师，光能实业集团模具厂厂长助理）
周杰（教授，重庆大学）

目 录

第一篇　模具设计与制造专业群岗位能力标准 …………………………………………… 1

1　模具工艺分析岗岗位能力标准 ………………………………………………………… 2
2　模具设计岗岗位能力标准 ……………………………………………………………… 4
3　模具钳工岗岗位能力标准 ……………………………………………………………… 7
4　数控机床操作调整工岗位能力标准 ………………………………………………… 10
5　数控加工工艺员岗位能力标准 ……………………………………………………… 12
6　数控设备维修员岗位能力标准 ……………………………………………………… 14
7　工装夹具设计岗位能力标准 ………………………………………………………… 16
8　机械设计工程技术人员岗位能力标准 ……………………………………………… 18
9　机械产品质检员岗位能力标准 ……………………………………………………… 20
10　工业机器人系统运维员岗位能力标准 …………………………………………… 22
11　工业机器人系统操作员岗位能力标准 …………………………………………… 24
12　工业机器人应用编程工程师岗位能力标准 ……………………………………… 26
13　自动化系统工程师岗位能力标准 ………………………………………………… 28
14　电气设备装配工岗位能力标准 …………………………………………………… 30
15　自动化设备装调维修工岗位能力标准 …………………………………………… 32
16　自动化设备运行维护员岗位能力标准 …………………………………………… 34

第二篇　模具设计与制造专业群核心课课程标准 …………………………………… 37

17　塑料模具设计与实践课程标准 …………………………………………………… 38
18　冲压模具设计与实践课程标准 …………………………………………………… 49
19　模具制造工艺课程标准 …………………………………………………………… 61
20　模具数控加工课程标准 …………………………………………………………… 70
21　模具CAD/CAM课程标准 ………………………………………………………… 80
22　模具逆向工程技术课程标准 ……………………………………………………… 89
23　成型性模拟分析CAE课程标准 …………………………………………………… 94
24　机床与数控机床课程标准 ………………………………………………………… 101
25　数控加工编程及操作课程标准 …………………………………………………… 110
26　数控机床电气控制与PLC应用技术课程标准 …………………………………… 119
27　工业机器人编程课程标准（适用于数控技术专业） …………………………… 128

28	传感器与测试技术课程标准……	136
29	CAD/CAM 应用技术课程标准……	149
30	零件切削加工与工艺装备课程标准……	157
31	公差配合及测量技术课程标准……	167
32	机械产品数字化设计课程标准……	175
33	机械制图课程标准……	183
34	机械制造装备设计与实践课程标准……	193
35	工程力学课程标准……	205
36	机械设计基础课程标准……	214
37	机械产品质量检测课程标准……	224
38	机械制造工艺课程标准……	231
39	PLC 原理及应用课程标准……	240
40	变频及伺服应用技术课程标准……	248
41	传感器与智能检测技术课程标准……	257
42	电机及电气控制课程标准……	272
43	电力电子技术课程标准……	281
44	工业机器人编程课程标准（适用于工业机器人技术专业）……	290
45	工业机器人系统集成课程标准……	297
46	工业控制网络课程标准……	305
47	液压与气动技术应用课程标准……	314
48	智能生产线数字化集成与仿真课程标准……	325
49	自动控制原理课程标准……	333
50	自动生产线安装调试课程标准……	340

第一篇

模具设计与制造专业群岗位能力标准

1　模具工艺分析岗岗位能力标准

一、岗位名称

模具工艺分析岗

二、主要职责

根据客户产品技术要求，通过对客户产品零件进行成形性分析，划分产品工序内容，确保模具工装设计的可行性，满足客户零件产品品质技术需求。

(1) 模具管理和控制，模具的使用、维护保养、维修、制作的审定、申报、监督执行。

(2) 及时准确掌握模具使用状况和生产质量问题，协助生产部门解决生产中模具问题，确保顺利生产。

(3) 制定修模和新制模具方案与预算，并确保按时完成。

(4) 对模具结构和冲压/注塑工艺进行分析改进，不断完善提高工艺流程和零件质量。

三、工作范围

1. 工艺设计

(1) 依据产品零件进行成形性分析。

(2) 依据产品零件分析结果进行 DL 图设计。

(3) 依据成形分析结果进行零件工序数模设计。

(4) 依据成形分析进行工装工序内容划分，确定模具工艺方案。

2. 工艺评审

根据客户产品技术要求对工艺设计进行可行性、合理性评审。

3. 技术服务

(1) 根据客户产品数据进行初步报价工艺分析。

(2) 根据工艺设计参加结构设计评审。

(3) 根据制造技术问题进行后工序制造技术服务。

4. 其他

完成公司、部门、班组临时交办的工作。

四、素质要求

(1) 热爱祖国、关心集体、尊敬师长、爱护同事和家人，有较强的法治、法规观念。

(2) 树立积极向上的人生观、正确的价值观和辩证唯物主义世界观。

(3) 具有优良的团队意识、安全意识、服务意识、创新和竞争意识。

(4) 具有良好的品德修养和文明的行为准则，具有敬业精神和职业道德。

(5) 具有良好的口头表达与沟通能力。

(6) 具有健康的体质、良好的体能。

五、知识要求

(1) 机械识图知识。
(2) CAD 知识。
(3) 制件成型基础知识。
(4) 制件材料选用知识。
(5) 冲压成形工艺知识。
(6) 注塑件成型工艺知识。
(7) 注塑模具结构设计知识。
(8) 冲压件工艺计算知识。
(9) 冲压成形设备选用知识。
(10) 塑料件工艺计算知识。
(11) 注塑成型设备选用知识。
(12) 模具装配图和零件图的设计。
(13) 模具典型零件的设计。
(14) 塑料模具成型原理。
(15) 各类模具零件图、装配图的识读方法。
(16) 成型性模拟分析 CAE 知识。
(17) 产品缺陷预防和改进的知识。

六、技能要求

(1) 能识读制件零件图。
(2) 能理解制件技术要求。
(3) 能区分冲压、注塑、压铸等常见成型工艺方法。
(4) 能识读模具结构图。
(5) 能绘制模具零件草图。
(6) 能分析产品任务书及制品技术条件。
(7) 能分析模具制造与用户技术资料。
(8) 能确定复杂冲压件的成形工艺。
(9) 能确定模具结构类型。
(10) 能确定注塑件模具(有侧抽芯、二次顶出、倒扣)的位置及布局方案。
(11) 能确定复杂制件的模具结构方案。
(12) 能确定复杂冲压件的工艺计算。
(13) 能进行排样优化设计。
(14) 能进行复杂注塑件的工艺计算。
(15) 能进行零件仿真分析的能力。
(16) 能独立出具模拟分析报告,且提出工艺改进方案。

七、主要责任

(1) 工艺设计。
(2) 工艺评审。
(3) 技术服务。
(4) 完成上级领导交办的其他工作事项并汇报。

2　模具设计岗岗位能力标准

一、岗位名称

模具设计岗

二、主要职责

根据客户模具结构技术要求，通过对工艺设计工序内容的理解进行模具结构设计，确保模具工装设计的适用性、安全性、设备匹配性，满足客户生产产品零件对模具工装的需求。

(1) 根据产品模型与设计意图，进行模具的数字化设计，建立相关的模具三维实体模型。

(2) 进行数字化制图，将三维产品及模具模型制作成三维图档并修改，将三维图档转换为常规加工中使用的二维工程图。

(3) 模具的数字化分析仿真，根据产品成形工艺条件，进行模具零件的结构分析、热分析、疲劳分析和模具的运动分析。

(4) 产品成形过程模拟，注塑成型、冲压成形；根据模具的标准要求，进行标准件的申购；定制适合模具设计的标准件。

(5) 负责模具的生产以及后期管理维护工作。

三、工作范围

1. 结构设计

(1) 依据工艺设计的工序内容进行模具工装的部件设计。

(2) 依据客户的工装结构技术要求进行模具结构设计。

(3) 依据客户的标准部件要求进行行业标准部件的选择。

(4) 依据模具工装的全部内容进行加工图纸设计。

(5) 依据模具工装的全部部件进行采购明细表设计。

2. 结构评审

根据客户模具工装技术要求，对模具工装设计进行实用性、安全性、设备匹配性、加工性评审。

3. 技术服务

根据制造技术问题进行制造技术服务。

4. 其他

完成公司、部门、班组临时交办的工作。

四、素质要求

(1) 热爱祖国、关心集体、尊敬师长、爱护同事和家人，有较强的法治、法规观念。

(2) 树立积极向上的人生观、正确的价值观和辩证唯物主义世界观。

(3) 具有优良的团队意识、安全意识、服务意识、创新和竞争意识。

(4) 具有良好的品德修养和文明的行为准则，具有敬业精神和职业道德。

（5）具有良好的口头表达与沟通能力。
（6）具有健康的体质、良好的体能。

五、知识要求

（1）机械识图知识。
（2）CAD知识。
（3）制件成型的基础知识。
（4）制件材料选用知识。
（5）冲压工艺的知识。
（6）注塑件成型工艺知识。
（7）注塑模具结构设计知识。
（8）冲压件工艺计算知识。
（9）冲压成形设备选用知识。
（10）注塑件工艺计算知识。
（11）注塑成型设备选用知识。
（12）模具零部件尺寸计算原则。
（13）模具零部件结构形式与选择。
（14）模具标准零件选用知识。
（15）模具材料选用知识。
（16）零件强度分析知识。
（17）零件加工工艺知识。
（18）模具安装知识。

六、技能要求

（1）能读懂制品二维工程图、三维模型的几何形状、尺寸、精度。
（2）能收集、查阅制品材料的加工成型特性与成型设备结构。
（3）能分析简单冲压件的成形工艺性。
（4）能确定简单冲压件的工艺方案。
（5）能分析注塑件材料及成型工艺。
（6）能确定简单注塑件的模具位置及布局方案。
（7）能进行简单冲压件的工艺计算。
（8）能选用冲压设备。
（9）能进行简单注塑件的工艺计算。
（10）能选用注塑成型设备。
（11）能确定零部件结构形式及安装方法。
（12）能确定制件定位方式、定位机构。
（13）能设计卸料装置。
（14）能确定分型面。
（15）能设计浇注系统。
（16）能设计注塑模的冷却系统。
（17）能设计推杆机构。
（18）能正确选择模具标准零件。

（19）能建立模具标准零件三维模型。
（20）能建立模具非标准零件的参数化模型。
（21）能确定模具零件的材料与热处理要求。
（22）能生成模具非标准零件二维工程图。
（23）能进行模具零件的刚度、强度分析。
（24）能进行模具零件的加工工艺分析。
（25）能选定标准模架。
（26）能核定标准模架的安装。
（27）能进行模具的装配建模。
（28）能进行模具装配的组件间的静态干涉检查。

七、主要责任

（1）结构设计。
（2）结构评审。
（3）技术服务。

3　模具钳工岗岗位能力标准

一、岗位名称

模具钳工岗

二、主要职责

通过从事打磨、装配、研配、调试等工作，最终完成模具制作，经验收合格后交付客户使用。
（1）根据设计图纸进行冲压/注塑模具制造及组装。
（2）参与试模打样工作及现场问题的分析解决，提出改善建议。
（3）解决模具制造过程中的异常并上报，服从工作安排，按质按量完成个人工作任务。
（4）模具管理和控制，模具的使用、维护保养、维修等。
（5）及时准确掌握模具使用状况和生产质量问题，协助生产部门解决生产中模具问题，确保顺利生产。
（6）制定修模和新制模具方案与预算，并确保按时完成。
（7）对模具结构进行分析改进，不断完善提高工艺流程。

三、工作范围

1. 制度执行

（1）遵守公司相关规章制度，重视安全管理，贯彻执行相关业务流程和标准。
（2）根据班组生产计划实施具体工作。

2. 生产操作与维护

（1）依据作业指导书，做好班前、班后的准备工作，负责设备点检、润滑并填写记录表。
（2）按图纸、工艺及技术标准，完成模具打磨、装配、研配、调试等模具制造工作。
（3）负责工序完成品的自检、互检。
（4）负责模具后期精度调整工作。
（5）负责解决模具使用维护等售后工作。
（6）向技术人员提出合理化改进建议，应用推广新技术、新设备。

3. 其他

完成领导交办的临时性工作。

四、素质要求

（1）热爱祖国、关心集体、尊敬师长、爱护同事和家人，有较强的法治、法规观念。
（2）树立积极向上的人生观、正确的价值观和辩证唯物主义世界观。
（3）具有优良的团队意识、安全意识、服务意识、创新和竞争意识。
（4）具有良好的品德修养和文明的行为准则，具有敬业精神和职业道德。
（5）具有良好的口头表达与沟通能力。

（6）具有健康的体质、良好的体能。

五、知识要求

（1）零件加工工艺知识。
（2）车、铣、磨、钳工等加工方法及适用范围。
（3）金属材料的种类和性能。
（4）退火、淬火、回火等热处理知识。
（5）划线工艺知识。
（6）锯、锉等钳工工艺知识。
（7）加工精度知识。
（8）材料硬度知识。
（9）钻孔、铰孔和攻螺纹工艺知识。
（10）车、铣、钻等通用金属切削刀具刃磨方法。
（11）铣床、钻床、磨床、车床的使用和安全注意事项。
（12）刀具材料和加工参数知识。
（13）研磨工具的种类和应用。
（14）常用研磨料的性能及用途。
（15）研磨、抛光的操作方法和检测方法。
（16）百分表、游标卡尺、千分尺、量块等常用量具量仪使用方法。
（17）通规、止规等检具使用方法。
（18）典型模架、导向、成型、定位、卸料等机构的结构和装拆方法。
（19）调整凸、凹模间隙的透光法、垫片法等。
（20）冲压模具零件3D图档的检视方法。
（21）使用钳工工具、油石等修配冲压模具零件的方法与注意事项。
（22）冲压模具零件磨削的方法与注意事项。
（23）各类模具常见结构和拆装方法。
（24）塑料模具零件3D图档的检视方法。
（25）使用钳工工具、油石等修配塑料模具零件的方法与注意事项。
（26）塑料模具零件磨削的方法与注意事项。

六、技能要求

（1）能读懂零件加工工艺、加工基准和加工方法。
（2）能读懂模具零件机械加工工艺卡。
（3）能根据工艺卡准备加工物料。
（4）能按照工艺卡要求进行上下工序的衔接。
（5）能钻、铰IT8级及以下精度孔。
（6）能加工紧固螺纹。
（7）能使用车、铣、磨等普通机床加工零件，并达到IT8级精度要求。
（8）能加工配合零件，达到IT8级精度要求。
（9）能手动刃磨车、铣、钻等通用金属切削刀具。
（10）能选择研磨、抛光工具。
（11）能对模具成型零件进行研磨和抛光，研磨精度≤IT8级，抛光表面粗糙度≤0.4 μm。

（12）能控制模具零件边角尺寸，不出现塌角等情况。
（13）能使用百分表、游标卡尺、千分尺、量块等通用量具检测零部件。
（14）能使用通规、止规等专用检具检测零部件。
（15）能装拆滑动导向和滚动导向模架。
（16）能装拆模具的成型、导向、定位、卸料等机构。
（17）能对冲压模具零件进行修配，如圆角、螺纹、倒角、嵌件等。
（18）能装拆两板模（无侧抽芯结构）的成型、浇注、顶出等机构。
（19）能对分型面和注射模具零件进行修配，如圆角、螺纹、倒角、嵌件等。

七、主要责任

（1）制度执行。
（2）生产操作与维护。

4　数控机床操作调整工岗位能力标准

一、岗位名称

数控机床操作调整工

二、主要职责

主要面向高端装备制造产业、汽车制造业、铁路、船舶、航空航天和其他运输设备制造业、通用设备制造业、专用设备制造业、仪器仪表制造业、电气机械和器材制造业、计算机、通信和其他电子设备制造业等企业的数控机床操作、程序编写、检验检测、维护保养等相关的工作岗位（群），从事数控机床操作、数控机床编程、产品检验、生产管理及培训指导等工作。

三、工作范围

根据配合件零件图、装配图、机械加工工艺过程卡和加工任务要求，对具有内孔、内螺纹、内径槽、外径槽和端面槽等特征的零件进行数控车削编程和加工，并对具有曲面、斜面、倒角、孔系等特征的零件进行数控铣削编程和加工，能按车铣配合件技术要求及装配工艺完成装配，达到图纸要求的加工精度和装配精度；能对数控机床进行一级保养；能完成数控机床精度调整及远程控制，具备智能制造技术的应用能力。

四、素质要求

(1) 热爱祖国、关心集体、尊敬师长、爱护同事和家人，有较强的法治、法规观念。
(2) 树立积极向上的人生观、正确的价值观和辩证唯物主义世界观。
(3) 具有优良的团队意识、安全意识、服务意识、创新和竞争意识。
(4) 具有良好的品德修养和文明的行为准则，具有敬业精神和职业道德。
(5) 具有良好的口头表达与沟通能力。
(6) 具有健康的体质、良好的体能。

五、知识要求

(1) 掌握必备的安全文明生产、环境保护、质量管理知识。
(2) 掌握机械制图知识和公差配合知识。
(3) 掌握常用金属材料的性能及应用知识和热加工基础知识。
(4) 掌握机械设计基础、液压与气动传动知识。
(5) 掌握金属切削刀具、量具和夹具的基本原理知识及应用方法。
(6) 熟悉常用机械加工设备的工作原理及结构等知识。
(7) 掌握机械加工工艺编制与实施所必需的基础知识。
(8) 掌握数控加工手工编程和 CAD/CAM 自动编程的基本知识。
(9) 掌握零件在主要工序生产过程中产生质量缺陷的原因以及预防方法。
(10) 掌握生产设备与检测设备的运行状况对产品加工、检测质量的影响因素。

（11）熟悉工业机器人编程、传感器应用知识、工业互联网知识。
（12）了解物料输送系统通信方式与应用方法。
（13）熟悉生产管控软件中对下层设备常用参数配置方法。
（14）熟悉生产管控系统中原料、设备、生产数据采集及监控方法。
（15）了解国家相关技术标准、《中华人民共和国劳动法》和《中华人民共和国民法典》相关知识。

六、技能要求

（1）能够识读各类机械零件图和装配图。
（2）能够进行常用金属材料选用，成型方法和热处理方式选择。
（3）能够进行普通金属切削机床、刀具、量具和夹具的正确选用和使用。
（4）具有数控机床操作能力。
（5）能够手工编制数控加工程序。
（6）能够使用 CAD/CAM 软件进行数字化设计、数字化仿真、自动编制数控加工程序。
（7）能够进行典型零件的机械加工工艺编制与实施。
（8）具备车铣复合、多轴数控机床基本的编程操作能力。
（9）具有产品质量检测及质量控制的基本能力。
（10）具有数控加工刀具操作与调整的能力。
（11）能够进行数控加工质量检测与调整。
（12）能够进行物料输送系统操作与调整。
（13）能够进行生产管控系统操作与调整。
（14）能够在生产管控软件中完成对下层设备的参数配置，实现设备的互联互通。
（15）能够进行数控机加生产线设备操作与调整。

七、主要责任

（1）设备操作与调整。
（2）数控编程与后置处理。
（3）质量检测与控制。
（4）设备管理与维护。

5 数控加工工艺员岗位能力标准

一、岗位名称

数控加工工艺员

二、主要职责

主要面向高端装备制造产业、汽车制造业、铁路、船舶、航空航天和其他运输设备制造业、通用设备制造业、专用设备制造业、仪器仪表制造业、电气机械和器材制造业、计算机、通信和其他电子设备制造业等企业的数控机床操作、数控加工工艺设计、程序编制、检验检测、维护保养等相关的工作岗位（群），从事数控机床操作、工艺设计、程序编制、产品检验、生产管理等工作。

三、工作范围

根据配合件零件图、装配图，确定加工设备，编制工艺方案，设计机械加工工艺过程卡，编制零件加工工序卡、刀具卡等工艺文件，运用 CAD/CAM 软件建立零件的数字几何模型，编制数控加工程序，后置处理和定制工作模板，加工程序验证、管理与传送；能对数控机床进行维护与保养；能完成数控机床精度调整及质量控制，具备智能制造技术的应用能力。

四、素质要求

（1）热爱祖国、关心集体、尊敬师长、爱护同事和家人，有较强的法治、法规观念。
（2）树立积极向上的人生观、正确的价值观和辩证唯物主义世界观。
（3）具有优良的团队意识、安全意识、服务意识、创新和竞争意识。
（4）具有良好的品德修养和文明的行为准则，具有敬业精神和职业道德。
（5）具有良好的口头表达与沟通能力。
（6）具有健康的体质、良好的体能。

五、知识要求

（1）掌握必备的安全文明生产、环境保护、质量管理知识。
（2）掌握机械制图知识和公差配合知识。
（3）掌握常用金属材料的性能及应用知识和热加工基础知识。
（4）掌握机械设计基础、液压与气动传动知识。
（5）掌握金属切削刀具、量具和夹具的基本原理知识及应用方法。
（6）熟悉常用机械加工设备的工作原理及结构等知识。
（7）掌握机械加工工艺编制与实施所必需的知识。
（8）掌握数控加工手工编程和 CAD/CAM 自动编程的基本知识。
（9）掌握零件在主要工序生产过程中产生质量缺陷的原因以及预防方法。
（10）掌握生产设备与检测设备的运行状况对产品加工、检测质量的影响因素。
（11）熟悉空间坐标转换、空间角度计算知识、空间物件干涉的概念。

（12）熟悉高速加工特点，常用材料高速加工的切削参数的选择方法。
（13）掌握多轴加工或者车铣复合加工刀具轨迹的模拟切削和仿真加工方法。
（14）熟悉布尔运算等实体操作的基本知识以及曲面的基本知识。
（15）了解国家相关技术标准、《中华人民共和国劳动法》和《中华人民共和国民法典》相关知识。

六、技能要求

（1）能够识读各类机械零件图和装配图。
（2）能够进行常用金属材料选用，成型方法和热处理方式选择。
（3）能够进行普通金属切削机床、刀具、量具和夹具的正确选用和使用。
（4）具有数控机床操作能力。
（5）能够手工编制数控加工程序。
（6）能够使用 CAD/CAM 软件进行数字化设计、数字化仿真、自动编制数控加工程序。
（7）能够进行典型零件的机械加工工艺编制与实施。
（8）能够分析零件的加工难点，制定解决措施。
（9）能够根据零件形状和技术要求，设计零件加工工艺方案。
（10）能够选择高速加工的切削参数。
（11）能够根据多轴加工工件的特征要求选择走刀方式。
（12）能够对多轴加工刀具轨迹进行后置处理，生成数控加工程序。
（13）能够完成多轴加工或者车铣复合加工刀具轨迹的模拟切削和仿真加工。
（14）能够分析多轴加工过程中出现的质量问题并提出解决方案。
（15）能够进行数控机加生产线设备操作与调整。

七、主要责任

（1）工艺文件编制。
（2）数控编程与后置处理。
（3）加工质量检测与控制。
（4）设备管理与维护。

6　数控设备维修员岗位能力标准

一、岗位名称

数控设备维修员

二、主要职责

面向数控设备制造企业的数控设备电气装调、数控设备售后服务与技术支持，机械加工企业的数控设备维护保养等岗位，从事数控设备的电气安装与调试、数控设备故障检查分析与维护、数控设备 PLC 程序开发与诊断、数控设备功能调试与调整、数控设备精度检测与优化、智能制造生产线调试与维修等工作。

三、工作范围

（1）对数控设备外围线路进行检查与维修；对数控装置、交流伺服驱动装置、主轴驱动等电气部件进行更换与恢复。

（2）结合外部设备的故障，进行 PLC 逻辑故障的判断与处理。

（3）对数控设备进行几何精度的检测，对数控设备机械部件进行装配、更换和调整；能进行试件的切削和检验。

四、素质要求

（1）热爱祖国、关心集体、尊敬师长、爱护同事和家人，有较强的法治、法规观念。
（2）树立积极向上的人生观、正确的价值观和辩证唯物主义世界观。
（3）具有优良的团队意识、安全意识、服务意识、创新和竞争意识。
（4）具有良好的品德修养和文明的行为准则，具有敬业精神和职业道德。
（5）具有良好的口头表达与沟通能力。
（6）具有健康的体质、良好的体能。

五、知识要求

（1）掌握必备的思想政治理论、科学文化基础知识。
（2）掌握机械制图知识和公差配合知识。
（3）掌握常用金属材料的性能及应用知识和热加工基础知识。
（4）掌握电工电子技术基础、机械设计基础、液压与气压传动知识。
（5）掌握金属切削刀具、量具和夹具的基本原理知识。
（6）熟悉常用机械加工设备的工作原理及结构等知识。
（7）掌握机械加工工艺编制与实施所必需的基础知识。
（8）掌握数控加工手工编程和 CAD/CAM 自动编程的基本知识。
（9）掌握传感器及测试技术的基本知识。

（10）掌握工业机器人编程和维护的基本知识。
（11）了解数控机床电气控制原理知识。
（12）熟悉数控设备维护保养和故障诊断与维修的基本知识。
（13）熟悉智能制造自动生产线的调试、维护。
（14）熟悉机械产品质量检测与控制知识。
（15）了解国家相关技术标准、《中华人民共和国劳动法》和《中华人民共和国民法典》相关知识。

六、技能要求

（1）能够识读各类机械零件图和装配图。
（2）能够进行常用金属材料选用，成型方法和热处理方式选择。
（3）能够进行普通金属切削机床、刀具、量具和夹具的正确选用和使用。
（4）具有数控机床操作能力。
（5）能够手工编制数控加工程序。
（6）能够使用一种常见 CAD/CAM 软件自动编制数控加工程序。
（7）能够进行典型零件的机械加工工艺编制与实施。
（8）能够熟练操作多轴数控机床并具有多轴数控机床基本的编程能力。
（9）具有产品质量检测及质量控制的基本能力。
（10）具有智能制造自动生产线基本的调试、维护、保养能力。
（11）能够胜任生产现场的日常管理工作。
（12）能够根据工作任务准备相关技术资料。
（13）能够设置和修改数控装置相关参数。
（14）能够排除数控装置外围电气及线路故障。
（15）能够更换数控装置并调试正常使用。
（16）能够根据现场情况，使用存储设备进行各类数据的备份。
（17）能够知道数控机床功能部件（如主轴箱、进给传动系统、刀架、刀库、机械手、液压站等）的结构、工作原理及其装配工艺知识，能对以上部件进行拆卸和再装配。
（18）能进行功能部件的装配精度的测试。
（19）能进行配合件的检修，会进行轮、花键轴、轴承、紧固件等的检修。
（20）能熟练识读数控机床电气装配图、电气原理图、电气接线图。
（21）能进行数控机床一般功能的调试，能使用数控机床诊断功能或电气梯形图等分析故障。

七、主要责任

（1）设备操作与调整。
（2）质量检测与控制。
（3）故障分析与设备维护。

7 工装夹具设计岗位能力标准

一、岗位名称

工装夹具员

二、主要职责

负责模具智能制造生产线所有涉及的工装夹具设计、加工制作、使用维护、存放保管、修理、报废处理。

三、工作范围

1. 工装夹具设计必须符合有关设计标准和设计规范要求

（1）工装夹具设计必须遵守"保证产品质量，使用操作安全，维护检修方便"的基本原则，熟练进行轴类、盘类、叉架类、箱体类零件的夹具设计。

（2）图样设计完毕后，应通知有关制造加工、生产使用和维护检修技术人员进行会签研究，以便及时修改。

（3）工装夹具制造必须按照设计图纸的技术要求，严格选择材料。

（4）加工必须严格按照图纸技术要求和加工工艺要求进行，以确保工装质量。

（5）工装夹具外加工应同供方签订有关加工质量保证书，对加工单位进行必要的合格评定及控制。

（6）工装夹具外加工时，负责向供方提供详细的技术交底，必要时进行制作现场监督，以加强同外加工方的工作衔接和协商处理问题。

（7）所制造的工装夹具与其配件必须与图纸相符。

（8）工装夹具制造完毕后，必须经过试验调整、验证，使其符合产品技术要求，且质量稳定，使用操作安全，安装检修方便。

2. 存放与保管

（1）工装夹具制造完毕或外加工要进行验证合格后方能入库。

（2）工装夹具由使用部门进行存放，并有专职或兼职人员管理。

（3）生产线所有工装夹具应按规定分类放在专用架子上，并按照有关工装模具的编号进行整齐排列，保持工装、模具清洁，方便取放。

（4）工装夹具应放在能足够载荷的专用垫板上，并允许适量的多层放置保管，还必须按编号排列整齐，保持良好间距。

（5）生产线所有工装夹具必须按照各种产品用途和使用设备类别，从入库之日起进行排列。

（6）必须建立"工装台账"和有关标识卡。

（7）所有工装夹具库存数与使用数，必须做到账物相符，应准确掌握流动情况。

3. 使用与跟踪

根据生产使用工装夹具的情况，填写工装使用记录，并经相关负责人签字。

四、素质要求

（1）树立正确的就业观和职业观，具有严谨、务实、诚信、敬业的职业道德；自觉遵守行业法规和职业规范。
（2）具有良好的人文素质，较强的语言表达能力和与他人沟通的能力；具有良好的身体素质；具有良好的环保意识。
（3）具有开拓创新、团结合作和严谨务实的工作作风。
（4）具有质量意识、环保意识、安全意识、信息素养、工匠精神、创新思维。

五、知识要求

（1）掌握机械工程材料及热处理、机械制图、公差配合与测量技术、工程力学、机械设计等基础理论和基本知识，典型机械零部件结构特点及其数字化设计和数字化选型的方法。
（2）掌握普通机床和数控机床加工制造工艺、工装夹具设计、模具智能制造生产线工装夹具设计。
（3）熟悉工装夹具设计相关行业标准和国家标准。

六、技能要求

（1）能够识读和绘制各类机械零件图和装配图。
（2）能够熟练使用一种三维机械设计软件进行工装夹具的数字化选型与设计。
（3）具有工装夹具必需的信息技术应用和维护能力。

七、主要责任

（1）工装夹具设计必须符合有关设计标准和设计规范要求。
（2）工装夹具的存放与保管符合学院制度规定，避免遗失。
（3）对车间的工装夹具使用情况进行跟踪。

8 机械设计工程技术人员岗位能力标准

一、岗位名称

机械设计工程技术人员

二、主要职责

围绕模具智能制造生产线，负责开发与设计生产线相关的机械零部件，绘制产品装配图及零部件图，产品调试、产品设计文件的保管，协助维修工进行生产线机械部件维修。

三、工作范围

(1) 开发与设计生产线相关机械零部件。
(2) 绘制产品装配图及零部件图。
(3) 负责从生产线设备调试开始到设备的机械大故障维修的履历管理，内容包括设备基本情况、维修书、改善报告书等相关文件组织填写、归档存位，定期整理。
(4) 对图纸、说明书、产品样本进行分类管理，测绘备件，修改图纸并确认与会签。
(5) 制订生产线设备安装支援计划，验收、调试新设备，并向维修工讲解机械原理及修理要领，解决安装过程中存在的问题。
(6) 制订生产线维修作业计划，制订周、月、年预防维修日历计划，制订点检预防计划。
(7) 制订零部件维修内容、修理方案及技术要求，负责维修生产线零部件维修管理工作。
(8) 完成上级领导临时交办的其他任务。

四、素质要求

(1) 树立正确的就业观和职业观，具有严谨、务实、诚信、敬业的职业道德；自觉遵守行业法规和职业规范。
(2) 具有良好的人文素质，较强的语言表达能力和与他人沟通的能力，具有良好的身体素质；具有良好的环保意识。
(3) 具有开拓创新、团结合作和严谨务实的工作作风。
(4) 具有质量意识、环保意识、安全意识、信息素养、工匠精神、创新思维。

五、知识要求

(1) 掌握机械工程材料及热处理、机械制图、公差配合与测量技术、工程力学、机械设计、机械制造等基础理论和基本知识。
(2) 熟悉现代设计方法、设计原理。
(3) 熟悉机械设计与制造相关行业标准和国家标准。

六、技能要求

(1) 能够识读和绘制各类机械零件图和装配图。

（2）能够熟练使用一种三维机械设计软件进行机械产品的数字化选型与设计。
（3）具有机械设计必需的信息技术应用和维护能力。

七、主要责任

（1）对所设计机械零部件负责，使其经久耐用、成本低廉。
（2）设计图纸、设计说明等资料的存放与保管符合相关制度规定，避免遗失。
（3）对所设计的产品实施情况进行跟踪，做好记录。

9　机械产品质检员岗位能力标准

一、岗位名称

机械产品质检员

二、主要职责

负责模具智能制造生产线所有需要进行质量检测的机械产品的质量检测，检测器具的使用维护、存放保管、修理，不合格件的报废处理。

三、工作范围

（1）围绕模具智能制造产线，认真贯彻执行有关质量方针、质量标准规定及质量检验的规章制度。

（2）加大产品检验力度，做到首检、中检、终检及日常巡检工作。

（3）外购、外协毛坯和成品检验，做好记录报告、标识、签字、注明日期。

（4）返修产品：不合格产品返修，质检员开出返修通知单到相关人员进行返修，工件返修后，质检员要复检，认可无质量问题做好检验记录报告，签字并注明日期，让步接收产品按相关规定做好记录。

（5）报废产品：产品加工与图纸工艺要求尺寸不符合、超出加工尺寸、没达到设计要求，质检员做好记录报告、标志（印章）或签字、注明日期，按质量标准化管理手册相关报废品条款处理。

（6）当天检验的产品质检员开出入库通知单、工时单，包括不合格品返修单、报废品单，产品检验记录报告交质安部存档备案。

四、素质要求

（1）树立正确的就业观和职业观，具有严谨、务实、诚信、敬业的职业道德；自觉遵守行业法规和职业规范。

（2）具有良好的人文素质，较强的语言表达能力和与他人沟通的能力；具有良好的身体素质；具有良好的环保意识。

（3）具有开拓创新、团结合作和严谨务实的工作作风。

（4）具有质量意识、环保意识、安全意识、信息素养、工匠精神、创新思维。

五、知识要求

（1）掌握机械工程材料及热处理、机械制图、公差配合与测量技术、机械制造技术、机械设计等基础理论和基本知识。

（2）熟悉模具智能制造生产线，现代机械零部件加工制造、检测和机械产品装配基本方法和原理。

（3）熟悉机械产品质量检测相关行业标准和国家标准。

六、技能要求

（1）能够识读和绘制各类机械零件图和装配图。
（2）能够熟练使用通用量具、三坐标测量机、影像仪等设备进行机械产品质量检测。
（3）具有工量具必需的信息技术应用和维护能力。

七、主要责任

（1）对模具智能制造产线相关机械产品进行质量检测。
（2）工量具的存放与保管符合相关制度规定，避免遗失。
（3）对模具智能制造生产线的工量具使用情况进行跟踪，做好记录。

10　工业机器人系统运维员岗位能力标准

一、岗位名称

工业机器人系统运维员

二、主要职责

使用工具、量具、检测仪器及设备，对工业机器人、工业机器人工作站或系统进行数据采集、状态监测、故障分析与诊断、维修及预防性维护与保养作业。

三、工作范围

（1）工业机器人运行状态检测。
（2）工业机器人运行故障分析与诊断。
（3）工业机器人日常维护保养。
（4）工业机器人装调和维修。

四、素质要求

（1）热爱祖国、关心集体、尊敬师长、爱护同事和家人，有较强的法治、法规观念。
（2）树立积极向上的人生观、正确的价值观和辩证唯物主义世界观。
（3）具有优良的团队意识、安全意识、服务意识、创新和竞争意识。
（4）具有良好的品德修养和文明的行为准则，具有敬业精神和职业道德。
（5）具有良好的口头表达与沟通能力。
（6）具有健康的体质、良好的体能。

五、知识要求

（1）机械制图和识图知识。
（2）工业机器人在线编程知识。
（3）工业机器人维护保养相关知识。
（4）电气线路和传动相关知识。

六、技能要求

（1）熟练运用常见工业机器人示教及调试编程。
（2）会进行工业机器人常规保养和润滑。
（3）会使用检测仪器和软件进行数据测量和分析。
（4）会对机器人进行简单的机械拆装和调试。
（5）能对电气线路进行故障排查和检修。

七、主要责任

（1）对工业机器人本体、末端执行器、周边装置等机械系统进行常规性检查、诊断。

（2）对工业机器人电控系统、驱动系统、电源及线路等电气系统进行常规性检查、诊断。

（3）根据维护保养手册，对工业机器人、工业机器人工作站或系统进行零位校准、防尘、更换电池、更换润滑油等维护保养。

（4）使用测量设备采集工业机器人、工业机器人工作站或系统运行参数、工作状态等数据，进行监测。

（5）对工业机器人工作站或系统的故障进行分析、诊断与维修。

（6）编制工业机器人系统运行维护、维修报告。

11 工业机器人系统操作员岗位能力标准

一、岗位名称

工业机器人系统操作员

二、主要职责

使用示教器、操作面板等人机交互设备及相关机械工具对工业机器人、工业机器人工作站或系统进行装配、编程、调试、工艺参数更改、工装夹具更换及其他辅助作业。

三、工作范围

（1）工业机器人工作站装配。
（2）工业机器人在线编程与操作。
（3）工业机器人程序调试和运行。
（4）工业机器人工装夹具更换及参数设置。

四、素质要求

（1）热爱祖国、关心集体、尊敬师长、爱护同事和家人，有较强的法治、法规观念。
（2）树立积极向上的人生观、正确的价值观和辩证唯物主义世界观。
（3）具有优良的团队意识、安全意识、服务意识、创新和竞争意识。
（4）具有良好的品德修养和文明的行为准则，具有敬业精神和职业道德。
（5）具有良好的口头表达与沟通能力。
（6）具有健康的体质、良好的体能。

五、知识要求

（1）机械工程识图、机械原理及设计。
（2）电气线路试图、电气控制技术。
（3）传感器与检测、可编程控制技术、运动控制技术。
（4）工业机器人定义、基本组成和系统设定。
（5）工业机器人示教编程与操作，工业网络。

六、技能要求

（1）能识读零件图和工艺文件，并进行机械部件装配。
（2）安装机器人周边系统部件，完成调试。
（3）能熟练进行工业机器人参数设定。
（4）能识读工业机器人安全标志，对机器人进行安全操作。

七、主要责任

(1) 按照工艺指导文件等的要求完成作业准备。

(2) 按照装配图、电气图、工艺文件等的要求,使用工具、仪器等进行工业机器人工作站或系统装配。

(3) 使用示教器、计算机、组态软件等相关软硬件工具对工业机器人、可编程逻辑控制器、人机交互界面、电机等设备和视觉、位置等传感器进行程序编制、单元功能调试和生产联调。

(4) 使用示教器、操作面板等人机交互设备进行生产过程的参数设定与修改、菜单功能的选择与配置、程序的选择与切换。

(5) 进行工业机器人系统工装夹具等装置的检查、确认、更换与复位。

(6) 观察工业机器人工作站或系统的状态变化并做相应操作,遇到异常情况执行急停操作等。

(7) 填写设备装调、操作等记录。

12　工业机器人应用编程工程师岗位能力标准

一、岗位名称

工业机器人应用编程工程师

二、主要职责

能对工业机器人运行参数进行设定，按照控制要求编写工业机器人控制程序，进行工业机器人I/O端口配置，进行工业机器人与周边设备的通信设置；按照实际工作站搭建对应的仿真环境，对典型工业机器人控制单元进行离线编程和仿真，进行工业机器人测试等工作。

三、工作范围

（1）工业机器人工作站仿真环境搭建。
（2）工业机器人离线编程与仿真。
（3）工业机器人I/O端口配置和外围设备控制。
（4）工业机器人与上位机的通信设置和连接。
（5）工业机器人典型工作站的编程和维护。

四、素质要求

（1）热爱祖国、关心集体、尊敬师长、爱护同事和家人，有较强的法治、法规观念。
（2）树立积极向上的人生观、正确的价值观和辩证唯物主义世界观。
（3）具有优良的团队意识、安全意识、服务意识、创新和竞争意识。
（4）具有良好的品德修养和文明的行为准则，具有敬业精神和职业道德。
（5）具有良好的口头表达与沟通能力。
（6）具有健康的体质、良好的体能。

五、知识要求

（1）掌握机械制图、机构运动学、机械装配等知识。
（2）掌握电气原理图、电气元器件、电机控制等理论知识。
（3）掌握计算机编程语言、通信理论等内容。
（4）掌握工业机器人编程基础、编程方法等内容。
（5）掌握运动控制、PLC技术等知识。
（6）掌握工业机器人仿真等知识。

六、技能要求

（1）会对工业机器人系统参数和示教器进行设置。
（2）会对工业机器人系统外部设备参数进行设置。

（3）会对 I/O 通信模块和外部设备进行通信设置和程序编写。
（4）会熟练使用工业机器人离线编程软件。
（5）能完成仿真环境搭建和参数设置。
（6）会熟练进行离线编程和仿真。
（7）会对工业机器人工作站进行机器人标定和程序功能测试。

七、主要责任

（1）负责工业机器人相关项目的方案设计和文案制作。
（2）负责工业机器人工作站及产线的规划及组建。
（3）负责工业机器人自动化生产工艺的编制和系统编程。
（4）负责配合机械和电气工程师进行工业机器人系统在线调试。
（5）负责售前及售后的机器人技术支持。
（6）负责与客服进行良好沟通，满足客户需求。

13　自动化系统工程师岗位能力标准

一、岗位名称

自动化系统工程师

二、主要职责

（1）自动化设备维护规程的审定。
（2）自动化设备维护规程的执行和监督。
（3）自动化设备操作规程的审定。
（4）自动化设备的安全操作监护。
（5）自动化专业人员培训。
（6）自动化设备的硬件和软件设计、调试、修改方案的制定。
（7）设备疑难问题故障的确认、恢复。
（8）设备检修计划的审定和监督执行。
（9）设备运行的质量管理和优化管理。
（10）协助相关部门解决相关技术问题。
（11）负责对工程设计各阶段电气专业的设计过程、设计方案、设计成品的验证，并审核签署，对电气专业的设计质量负责。

三、工作范围

（1）识读复杂控制系统图（包括电子线路图、系统工艺流程图、系统控制逻辑图）。
（2）自动化控制系统设计。
（3）现场复杂故障诊断和排除。
（4）协调机、电、液相关工作。
（5）自动化设备的操作规程和维护规程的审定与监督。
（6）设备运行的质量管理和优化管理。
（7）自动化技术专业人员培训和现场技术指导。
（8）掌握所属行业常用工业设备的电气配备和相应设备选型。

四、素质要求

（1）热爱祖国、关心集体、尊敬师长、爱护同事和家人，有较强的法治、法规观念。
（2）树立积极向上的人生观、正确的价值观和辩证唯物主义世界观。
（3）具有优良的团队意识、安全意识、服务意识、创新和竞争意识。
（4）具有良好的品德修养和文明的行为准则，具有敬业精神和职业道德。
（5）具有良好的口头表达与沟通能力。
（6）具有健康的体质、良好的体能。

五、知识要求

（1）机、电、液综合知识。
（2）工业控制通信知识。
（3）电气设备常见故障分析。
（4）PLC/DCS 性能及特点。
（5）PLC/DCS 控制系统硬件设计、软件编程技巧。
（6）工业控制通信，常用 SCADA 系统的组态方法。
（7）所属行业工业控制设计原则。
（8）所属工业设计、安装、调试规范。
（9）电气设备的抗干扰设计。
（10）软件容错设计基础知识。
（11）具有哲学、方法论、经济学、历史、法律、伦理、社会学、文学、艺术等人文社会科学以及军事方面的基本知识。
（12）能够立足本地工业发展、本地产业结构特点，有针对性地学习相关知识。

六、技能要求

（1）复杂控制系统 PLC/DCS 设备的选型、网络的配置、系统通信方式的选择，同时能正确地对相应 PLC/DCS 进行硬件配置及接口电路设计。
（2）能分析和编制中大型 PLC/DCS 的逻辑程序和过程控制程序。
（3）了解现场总线（MODBUS、PROFIBUS 等）协议以及通信介质特点，能进行网络组态。
（4）掌握上位机 SCADA 软件系统的组成、应用和与常用 PLC/DCS 系统工程的连接方式。
（5）能正确编制控制系统技术方案、设计说明书、设备制造说明书，安装及施工说明书、调试说明书。
（6）能对设备设计、制造、安装、调试等过程提供直接地技术指导。
（7）能正确根据较复杂的生产工艺要求，设计电气原理图、电气接线图。
（8）能对大型行业专属设备控制系统进行设计调试和优化。
（9）能解决复杂设备电气故障中的疑难问题，并能正确判断设备故障范围，提出解决方案。
（10）能组织人员对设备的技术难点进行攻关。
（11）能协同各方面人员解决生产中出现的诸如设备和工艺、机械与电气、技术和管理等综合性的问题。
（12）能解决系统控制中的通信和优化问题。
（13）能编制生产设备的电气系统及电气设备的大修方案。

七、主要责任

（1）规程审定、执行与监督。
（2）工程人员培训。
（3）方案修改与制定。
（4）故障查找与解决。
（5）完成上级领导交办的其他工作事项并汇报。

14 电气设备装配工岗位能力标准

一、岗位名称

电气设备装配工

二、主要职责

（1）电气装配工艺编制。
（2）设备安装调试过程中作业标准和流程的执行。
（3）依照电气原理图接线，按工艺要求进行产品装配，合理排版布局。
（4）自动化设备售后服务。
（5）生产设备电气系统的维护、安装、调试。
（6）负责解决电气设备装配过程中出现的各种问题。
（7）负责电气装配过程中的工艺改善。
（8）切实落实现场管理措施，避免发生安全事故。

三、工作范围

（1）负责自动化仪表、设备的日常维护、维修工作，确保各仪表、设备的稳定运行。
（2）负责自动化仪表、设备的年度检修工作。
（3）负责自动化仪表、设备硬件、软件的改造与更新工作。
（4）根据生产工艺要求，修改自动控制系统电气安装工艺编制。
（5）定期组织自动化人员进行安全、技能培训，努力提高自动化操作人员安全、技术素质。
（6）加强自动化仪表、设备的日常巡检工作。

四、素质要求

（1）热爱祖国、关心集体、尊敬师长、爱护同事和家人，有较强的法治、法规观念。
（2）树立积极向上的人生观、正确的价值观和辩证唯物主义世界观。
（3）具有优良的团队意识、安全意识、服务意识、创新和竞争意识。
（4）具有良好的品德修养和文明的行为准则，具有敬业精神和职业道德。
（5）具有良好的口头表达与沟通能力。
（6）具有健康的体质、良好的体能。

五、知识要求

（1）掌握数理等基础理论的原理和方法。
（2）了解电气、机械、力学、电机、电磁阀、丝杠模组、气缸等相关知识。
（3）掌握常用机械工具和电工工具的使用方法。
（4）具有哲学、方法论、经济学、历史、法律、伦理、社会学、文学、艺术等人文社会科学以及军事方面的基本知识。

六、技能要求

（1）能识别、安装和调整电气控制元件（接近开关、编码器、光电开关、温控器）。
（2）能够识读控制系统图。
（3）能编制电气装配工艺。
（4）熟练使用常用机械量具和电工工具。
（5）能够按图样要求进行自动化设备控制线路的配线和电气安装。
（6）熟悉常规电控设备的调试、维护，并填写相应记录。
（7）能够进行一般电气系统的简单选型和计算。
（8）熟悉常用传动系统（包括变频器、直流驱动器、伺服装置等）安装及其基本参数设置和修改。

七、主要责任

（1）电气系统装配。
（2）装配工艺编制。
（3）售后服务。
（4）完成上级领导交办的其他工作事项并汇报。

15　自动化设备装调维修工岗位能力标准

一、岗位名称

自动化设备装调维修工

二、主要职责

（1）自动化设备的监控。
（2）自动化设备的安全操作监护。
（3）自动化设备的维护和保养。
（4）复杂控制线路的配线和电气安装。
（5）设备维护规程的执行和监督。
（6）设备故障的确认及恢复。
（7）设备的简单设计和修改（应上报批准）。
（8）切实落实现场管理措施，避免发生安全事故。

三、工作范围

（1）负责自动化仪表、设备的日常维护、维修工作，确保各仪表、设备的稳定运行。
（2）负责自动化仪表、设备的年度检修工作。
（3）负责自动化仪表、设备硬件、软件的维护与更新工作。
（4）检查、排除动力及接地系统的电气故障。
（5）通过系统的外部显示，初步判断设备故障范围。
（6）判断常规电气元件（继电器、接触器、温控器、显示仪表等）和电子元器件好坏，必要时予以更换。
（7）定期组织自动化人员进行安全、技能培训，努力提高自动化操作人员安全、技术素质。
（8）加强自动化仪表、设备的日常巡检工作。

四、素质要求

（1）热爱祖国、关心集体、尊敬师长、爱护同事和家人，有较强的法治、法规观念。
（2）树立积极向上的人生观、正确的价值观和辩证唯物主义世界观。
（3）具有优良的团队意识、安全意识、服务意识、创新和竞争意识。
（4）具有良好的品德修养和文明的行为准则，具有敬业精神和职业道德。
（5）具有良好的口头表达与沟通能力。
（6）具有健康的体质、良好的体能。

五、知识要求

（1）交、直流电的计算。

（2）变压器，交、直流电机和特殊电机（测速发电机、同步电机、步进电机、伺服电机等）原理。

（3）常用低压电气选用。

（4）电工读图基本知识。

（5）模拟电子电路和数字逻辑电路知识。

（6）供用电的一般知识。

（7）一般生产设备的基本电气控制线路。

（8）常见生产设备的机械特性（恒转矩、恒功率、平方负载等）。

（9）PLC 基本原理。

（10）工业传感器的基本原理和应用。

（11）安全生产要求、安全操作要求。

（12）具有哲学、方法论、经济学、历史、法律、伦理、社会学、文学、艺术等人文社会科学以及军事方面的基本知识。

六、技能要求

（1）能够识读较复杂的控制系统图（包括一般的电子线路图）。

（2）能够协助现场工程师调试系统。

（3）能够安装和简单调试常用传动系统（包括变频器、直流驱动器、伺服装置等）。

（4）能够正确绘制简单控制系统的盘、箱、柜图及面板布置图，对复杂控制系统进行配线和安装。

（5）根据要求能够设计简易自控系统。

（6）能够现场进行仪表安装、简单测试和故障诊断。

（7）熟悉自动化设备的维护和保养的流程和方法。

（8）对所在车间生产线工艺熟悉。

（9）具有一定的程序编写能力，能够通过程序在线检测故障点。

七、主要责任

（1）自动化设备的安全操作监护。

（2）自动化设备的维护和保养。

（3）配线与电气安装。

（4）故障查找与解决。

（5）完成上级领导交办的其他工作事项并汇报。

16　自动化设备运行维护员岗位能力标准

一、岗位名称

自动化设备运行维护员

二、主要职责

（1）整理电气设备的资料，并根据电气设备资料编写电气设备维修操作手册。
（2）根据电气设备资料和电气设备实际情况制定电气设备的维修保养流程、维修保养计划及周期。
（3）负责监督电气设备的维护保养情况。
（4）设备电气系统的维护、安装、调试。
（6）负责解决电气设备装配过程和使用过程中出现的各种问题。
（7）提高事故应急处理能力，做好设备巡视、维护等运维管理，强化安全管理，制定完善应急方案，加强对设备突发事故的应急处理能力，落实安全措施。
（8）协助电气工程师完成电气设备的采购、安装、调试工作。
（9）切实落实现场管理措施，避免发生安全事故。
（10）做好巡视和消缺工作，结合设备负荷测量，及时汇报相关信息，记录整洁、规范完整，无出现错漏、时间不相符现象。

三、工作范围

（1）负责自动化仪表、设备的日常维护、维修工作，确保各仪表、设备的稳定运行。
（2）负责自动化仪表、设备的年度检修工作。
（3）负责自动化仪表、设备硬件、软件的维护与更新工作。
（4）定期组织自动化人员进行安全、技能培训，努力提高自动化操作人员安全、技术素质。
（5）加强自动化仪表、设备的日常巡检工作。

四、素质要求

（1）热爱祖国、关心集体、尊敬师长、爱护同事和家人，有较强的法治、法规观念。
（2）树立积极向上的人生观、正确的价值观和辩证唯物主义世界观。
（3）具有优良的团队意识、安全意识、服务意识、创新和竞争意识。
（4）具有良好的品德修养和文明的行为准则，具有敬业精神和职业道德。
（5）具有良好的口头表达与沟通能力。
（6）具有健康的体质、良好的体能。

五、知识要求

（1）掌握数理等基础理论的原理和方法。

（2）了解电气、机械、力学、电机、电磁阀、丝杠模组、气缸等相关知识。
（3）掌握常用机械工具和电工工具的使用方法。
（4）掌握 PLC 编程、C 语言程序设计、软件组态、工业控制网络等。
（5）掌握常用电气设备的选型、参数设置、使用等。
（6）具有哲学、方法论、经济学、历史、法律、伦理、社会学、文学、艺术等人文社会科学以及军事方面的基本知识。

六、技能要求

（1）能够识读复杂控制系统图（包括电子线路图、系统工艺流程图、系统控制逻辑图）。
（2）能独立或在帮助的情况下进行控制系统设计、故障诊断和排除。
（3）掌握工业级人机界面的编程。
（4）能够安装、调试常用传动系统（包括变频器、直流驱动器、伺服装置等）。
（5）能独立编制单体控制系统技术文件。
（6）可以协助安装和调试工业现场网络系统。
（7）了解所属行业常用工业设备的电气配备。
（8）能进行自动化设备维护人员培训。
（9）能够制订设备检修计划，贯彻质量管理条例。
（5）能独立编制单体控制系统技术文件。
（6）可以协助安装和调试工业现场网络系统。
（7）了解所属行业常用工业设备的电气配备。
（8）能进行自动化设备维护人员培训。
（9）能够制订设备检修计划，贯彻质量管理条例。

七、主要责任

（1）制订设备维护计划。
（2）设备电气系统的维护、安装、调试。
（3）监督电气设备的维护保养情况。
（4）完成上级领导交办的其他工作事项并汇报。

第二篇

模具设计与制造专业群核心课课程标准

17　塑料模具设计与实践课程标准

（编写：夏江梅　校对：骆冬智　审核：韦光珍）

课程代码：02150116
课程类型：专业核心课（理实一体化课）
学时/学分：120 学时/7.5 学分
适用专业：模具设计与制造

一、课程概述

1. 课程性质

塑料模具设计与实践是模具设计与制造专业的一门专业必修核心课程，同时也是依据重庆工业职业技术学院模具设计与制造专业人才培养方案关于人才培养目标和人才培养规格要求，并对接行业塑料模方向模具设计岗位能力要求而开设的一门知识性、技能性和实践性很强的课程。

本课程是在学习机械制图与计算机绘图、计算机三维造型、模具 CAD、机械设计基础、机械制造基础、公差配合与测量技术、液压与气压传动等课程，并具备了支撑本课程学习的主要能力的基础上开设的一门理实一体化课程（见表 17-1）。

其功能是对接专业人才培养目标，面向企业塑料模具设计工作岗位，实现模具设计与制造专业人才培养规格要求，并发挥课程思政功能，落实立德树人根本任务，将育训结合，以支持专业教学标准达成。

该课程培养学生从事塑料模具设计与工艺编制的基本技能，也是后续专业课程、毕业设计及顶岗实习的重要支撑课程。

表 17-1　前导课程与后续课程

序号	前期课程名称	为本课程支撑的主要能力
1	机械制图与计算机绘图	机械图样的识别与正确绘制二维图
2	计算机三维造型、模具 CAD	三维建模能力及简单塑料模装配图（三维）绘制能力
3	机械设计基础	机械零件结构设计与机构设计能力
4	机械制造基础	普通机加设备操作、工艺编制能力
5	公差配合与测量技术	模具零件公差标注、精度设计与检测能力
6	液压与气压传动	液压与气动元件识别和回路设计能力
序号	后续课程名称	需要本课程支撑的主要能力
1	成型性模拟分析 CAE（塑料）	塑料模成型工艺设计能力和结构设计能力
2	毕业设计（论文）	UG 软件应用能力、CAE 分析、塑料模具设计与实践能力

2. 课程定位

本课程对接的工作岗位是企业塑料模具设计工作岗位，通过学习使学生具备从事中等复杂程度塑料模具设计与工艺编制的基本技能。

二、课程目标

本课程培养学生爱国主义和集体主义精神，培养学生诚实、守信的品德，负责的态度，善于沟通和合作的团队意识；培养学生重质量、守规范和良好安全意识的职业能力；培养学生完成岗位工作任务的基本技能，使学生成为具有良好职业道德、掌握塑料成型基本理论和模具设计技能并具有可持续发展能力的高素质高技能型人才，以适应市场对模具设计与制造技术人才的需求。

具体目标如下：

1. 知识目标

（1）知道塑料材料性能、塑料在成型加工过程中的工艺特征与塑料模具设计的关系，知道塑料成型工艺规程的设计方法。

（2）知道塑料注射模的设计方法。

（3）知道运用塑料成型基本原理、塑料成型工艺及塑料模设计与实践的知识分析和解决塑料成型生产中常见的产品质量和模具方面技术问题的方法。

2. 技能目标

通过学习，使学生获得必备的技术技能，培养其诚实守信、爱岗敬业、团结协作、吃苦耐劳的职业精神与创新设计意识和严谨求实的科学态度。

必备的技术技能如下：

（1）能规范编制中等复杂程度塑件的成型工艺规程。

（2）能设计中等复杂程度注射模具。

（3）能用塑料成型工艺及设计知识分析和解决生产中常见的产品质量和模具方面的技术问题。

3. 素质目标

（1）拥护中国共产党领导和我国社会主义制度，具有爱国主义和集体主义精神，爱国、敬业、诚信。

（2）培养良好的学习态度，培养诚实守信、和谐文明的工作作风。

（3）具有质量意识、安全意识、环保意识、创新思维、信息素养。

（4）遵守职业规范，具有良好的专业精神、职业精神和工匠精神。

（5）培养学生发现问题和解决问题的能力，并具有终身学习与专业发展能力。

（6）养成良好的交往与沟通表达能力和良好的团队合作精神。

（7）养成独立思考的学习习惯，同时兼顾协同设计能力的培养，能对所学内容进行较为全面的比较、概括和阐释。

三、课程实施和建议

1. 课程内容和要求

本课程以模具设计与制造专业学生的就业为导向，结合专业人才培养方案中培养目标、人才规格要求、相应职业资格标准以及本科学生的认知特点等方面的要求，以各种塑料模具设计过程涉及的专业知识学习单元为课程主线，以各种塑料模具设计的工作过程所需要的岗位职业能力为依据，以企业特定的塑料模具产品的生产、销售和服务为平台，结合企业模具设计岗位的典型工作任务，以项目任务驱动为导向设计教学过程。本课程以突出其职业性、实践性和开放性为前提，采用循序渐进与典型案例相结合的方式来展现教学内容。

同时根据学生的认知特点,结合职业能力培养的基本规律,以工作过程为主线,将陈述性知识与过程性知识整合、理论知识与实践知识整合,科学设计学习型工作任务,并以企业真实化工作任务为载体,由简单到复杂整合、序化课程内容。

课程项目、学时分配、学分与开课学期安排如表 17-2 所示,课程项目任务与教学内容要求如表 17-3 所示。

表 17-2 课程项目、学时分配、学分与开课学期安排

项目(情景/模块/章节/单元)		学时			开课学期 学时/学分/学期		
		理论	实践	小计			
项目一 认识塑料成型技术		4	0	4	64	4	3
项目二 认识塑料模具结构与绘制模具工程图		2	8	10			
项目三 编制塑料成型工艺规程		4	10	14			
项目四 注射模设计	设计单分型面注射模	10	26	36	56	3.5	4
	设计多分型面注射模	6	8	14			
	设计侧向分型与抽芯机构注射模	4	6	10			
项目五 塑料模具设计与实践		8	20	28			
机动		2	2	4			
合计		40	80	120	120	7.5	

表 17-3 课程项目任务与教学内容要求

项目	任务	教学内容和要求			
		素质目标	知识目标	技能目标	教学活动
项目一 认识塑料成型技术	任务1 认识塑料成型技术及发展趋势	(1)拥护中国共产党领导和我国社会主义制度,爱国、敬业、诚信;(2)培养良好的学习态度,培养诚实守信、和谐文明的工作作风	(1)塑料成型的基本概念;(2)知道各种模塑成型方法的工作原理与特点★	能对日常生活用品塑件进行简单的塑料成型工艺分析(模塑成型方法)★■	(1)教师:引导、讲授、演示、评价;(2)模仿、讨论、练习、互评、反馈、改进
项目二 认识塑料模具结构与绘制模具工程图	任务1 塑料模具结构的认识实践	(1)具有质量意识、环保意识、安全意识、信息素养、工匠精神、创新思维;(2)养成独立思考的学习习惯,同时兼顾协同设计能力的培养,能对所学内容进行较为全面的比较、概括和阐释	(1)知道塑料模具的功能、种类和典型结构;★(2)知道模具在不同设备上的固定方式	(1)能对塑料模具进行分类;(2)会分析塑料模具工作原理;(3)会分析塑料模具结构组成及各组成部分功能;★■(4)会简单模具的安装	(1)教师:引导、讲授、演示、评价;(2)模仿、讨论、练习、互评、反馈、改进

续表

项目	任务	教学内容和要求			
		素质目标	知识目标	技能目标	教学活动
项目二 认识塑料模具结构与绘制模具工程图	任务2 塑料模具工程图制作实践	（1）具有质量意识、环保意识、安全意识、信息素养、工匠精神、创新思维；（2）培养学生发现问题和解决问题的能力，并具有终身学习与专业发展能力；（3）养成独立思考的学习习惯，同时兼顾协同设计能力的培养，能对所学内容进行较为全面的比较、概括和阐释	（1）了解模具工程图的构成；★（2）掌握制作模具工程图的二维CAD；★（3）了解并熟悉绘制模具工程图的三维软件	（1）会用二维CAD抄绘简单的塑料模具工程图；★■（2）会简单塑件3D模具工程图抄绘★■	（1）教师：引导、讲授、演示、评价；（2）模仿、讨论、练习、互评、反馈、改进
项目三 编制塑料成型工艺规程	任务1 分析产品工艺性	（1）培养学生发现问题和解决问题的能力，并具有终身学习与专业发展能力；（2）养成独立思考的学习习惯，同时兼顾协同设计能力的培养，能对所学内容进行较为全面的比较、概括和阐释	（1）知道常用塑料的名称和缩写代号；★（2）知道常用塑料的性能★	会分析塑料的性能与成型的关系★	（1）教师：引导、讲授、演示、评价；（2）模仿、讨论、练习、互评、反馈、改进
	任务2 塑料成型工艺规程的编制	（1）培养学生发现问题和解决问题的能力，并具有终身学习与专业发展能力；（2）养成独立思考的学习习惯，同时兼顾协同设计能力的培养，能对所学内容进行较为全面的比较、概括和阐释	知道塑料成型工艺规程编制的步骤★	（1）会分析塑件的工艺性；（2）会编制塑料成型工艺规程★■	（1）教师：引导、讲授、演示、评价；（2）模仿、讨论、练习、互评、反馈、改进
	任务3 分析产品质量并解决质量问题	（1）培养学生发现问题和解决问题的能力，并具有终身学习与专业发展能力；（2）具有质量意识、环保意识、安全意识、信息素养、工匠精神、创新思维	（1）知道塑件质量问题；★（2）知道解决质量问题的方法★	（1）会分析工艺条件与产品质量的关系；★（2）会解决常见质量问题★■	（1）教师：引导、讲授、演示、评价；（2）模仿、讨论、练习、互评、反馈、改进

续表

项目	任务	教学内容和要求			
		素质目标	知识目标	技能目标	教学活动
项目四 注射模设计	任务1 设计单分型面注射模	（1）培养学生发现问题和解决问题的能力，并具有终身学习与专业发展能力；（2）具有质量意识、环保意识、安全意识、信息素养、工匠精神、创新思维；（3）养成独立思考的学习习惯，同时兼顾协同设计能力的培养，能对所学内容进行较为全面的比较、概括和阐释；（4）遵守职业规范，具有良好的专业精神、职业精神和工匠精神；（5）养成良好的交往与沟通表达能力和良好的团队合作精神	（1）知道典型注射模结构组成及作用；★（2）知道浇注系统的设计；★（3）知道成型零件设计；★（4）知道合模导向机构设计；★（5）知道推出机构设计；★（6）知道注射模模架的确定方法；★（7）知道设计模具温度调节系统；★（8）知道注射模与注射机的关系；★（9）知道模具工程图绘制方法★	（1）会模具总体结构设计；★■（2）会模具零部件结构设计★■（3）会用三维软件正确表达单分型面注射模工程图★■	（1）教师：引导、讲授、演示、评价；（2）模仿、讨论、练习、互评、反馈、改进
	任务2 设计多分型面注射模	（1）培养学生发现问题和解决问题的能力，并具有终身学习与专业发展能力；（2）具有质量意识、环保意识、安全意识、信息素养、工匠精神、创新思维；（3）养成独立思考的学习习惯，同时兼顾协同设计能力的培养，能对所学内容进行较为全面的比较、概括和阐释	（1）知道多分型机构设计方法；★（2）知道多分型推顶机构设计方法★	（1）会设计多分型面注射模分型机构；★■（2）会设计多分型推顶机构★	（1）教师：引导、讲授、演示、评价；（2）模仿、讨论、练习、互评、反馈、改进
	任务3 设计侧向分型与抽芯机构注射模	（1）培养学生发现问题和解决问题的能力，并具有终身学习与专业发展能力；（2）具有质量意识、环保意识、安全意识、信息素养、工匠精神、创新思维；（3）养成独立思考的学习习惯，同时兼顾协同设计能力的培养，能对所学内容进行较为全面的比较、概括和阐释	（1）知道抽芯力和抽芯距的分类和计算；★（2）知道斜导柱分型与抽芯机构设计；★（3）知道斜滑块分型与抽芯机构设计	（1）会抽芯力和抽芯距的计算；★（2）会设计斜导柱分型与抽芯机构；★（3）会设计斜滑块分型与抽芯机构	（1）教师：引导、讲授、演示、评价；（2）模仿、讨论、练习、互评、反馈、改进

续表

项目	任务	教学内容和要求			
		素质目标	知识目标	技能目标	教学活动
项目五 塑料模具设计与实践	任务1 接手模具设计任务，确定模具总体方案	（1）遵守职业规范，具有良好的专业精神、职业精神和工匠精神；（2）具有质量意识、安全意识、环保意识、创新思维、信息素养；（3）培养学生发现问题和解决问题的能力，并具有终身学习与专业发展能力；（4）养成独立思考的学习习惯，同时兼顾协同设计能力的培养，能对所学内容进行较为全面的比较、概括和阐释	（1）知道塑料模具设计基础知识；（2）原始资料分析；★（3）成型工艺规程编制；★（4）模具总体结构设计★	（1）会原始资料分析；★（2）会编制成型工艺规程；★■（3）会设计模具总体结构★■	（1）教师：引导、讲授、演示、评价；（2）模仿、讨论、练习、互评、反馈、改进
	任务2 绘制注射模具装配图和模具零件图	（1）遵守职业规范，具有良好的专业精神、职业精神和工匠精神；（2）具有质量意识、安全意识、环保意识、创新思维、信息素养；（3）培养学生发现问题和解决问题的能力，并具有终身学习与专业发展能力；（4）养成独立思考的学习习惯，同时兼顾协同设计能力的培养，能对所学内容进行较为全面的比较、概括和阐释	（1）模具零部件设计；★（2）知道模具材料的选用方法；★（3）知道CAD设计软件中塑料模设计模块命令的应用★	（1）会模具零部件设计；★■（2）会合理选择模具材料并确定热处理规范；★■（3）会用CAD软件正确绘制模具工程图（2D与3D）★■	（1）教师：引导、讲授、演示、评价；（2）模仿、讨论、练习、互评、反馈、改进
	任务3 编写模具设计说明书	（1）遵守职业规范，具有良好的专业精神、职业精神和工匠精神；（2）具有质量意识、安全意识、环保意识、创新思维、信息素养；（3）培养学生发现问题和解决问题的能力，并具有终身学习与专业发展能力；（4）养成独立思考的学习习惯，同时兼顾协同设计能力的培养，能对所学内容进行较为全面的比较、概括和阐释	知道编写模具设计说明书的方法和步骤★	会编写模具设计说明书★	（1）教师：引导、讲授、演示、评价；（2）模仿、讨论、练习、互评、反馈、改进

备注：教学重点、难点在表中标出，其中，打★的为教学重点，打■的为教学难点。

2. 教学方法和教学手段

1）教学方法建议

（1）以学生为本，注重"教"与"学"的互动，融"教学做"于一体，通过选用典型案例应用项目，由教师进行操作性示范，并组织学生进行实际操作活动，让学生在案例应用项目教学活动中明确学习领域的知识点，并掌握本课程的核心专业技能。

（2）加强对学生职业能力的培养，强化案例教学或项目教学，注重以工作任务为导向型案例或项目激发学生学习热情，使学生在案例分析或项目活动中了解塑料模具设计工作领域与工作过程。

（3）在教学过程中，要创设工作情景，同时应加大实践实操的占比，要紧密结合职业技能，实操项目的训练，以提高学生的岗位适应能力。

（4）小组教学法，即以学生为主体，将课题内容分解成多个并列知识点，通过小组探究实现教学目标，形成人人有课题，学生之间、小组之间相互教授各自掌握的内容的一种教学方法。该方法全员参与，激发每个学生学习兴趣，培养总结提炼、知识架构搭建及传授能力。提高学生的自信心和责任心，培养团队协作能力和沟通表达能力。

2）教学手段

（1）注重专业案例的积累与开发，以多媒体、录像与光盘、案例分析、在线答疑等方法提高学生分析和解决生产问题的专业技能。

（2）在教学过程中，要强调校企合作、工学结合，要重视本专业领域新技术、新工艺、新设备发展趋势，贴近生产现场。为学生提供职业生涯发展的空间，努力培养学生参与社会实践的创新精神和职业能力。

（3）教学过程中教师应积极引导学生提升职业素养，提高职业道德水平。

（4）注重推进专业课程思政改革，深化工匠职业素养教育。

3. 教学评价

1）考核要求

学生成绩的认定，包括两个方面：一是平时过程性考核50%，满分50分；二是按照课程考核标准进行的期末终结性考核50%，满分50分。两项分之和，即为学生最终成绩。

课程考核应符合有关管理规定，具体要求如表17-4所示。

表17-4 课程考核要求

考核类别	平时过程性考核50%	期末终结性考核50%	考核形式
考核要求	平时表现30%（考勤、作业、实验实践等）+阶段考核20%	理论考试、实践考核、课题报告、答辩等方式，可选择一种或多种方式，要明确各部分分数占比	建议第1期笔试，第2期项目综合能力实践考核

2）评价内容与标准

课程考核评价内容与标准如表17-5、表17-6和表17-7所示。

表17-5 平时过程性考核评价内容与标准

项目	内容	分值			
学习态度（10分）	出勤情况（5分）	5（优秀）	4（良好）	3（合格）	0（不合格）
	听课态度（5分）	5（优秀）	4（良好）	3（合格）	0（不合格）

续表

项目	内容	分值			
学习水平（15分）	课堂提问（5分）	5（优秀）	4（良好）	3（合格）	0（不合格）
	讨论课发言（5分）	5（优秀）	4（良好）	3（合格）	0（不合格）
	作业（5分）	5（优秀）	4（良好）	3（合格）	0（不合格）
实践动手能力（25分）	查阅与应用设计手册、掌握设计软件能力以及创新设计能力（25分）	25（优秀）	18（良好）	15（合格）	0（不合格）

表 17-6　期末终结性考核内容与标准

项目	考核内容与标准	分值
试卷考试（50分）	塑料成型工艺确定	2
	模具结构认知	6
	产品工艺性分析	12
	注射模设计	25
	课程思政、工匠精神、职业素养考核	5
共计		50

表 17-7　项目设计—综合能力实践评价内容与标准

项目	考核内容与标准	分值
项目设计—综合能力实践考核（50分）	考核内容： 对学生综合设计项目内容进行评定和答辩，全面考核学生与设计有关的基础理论和设计技能的掌握情况	
	考核标准： 优秀：基础理论和基本概念清楚，设计过程中反映出较强的独立工作能力。	45（优秀）
	良好：基础理论和基本概念清楚，设计过程中反映出有一定的独立工作能力。	40（良好）
	合格：基础理论和基本概念虽有错误，但经启发能予以纠正。	30（合格）
	不合格：基本概念不清，经启发仍不能阐明设计的基本论点	30以下（不合格）

说明：

（1）课程评价采用平时过程测评与期末终结性鉴定相结合的鉴定方式，采用线上评价与线下评价、理论评价与实操评价的方式进行。

（2）期末终结性考核以试卷、课程总结报告或课程综合能力考核等形式进行评定。其中，课程综合能力考核以模具项目设计内容（1个）为依据，以课题答辩方式进行，主要由教师给予评价。

加强实践型教学环节的考核，工作过程与模块评价相结合，定性评价与定量评价相结合，注重理解与分析能力的提高与培养。

（3）加大对学生学习过程的评价与控制，教学中分工作任务模块评分，设计各环节的考核标准和相应的考核表格，形成对工程素质、实践技能、合作能力等综合评价体系。

（4）课程结束后进行综合职业能力评价，应用实例分析与讲解、答辩等手段，充分发挥学生的主动性和创造力，考核学生所拥有的综合职业能力及水平。

（5）由教师与学生组成教学评价团队，对学生的学习积极性、自主性、参与性、学习过程和结果给予评价与考核。

（6）学习过程的评价采用以学生和学习团队为主教师为辅的评价体系，主要对学生学习纪律、学习态度、学习活动中参与的积极性与能力、交流合作的能力以及实训与练习考核。

（7）学习结果的评价主要采用以教师为主学生为辅的评价体系，主要对学生的学习能力、设计能力、学习成效进行综合评价。

（8）平时过程性考核包括学习态度、学习水平和实践动手能力三个方面。

学习态度——学生学习纪律与态度、学习活动中参与的积极性、学习交流与团队协作能力占10%。采用课堂学习活动评比、学习效果自评、互评、问卷调查等形式，主要由学生与学生团队给予评价。

学习水平——教学各单元模块知识结构与技能的训练占15%。以各学习单元的理论与实践项目活动鉴定为依据进行考核，主要由教师与学生团队给予评价。

实践动手能力——项目综合训练、创新能力占25%。以综合项目设计内容（1个）为依据进行综合项目考核，对查阅与应用设计手册、掌握设计软件能力以及创新设计能力进行评定，主要由教师与学生团队给予评价。

（9）期末终结性考核以试卷、课程总结报告或课程综合能力考核等形式进行评定，试卷占30%，课程总结报告或课程综合能力考核占20%。其中，课程综合能力考核以模具项目设计内容（1个）为依据，以课题答辩方式进行，主要由教师给予评价。

4. 注意事项

建议课程任课教师平时成绩均采用线上课程平台考核，课程考核内容可参照考核标准要求实施，注意做好学习过程、到课情况、平时作业、实验实践情况、考核情况的相关记录，将其作为学生最终评定成绩的明确依据，并与成绩册一同形成成绩档案保存。

四、课程资源

1. 教材选用

（1）按照学院《教材管理办法》，选用的教材要符合高职教学的要求，尽量选用近三年出版的教育部规划教材。

（2）搭建产学合作平台，充分利用模具行业的企业资源，组织由主讲教师与企业专家技术骨干组成的教学团队编写工学结合的教材。

2. 网络资源

（1）塑料模具设计与实践在线课程。

（2）充分认识信息技术与学科的整合，积极使用国家精品在线课程资源、国家专业教学资源库相关资源实现线上线下混合式教学、翻转课堂教学，如教学资源库、网络资源、MOOC课程、SPOC课程等。

（3）利用现代信息技术开发教学用多媒体课件，包含"授课要点、模拟实验、在线答疑、自主测试"等内容，通过搭建多维、动态、活跃、自主的课程学习与训练平台，使学生的主动性、积极性和创造性得以充分调动。

（4）给学生提供电子书籍、电子期刊、数字图书馆、专业网站等网络资源的导引信息以及操作方法，使学生充分利用网络资源自主学习，实现教学内容从单一化向多元化转变，为学生的研究性学习和自主性学习创造条件,使学生能力得到充分拓展。

五、师资队伍

1. 课程教学团队

本课程为理实一体化课程,要求课程授课教师应具有良好的理论水平和较强的实践动手能力,课程教学团队由专任教师和兼职教师组成。通过人才引进、聘请兼职教师等手段,确保师资数量;通过教师职业能力和职业技能培训,提高师资队伍的"双师"素质,并形成合理的"双师"结构。

1)专兼职教师素质要求

根据《深化新时代职业教育"双师型"教师队伍建设改革实施方案》精神和模具设计与制造专业岗位人才标准,本课程专兼职教师素质能力要求如表17-8所示。

表17-8 专兼职教师素质能力要求

教师类型	素质要求	能力要求
专职教师	具备爱国守法、爱岗敬业、关爱学生、教书育人、为人师表、终身学习等素质	(1)具备通识性教育、课程教学、素养教育等专业知识; (2)具备教学设计、教学实施、教学管理能力; (3)具备社会服务和科研能力
兼职教师	具备爱国守法、爱岗敬业、关爱学生、教书育人、为人师表、终身学习等素质	(1)具备较强的专业技能; (2)具备教学设计、教学实施、教学管理能力

2)职业能力课程任课教师资格

具有相应职业资格证书、受过技能培训的专职教师和受过职业教学能力培训的企业技术人员及能工巧匠。

课程教学团队专职教师基本情况如表17-9所示,兼职教师基本情况如表17-10所示。

表17-9 专职教师基本情况

序号	姓名	年龄	学历	职称	职业资格	教师属性	承担任务
1	夏江梅	57	大学本科	教授	工程师	校内专职、课程负责人	课程建设及教学
2	韦光珍	42	硕士研究生	副教授	工程师	校内专职、全国技术能手	课程建设及教学
3	叶家飞	50	大学本科	副教授	工程师	校内专职	课程建设及教学
4	骆冬智	32	博士研究生	讲师	高级技师	校内专职	课程建设及教学
5	柏洪武	47	硕士研究生	教授	工程师	校内专职	课程建设及教学

表17-10 兼职教师基本情况

序号	姓名	年龄	学历	职称	职业资格	企业名称	承担任务
1	李元果	44	大学本科	高级工程师	高级工程师	重庆持恒模具有限公司	课程建设指导及课程教学
2	虞学军	58	硕士研究生	高级工程师	高级工程师	重庆杰品科技股份有限公司	课程建设指导及课程教学

2. 课程团队职责

（1）模具设计与制造专业建设指导委员会把握课程发展方向。

（2）教研室主任、专业负责人与课程负责人负责课程的整体建设、内容的调整、课程的持续发展。

（3）专职教师负责课程的授课，专职教师与实训指导教师共同负责课程的实训指导。

（4）课程负责人负责监督课程的实施。

六、实践教学

1. 校内实训条件要求

建立模具理实一体化实训室，通过学生自己动手，熟悉模具结构、组成与工作原理，熟悉模具设计软件，为学生参与设计铺垫平台。

本课程实验实训可在智能制造大楼、第一实训楼、现代制造技术实训中心、智能制造产教融合中心进行。

2. 校外实训条件要求

校企合作开发实验实训课程资源。充分利用本行业典型企业的资源，加强校企合作，建立校外实训基地，既能满足学生的实习实训需求，又能进行实验实训课程资源的开发，同时为学生就业提供机会，开创就业渠道。

课程校外实习实训由校内专职和企业教师共同指导，校外实习实训基地一览表如表17－11所示。

表17－11　校外实习实训基地一览表

序号	实习实训基地名称	实习实训功能	实习实训条件	指导老师
1	东风商用车发动机公司	跟岗实习	满足实习要求	校内专职和企业教师
2	重庆元创技研实业开发有限公司	跟岗实习	满足实习要求	校内专职和企业教师
3	重庆长安汽车模具有限公司	岗位实习	满足实习要求	校内专职和企业教师

18　冲压模具设计与实践课程标准

（编写：蒋小娟　　校对：张玉平　　审核：韦光珍）

课程代码：02150184
课程类型：理实一体化课
学时/学分：120 学时/7.5 学分
适用专业：模具设计与制造

一、课程概述

1. 课程性质

本课程是模具设计与制造专业必修的专业核心课，是在学习了机械制图、液压与气动控制、机械设计基础、计算机三维造型、工程力学、金属热处理、公差配合与测量技术课程之后，具备了模具设计能力的基础上，开设的一门理实一体化课程。其功能是对接专业人才培养目标，面向模具设计工程技术人员、产品设计工程技术人员等技术工作岗位，通过对冲裁工艺与模具设计、弯曲工艺与模具设计、拉深工艺与模具设计等内容的学习，培养学生具备设计中等复杂程度零件冲压模具的能力，为后续综合实训与毕业设计奠定基础。

2. 课程定位

本课程对接的主要工作岗位是冲压产品成型工艺员、冲压模具设计员、模具工艺员及模具装调工，通过对职业岗位中典型工作任务及生产中典型零件模具方案的设计，使学生具备设计中等复杂零件冲压模具的能力，能解决生产中常见冲压模具及冲压工艺设计问题。

二、课程目标

本课程的目标是培养学生的学习意识、安全意识、工匠精神和创新思维；通过本课程的学习，能掌握冲压件生产的一般过程，冲压工艺、工序和实现工序所需模具的种类，冲压工艺与冲压模具之间的关系；了解冲压成形工艺知识，具备冲压工艺及冲模设计的专业知识；利用模具标准和设计手册，应用CAD软件构建模具三维模型和绘制二维模具设计图纸。完成该课程的学习之后，学生能完成中等复杂程度冲压制件的冲压模具设计与实践。

具体目标如下：

1. 知识目标

（1）能说出冲压件生产的一般过程，冲压工艺、工序和实现工序所需模具的种类，冲压工艺与冲压模具之间的关系。
（2）掌握冲压工艺及冲压模具的设计方法和步骤。
（3）掌握冲压成形过程分析知识，具备冲压工艺及冲模设计的专业知识。

2. 技能目标

（1）会冲压制件的工艺性分析与相应的工艺方案设计及计算，设计实现工序所需模具的结构。
（2）能利用模具标准和设计手册，应用CAD软件构建模具三维模型和绘制二维模具设计图纸。

(3) 能解决冲压生产中常见的产品质量和模具方面的技术问题。

3. 素养目标
(1) 能践行社会主义核心价值观，养成深厚的爱国情感和中华民族自豪感。
(2) 履行道德准则和行为规范，养成社会责任感和社会参与意识。
(3) 培养质量意识、安全意识、工匠精神和创新思维。
(4) 培养自我管理能力，职业生涯规划意识，有较强的集体意识和团队合作精神。

三、课程实施和建议

1. 课程内容和要求

(1) 课程设计思路。依据人才培养方案，培养学生具备从事材料成型工艺及工装设计、设备保养与维护、产品营销的能力。通过对课程中蕴含的思想政治教育元素的梳理，坚持立德树人的理念，按照岗位知识能力要求，以国家职业标准四级模具设计师的职业标准为依据，以实际工作过程为导向，以冲压模具设计过程涉及的专业知识学习领域为课程主线，将课程思政纳入课程设计中。遵循学生的认知与技能规律，选择的载体由简单到复杂，由浅入深培养学生设计单工序模、复合模、多工位级进模的能力，使学生的职业能力不断递增。倡导学生在项目实施过程中掌握冲压模具设计的专业知识，逐步掌握冲压模具设计的方法和技能，最终达到企业岗位能力要求，实现由学生向员工的转换。

(2) 课程内容选取依据。课程组通过走访重庆市模具行业、企业进行调研，得知冲压模具企业的产品主要以冲裁模具、弯曲模具、拉深模具及成形模具为主；根据模具产业的这一特点，本着为行业、企业服务的宗旨，针对冲压模具设计员岗位能力要求，与企业技术人员共同进行基于工作过程的课程开发，课程内容融入了国家四级模具设计师所需具备的知识和能力。课程组与企业人员共同开发课程内容，在"教学做"一体的环境中完成产品工艺性分析、工艺方案确定、模具结构设计、主要工艺计算、排样图设计、压力机选择、凸凹模刃口尺寸计算、工作零件设计及冲压工艺编制等工作过程，每个项目完成的步骤是相同的，是模拟真实的工作过程。校企合作共同设计工作任务，以企业真实化工作任务为载体，从而达到来源于企业服务于企业的目的，也便于教学活动的开展。课程学时分配如表18-1所示，课程内容和要求如表18-2所示。

表18-1 课程学时分配

项目（情景/模块/章节/单元）	学时			上课学期
	理论	实践	小计	
项目1 认识冲压	2	2	4	第一学期
项目2 冲压成形基础	10	8	18	
项目3 冲裁模具设计	20	22	42	
项目4 弯曲模具设计	10	10	20	第二学期
项目5 拉深模具设计	12	14	26	
项目6 成形模具设计	6	4	10	
合计	60	60	120	

表 18－2　课程内容和要求

项目	任务	素质目标	知识目标	技能目标	教学活动
项目1 认识冲压	任务1.1 课程的地位及作用	保持健康的学习心理，确立相应的人生目标	课程的主要内容和目标★	明确学习本课程达到的目标及需要完成的任务★	提问、头脑风暴、课堂讨论
	任务1.2 冲压成形技术及发展趋势	培养学生正确的就业导向	（1）冲压成形的基本概念及特点；★ （2）冷冲压现状与发展方向■★	能认识日常生活用品冲压件	提问、头脑风暴、课堂讨论
项目2 冲压成形基础	任务2.1 冲压工序及模具认识	（1）培养良好的职业道德和科学的创新意识； （2）培养良好的团队合作精神	（1）知道冲压工序的分类；★ （2）冷冲模的分类及模具结构组成■	（1）能识别冲压件的工序组成； （2）能利用CAD绘图软件实现模具图抄图★	提问、头脑风暴、课堂讨论、测验、模具图抄图
	任务2.2 冲压设备认识	（1）培养良好的职业道德和科学的创新意识； （2）培养良好的团队合作精神； （3）树立良好的环保意识、安全意识	（1）掌握冲压设备的分类及规格型号；★ （2）了解模具在压力机上的固定方式	（1）冲压、冲模、冲床之间关系；■★ （2）认识常见冲压设备	提问、头脑风暴、课堂讨论、测验、模具图抄图
	任务2.3 冲压材料认识	（1）培养良好的职业道德和科学的创新意识； （2）培养良好的团队合作精神	掌握常用材料并合理选用★	能根据要求合理选择冲压材料★	提问、头脑风暴、课堂讨论、测验、模具图抄图
	任务2.4 冲压模具材料认识	（1）培养良好的职业道德和科学的创新意识； （2）培养良好的团队合作精神	掌握常用冲压模具材料及热处理并合理选用■★	能根据要求合理选择模具材料及热处理★	提问、头脑风暴、课堂讨论、测验、模具图抄图、考试
项目3 冲裁模具设计	任务3.1 冲裁模具设计流程	（1）培养良好的职业道德和科学的创新意识； （2）能独立制订工作计划并实施； （3）培养较强的人际沟通能力； （4）培养良好的团队合作精神	（1）掌握冲裁工艺及模具设计步骤；★ （2）了解冲压模具的开发步骤■	能根据冲裁件确定模具设计步骤★	提问、头脑风暴、课堂讨论、测验、制件图设计

续表

项目	任务	素质目标	知识目标	技能目标	教学活动
项目3 冲裁模具设计	任务3.2 冲裁工艺设计	（1）培养良好的职业道德和科学的创新意识；（2）能完成工作计划实施；（3）培养较强的人际沟通能力；（4）培养良好的团队合作精神	（1）了解冲裁件的断面特征；★（2）掌握冲压工艺方案制定步骤；★（3）掌握冲压工艺方案内容★	（1）初步具备冲裁件断面质量的判断及分析能力；★（2）能进行冲裁件工艺性分析；★（3）能根据指定冲压件完成冲压工艺方案制订■★	提问、头脑风暴、课堂讨论、测验、冲裁工艺设计
	任务3.3 冲裁工艺参数计算	（1）培养良好的职业道德和科学的创新意识；（2）能完成工作计划实施；（3）培养较强的人际沟通能力；（4）培养良好的团队合作精神	（1）认识冲裁模间隙对冲裁质量的影响；★（2）正确选择冲裁合理间隙的方法；★（3）掌握凸凹模刃口尺寸的计算方法；■★（4）熟悉降低冲裁力的方法和措施；（5）合理地进行冲裁排样■★	（1）能正确选择冲裁模具间隙；（2）会冲裁件排样设计；★（3）会冲压力和压力中心的计算，会正确选择压力机的规格；★（4）能进行凸模与凹模刃口尺寸的计算方法■★	提问、头脑风暴、课堂讨论、测验、冲裁工艺参数计算
	任务3.4 冲裁模具结构设计	（1）培养良好的职业道德和科学的创新意识；（2）能完成工作计划实施；（3）培养较强的人际沟通能力；（4）培养良好的团队合作精神	（1）掌握冲裁模的典型结构；（2）掌握单工序模、级进模、复合模的结构特点及应用条件★	（1）知道单工序模具的典型结构及适用范围；（2）知道级进模的典型结构及适用范围；（3）会模具结构的选择■★	提问、头脑风暴、课堂讨论、测验、模具结构设计
	任务3.5 冲裁模具零部件设计	（1）培养良好的职业道德和科学的创新意识；（2）能完成工作计划实施；（3）培养较强的人际沟通能力；（4）培养良好的团队合作精神	（1）掌握模具零部件的分类；（2）掌握冲裁模具主要零部件的设计■★	（1）能根据相关国家标准，对标准件正确选用；■★（2）能根据要求，完成模具非标件的设计■★	提问、头脑风暴、课堂讨论、测验、冲裁模零部件设计
	任务3.6 冲裁模具图绘制	（1）培养良好的职业道德和科学的创新意识；（2）能完成工作计划实施；（3）培养较强的人际沟通能力；（4）培养良好的团队合作精神	掌握装配图的绘制要求及表达方式★	根据课程设计要求，能绘制出符合国家标准的模具装配图■★	提问、头脑风暴、课堂讨论、测验、考试、冲裁模具装配图绘制

续表

项目	任务	素质目标	知识目标	技能目标	教学活动
项目4 弯曲模具设计	任务4.1 弯曲模具设计流程	（1）培养良好的职业道德和科学的创新意识； （2）能独立制定工作计划并实施； （3）培养较强的人际沟通能力； （4）培养良好的团队合作精神	（1）掌握弯曲工艺及模具设计步骤；★ （2）熟悉弯曲变形的过程及特点； （3）了解弯曲变形时变形区的应力、应变状态■	（1）能根据弯曲件确定模具设计步骤；★ （2）熟悉弯曲中性层的确定方法★	提问、头脑风暴、课堂讨论、测验、弯曲件图设计
	任务4.2 弯曲工艺设计	（1）培养良好的职业道德和科学的创新意识； （2）能完成工作计划实施； （3）培养较强的人际沟通能力； （4）培养良好的团队合作精神	（1）掌握冲压件弯曲工艺性分析的内容；★ （2）了解控制偏移的方法和措施； （3）掌握最小弯曲半径及影响因素	（1）能根据制件情况进行弯曲件的工艺性分析； （2）能根据指定冲压件完成冲压工艺方案制订；■★ （3）会编制完整的弯曲工艺过程卡	提问、头脑风暴、课堂讨论、测验、弯曲工艺设计
	任务4.3 弯曲工艺参数计算	（1）培养良好的职业道德和科学的创新意识； （2）能完成工作计划实施； （3）培养较强的人际沟通能力； （4）培养良好的团队合作精神	（1）了解回弹现象，掌握控制弯曲回弹的方法与措施； （2）掌握弯曲件坯料尺寸计算的方法；■★ （3）掌握弯曲力的计算★	（1）会弯曲卸载后回弹值的确定；■ （2）坯料的尺寸计算；★ （3）会弯曲力的计算及弯曲压力机的选择★	提问、头脑风暴、课堂讨论、测验、弯曲工艺参数计算
	任务4.4 弯曲模具结构设计	（1）培养良好的职业道德和科学的创新意识； （2）能完成工作计划实施； （3）培养较强的人际沟通能力； （4）培养良好的团队合作精神	（1）掌握弯曲模具典型结构及分类； （2）掌握单工序弯曲模具典型结构及应用特点；★ （3）了解级进模、复合模典型结构及应用特点； （4）掌握通用弯曲模具典型结构及应用特点★	（1）能进行单工序弯曲模具的设计；★ （2）会模具结构的选择	提问、头脑风暴、课堂讨论、测验、弯曲模具结构设计
	任务4.5 弯曲模具零部件设计	（1）培养良好的职业道德和科学的创新意识； （2）能完成工作计划实施； （3）培养较强的人际沟通能力； （4）培养良好的团队合作精神	掌握弯曲模具工作部分设计■★	（1）会弯曲模具工作部分尺寸设计与选用；■★ （2）会斜楔滑块机构设计与选用	提问、头脑风暴、课堂讨论、测验、考试、弯曲模具图零部件绘制

续表

项目	任务	素质目标	知识目标	技能目标	教学活动
项目5 拉深模具设计	任务5.1 拉深模设计流程	（1）培养良好的职业道德和科学的创新意识； （2）能独立制订工作计划并实施； （3）培养较强的人际沟通能力； （4）培养良好的团队合作精神	（1）掌握拉深工艺及模具设计步骤； （2）了解拉深变形过程及特点； （3）掌握拉深质量问题及其控制■	（1）能根据拉深件确定工艺及模具设计步骤；★ （2）能够分析拉深工艺中的起皱和拉裂现象	提问、头脑风暴、课堂讨论、测验、拉深件图设计
	任务5.2 拉深工艺设计	（1）培养良好的职业道德和科学的创新意识； （2）能完成工作计划实施； （3）培养较强的人际沟通能力； （4）培养良好的团队合作精神	（1）知道拉深工艺制定内容；★ （2）知道拉深工艺制定步骤；★ （3）知道拉深工艺的辅助性工序	（1）能对冲压件进行工艺性分析；■★ （2）会拉深件的工艺规程制定■★	提问、头脑风暴、课堂讨论、测验、拉深工艺设计
	任务5.3 拉深工艺参数计算	（1）培养良好的职业道德和科学的创新意识； （2）能完成工作计划实施； （3）培养较强的人际沟通能力； （4）培养良好的团队合作精神	（1）熟悉拉深过程的起皱与破裂现象； （2）理解坯料形状和尺寸确定的依据和原则；★ （3）掌握简单旋转体拉深件坯料尺寸的确定；★ （4）了解复杂旋转体拉深件坯料尺寸的确定； （5）掌握无凸缘圆筒形件的工艺计算；■★ （6）掌握拉深系数的影响因素及确定；★ （7）掌握拉深时的防皱措施，压料力的计算； （8）掌握拉深力的计算；★ （9）了解有凸缘圆筒形件的拉深	（1）会简单旋转体拉深件坯料尺寸的计算；★ （2）能进行无凸缘圆筒形件的工艺计算；■★ （3）会正确选择压力机	提问、头脑风暴、课堂讨论、测验、拉深工艺参数计算

续表

项目	任务	素质目标	知识目标	技能目标	教学活动
项目5 拉深模具 设计	任务5.4 拉深模具 结构设计	（1）培养良好的职业道德和科学的创新意识； （2）能完成工作计划实施； （3）培养较强的人际沟通能力； （4）培养良好的团队合作精神	（1）知道拉深模具的分类及适用范围； （2）掌握拉伸模的典型结构★	（1）能根据制件情况选择拉深模具结构；■★ （2）根据制件要求能合理选择是否采用压料机构； （3）正确处理拉深模与压力机的关系	提问、头脑风暴、课堂讨论、测验、拉深模具结构设计
	任务5.5 拉深模零部件设计	（1）培养良好的职业道德和科学的创新意识； （2）能完成工作计划实施； （3）培养较强的人际沟通能力； （4）培养良好的团队合作精神	掌握拉深模工作部分的设计■★	（1）能进行拉深模总图绘制； （2）能进行工作零件设计；■★ （3）拉深模其他零件设计	提问、头脑风暴、课堂讨论、测验、考试、拉深模具图零部件绘制
项目6 成形模具 设计	任务6.1 胀形模具 设计	（1）培养良好的职业道德和科学的创新意识； （2）能完成工作计划实施； （3）培养较强的人际沟通能力； （4）培养良好的团队合作精神	（1）知道胀形成形工艺的特点；★ （2）知道选择压力机	能进行简单胀形模具的设计■★	提问、头脑风暴、课堂讨论、测验
	任务6.2 翻边模具 设计	（1）培养良好的职业道德和科学的创新意识； （2）能完成工作计划实施； （3）培养较强的人际沟通能力； （4）培养良好的团队合作精神	（1）翻边成形工艺的特点； （2）掌握圆孔翻边的计算方法；★ （3）知道选择压力机	能进行简单翻边模具设计■★	提问、头脑风暴、课堂讨论、测验
	任务6.3 缩口、校形 模具设计	（1）培养良好的职业道德和科学的创新意识； （2）能完成工作计划实施； （3）培养较强的人际沟通能力； （4）培养良好的团队合作精神	（1）熟悉校形的目的与方法； （2）知道缩口、校形等成形工艺的特点；★ （3）知道选择压力机	能进行简单缩口模具、整形模具的设计■★	提问、头脑风暴、课堂讨论、测验、考试
备注：教学重点、难点在表中标出，其中，打★的为教学重点，打■的为教学难点。					

2. 教学方法和教学手段

1）教学方法建议

（1）以真实的冲压制件为载体，引导学生对冲压工艺性分析、冲压工艺方案制定、模具的结构方案选择、零部件设计、模具零件工艺制定等，最终完成冲压件模具设计。实施过程中以学生为主，学生以小组为单位自己进行分析、制定方案、组织实施。提供给学生具体的目标和要求，同时也提示一些可能遇到的问题，由学生自行解决。培养学生的思维能力、分析问题、解决问题的能力。

（2）讲解模具典型结构时，授课地点在模具拆装实训室，通过若干个典型的生产模具为学生提供工作情境，引导学生由感性到理性的认识，引导学生观察指定模具用于哪种工序，并写出模具的工作零件、导向零件、卸料零件是什么？该模具有无定位零件？写出该套模具的工作原理。

（3）以学生为本，真正实现融"教学做"为一体的职业教育教学的目标。在冲压模设计的教学过程中，任课教师按照企业中真实的模具设计程序，按照六步法的构思针对实例一步一步地进行。首先明确本节课要完成的任务，然后利用动画演示模具结构，列举多套不同模具结构的优缺点，用什么技能讲什么知识，最后将与实例结构相近的模具设计任务交给学生，规定学生限时完成，使学生由理论付诸到实践，并掌握本课程的核心专业技能。

（4）在教学过程中，应加大实践实操的容量，要紧密结合模具设计师职业资格内容，加强技能实操项目的训练，提高学生的岗位适应能力。

（5）注重冲压模具专业工程案例的积累与开发，以多媒体、录像、案例分析、在线答疑等方法提高学生解决问题与分析实际应用问题的专业技能。

（6）在教学过程中，要重视本专业领域新技术、新工艺、新设备发展趋势，贴近生产现场，为学生提供职业生涯发展的空间，努力培养学生参与社会实践的创新精神和职业能力。

2）教学手段

（1）提供丰富、适用的多种类型立体化、信息化课程资源，运用工作页，实现多功能作用。

（2）运用现代教育技术，将教学视频、电子教材、电子课件、电子讲稿、数控加工仿真软件、网络教学等现代化教学手段相结合。

（3）在教学过程中，重视本专业领域新技术、新工艺、新设备发展趋势，努力为学生提供职业生涯发展的空间，着力培养学生参与社会实践的创新精神和职业能力。

3. 教学评价

1）考核要求

课程考核应符合有关管理规定，具体要求如表18-3所示。

表18-3　课程考核要求

考核类别	平时过程性考核50%	期末终结性考核50%	补考
考核要求	平时表现30%（考勤、作业）+阶段考核20%	期末成绩评定由理论知识和课程设计两大部分组成，其中理论部分占30%，课程设计部分占20%。课程设计部分包括职业道德5%、理论计算10%、绘图质量5%	理论考试

2）说明

（1）平时过程性考核包括学生平时表现和阶段考核两个方面。

平时表现——学生上课的考勤占5%，学习纪律与态度、学习活动中参与的积极性、学习作业完成情况占25%。采用课堂学习活动评比、学习效果自评、互评、问卷调查等形式，主要由学生与学生团队给予评价。

阶段考核——章节测试占20%。以章节内容知识点为依据进行章节测试考核，对学习单元理论知识与实践项目活动为鉴定依据进行考核，主要由教师给予评价。

（2）期末终结性考核包括理论部分和课程设计两个方面。

期末考核以试卷、课程设计等形式进行评定，期末设计的试卷占30%，课程设计考核占20%。其中，期末考试试卷考查学生对知识点的综合运用能力，由学生参加期末考试得出成绩。课程设计要根据查阅与应用设计手册、掌握设计软件能力以及创新设计能力进行评定，主要由教师与学生团队给予评价。

冲压模具设计与实践课程具体考核要求如表18-4和表18-5所示。

表18-4 考核方式

考核分类		考核方式	成绩比例
过程性评价	课堂理论测试	检查作业、课堂提问、平时测验为主	30%
	阶段测试	每章节的测评	20%
终结性评价	主要考核学生对该门课程的综合应用能力	笔试	30%
	课程设计	课程设计报告	20%

表18-5 平时过程性考核与课程设计评价内容与标准

项目	内容	分值			
平时表现（30分）	出勤情况（5分）	5（优秀）	4（良好）	3（合格）	0（不合格）
	听课态度（5分）	5（优秀）	4（良好）	3（合格）	0（不合格）
	课堂提问（5分）	5（优秀）	4（良好）	3（合格）	0（不合格）
	讨论课发言（5分）	5（优秀）	4（良好）	3（合格）	0（不合格）
	线上课件学习（10分）	10（优秀）	8（良好）	6（合格）	0（不合格）
阶段考核（20分）	章节测试（20分）	20（优秀）	16（良好）	12（合格）	0（不合格）
课程设计能力（20分）	查阅与应用设计手册、掌握模具结构设计能力（20分）	20（优秀）	16（良好）	12（合格）	0（不合格）

（3）注意事项。

说明：平时过程性考核一般由平时表现（考勤、作业、实验实践等）及阶段考核组成，其中，阶段考核的次数一般不少于每24课时1次；期末终结性考核的主要形式为理论考试，技能操作性较强的课程可采用综合性技能操作考核、课题报告、答辩、考证成绩、技能竞赛等方式评价。

四、课程资源

1. 教材选用

（1）按照学院《教材管理办法》，选用的教材要符合高职教学的要求，尽量选用近三年出版的教育部规划教材。

（2）搭建产学合作平台，充分利用模具行业的企业资源，组织由主讲教师与企业专家技术骨干组成的教学团队编写工学结合的教材。

教材选用一览表如表 18-6 所示。

表 18-6 教材选用一览表

序号	教材名称	主编	出版社
1	冲压工艺与模具设计	柯旭贵	机械工业出版社
参考资料			
1	冲压成形工艺及模具——设计与实践	洪奕	重庆大学出版社
2	冲压模具与设备	徐政坤	机械工业出版社

2. 网络资源

根据课程目标、学生实际以及本课程的理论性和实践等特点，本课程的教学建设由文字和电子教材、教学视频、电子课件、电子讲稿等多种形式的教学资源与课程设计的项目相结合，共同完成教学任务，达成教学目标。

（1）智慧职教课程平台冲压模具设计课程

https://zjy2.icve.com.cn/expertCenter/process/edit.html?courseOpenId=ssmxavgosrjgq3brvc2qug&tokenId=ssfadkrgohjg7xdns5o2g。

（2）课程资源的开发和利用，充分利用教学视频、多媒体数控加工仿真软件、电子讲稿、动画等资源创设形象生动的工作情境，激发学生的学习兴趣，促进学生对知识的理解和掌握。建议加强常用课程资源的开发，建立多媒体课程资源的数据库，努力实现跨学校多媒体资源的共享，以提高资源利用效率。

（3）积极开发和利用网络课程资源。充分利用诸如电子书籍、电子期刊、数据库、数字图书馆、教育网站和电子论坛等网络信息资源，使教学载体从单一媒体向多元媒体转变，使教学活动从信息的单向传递向双向交互转变，使学生从单独的学习向合作学习转变。

五、师资队伍

1. 课程教学团队

通过人才引进、聘请兼职教师等手段，增加师资数量；通过教师职业能力和职业技能培训，提高师资队伍的"双师"素质，形成合理的"双师"结构。

1）专兼职教师数量、结构

课程教学团队中：全国技术能手 2 人；校内专职教师 7 人，行业企业兼职教师 2 人；博士 3 人，硕士 4 人，本科 3 人；高级职称 4 人，中级职称 4 人；双师型专职教师 7 人，其中高级双师型教师 3 人，中级双师型教师 4 人，双师型教师占比达 100%。

2）专兼职教师素质

根据《深化新时代职业教育"双师型"教师队伍建设改革实施方案》精神和模具设计与制造岗位人才标准，本课程专兼职教师素质能力要求如表 18-7 所示。

表 18-7　专兼职教师素质能力要求

教师类型	素质要求	能力要求
专职教师	具备爱国守法、爱岗敬业、关爱学生、教书育人、为人师表、终身学习等素质	(1) 具备通识性教育、课程教学、素养教育等专业知识； (2) 具备教学设计、教学实施、教学管理能力； (3) 具备社会服务和科研能力
兼职教师	具备爱国守法、爱岗敬业、关爱学生、教书育人、为人师表、终身学习等素质	(1) 具备较强的专业技能； (2) 具备教学设计、教学实施、教学管理能力

3）职业能力课程任课教师资格

具有相应职业资格证书、受过技能培训的专职教师基本情况如表18-8所示。受过职业教学能力培训的企业技术人员、能工巧匠等兼职教师基本情况如表18-9所示。

表 18-8　专职教师基本情况

序号	姓名	学历	职称	职业资格	行业经历	承担任务
1	张玉平	硕士研究生	副教授	钳工高级	2 年	课程建设及教学
2	蒋小娟	博士研究生	讲师	钳工中级	3 年	课程建设及教学
3	谭大庆	大学本科	副教授	高级技师	4 年	课程建设及教学
4	韩辉辉	大学本科	高级实验师	高级技师	3.5 年	课程建设及教学
5	胡慧芳	博士研究生	讲师	工程师	2 年	课程建设及教学
6	胡蒙均	博士研究生	讲师	工程师	14 年	课程建设及教学
7	吴莉莉	硕士研究生	工程师	工程师	9.5 年	课程建设及教学

表 18-9　兼职教师基本情况

序号	姓名	性别	单位	职称	承担任务
1	孙涛	男	重庆杰品科技股份有限公司	工程师	课程建设指导及课程教学
2	洪杰伟	男	重庆长安模具有限公司	高级工程师	课程建设指导及课程教学

2. 课程团队职责

（1）模具设计与制造专业建设指导委员会把握课程发展方向。
（2）教研室主任、专业负责人与课程负责人负责课程的整体建设、内容的调整、课程的持续发展。
（3）专职教师负责课程的授课，专职教师与实训指导教师共同负责课程的实训指导。
（4）课程负责人负责监督课程的实施。

六、实践教学

校内实训条件要求：本课程实验实训可在智能制造大楼、第一实训楼、现代制造技术实训中心、智能制造产教融合中心进行。实训条件一览表如表18-10所示。

表 18-10 实训条件一览表

序号	实训室名称	配置设备	完成教学内容
1	模具拆装实训室	冲压模具（10套）、塑料模具（10套）、液压机（1台）、冲床（1台）	（1）模具的组成及机械结构的认识； （2）模具功能部件的结构认识与装配
2	公差与测量技术	游标卡尺、外径千分尺、内径百分表、平面度、圆跳动（各8套）	（1）凸、凹模具结构设计中刃口尺寸计算； （2）凸、凹模具结构设计精度确定
3	力学性能	硬度计、万能力学拉伸试验机	冲裁、弯曲、拉深工艺参数计算，冲压制件材料应力应变曲线
4	零件测绘	测绘图板、工具、量具	模具零部件设计
5	模具设计	教学模型（45付）、企业模具图（28套）、模具标准件（105种）、模具零部件标准样本（10套）	（1）模具定位零件设计； （2）模具工作零件设计； （3）模具导向零件设计
6	模具仿真	仿真软件（6类）	模具虚拟拆装，认识模具结构

本课程的教学实施过程是理实一体的。在单项技能训练阶段每个教学活动中，首先通过视频、实物、设计软件让学生获得与教学相关的工作环境感性认识，激发学生的学习兴趣，进而获得与工作岗位和工作过程相关的专业知识和技能。在综合项目训练阶段，在教学设计中按照模具设计与制造的工作过程对课程内容进行序化，即将陈述性知识与过程性知识整合、理论知识学习与实践技能训练整合、专业能力培养与职业素质培养整合、工作过程与学生认知心理过程整合，达到良好的教学效果。

本课程的教学地点是理实一体化的"模具设计实训中心、模具拆装综合实训室、钳工实训室"，教学设施包括硬件及软件，应满足50人上课需求，集讲授区、讨论区、设计制作区及创新开发区于一体，促使师生在完成教学过程中能够将工作对象、工具、工作方法、工作要求等要素融入教学全过程，最大限度地贴近企业真实的工作场景。教学工厂配备有模具设计工作流程、设计资料、产品展台、典型模具挂图、模具设计案例、电脑和相关设计分析软件。讲授区配有教师、投影及黑板。

目前已与市内外多家大型企业建立了密切合作关系，主要有重庆元创汽车整线集成有限公司、重庆大江至信模具工业有限公司、重庆长安汽车模具有限公司、博润模具有限公司、重庆庆铃模具有限公司等（见表18-11）。

表 18-11 课程校外实习实训一览表

序号	实习实训基地名称	实习实训功能	实习实训条件	指导老师
1	重庆大江至信模具工业有限公司	跟岗实习	满足实习要求	校内专职和企业教师
2	博润模具有限公司	跟岗实习	满足实习要求	校内专职和企业教师
3	重庆元创汽车整线集成有限公司	跟岗实习	满足实习要求	校内专职和企业教师
4	重庆长安汽车模具有限公司	岗位实习	满足实习要求	校内专职和企业教师
5	重庆庆铃模具有限公司	岗位实习	满足实习要求	校内专职和企业教师

19　模具制造工艺课程标准

（编写：刘秀珍　校对：张玉平　审核：程惠清）

课程代码：01122036
课程类型：专业核心课
学时/学分：80 学时/5 学分
适用专业：模具设计与制造专业

一、课程概述

1）课程性质

本课程是模具设计与制造专业的核心课程。本课程是在学习机械制图、互换性与技术测量、机械制造基础、金属材料与热处理、机械设计基础、冲压模具设计、塑料模具设计后的一门理实一体化课程。其功能是对接专业人才培养目标，发挥课程思政功能，落实立德树人根本任务，育训结合，支持专业教学标准达成和车铣复合 1+X 职业技能等级证书获取。面向装备制造业从事模具设计与制造的人员，通过对模具加工过程、模具工艺设计方法和步骤、模具典型零件如结构件和工作零件的工艺设计、模具特种加工的学习，培养模具制造工艺设计等职业核心能力，为后续模具 CAE 的学习和顶岗实习的顺利实施奠定基础。

2）课程定位

本课程对接的工作岗位是模具制造工艺员，通过本课程的学习具备模具产品制造工艺的分析及设计能力。

二、课程目标

本课程的目标是培养学生诚实、守信的品德，善于沟通和合作的社会能力，培养学生的科学素养、崇尚科学的正确价值观以及精益求精的工匠精神。通过本课程的学习，学生能够具备中等复杂程度模具零件及模具装配工艺设计的能力。完成该课程的学习之后，学生可考取车铣复合 1+X 职业技能等级证书。

具体目标如下：

1）知识目标
（1）熟悉模具制造加工过程的组成、模具工艺设计步骤、方法以及要求。
（2）学会典型模具及零件工艺编制。
（3）了解模具特种加工原理、特点及运用。

2）技能目标
（1）能根据生产实际图样，通过查阅相关参考资料确定中等复杂模具零件的加工方法。
（2）能根据生产实际图样，通过查阅相关参考资料编制中等复杂模具零件的加工工艺。
（3）能根据生产实际图样，查阅相关参考资料确定中等复杂模具的装配工艺。

3）素质目标
（1）具有发现问题和解决问题的能力，并具有终身学习与专业发展能力。
（2）具有诚实守信、敢于担当的精神，能够弘扬中华优秀传统文化。
（3）具有工匠精神、劳动精神，能够树立社会主义核心价值观。

(4) 具有团队协作能力和沟通表达能力。
(5) 具有正确的价值观、择业观和良好的职业道德和职业意识。

三、课程实施和建议

1. 课程内容和要求

本课程以模具设计与制造专业学生的就业为导向，结合专业人才培养方案中培养目标、人才规格要求、1+X证书职业资格标准以及职业院校学生的认知特点等方面的要求，以机械制造企业的行业及地域需求为逻辑起点，以工作过程为导向，以项目实施、典型工作任务为依据，以校企专家合作开发为纽带，以校内双师教师和企业兼职教师为主导，以与行业企业共建教学环境为条件，以行动导向组织教学。本课程解构了原有的理论与实践课程体系，重构了体现模具产品制造工艺设计与编制、模具产品特种加工方法、模具产品装配工艺和模具产品质量问题的分析和判断等知识与技能的课程体系。并通过教学模式设计、教学方法设计、教学考核改革等，保证专业能力、个人能力和社会能力的培养。形成以工作过程为导向，以学生为中心、教师引导、理论—实践—应用一体化工学结合的教学模式。课程学时分配、课程内容和要求如表19-1和表19-2所示。

表19-1 课程学时分配

项目	任务	学时		
		理论	实验实训	小计
项目一 模具制造加工过程的组成、模具工艺设计步骤、方法以及要求	任务一 知道模具制造加工过程的组成	4	4	8
	任务二 知道模具工艺设计步骤	6	6	12
	任务三 知道模具工艺设计方法及要求	4	4	8
项目二 典型模具及零件工艺编制	任务一 会编制模具结构类零件工艺	4	4	8
	任务二 会编制模具工作类零件工艺	6	6	12
	任务三 会编制典型模具装配工艺	6	6	16
项目三 模具特种加工原理、特点及运用	任务一 认识特种加工工作原理、特点及运用	4	4	8
	任务二 会选用特种加工方法	4	4	8
	任务三 会分析特种加工产生的质量问题	2	2	4
合计		40	40	80

表19-2 课程内容和要求

章节/单元		素质目标	知识目标	技能目标	教学活动
项目一 模具制造加工过程的组成、模具工艺设计步骤、方法以及要求	任务一 知道模具制造加工过程的组成	(1) 具有爱国主义和集体主义精神，拥护中国共产党领导和我国社会主义制度，爱国、敬业、诚信；(2) 遵守职业规范，具有良好的专业精神、职业精神和工匠精神；(3) 具有精益求精的工匠精神；(4) 具有团队协作能力和沟通表达能力	(1) 知道生产过程与工艺过程的关系；(2) 知道工序与工步的关系；(3) 知道安装与工位的关系；■(4) 知道工艺过程组成内容各术语之间的逻辑关系★	(1) 会指出中等复杂零件图采用的加工方法；(2) 会数出任意工序内的工步数量；(3) 知道各工序的安装次数；(4) 知道各工步的进给次数	(1) 教师：引导、讲授、演示、评价；(2) 学生：模仿、讨论、练习、互评、反馈、改进

续表

章节/单元		素质目标	知识目标	技能目标	教学活动
项目一 模具制造加工过程的组成、模具工艺设计步骤、方法以及要求	任务二 知道模具工艺设计步骤	(1) 具有发现问题和解决问题的能力,并具有终身学习与专业发展能力; (2) 具有诚实守信、敢于担当的精神,能够弘扬中华优秀传统文化; (3) 具有工匠精神、劳动精神,能够树立社会主义核心价值观; (4) 具有正确的价值观、择业观和良好的职业道德和职业意识	(1) 工艺性分析的内容;■ (2) 零件毛坯种类及尺寸方法; (3) 工序尺寸及公差确定内容;★ (4) 零件工艺路线制订流程★	(1) 会工艺性分析; (2) 会件毛坯种类及尺寸确定; (3) 会工序尺寸及公差确定; (4) 会工艺路线确定	(1) 教师:引导、讲授、演示、评价; (2) 学生:模仿、讨论、练习、互评、反馈、改进
	任务三 知道模具工艺设计方法及要求	(1) 具有发现问题和解决问题的能力,并具有终身学习与专业发展能力; (2) 具有诚实守信、敢于担当的精神,能够弘扬中华优秀传统文化; (3) 具有工匠精神、劳动精神,能够树立社会主义核心价值观	(1) 工艺阶段划分的方法;★ (2) 工序内容划分的方法; (3) 切削加工安排的步骤;■ (4) 检验及辅助工序安排的方法	(1) 会实物图样的工艺阶段划分; (2) 会实物图样的工序内容划分; (3) 会实物图样的切削加工制定; (4) 会检验及辅助工序的安排	(1) 教师:引导、讲授、演示、评价; (2) 学生:模仿、讨论、练习、互评、反馈、改进
项目二 典型模具及零件工艺编制	任务一 会编制模具结构类零件工艺	(1) 具有发现问题和解决问题的能力,并具有终身学习与专业发展能力; (2) 具有诚实守信、敢于担当的精神,能够弘扬中华优秀传统文化; (3) 具有工匠精神、劳动精神,能够树立社会主义核心价值观; (4) 具有正确的价值观、择业观和良好的职业道德和职业意识	(1) 结构类零件的作用; (2) 轴类结构零件的工艺过程; (3) 套类结构类零件工艺过程; (4) 板类结构类零件工艺过程★	(1) 能识别模具零件的作用; (2) 能编制具体模具轴类零件工艺过程; (3) 能编制具体模具套类零件工艺过程; (4) 能编制具体模具板类零件工艺过程	(1) 教师:引导、讲授、演示、评价; (2) 学生:模仿、讨论、练习、互评、反馈、改进
	任务二 会编制模具工作类零件工艺	(1) 具有发现问题和解决问题的能力,并具有终身学习与专业发展能力; (2) 具有工匠精神、劳动精神,能够树立社会主义核心价值观; (3) 具有团队协作能力和沟通表达能力	(1) 模具工作零件的工艺性;■ (2) 凸模工艺性;★ (3) 凹模工艺性; (4) 模具型面工艺性★	(1) 会分析具体模具工作零件的工艺分析; (2) 会编制具体凸模工作零件工艺; (3) 会编制具体凹模工作零件工艺; (4) 会编制具体模具型面工艺	(1) 教师:引导、讲授、演示、评价; (2) 学生:模仿、讨论、练习、互评、反馈、改进

续表

章节/单元		素质目标	知识目标	技能目标	教学活动
项目二 典型模具及零件工艺编制	任务三 会编制典型模具装配工艺	（1）具有发现问题和解决问题的能力，并具有终身学习与专业发展能力；（2）具有诚实守信、敢于担当的精神，能够弘扬中华优秀传统文化；（3）具有工匠精神、劳动精神，能够树立社会主义核心价值观	（1）装配尺寸链计算；■（2）模具装配的特点及运用；（3）冷冲模装配特点及运用；★（4）塑料模装配特点及运用★	（1）冲裁模具间隙计算；（2）冲裁模装配工艺过程；（3）塑料模装配工艺过程；（4）模具装配调试及质量分析	（1）教师：引导、讲授、演示、评价；（2）学生：模仿、讨论、练习、互评、反馈、改进
项目三 模具特种加工原理、特点及运用	任务一 认识特种加工工作原理、特点及运用	（1）践行社会主义核心价值观，爱国、敬业、诚信；（2）履行道德准则和行为规范，具有社会责任感和社会参与意识。勇于奋斗、乐于向上，具有自我管理能力，职业生涯规划意识	（1）各种特种加工的比较；（2）电加工机床及加工过程；（3）电加工在模具制造中的工艺过程；★（4）其他特种加工在模具制造中的工艺过程	（1）会选择特种加工；（2）会描述电加工机床结构组成；（3）了解电加工的模具工艺过程；（4）会选用其他特种加工用于模具制造	（1）教师：引导、讲授、演示、评价；（2）学生：模仿、讨论、练习、互评、反馈、改进
	任务二 会选用特种加工方法	（1）诚实守信、尊重生命、热爱劳动，履行道德准则和行为规范，具有社会责任感和社会参与意识；（2）质量意识、环保意识、安全意识、信息素养、工匠精神、创新思维	（1）会选用电加工用于模具零件；★（2）会选用超声加工用于模具零件	（1）了解电加工型孔工艺；（2）了解电加工型腔工艺；（3）了解超声加工工艺	（1）教师：引导、讲授、演示、评价；（2）学生：模仿、讨论、练习、互评、反馈、改进
	任务三 会分析特种加工产生的质量问题	（1）诚实守信、尊重生命、热爱劳动，履行道德准则和行为规范，具有社会责任感和社会参与意识；（2）质量意识、环保意识、安全意识、信息素养、工匠精神、创新思维	（1）电火花型孔加工质量缺陷；（2）线切割加工质量缺陷	（1）会分析冲裁凹模电火花加工质量；（2）会分析塑模型腔电火花加工质量	（1）教师：引导、讲授、演示、评价；（2）学生：模仿、讨论、练习、互评、反馈、改进

备注：教学重点、难点在表中标出，其中，打★的为教学重点，打■的为教学难点。

2. 教学方法和教学手段

1）教学方法建议

根据教学内容，每个任务的教学方法如表19-3所示。

表 19-3 教学方法

项目任务	教学方法	教学方法建议						
		叙述式	互动式	小组讨论	案例分析	角色扮演	实作展示	现实模型
项目一 模具制造加工过程的组成、模具工艺设计步骤、方法及要求	任务一 知道模具制造加工过程的组成	√	√	√	√	√		√
	任务二 知道模具工艺设计步骤	√	√	√	√	√	√	√
	任务三 知道模具工艺设计方法及要求	√	√	√	√			√
项目二 典型模具及零件工艺编制	任务一 会编制模具结构类零件工艺	√	√	√				√
	任务二 会编制模具工作类零件工艺	√	√	√	√	√	√	√
	任务三 会编制典型模具装配工艺	√	√	√	√			√
项目三 模具特种加工原理、特点及运用	任务一 认识特种加工工作原理、特点及运用	√	√	√				√
	任务二 会选用特种加工方法	√	√	√	√	√	√	√
	任务三 会分析特种加工产生的质量问题	√	√	√	√	√	√	√

2）教学手段

（1）提供丰富、适用的多种类型立体化、信息化课程资源，运用工作页，实现多功能作用。

（2）运用现代教育技术，将教学视频、电子教材、电子课件、电子讲稿、数控加工仿真软件、网络教学等现代化教学手段相结合。

（3）在教学过程中，重视本专业领域新技术、新工艺、新设备发展趋势，努力为学生提供职业生涯发展的空间，着力培养学生参与社会实践的创新精神和职业能力。

3. 教学评价

1）考核要求

课程考核应符合有关管理规定，具体要求如表19-4所示。

表19-4　课程考核要求

考核类别	平时过程性考核50%	期末终结性考核50%	补考
考核要求	平时成绩的50%由三部分组成：考勤10%、作业30%、学习态度及课堂表现10%	期末成绩的50%由三部分组成：理论知识30%和职业道德5%，模具零件工艺设计课程设计15%	理论考试

2）说明

（1）平时过程性考核包括考勤、作业、学习态度和课堂表现三个方面。

考勤——学生到课情况，迟到、早退、请假情况等，考查学生的学习积极性和自律性，占10%，采用老师随机点名的形式予以考核。

作业——教学各单元模块知识结构与技能的训练，占30%，以各学习单元的理论与实践项目活动鉴定为依据进行考核，对查阅与应用设计手册进行评定，主要由教师与学生团队给予评价。

学习态度和课堂表现——学生学习纪律与态度、学习活动中参与的积极性、学习交流与团队协作能力，占10%。采用课堂学习活动评比、学习效果自评、互评、问卷调查等形式，主要由学生与老师综合给予评价。

（2）期末终结性考核以试卷、课程设计总结报告或课程综合能力考核等形式进行评定，试卷占35%，课程总结报告或课程综合能力考核占15%。其中，课程综合能力考核以综合项目设计内容（1个）为依据，以课题答辩方式进行，主要由教师给予评价。

模具制造工艺课程具体考核要求如表19-5～表19-7所示。

表19-5　考核方式

考核分类		考核方式	成绩比例
形成性评价	课堂理论测试	检查作业、分组竞赛、课堂提问、平时测验为主	30%
	分析设计综合能力测试	工艺卡片编制及工艺过程设计	30%
终结性评价	主要考核学生对该门课程的综合应用能力	笔试	30%
综合评价	考核学生的基本综合素质	观察学生的考勤情况、学习态度、职业道德、团队合作、语言交流、组织管理、技能竞赛等	10%

表19-6　考核标准

序号	学习情境	考核的知识点、技能点及要求	考核比例
1	确定加工方法	分析模具零件结构、材料和性能要求，确定加工方法	15%
2	编制模具零件的加工工艺	模具制造加工过程的组成、模具工艺设计步骤、方法、要求及工艺编制	50%
3	编制模具的装配工艺	装配尺寸链计算、模具装配的特点及运用	25%
4	学生综合评价	学生的基本综合素养	10%

表 19－7　平时过程性考核评价内容与标准

项目	内容	分值			
学习态度 （10 分）	出勤情况（5 分）	5（优秀）	4（良好）	3（合格）	0（不合格）
	听课态度（5 分）	5（优秀）	4（良好）	3（合格）	0（不合格）
学习水平 （30 分）	课堂提问（5 分）	5（优秀）	4（良好）	3（合格）	0（不合格）
	讨论课发言（5 分）	5（优秀）	4（良好）	3（合格）	0（不合格）
	线上课件学习（20 分）	20（优秀）	16（良好）	12（合格）	0（不合格）
实践动手能力 （10 分）	查阅与应用设计手册、工艺设计能力（10 分）	10（优秀）	8（良好）	6（合格）	0（不合格）

（3）注意事项。

说明：平时过程性考核一般由平时表现（考勤、作业、实验实践等）及阶段考核组成，其中，阶段考核的次数一般不少于每 24 课时 1 次；期末终结性考核的主要形式为理论考试，技能操作性较强的课程可采用综合性技能操作考核、课题报告、答辩、考证成绩、技能竞赛等方式评价。

四、课程资源

1. 教材选用

（1）按照学院《教材管理办法》，选用的教材要符合高职教学的要求，尽量选用近三年出版的教育部规划教材。

（2）搭建产学合作平台，充分利用模具行业的企业资源，组织由主讲教师与企业专家技术骨干组成的教学团队编写工学结合的教材。

2. 网络资源

根据课程目标、学生实际以及本课程的理论性和实践等特点，本课程的教学建设由文字与电子教材、教学视频、电子课件、电子讲稿等多种形式的教学资源共同完成教学任务，达成教学目标。

（1）爱课程大学慕课在线课程，课程网址 https://www.icourse163.org/course/SUST－1205779815？from＝searchPage&outVendor＝zw_mooc_pcssjg_。

智慧职教平台 https://user.icve.com.cn/learning/u/teacher/teaching/indexCourse.action？courseId＝3e4925b66c704315996e92271af44073&courseName＝模具制造工艺学％20&archive＝0。

（2）课程资源的开发和利用。充分利用教学视频、多媒体数控加工仿真软件、电子讲稿、动画等资源创设形象生动的工作情境，激发学生的学习，促进学生对知识的理解和掌握。建议加强常用课程资源的开发，建立多媒体课程资源的数据库，努力实现跨学校多媒体资源的共享，以提高资源利用效率。

（3）积极开发和利用网络课程资源。充分利用诸如电子书籍、电子期刊、数据库、数字图书馆、教育网站和电子论坛等网络信息资源，使教学载体从单一媒体向多种媒体转变，使教学活动从信息的单向传递向双向交互转变，使学生从单独的学习向合作学习转变。

五、师资队伍

1. 课程教学团队

通过人才引进、聘请兼职教师等手段，增加师资数量；通过教师职业能力和职业技能培训，提高师资队伍的"双师"素质，形成合理的"双师"结构。

1）专兼职教师数量、结构

课程教学团队中：校内专职教师 5 人，行业企业兼职教师 3 人；博士 1 人，硕士 4 人，本科 2 人；高级职称 6 人，中级职称 2 人；双师型专职教师 5 人，其中高级双师型教师 1 人，中级双师型教师 4 人，双师型教师占比达 100%。

2）专兼职教师素质

根据《深化新时代职业教育"双师型"教师队伍建设改革实施方案》精神和模具设计与制造岗位人才标准，本课程专兼职教师素质能力要求如表 19-8 所示。

表 19-8　专兼职教师素质能力要求

教师类型	素质要求	能力要求
专职教师	具备爱国守法、爱岗敬业、关爱学生、教书育人、为人师表、终身学习等素质	（1）具备通识性教育、课程教学、素养教育等专业知识； （2）具备教学设计、教学实施、教学管理能力； （3）具备社会服务和科研能力
兼职教师	具备爱国守法、爱岗敬业、关爱学生、教书育人、为人师表、终身学习等素质	（1）具备较强的专业技能； （2）具备教学设计、教学实施、教学管理能力

3）职业能力课程任课教师资格

具有相应职业资格证书、受过技能培训的专职教师基本情况如表 19-9 所示。受过职业教学能力培训的企业技术人员、能工巧匠等兼职教师基本情况如表 19-10 所示。

表 19-9　专职教师基本情况

序号	姓名	年龄	职称	专业资格证书	教师属性
1	程惠清	59	副教授	工程师	校内专任
2	张玉平	43	副教授	工程师	校内专任
3	董梦瑶	34	博士	讲师	校内专任
4	舒东鹏	35	讲师	高级实验师	校内专任
5	刘秀珍	40	高级工程师	高级工程师	校内专任

表 19-10　兼职教师基本情况

序号	姓名	性别	单位	职称	承担任务
1	邱兴波	男	重庆辰伊激光科技有限公司	工程师	课程建设指导及课程教学
2	李华坪	男	重庆庆玲汽车股份有限公司	高级工艺师	课程建设指导及课程教学
3	李彬	男	重庆起重机厂	高级技师	课程建设指导及课程教学

2. 课程团队职责

（1）模具设计与制造专业建设指导委员会把握课程发展方向。

（2）教研室主任、专业负责人与课程负责人负责课程的整体建设、内容的调整、课程的持续发展。

（3）专任教师负责课程的授课，专任教师与实训指导教师共同负责课程的实训指导。

（4）课程负责人负责监督课程的实施。

六、实践教学

1. 校内实训条件要求

本课程实验实训单独安排，不纳入该课程课时内，根据学校教务安排，可与该课程同步，也可能稍滞后于该课程进行，并单独考核。实验实训可在智能制造大楼、第一实训楼、现代制造技术实训中心、智能制造产教融合中心进行。课程教学实验室如表 19 – 11 所示。

表 19 – 11　课程教学实验室

序号	实训室名称	实训功能	实训内容	主要设备配置
1	车工实训区	车工实训	模具零件的车削加工	普通车床 CDS613
2	磨床实训区	磨工实训	模具零件的磨削加工	M1420E*
3	钳工实训区	钳工实训	模具零件钳工实训	钳工工作台及配套工具
4	铣削、钻削实训区	铣、钻工实训	模具零件铣、钻工实训	X53T 立式铣床、X63W 卧式铣床、Z3040 摇臂钻
5	数控车削中心实训区	数车实践	模具零件数控车加工实训	C2 – 6136HK/1*
6	数控铣削中心实训区	数铣实践	模具零件数控铣加工实训	宝鸡机床 VMC850B
7	数控电加工实训区	电加工实训	模具零件数控电加工	线切割机、电火花机床 DK7745D, ZNC350

2. 校外实训条件要求

校企合作开发实验实训课程资源。充分利用本行业典型企业的资源，加强校企合作建立校外实训基地，满足学生的实习实训需求，在此过程中进行实验实训课程资源的开发，同时为学生提供就业机会，开创就业渠道。课程校外实习实训由校内专职和企业教师共同指导。课程校外实习实训一览表如表 19 – 12 所示。

表 19 – 12　课程校外实习实训一览表

序号	实习实训基地名称	实习实训功能	实习实训条件	指导老师
1	东风商用车发动机公司	跟岗实习	满足实习要求	校内专职和企业教师
2	重油高科电控燃油喷射系统（重庆）有限公司	跟岗实习	满足实习要求	校内专职和企业教师
3	重庆元创技研实业开发有限公司	跟岗实习	满足实习要求	校内专职和企业教师
4	重庆长安汽车模具有限公司	岗位实习	满足实习要求	校内专职和企业教师
5	东莞市宇瞳光学科技股份有限公司	岗位实习	满足实习要求	校内专职和企业教师
6	重庆天义达科技有限公司	岗位实习	满足实习要求	校内专职和企业教师
7	重庆三电汽车空调有限公司	岗位实习	满足实习要求	校内专职和企业教师

20 模具数控加工课程标准

(编写：吴莉莉 校对：杨刚 审核：韦光珍)

课程代码：02150119
课程类型：理实一体化课
学时/学分：64 学时/4 学分
适用专业：模具设计与制造

一、课程概述

1. 课程性质

本课程是模具设计与制造专业的一门专业核心课程，是在学习了机械制图、公差配合与测量技术、机械制造基础课程、具备了识读和绘制机械产品零件图、编制机械产品普通切削加工工艺的能力基础上开设的一门理实一体化课程。其功能是对接专业人才培养目标，面向装备制造业从事机械产品的数控加工工艺员及编程员、数控机床操作员工作岗位，通过对机械产品数控加工工艺设计、数控加工程序编制及数控机床操作等内容的学习，培养机械产品数控加工工艺设计，数控加工程序编制，数控机床所用刀具、量具及工装设计，数控机床操作等职业核心能力，为后续模具 CAD/CAM 等课程的学习奠定基础知识和技能。

2. 课程定位

本课程对接的工作岗位是机械产品数控加工工艺员、数控加工编程员、数控机床操作员，通过学习学生能够具备机械产品数控加工工艺设计、数控加工程序编制以及数控机床操作的能力。

二、课程目标

本课程的目标是培养学生诚实、守信的品德，善于沟通和合作的社会能力，培养学生的科学素养、崇尚科学的正确价值观以及精益求精的工匠精神。通过本课程的学习，学生能够编制机械产品的数控加工工艺，编写复杂零件的数控加工程序，选用数控加工刀具与量具，设计机械产品工装夹具，操作数控车、数控铣等数控机床。完成该课程的学习之后，学生可考取 1+X 数控车铣加工职业技能等级证书。

具体目标如下：

1. 知识目标

(1) 了解数控加工编程相关基础知识。
(2) 学会复杂零件数控加工工艺设计与编程的方法。
(3) 学会数控加工常用编程指令格式与应用。
(4) 学会数控加工质量检测与控制的方法。

2. 技能目标

(1) 具有典型零件的数控加工工艺设计与编制能力。
(2) 具有正确选用数控加工切削用量和常规刀具的能力。
(3) 具有常用工艺装备的选择、使用与设计的能力。

(4) 具有典型零件数控加工程序编制与调试能力。
(5) 具有切削加工及运行监控能力。

3. 素质目标

(1) 具有发现问题和解决问题的能力，并具有终身学习与专业发展能力。
(2) 具有诚实守信、敢于担当的精神，能够弘扬中华优秀传统文化。
(3) 具有工匠精神、劳动精神，能够树立社会主义核心价值观。
(4) 具有团队协作能力和沟通表达能力。
(5) 具有正确的价值观、择业观和良好的职业道德和职业意识。

三、课程实施和建议

1. 课程内容和要求

本课程是以模具设计与制造专业学生的就业为导向，结合专业人才培养方案中培养目标、人才规格要求、1+X证书职业资格标准以及职业院校学生的认知特点等方面的要求，以机械制造企业的行业及地域需求为逻辑起点，以工作过程为导向，以项目实施、典型工作任务为依据，以校企专家合作开发为纽带，以校内双师教师和企业兼职教师为主导，以与行业企业共建教学环境为条件，以行动导向组织教学；解构了原有的理论与实践课程体系，重构了体现机械产品数控加工工艺编制、数控加工程序编制、高端数控机床操作等过程性知识与技能体系的课程。通过教学模式设计、教学方法设计、教学考核改革等，保证专业能力、个人能力和社会能力的培养，形成以工作过程为导向，以学生为中心，由教师引导的理论—实践—应用一体化工学结合教学模式。课程学时分配、课程内容和要求如表 20-1 和表 20-2 所示。

表 20-1 课程学时分配

项目（情景/模块/章节/单元）		学时		
		理论	实践	小计
模块一车削类零件数控编程与仿真加工	任务1 数控机床坐标系及编程规则	4	4	8
	任务2 数控车削加工工艺分析	2	2	4
	任务3 简单轴类零件的编程与加工	4	4	8
	任务4 圆弧面零件的编程与加工	2	2	4
	任务5 螺纹零件的编程与加工	2	2	4
	任务6 中等复杂轴套类零件的编程与加工	4	4	8
模块二铣削类零件数控编程与仿真加工	任务7 数控铣削加工工艺分析	2	2	4
	任务8 直槽的编程与加工	2	2	4
	任务9 圆弧槽的编程与加工	2	2	4
	任务10 内、外轮廓的编程与加工	4	4	8
	任务11 孔系零件的编程与加工	4	4	8
小计		32	32	64

表 20-2 课程内容和要求

章节/单元		素质目标	知识目标	技能目标	教学活动
模块一 车削类零件数控编程与仿真加工	任务1 数控机床坐标系及编程规则	(1) 具有爱国主义和集体主义精神，拥护中国共产党领导和我国社会主义制度，爱国、敬业、诚信； (2) 遵守职业规范，具有良好的专业精神、职业精神和工匠精神； (3) 具有精益求精的工匠精神； (4) 具有团队协作能力和沟通表达能力	(1) 数控机床的概念及组成；★ (2) 数控机床的种类与应用；★ (3) 数控机床加工的特点； (4) 数控机床坐标系与工件坐标系；★■ (5) 数控加工程序的结构；★ (6) 常用编程指令★	(1) 掌握数控的概念；★ (2) 熟悉数控机床的组成； (3) 掌握数控机床坐标轴的确定方法；★■ (4) 掌握编程的步骤及加工程序的结构★	(1) 教师：引导、讲授、演示、评价； (2) 学生：模仿、讨论、练习、互评、反馈、改进
	任务2 数控车削加工工艺分析	(1) 具有发现问题和解决问题的能力，并具有终身学习与专业发展能力； (2) 具有诚实守信，敢于担当的精神，能够弘扬中华优秀传统文化； (3) 具有工匠精神、劳动精神，能够树立社会主义核心价值观； (4) 具有正确的价值观、择业观和良好的职业道德和职业意识	(1) 零件数控车削加工方案的拟定；★■ (2) 车刀的类型及选用；★ (3) 选择切削用量；★■ (4) 确定装夹方法	(1) 掌握数控车床的工艺分析；★■ (2) 掌握数控车床加工参数——切削用量三要素的确定；★■ (3) 掌握数控车床车刀的选用方法★	(1) 教师：引导、讲授、演示、评价； (2) 学生：模仿、讨论、练习、互评、反馈、改进
	任务3 简单轴类零件的编程与加工	(1) 具有发现问题和解决问题的能力，并具有终身学习与专业发展能力； (2) 具有诚实守信，敢于担当的精神，能够弘扬中华优秀传统文化； (3) 具有工匠精神、劳动精神，能够树立社会主义核心价值观； (4) 具有正确的价值观、择业观和良好的职业道德和职业意识	(1) 简单轴类零件加工工艺相关知识；★ (2) 简单轴类零件车削工艺；★■ (3) 轴类零件的装夹方案； (4) 简单轴类零件刀具选择与车削参数的确定；★■ (5) 简单轴类零件编程指令G00，G01，G04，G90，G94，M03，M30等★	(1) 能进行简单轴类零件数控加工工艺设计；★■ (2) 能够选择简单轴类零件的数控车削刀具和夹具；★ (3) 能够选择车削加工的切削用量；★ (4) 能正确编写简单轴类零件数控加工程序；★■ (5) 能够使用机械仿真加工软件完成简单轴的仿真加工★	(1) 教师：引导、讲授、演示、评价； (2) 学生：模仿、讨论、练习、互评、反馈、改进

续表

章节/单元		素质目标	知识目标	技能目标	教学活动
模块一 车削类零件数控编程与仿真加工	任务4 圆弧面零件的编程与加工	（1）具有发现问题和解决问题的能力，并具有终身学习与专业发展能力； （2）具有诚实守信、敢于担当的精神，能够弘扬中华优秀传统文化； （3）具有工匠精神、劳动精神，能够树立社会主义核心价值观； （4）具有正确的价值观、择业观和良好的职业道德和职业意识	（1）圆弧面零件加工工艺相关知识；★ （2）圆弧面零件车削工艺；★■ （3）圆弧面零件的装夹方案； （4）圆弧面零件刀具选择与车削参数的确定；★■ （5）圆弧面零件编程指令 G02，G03★	（1）能进行圆弧面零件数控加工工艺设计；★■ （2）能够选择圆弧面零件的数控车削刀具和夹具；★ （3）能够选择车削加工的切削用量；★ （4）能正确编写圆弧面零件数控加工程序；★■ （5）能够使用机械仿真加工软件完成圆弧面零件的仿真加工★	（1）教师：引导、讲授、演示、评价； （2）学生：模仿、讨论、练习、互评、反馈、改进
	任务5 螺纹零件的编程与加工	（1）具有发现问题和解决问题的能力，并具有终身学习与专业发展能力； （2）具有诚实守信、敢于担当的精神，能够弘扬中华优秀传统文化； （3）具有工匠精神、劳动精神，能够树立社会主义核心价值观； （4）具有正确的价值观、择业观和良好的职业道德和职业意识	（1）螺纹轴类零件加工工艺分析；★ （2）螺纹特征参数分析； （3）切槽刀及切螺纹加工用刀具； （4）切槽及螺纹加工工艺；★■ （5）螺纹编程指令 G32，G92★	（1）能够进行螺纹轴的数控加工工艺设计；★■ （2）能够正确选定切槽和切螺纹的切削用量；★ （3）能够正确编写螺纹轴数控加工编序；★ （4）能够运用数控车床完成螺纹轴的仿真加工★■	（1）教师：引导、讲授、演示、评价； （2）学生：模仿、讨论、练习、互评、反馈、改进
	任务6 中等复杂轴套类零件的编程与加工	（1）具有发现问题和解决问题的能力，并具有终身学习与专业发展能力； （2）具有诚实守信、敢于担当的精神，能够弘扬中华优秀传统文化； （3）具有工匠精神、劳动精神，能够树立社会主义核心价值观； （4）具有正确的价值观、择业观和良好的职业道德和职业意识	（1）中等复杂轴套类零件加工工艺分析；★ （2）复合固定循环指令 G71，G72，G73，G70；★■ （3）子程序调用指令 M98，M99★■	（1）能够进行中等复杂轴套类零件工艺路线设计；★■ （2）能够根据零件选择合适的切削用量；★ （3）能够正确编写中等复杂轴套类零件数控加工编序；★■ （4）能够运用数控车床完成中等复杂轴套类零件的仿真加工★■	（1）教师：引导、讲授、演示、评价； （2）学生：模仿、讨论、练习、互评、反馈、改进

续表

章节/单元		素质目标	知识目标	技能目标	教学活动
模块二 铣削类零件数控编程与仿真加工	任务7 数控铣削加工工艺分析	（1）具有发现问题和解决问题的能力，并具有终身学习与专业发展能力；（2）具有诚实守信、敢于担当的精神，能够弘扬中华优秀传统文化；（3）具有工匠精神、劳动精神，能够树立社会主义核心价值观；（4）具有正确的价值观、择业观和良好的职业道德和职业意识	（1）数控铣床的主要加工对象；（2）数控铣削刀具的选用；★（3）铣削类零件定位与装夹及找正；★（4）掌握数控铣削加工工艺路线设计；★■（5）数控铣削加工切削用量的选择■	（1）能够对铣削类零件进行加工工艺分析；★（2）能够根据零件的形状特征的加工精度要求选择合理的数控铣床类型；（3）能够正确选择铣削类零件的数控加工刀具和装夹方案；★（4）能够选择合理的铣削用量；★（5）能够拟订正确的铣削类零件的数控加工路线★■	（1）教师：引导、讲授、演示、评价；（2）学生：模仿、讨论、练习、互评、反馈、改进
	任务8 直槽的编程与加工	（1）具有发现问题和解决问题的能力，并具有终身学习与专业发展能力；（2）具有工匠精神、劳动精神，能够树立社会主义核心价值观；（3）具有团队协作能力和沟通表达能力	（1）直槽类零件的铣削工艺分析；★■（2）正确选用直槽类零件加工刀具；★（3）正确设置直槽类零件铣削参数；★（4）指令G90，G91，G00，G01，G43，G44，G49★■	（1）能进行直槽类零件数控加工工艺设计；★■（2）能够拟订正确的直槽类零件的数控加工路线；★■（3）能够正确编写直槽类零件的数控加工程序；★■（4）能够使用机械仿真加工软件完成直槽类零件的仿真加工★	（1）教师：引导、讲授、演示、评价；（2）学生：模仿、讨论、练习、互评、反馈、改进
	任务9 圆弧槽的编程与加工	（1）具有发现问题和解决问题的能力，并具有终身学习与专业发展能力；（2）具有工匠精神、劳动精神，能够树立社会主义核心价值观；（3）具有团队协作能力和沟通表达能力	（1）圆弧槽类零件的铣削工艺分析；★■（2）正确选用圆弧槽类零件加工刀具；★（3）正确设置圆弧槽类零件铣削参数；★（4）指令G02，G03★	（1）能进行圆弧槽类零件数控加工工艺设计；★■（2）能够拟订正确的圆弧槽类零件的数控加工路线；★■（3）能够正确编写圆弧槽类零件的数控加工程序；★■（4）能够使用机械仿真加工软件完成圆弧槽类零件的仿真加工★	（1）教师：引导、讲授、演示、评价；（2）学生：模仿、讨论、练习、互评、反馈、改进

续表

章节/单元		素质目标	知识目标	技能目标	教学活动
模块二 铣削类零件数控编程与仿真加工	任务10 内、外轮廓的编程与加工	（1）具有发现问题和解决问题的能力，并具有终身学习与专业发展能力； （2）具有工匠精神、劳动精神，能够树立社会主义核心价值观； （3）具有团队协作能力和沟通表达能力	（1）内、外轮廓类零件的铣削工艺分析；★■ （2）正确选用内、外轮廓类零件加工刀具；★ （3）正确设置内、外轮廓类零件铣削参数★	（1）能进行内、外轮廓类零件数控加工工艺设计；★■ （2）能够拟订正确的内、外轮廓类零件的数控加工路线；★■ （3）能够正确编写内、外轮廓类零件的数控加工程序；★■ （4）能够使用机械仿真加工软件完成内、外轮廓类零件的仿真加工★	（1）教师：引导、讲授、演示、评价； （2）学生：模仿、讨论、练习、互评、反馈、改进
	任务11 孔系零件的编程与加工	（1）具有发现问题和解决问题的能力，并具有终身学习与专业发展能力； （2）具有诚实守信、敢于担当的精神，能够弘扬中华优秀传统文化； （3）具有工匠精神、劳动精神，能够树立社会主义核心价值观	（1）孔加工工艺分析；★■ （2）孔加工线路的确定；★■ （3）孔加工刀具的选择；★ （4）孔加工切削用量的选择；★ （5）刀具的长度补偿 （6）孔加工固定循环指令★	（1）能够正确设计孔板的加工工艺路线；★■ （2）能够正确对孔板进行定位与装夹；★ （3）能够编制合理的孔板加工刀路；★■ （4）能够使用机械仿真加工软件完成孔板的仿真加工★	（1）教师：引导、讲授、演示、评价； （2）学生：模仿、讨论、练习、互评、反馈、改进
备注：教学重点、难点在表中标出，其中，打★的为教学重点，打■的为教学难点。					

2. 教学方法和教学手段

1）教学方法建议

（1）课程以"典型工作任务及工作过程知识"作为主体内容，突出如何借助"学习任务"实施职业教育教学。

（2）将"教学材料"的特征和"学习资料"的功能进行结合，通过活页式工作页引领，构建"教学做"于一体的学习管理体系。使学生了解职业、热爱职业岗位，帮助学生树立正确的价值观、择业观，培养良好的职业道德和职业意识，不仅传授知识，而且要突出能力的培养。

（3）行动导向教学法，即以学生为中心、学习成果为导向，促进学生自主学习，以"行动导向驱动"为主要形式的教学方法。在教学过程中充分发挥学生的主体作用和教师的主导作用，注重对学生分析问题、解决问题能力的培养，从完成某一方面的"任务"着手，引导学生通过认知、资讯、计划、决策、实施、检查控制、评估反馈七步完成"任务"，从而实现教学目标。

（4）小组教学法，即以学生为主体，将课题内容分解成多个并列知识点，通过小组探究实现教学目标，形成人人有课题，学生之间、小组之间相互教授各自掌握的内容，通过朋辈导修的形式实现全员参与的一种教学方法。该方法激发每个学生学习兴趣，培养其总结提炼、知识架构搭建及传授能力，提高学生的自信心和责任心，培养团队协作能力和沟通表达能力。

2）教学手段

（1）提供丰富、适用和引领创新作用的多种类型立体化、信息化课程资源，实现工作页多功能作用。

（2）运用现代教育技术，将教学视频、电子教材、电子课件、电子讲稿、数控加工仿真软件、网络教学等现代化教学手段相结合。

（3）在教学过程中，重视本专业领域新技术、新工艺、新设备发展趋势，努力为学生提供职业生涯发展的空间，着力培养学生参与社会实践的创新精神和职业能力。

3. 教学评价

1）考核要求

课程考核应符合有关管理规定，具体要求如表 20-3 所示。

表 20-3　课程考核要求

考核类别	平时过程性考核 50%	期末终结性考核 50%	补考
考核要求	平时表现 20%（考勤、作业、实验实践等）+ 阶段考核 30%	期末成绩评定由理论知识和仿真加工技能两大部分组成，其中理论部分占 30%、仿真加工技能部分占 20%。仿真加工技能部分包括职业道德 5%、数控机床操作 10%、产品完成质量 5%	理论考试

2）说明

（1）平时过程性考核包括学习态度、学习水平和实践动手能力三个方面。

学习态度——学生学习纪律与态度、学习活动中参与的积极性、学习交流与团队协作能力占 10%。采用课堂学习活动评比、学习效果自评、互评、问卷调查等形式，主要由学生与学生团队给予评价。

学习水平——教学各单元模块知识结构与技能的训练占 30%。以各学习单元的理论与实践项目活动鉴定为依据进行考核，主要由教师与学生团队给予评价。

实践动手能力——项目综合训练、创新能力占 10%。以综合项目设计内容（1 个）为依据进行综合项目考核，对查阅与应用设计手册、掌握设计软件能力以及创新设计能力进行评定，主要由教师与学生团队给予评价。

（2）期末终结性考核以试卷、课程总结报告或课程综合能力考核等形式进行评定，试卷占 30%，课程总结报告或课程综合能力考核占 20%。其中，课程综合能力考核以综合项目设计内容（1 个）为依据，以课题答辩方式进行，主要由教师给予评价。

本课程具体考核要求如表 20-4 ~ 表 20-6 所示。

表 20-4　考核方式

考核分类		考核方式	成绩比例
形成性评价	课堂理论测试	检查作业、分组竞赛、课堂提问、平时测验为主	25%
	实训技能测试	实验项目的上机仿真、实训项目的数控编程	25%
终结性评价	主要考核学生对该门课程的综合应用能力	笔试	30%
综合评价	考核学生的基本综合素质	观察学生的考勤情况、学习态度、职业道德、团队合作、语言交流、组织管理、数控技能竞赛等	20%

表20-5 考核标准

序号	学习情境	考核的知识点、技能点及要求	考核比例
1	数控车床编程	数控车削工艺及程序编制、数控加工编程仿真模拟	45%
2	数控铣床编程	数控铣削工艺及程序编制、数控加工编程仿真模拟	45%
3	学生综合评价	学生的基本综合素养	10%

表20-6 平时过程性考核评价内容与标准

项目	内容	分值			
学习态度 （10分）	出勤情况（5分）	5（优秀）	4（良好）	3（合格）	0（不合格）
	听课态度（5分）	5（优秀）	4（良好）	3（合格）	0（不合格）
学习水平 （30分）	课堂提问（5分）	5（优秀）	4（良好）	3（合格）	0（不合格）
	讨论课发言（5分）	5（优秀）	4（良好）	3（合格）	0（不合格）
	线上课件学习（20分）	20（优秀）	16（良好）	12（合格）	0（不合格）
实践动手能力 （10分）	查阅与应用设计手册、掌握仿真软件能力以及工装设计能力（10分）	10（优秀）	8（良好）	6（合格）	0（不合格）

（3）注意事项。

说明：课程任课教师要按照课程考核要求实施考核，注意做好学习过程、到课情况、平时作业、实验实践情况、考核情况的相关记录，将其作为学生最终评定成绩的明确依据，并与成绩册一同形成成绩档案保存。课程可以过程性考核评价为主，也可以目标性考核评价为主。本课程是以过程性考核评价为主的课程。平时过程性考核一般由平时表现（考勤、作业、实验实践等）及阶段考核组成，其中，阶段考核的次数一般不少于每24课时1次；期末终结性考核的主要形式为理论考试，技能操作性较强的课程可采用综合性技能操作考核、课题报告、答辩、考证成绩、技能竞赛等方式。

四、课程资源

1. 教材选用

（1）按照学院《教材管理办法》，选用的教材要符合高职教学的要求，尽量选用近三年出版的教育部规划教材。

（2）搭建产学合作平台，充分利用模具行业的企业资源，组织由主讲教师与企业专家技术骨干组成的教学团队编写工学结合的教材。

2. 网络资源

根据课程目标、学生实际以及本课程的理论性和实践等特点，本课程的教学建设由文字和电子教材、教学视频、电子课件、电子讲稿等多种形式的教学资源与数控加工仿真软件及数控机床相结合，共同完成教学任务，达成教学目标。

（1）爱课程平台数控加工编程与实践在线课程，课程网址：https://www.icourse163.org/course/1406CQIPC016-1463225176？outVendor=zw_mooc_pclszykctj。

（2）课程资源的开发和利用。充分利用教学视频、多媒体数控加工仿真软件、电子讲稿、动画等资源创设形象生动的工作情境，激发学生的学习，促进学生对知识的理解和掌握。建议加强常用课程资源的开发，建立多媒体课程资源的数据库，努力实现跨学校多媒体资源的共享，以提高资源利用效率。

（3）积极开发和利用网络课程资源。充分利用诸如电子书籍、电子期刊、数据库、数字图书馆、教育网站和电子论坛等网络信息资源，使教学媒体从单一媒体向多种媒体转变，使教学活动从信息的单向传递向双向交互转变，使学生从单独的学习向合作学习转变。

五、师资队伍

1. 课程教学团队

通过人才引进、聘请兼职教师等手段，增加师资数量；通过教师职业能力和职业技能培训，提高师资队伍的"双师"素质，形成合理的"双师"结构。

1）专兼职教师数量、结构

课程教学团队中：全国技术能手2人，国家级裁判2人；校内专职教师8人，行业企业兼职教师3人；博士2人，硕士3人，本科3人；高级职称6人，中级职称2人；双师型教师占比达100%。

2）专兼职教师素质

根据《深化新时代职业教育"双师型"教师队伍建设改革实施方案》精神和模具设计与制造岗位人才标准，本课程专兼职教师素质能力要求如表20-7所示。

表20-7 专兼职教师素质能力要求

教师类型	素质要求	能力要求
专职教师	具备爱国守法、爱岗敬业、关爱学生、教书育人、为人师表、终身学习等素质	（1）具备通识性教育、课程教学、素养教育等专业知识； （2）具备教学设计、教学实施、教学管理能力； （3）具备社会服务和科研能力
兼职教师	具备爱国守法、爱岗敬业、关爱学生、教书育人、为人师表、终身学习等素质	（1）具备较强的专业技能； （2）具备教学设计、教学实施、教学管理能力

3）职业能力课程任课教师资格

具有相应职业资格证书、受过技能培训的专职教师基本情况如表20-8所示。受过职业教学能力培训的企业技术人员、能工巧匠等兼职教师基本情况如表20-9所示。

表20-8 专职教师基本情况表

序号	姓名	学历	职称	职业资格	行业经历	承担任务
1	李大英	大学本科	副教授	工程师	8年	课程建设及教学
2	罗应娜	硕士研究生	副教授	高级技师	3.5年	课程建设及教学
3	杨刚	硕士研究生	副教授	钳工四级	3.5年	课程建设及教学
4	叶家飞	大学本科	副教授	工程师	8年	课程建设及教学
5	韩辉辉	大学本科	高级实验师	高级技师	3.5年	课程建设及教学
6	邓燕君	博士研究生	高级工程师	工程师	3年	课程建设及教学
7	胡蒙均	博士研究生	讲师	工程师	14年	课程建设及教学
8	吴莉莉	硕士研究生	工程师	工程师	9.5年	课程建设及教学

表 20-9　兼职教师基本情况

序号	姓名	性别	单位	职称	承担任务
1	王云维	女	重油高科电控燃油喷射系统（重庆）有限公司	工程师	课程建设指导及课程教学
2	王凤	女	中冶赛迪集团有限公司	工程师	课程建设指导及课程教学
3	周道路	男	深圳市水滴云智能有限公司	无	课程建设指导及课程教学

2. 课程团队职责

（1）模具设计与制造专业建设指导委员会把握课程发展方向。

（2）教研室主任、专业负责人与课程负责人负责课程的整体建设、内容的调整、课程的持续发展。

（3）专职教师负责课程的授课，专职教师与实训指导教师共同负责课程的实训指导。

（4）课程负责人负责监督课程的实施。

六、实践教学

1. 校内实训条件要求

本课程实验实训可在智能制造大楼、第一实训楼、现代制造技术实训中心、智能制造产教融合中心进行。课程教学实验室如表 20-10 所示。

表 20-10　课程教学实验室

序号	实训室名称	实训功能	实训内容	主要设备配置
1	数控车铣职业资格认证管理中心	1+X 数控车铣加工职业技能等级中级证书认证	数控车铣加工编程及操作	数控车床 20 台、数控铣床 10 台
2	数控仿真加工实训中心	数控车铣加工仿真练习	数控程序验证	计算机、数控仿真软件
3	数控车削中心实训区	数车编程实践	数控车加工实训	数控车床 16 台
4	数控铣削中心实训区	数铣编程实践	数控铣加工实训	数控铣床 10 台

2. 校外实训条件要求

校企合作开发实验实训课程资源。充分利用本行业典型企业的资源，加强校企合作建立校外实训基地，满足学生的实习实训需求，在此过程中进行实验实训课程资源的开发，同时为学生提供就业机会，开创就业渠道。课程校外实习实训由校内专职和企业教师共同指导，课程校外实习实训一览表如表 20-11 所示。

表 20-11　课程校外实习实训一览表

序号	实习实训基地名称	实习实训功能	实习实训条件	指导老师
1	东风商用车发动机公司	跟岗实习	满足实习要求	校内专职和企业教师
2	重油高科电控燃油喷射系统（重庆）有限公司	跟岗实习	满足实习要求	校内专职和企业教师
3	重庆元创技研实业开发有限公司	跟岗实习	满足实习要求	校内专职和企业教师
4	重庆长安汽车模具有限公司	岗位实习	满足实习要求	校内专职和企业教师

21　模具 CAD/CAM 课程标准

（编写：叶家飞　校对：曾珠　审核：张玉平）

课程代码：0002150136
课程类型：理实一体化课
学时/学分：60 学时/4 学分
适用专业：模具设计与制造

一、课程概述

1. 课程性质

模具 CAD/CAM 是模具设计与制造专业的一门必修专业核心课程，同时也是一门知识性、技能性和实践性很强的课程。本课程是在学习机械制图、模具 CAD、机械设计基础、机械制造基础、公差配合与测量技术、液压与气动控制、塑料模具设计与实践后开设的一门理实一体化课程。本课程对接专业人才培养目标，面向企业模具数控加工工艺员工作岗位，实现模具设计与制造专业人才培养规格要求，也是后续专业课程、毕业设计及顶岗实习的重要课程。

2. 课程定位

本课程对接的工作岗位是模具数控加工工艺员、模具数控加工编程员岗位。通过本课程学习，学生能够具备模具零件 CAM 加工工艺设计、CAM 加工程序编制的专业能力。

二、课程目标

本课程的目标是培养学生诚实、守信、善于沟通和合作的社会能力，培养学生的科学素养、崇尚科学的正确价值观以及精益求精的工匠精神。通过本课程的学习，学生能够编制模具零件的 CAM 加工工艺，编写型芯型腔等复杂模具零件的 CAM 加工程序，选用数控加工刀具与量具等。
具体目标如下：

1. 知识目标

（1）具有正确绘制草图，利用草图生成三维数模的能力。
（2）具有三维数模文件格式转换，生成二维工程图的能力。
（3）具有正确制定模具零件加工工艺的能力。
（4）具有正确进行数控刀具类型、参数、切削用量的选用能力。
（5）具有型芯型腔等复杂模具零件的刀具路径规划、刀位文件生成、后处理生成标准 G 代码能力。

2. 技能目标

（1）具有作为模具企业数控编程岗位和零件设计岗位必需的软件应用能力。
（2）具有制定和实施型芯型腔等复杂模具零件数控工艺规划的能力。
（3）具有正确选用切削用量和常用刀具的能力。
（4）具有设置安全距离、刀具路径规划、刀位文件生成、刀具轨迹仿真及 NC 代码生成的能力。

3. 素质目标

（1）具有发现问题和解决问题的能力，并具有终身学习与专业发展能力。

（2）具有良好的学习态度，诚实守信、和谐文明的工作作风。

（3）具有良好的交往与沟通表达能力和良好的团队合作精神。

（4）具有独立思考的学习习惯，同时兼顾协同设计能力的培养，能对所学内容进行较为全面的比较、概括和阐释。

（5）具有正确的价值观、择业观和良好的职业道德和职业意识。

三、课程实施和建议

1. 课程内容和要求

模具CAD/CAM课程以模具设计与制造专业人才培养方案为依据，根据企业的岗位知识和技能需求构建课程教学内容，根据岗位工作过程安排课程内容顺序和项目实例，强调工作过程导向，知识服务于技能、服务于能力。知识和软件菜单的讲解通过项目实例穿插进行，打破理论、实践、实训的界限，课堂在实训室和生产车间进行，整个课程用项目穿插训练，采取讲、练有机融合的一体化教学模式。企业专家参与课程的设计、内容模块选取，在生产制造部进行岗位工作过程实习、企业工程师讲解，大量使用企业实际零件项目进行教学。课程学时分配、课程内容和要求如表21-1和表21-2所示。

表21-1 课程学时分配

项目单元	学时		
	理论	实践	小计
绪论	2	0	2
UG参数化实体建模技术	10	10	20
UG曲面建模技术	4	4	8
UG平板零件数控编程	4	4	8
UG孔系零件数控编程	3	3	6
UG模具型芯零件数控编程	4	4	8
UG模具型腔零件数控编程	4	4	8
合计	31	29	60

表21-2 课程内容和要求

序号	任务	知识要求	技能要求
1	任务一 UG NX10.0基础知识与基本设置	熟悉操作界面，掌握参数设置，熟练掌握坐标系的变换，熟练掌握基准创建	（1）准确选择相关功能； （2）灵活运用鼠标与键盘
2	任务二 草图设计	利用草图工具命令完成二维图形的绘制，掌握UG草图绘制基本方法	（1）理解草图的功能； （2）掌握草图绘制的工具与操作方法

续表

序号	任务	知识要求	技能要求
3	任务三 风扇标识盖建模	掌握圆柱体、球体、抽壳、旋转、布尔运算、边倒圆等功能的使用方法，完成项目任务	灵活运用圆柱体、球体、抽壳、旋转、布尔运算、边倒圆等功能完成项目任务
4	任务四 扇叶固定盖建模	掌握拉伸、阵列特征、螺纹、管道、凸台等功能的使用方法，完成项目任务	灵活运用拉伸、阵列特征、螺纹、管道、凸台等功能完成项目任务
5	任务五 风扇底板建模	掌握阵列几何特征、镜像特征、替换面、钣金、孔等功能的使用方法，完成项目任务	灵活运用阵列几何特征、镜像特征、替换面、钣金、孔等功能完成项目任务
6	任务六 风扇网格建模	掌握沿引导线扫掠、扫掠、移动对象等功能的使用方法，完成项目任务	灵活运用沿引导线扫掠、扫掠、移动对象等功能完成项目任务
7	任务七 螺旋推进器建模	掌握补片、修剪体、删除面等功能的使用方法，完成项目任务	灵活运用补片、修剪体、删除面等功能完成项目任务
8	任务八 榨汁机料理杯建模	掌握创建方块、筋板、倒斜角、偏置面、变化扫掠等功能的使用方法，完成项目任务	灵活运用创建方块、筋板、倒斜角、偏置面、变化扫掠等功能完成项目任务
9	任务九 特征编辑	（1）特征时序编辑； （2）特征替换与抑制； （3）特征参数	灵活运用特征编辑功能
10	任务十 风扇基座建模	掌握曲线、直纹面、通过曲线组、垫块、变半径倒圆角等功能的使用方法，完成项目任务	灵活运用曲线、直纹面、通过曲线组、垫块、变半径倒圆角等功能完成项目任务
11	任务十一 风扇叶建模	掌握N边曲面、填充曲面、加厚、移动面等功能的使用方法，完成项目任务	灵活运用N边曲面、填充曲面、加厚、移动面等功能完成项目任务
12	任务十二 榨汁机杯盖建模	掌握拔模、曲线网格、修剪片体、镜像几何体、有界平面、面倒圆、缝合等功能的使用方法，完成项目任务	灵活运用拔模、曲线网格、修剪片体、镜像几何体、有界平面、面倒圆、缝合等功能完成项目任务

续表

序号	任务	知识要求	技能要求
13	任务十三 轴类零件三维造型、工程图转换、数控自动编程、加工（外圆、内孔类零件）	（1）轴类零件的造型设计方法； （2）轴类零件三维数模工程图转换； （3）外圆、内孔、螺纹粗、精加工工艺设计、自动编程	（1）轴类零件草图绘制； （2）利用软件生成三维数模； （3）三维数模文件格式转换，出二维工程图； （4）正确制定车类零件加工工艺； （5）确定数控车刀具类型、参数、切削用量； （6）中等复杂程度车类零件的刀具路径规划、刀位文件生成、后处理生成标准 G 代码、程序仿真校验
14	任务十四 轴类零件三维造型、工程图转换、数控自动编程、加工（螺纹轴类零件）		
15	任务十五 盘类零件三维造型、工程图转换、数控自动编程、加工	（1）盘类零件造型设计方法； （2）三维数模工程图转换； （3）端面槽、内外圆加工工艺设计、自动编程	
16	任务十六 平板零件三维造型、工程图转换、数控自动编程、加工	（1）平面腔体类零件造型； （2）将三维数模转换为二维工程图（工程图 2D 转换、AutoCAD 2004 图幅设置、尺寸标注）； （3）合理制定零件的加工工艺，选择合适的刀具、切削用量； （4）应用软件自动编程（平面铣、清角、平面区域铣）、轨迹模拟、G 代码生成	（1）平面腔体类零件草图绘制； （2）利用软件生成三维数模； （3）三维数模文件格式转换，出二维工程图； （4）正确制定平面铣类零件加工工艺； （5）确定数控铣刀具类型、参数、切削用量； （6）中等复杂程度平面铣类零件的刀具路径规划、刀位文件生成、后处理生成标准 G 代码、程序仿真校验
17	任务十七 型芯零件三维造型、分模、工程图转换、数控自动编程、加工	（1）模具型芯类零件三维造型； （2）UG 注塑模向导分模、将三维数模转换为二维工程图（工程图 2D 转换）； （3）制定零件的合理加工工艺、选择合适的刀具、切削用量； （4）应用软件自动编程（型芯铣、固定轴曲面铣、区域轮廓铣、参考刀具清根铣）轨迹模拟、G 代码生成	（1）型芯类零件三维造型； （2）自动分模； （3）三维数模文件格式转换，出二维工程图； （4）正确制定型芯零件加工工艺； （5）确定数控铣刀具类型、参数、切削用量； （6）中等复杂程度型芯零件的刀具路径规划、刀位文件生成、后处理生成标准 G 代码、程序仿真校验

续表

序号	任务	知识要求	技能要求
18	任务十八 型腔零件三维造型、数控自动编程、加工	（1）模具型腔类零件三维造型； （2）UG求差分模、将三维数模转换为二维工程图（工程图2D转换）； （3）制定零件的合理加工工艺、选择合适的刀具、切削用量； （4）应用UGNX10.0软件自动编程（型腔铣、清角、区域轮廓铣）、轨迹模拟、G代码生成	（1）型腔类零件三维造型； （2）求差分模； （3）三维数模文件格式转换，出二维工程图； （4）正确制定型腔零件加工工艺； （5）确定数控铣刀具类型、参数、切削用量； （6）中等复杂程度型腔零件的刀具路径规划、刀位文件生成、后处理生成标准G代码、程序仿真校验
19	任务十九 板件三维造型、数控自动编程、加工（孔系类零件）	（1）孔系板件类零件造型； （2）制定零件的点钻、钻孔、铣孔、镗孔、攻螺纹加工工艺； （3）选择合适的刀具、切削用量自动编程	（1）板件三维造型； （2）孔系零件加工工艺制定； （3）孔系零件加工刀具选择、切削用量确定； （4）刀具路径规划、刀位文件生成、后处理生成标准G代码、程序仿真校验

2. 教学方法和教学手段

1）教学方法建议

（1）加强对学生实际职业能力的培养，强化案例教学或项目教学，注重以工作任务为导向型案例或项目激发学生学习热情，使学生在案例分析或项目活动中了解CAD/CAM技术工作过程。

（2）以学生为本，注重"教"与"学"的互动。通过选用典型案例应用项目，由教师进行操作性示范，并组织学生进行实际操作活动，让学生在案例应用项目教学活动中明确学习领域的知识点，并掌握本课程的核心专业技能。

（3）在教学过程中，要创设工作流程，同时应加大实践实操的容量，要紧密结合职业技能证书的考证，加强考证的实操项目的训练，提高学生的岗位适应能力。

（4）注重专业案例的积累与开发，以多媒体、录像、案例分析、在线答疑等方法提高学生解决问题与分析实际应用问题的专业技能。

（5）在教学过程中，要重视本专业领域新技术、新工艺、新设备发展趋势，贴近生产现场。为学生提供职业生涯发展的空间，努力培养学生参与社会实践的创新精神和职业能力。

（6）教学过程中教师应积极引导学生提升职业素养，提高职业道德。

建议教学方法：小组教学法、现场教学法、启发式、互动式的教学方法、多媒体教学法、讨论式教学法。

2）教学手段

（1）提供丰富、适用的多种类型立体化、信息化课程资源，运用工作页，实现多功能作用。

（2）运用现代教育技术，将教学视频、电子教材、电子课件、电子讲稿、数控加工仿真软件、网络教学等现代化教学手段相结合。

（3）在教学过程中，重视本专业领域新技术、新工艺、新设备发展趋势，努力为学生提供职业生涯发展的空间，着力培养学生参与社会实践的创新精神和职业能力。

3. 教学评价

1）考核要求

课程考核应符合有关管理规定，具体要求如表21-3所示。

表21-3 课程考核要求

考核类别	平时过程性考核50%	期末终结性考核50%	补考
考核要求	平时表现20%（考勤、作业、实验实践等）+阶段考核30%	期末成绩评定由理论知识和仿真加工技能两大部分组成，其中理论部分占20%，CAM编程刀路生成及仿真加工占30%	理论考试

2）说明

（1）平时过程性考核包括学习态度、学习水平和实践动手能力三个方面。

学习态度——学生学习纪律与态度、学习活动中参与的积极性、学习交流与团队协作能力占10%。采用课堂学习活动评比、学习效果自评、互评、问卷调查等形式，主要由学生与学生团队给予评价。

学习水平——教学各单元模块知识结构与技能的训练占20%。以各学习单元的理论与实践项目活动鉴定为依据进行考核，主要由教师与学生团队给予评价。

实践动手能力——项目综合训练、创新能力占20%。以综合项目设计内容（1个）为依据进行综合项目考核，对查阅与应用设计手册、掌握CAM编程软件能力以及刀路质量进行评定，主要由教师给予评价。

（2）期末终结性考核以试卷、UG软件编程、仿真操作考核等形式进行评定，试卷占20%，UG软件编程、仿真操作考核占30%。本课程具体考核要求如表21-4~表21-6所示。

表21-4 考核方式

	考核分类	考核方式	成绩比例
形成性评价	课堂理论测试	平时作业、课堂提问、平时测验为主	25%
	软件操作技能测试	实训项目的软件编程、加工仿真	25%
终结性评价	主要考核学生对该门课程的综合应用能力	笔试	30%
综合评价	考核学生的基本综合素质	观察学生的考勤情况、学习态度、职业道德、团队合作、语言交流、组织管理、数控技能竞赛等	20%

表21-5 考核标准

序号	学习情境	考核的知识点、技能点及要求	考核比例
1	UG数控车床编程	数控车削工艺及程序编制、数控加工编程仿真模拟	45%
2	UG数控铣床编程	数控铣削工艺及程序编制、数控加工编程仿真模拟	45%
3	学生综合评价	学生的基本综合素养	10%

表 21－6　平时过程性考核评价内容与标准

项目	内容	分值			
学习态度 （10分）	出勤情况（5分）	5（优秀）	4（良好）	3（合格）	0（不合格）
	听课态度（5分）	5（优秀）	4（良好）	3（合格）	0（不合格）
学习水平 （20分）	课堂提问（5分）	5（优秀）	4（良好）	3（合格）	0（不合格）
	讨论课发言（5分）	5（优秀）	4（良好）	3（合格）	0（不合格）
	线上课件学习（10分）	10（优秀）	8（良好）	6（合格）	0（不合格）
实践动手能力 （20分）	查阅与应用设计手册、掌握UG软件能力以及工艺设计合理性能力（20分）	20（优秀）	16（良好）	12（合格）	0（不合格）

（3）注意事项。

说明：平时过程性考核一般由平时表现（考勤、作业、实验实践等）及阶段考核组成，其中，阶段考核的次数一般不少于每24课时1次；期末终结性考核的主要形式为理论考试，技能操作性较强的课程可采用综合性技能操作考核、课题报告、答辩、考证成绩、技能竞赛等方式评价。

四、课程资源

1. 教材选用

（1）按照学院《教材管理办法》，选用的教材要符合高职教学的要求，尽量选用近三年出版的教育部规划教材。

（2）搭建产学合作平台，充分利用模具行业的企业资源，组织由主讲教师与企业专家技术骨干组成的教学团队编写工学结合的教材。

2. 网络资源

根据课程目标、学生实际以及本课程的理论性和实践等特点，本课程的教学建设由文字和电子教材、教学视频、电子课件、电子讲稿等多种形式的教学资源与数控加工仿真软件及数控机床相结合，共同完成教学任务，达成教学目标。

（1）课程资源的开发和利用。充分利用教学视频、多媒体数控加工仿真软件、电子讲稿、动画等资源创设形象生动的工作情境，激发学生的学习，促进学生对知识的理解和掌握。建议加强常用课程资源的开发，建立多媒体课程资源的数据库，努力实现跨学校多媒体资源的共享，以提高资源利用效率。

（2）积极开发和利用网络课程资源。充分利用诸如电子书籍、电子期刊、数据库、数字图书馆、教育网站和电子论坛等网络信息资源，使教学载体从单一媒体向多元媒体转变，使教学活动从信息的单向传递向双向交互转变，使学生从单独的学习向合作学习转变。

五、师资队伍

1. 课程教学团队

通过人才引进、聘请兼职教师等手段，增加师资数量；通过教师职业能力和职业技能培训，提高师资队伍的"双师"素质，形成合理的"双师"结构。

1）专兼职教师数量、结构

课程教学团队中：全国技术能手 2 人，国家级裁判 2 人；校内专职教师 7 人，行业企业兼职教师 2 人，占教师总人数的 22.22%；博士 2 人，硕士 2 人，本科 3 人；高级职称 5 人，中级职称 2 人；双师型专职教师 4 人，其中高级双师型教师 3 人，中级双师型教师 2 人，双师型教师占比达 71.43%。

2）专兼职教师素质

根据《深化新时代职业教育"双师型"教师队伍建设改革实施方案》精神和模具设计与制造岗位人才标准，本课程专兼职教师素质能力要求如表 21-7 所示。

表 21-7 专兼职教师素质能力要求

教师类型	素质要求	能力要求
专职教师	具备爱国守法、爱岗敬业、关爱学生、教书育人、为人师表、终身学习等素质	(1) 具备通识性教育、课程教学、素养教育等专业知识； (2) 具备教学设计、教学实施、教学管理能力； (3) 具备社会服务和科研能力
兼职教师	具备爱国守法、爱岗敬业、关爱学生、教书育人、为人师表、终身学习等素质	(1) 具备较强的专业技能； (2) 具备教学设计、教学实施、教学管理能力

3）职业能力课程任课教师资格

具有相应职业资格证书、受过技能培训的专职教师基本情况如表 21-8 所示。受过职业教学能力培训的企业技术人员、能工巧匠等兼职教师基本情况如表 21-9 所示。

表 21-8 专职教师基本情况

序号	姓名	学历	职称	职业资格	行业经历	承担任务
1	李大英	大学本科	副教授	工程师	6 年	课程建设及教学
2	杨刚	硕士研究生	副教授	钳工四级	3.5 年	课程建设及教学
3	谭大庆	大学本科	副教授	高级技师	4 年	课程建设及教学
4	韩辉辉	大学本科	高级实验师	高级技师	3.5 年	课程建设及教学
5	邓燕君	博士研究生	高级工程师	工程师	3 年	课程建设及教学
6	胡蒙均	博士研究生	讲师	工程师	14 年	课程建设及教学
7	吴莉莉	硕士研究生	工程师	工程师	9.5 年	课程建设及教学

表 21-9 兼职教师基本情况

序号	姓名	单位	职称
1	邹小波	重庆长安汽车模具有限公司	工程师
2	徐来珉	重庆元创技研实业开发有限公司	工程师

2. 课程团队职责

（1）模具设计与制造专业建设指导委员会把握课程发展方向。
（2）教研室主任、专业负责人与课程负责人负责课程的整体建设、内容的调整、课程的持续发展。
（3）专职教师负责课程的授课，专职教师与实训指导教师共同负责课程的实训指导。
（4）课程负责人负责监督课程的实施。

六、实践教学

1. 校内实训条件要求

本课程实验实训可在智能制造大楼、第一实训楼、现代制造技术实训中心、智能制造产教融合中心进行。课程教学实验室如表21-10所示。

表21-10 课程教学实验室

序号	实训室名称	实训功能	实训内容	主要设备配置
1	数控车铣职业资格认证管理中心	1+X数控车铣加工职业技能等级中级证书认证	数控车铣加工编程及操作	数控车床20台、数控铣床10台
2	数控仿真加工实训中心	数控车铣加工仿真练习	数控程序验证	计算机、数控仿真软件
3	数控车削中心实训区	数车编程实践	数控车加工实训	数控车床16台
4	数控铣削中心实训区	数铣编程实践	数控铣加工实训	数控铣床10台

2. 校外实训条件要求

校企合作开发实验实训课程资源。充分利用本行业典型企业的资源，加强校企合作建立校外实训基地，满足学生的实习实训需求，在此过程中进行实验实训课程资源的开发，同时为学生提供就业机会，开创就业渠道。课程校外实习实训由校内专职和企业教师共同指导，课程校外实习实训一览表如表21-11所示。

表21-11 课程校外实习实训一览表

序号	实习实训基地名称	实习实训功能	实习实训条件	指导老师
1	东风商用车发动机公司	跟岗实习	满足实习要求	校内专职和企业教师
2	重庆元创技研实业开发有限公司	跟岗实习	满足实习要求	校内专职和企业教师
3	重庆长安汽车模具有限公司	岗位实习	满足实习要求	校内专职和企业教师

22　模具逆向工程技术课程标准

（编写：张玉平　校对：杨皓　审核：韦光珍）

课程代码：02150127
课程类型：专业核心课（理实一体化课）
学时/学分：40 学时/2.5 学分
适用专业：模具设计与制造

一、课程概述

1. 课程性质

本课程是模具设计与制造专业的一门专业拓展课程，是在学习了机械制图、公差配合与测量技术、计算机三维造型等课程，具备了识读和绘制机械产品零件图的能力基础上开设的一门理实一体化课程。其功能是对接专业人才培养目标，面向装备制造业从事模具设计、质量检测等工作岗位，通过对零件逆向设计技术的学习，培养学生逆向设计思维和产品设计技能，为后续顶岗实习奠定基础。

2. 课程定位

本课程对接的工作岗位是企业产品设计工作岗位，通过学习使学生具备从事企业产品逆向设计的基本技能。

二、课程目标

本课程的目标是培养学生诚实、守信的品德，负责的态度，善于沟通和合作的团队意识，培养学生重质量、守规范和良好安全意识的职业能力。通过本课程的学习，学生能够掌握产品逆向设计的基本理论和产品造型技能，以适应市场对模具设计与制造技术人才的需求。

具体目标如下：

1. 知识目标

（1）熟练使用逆向系统功能特点与关键技术体系。
（2）会使用直纹面、曲线组面、曲线网格面以及扫描曲面、点云曲面等曲面概念、构建与编辑方法。

2. 技能目标

（1）能够应用逆向工程软件 GEOMAGIC 进行数据处理。
（2）能够熟练使用三维设计软件（CATIA）进行零件的三维模型设计。

3. 素质目标

（1）具有发现问题和解决问题的能力，并具有终身学习与专业发展能力。
（2）具有诚实守信、敢于担当的精神，能够弘扬中华优秀传统文化。
（3）具有工匠精神、质量意识，能够树立社会主义核心价值观。
（4）具有团队协作能力和沟通表达能力。
（5）具有正确的价值观、择业观和良好的职业道德和职业意识。

三、课程实施和建议

1. 课程内容和要求

本课程以模具设计与制造专业学生的就业为导向,结合专业人才培养方案中培养目标、人才培养规格要求以及职业院校学生的认知特点等方面的要求,以机械制造类企业的行业及地域需求为逻辑起点,以工作过程为导向,以项目实施、典型工作任务为依据,以校企专家合作开发为纽带,以校内专任教师和企业兼职教师为主导,以与行业企业共建教学环境为条件,以行动导向组织教学。本课程解构了原有的理论与实践课程体系,重构了体现产品逆向设计、产品检测等过程性知识与技能体系的课程,并通过教学模式设计、教学方法设计、教学考核改革等,保证专业能力、个人能力和社会能力的培养,形成以工作过程为导向,以学生为中心,由教师引导的理论—实践—应用一体化工学结合教学模式。课程学时分配、课程内容和要求如表22-1和表22-2所示。

表22-1 课程学时分配

项目(情景/模块/章节/单元)	学时		
	理论	实验实训	小计
产品三维数据采集	4	6	10
点云数据处理	4	2	6
三维模型重建	10	14	24
合计	18	22	40

表22-2 课程内容和要求

任务	素质目标	知识目标	技能目标	教学活动
任务1 产品三维数据采集	培养学生的工匠精神、团队合作能力、专业技术交流的表达能力★	掌握拍照式三维扫描仪、手持式激光扫描仪采集产品数据的方法	能够利用拍照式三维扫描仪、手持式激光扫描仪对产品进行数据采集★■	(1)教师:引导、讲授、演示、评价;(2)学生:模仿、讨论、练习、互评、反馈、改进
任务2 点云数据处理	培养学生的工匠精神、团队合作能力、专业技术交流的表达能力	掌握在常用三维数据处理软件中进行点云数据处理★	能够应用逆向工程软件GEOMAGIC进行数据处理★■	(1)教师:引导、讲授、演示、评价;(2)学生:模仿、讨论、练习、互评、反馈、改进
任务3 三维模型重建	培养学生的工匠精神、团队合作能力、专业技术交流的表达能力★	掌握三维模型重建方法★	能够熟练使用三维设计软件(CATIA)进行零件的三维模型设计★■	(1)教师:引导、讲授、演示、评价;(2)学生:模仿、讨论、练习、互评、反馈、改进
备注:教学重点、难点在表中标出,其中,打★的为教学重点,打■的为教学难点。				

2. 教学方法和教学手段

1)教学方法建议

(1)加强对学生职业能力的培养,强化案例教学或项目教学,注重以工作任务为导向型案例或项目激发学生学习热情，使学生在案例分析或项目活动中了解产品逆向设计工作领域与工作过程。

（2）以学生为本，注重"教"与"学"的互动，融"教学做"于一体。通过选用典型案例应用项目，由教师进行操作性示范，并组织学生进行实际操作活动，让学生在案例应用项目教学活动中明确学习领域的知识点，并掌握本课程的核心专业技能。

（3）行动导向教学法，即以学生为中心、学习成果为导向，促进学生自主学习，以"行动导向驱动"为主要形式的教学方法。在教学过程中充分发挥学生的主体作用和教师的主导作用，注重对学生分析问题、解决问题能力的培养，从完成某一方面的"任务"着手，引导学生通过认知、资讯、计划、决策、实施、检查控制、评估反馈七步完成"任务"，从而实现教学目标。

（4）在教学过程中，要创设工作情景，同时应加大实践实操的容量，要紧密结合职业技能、实操项目的训练，提高学生的岗位适应能力。

（5）教学过程中教师应积极引导学生提升职业素养，提高职业道德，注重推进专业课程思政改革，深化工匠职业素养教育。

2）教学手段

（1）提供丰富、适用和引领创新作用的多种类型立体化、信息化课程资源，实现工作页多功能作用。

（2）运用现代教育技术，将教学视频、电子教材、电子课件、电子讲稿、数控加工仿真软件、网络教学等现代化教学手段相结合。

（3）在教学过程中，重视本专业领域新技术、新工艺、新设备发展趋势，努力为学生提供职业生涯发展的空间，着力培养学生参与社会实践的创新精神和职业能力。

3. 教学评价

1）考核要求

课程考核应符合有关管理规定，具体要求如表22-3和表22-4所示。

表22-3 课程考核要求

考核类别	平时过程性考核50%	期末终结性考核50%	考核形式
考核要求	平时表现30%（考勤、作业、实验实践等）+阶段考核20%	理论考试、实践考核等方式，可选择一种或多种方式，要明确各部分分数占比	建议上机考核

表22-4 平时过程性考核评价内容与标准

项目	内容	分值			
学习态度（10分）	出勤情况（5分）	5（优秀）	4（良好）	3（合格）	0（不合格）
	听课态度（5分）	5（优秀）	4（良好）	3（合格）	0（不合格）
学习水平（30分）	课堂提问（5分）	5（优秀）	4（良好）	3（合格）	0（不合格）
	讨论课发言（5分）	5（优秀）	4（良好）	3（合格）	0（不合格）
	线上课件学习（20分）	20（优秀）	16（良好）	12（合格）	0（不合格）
实践动手能力（10分）	查阅与应用手册、掌握软件能力以及产品检测等能力（10分）	10（优秀）	8（良好）	6（合格）	0（不合格）

2）注意事项

说明：课程任课教师要按照课程考核要求实施考核，注意做好学习过程、到课情况、平时作业、实验实践情况、考核情况的相关记录，将其作为学生最终评定成绩的明确依据，并与成绩册一同形成成绩档案保存。课程可以过程性考核评价为主，也可以目标性考核评价为主，但本课程是以过程性考核评价为主的课程。

四、课程资源

1. 教材选用

（1）按照学院《教材管理办法》，选用的教材要符合高职教学的要求，尽量选用近三年出版的教育部规划教材。

（2）搭建产学合作平台，充分利用模具行业的企业资源，组织由主讲教师与企业专家技术骨干组成的教学团队编写工学结合的教材。

2. 网络资源

根据课程目标、学生实际以及本课程的理论性和实践等特点，本课程的教学建设由文字与电子教材、教学视频、电子课件、电子讲稿等多种形式的教学资源共同完成。

（1）充分认识信息技术与学科的整合，积极使用国家精品在线课程资源、国家专业教学资源库相关资源实现线上线下混合式教学、翻转课堂教学，如教学资源库、网络资源、MOOC课程、SPOC课程等。

（2）利用现代信息技术开发教学用多媒体课件，包含"授课要点、模拟实验、在线答疑、自主测试"等内容，通过搭建多维、动态、活跃、自主的课程学习与训练平台，使学生的主动性、积极性和创造性得以充分调动。

（3）为学生提供电子书籍、电子期刊、数字图书馆、专业网站等网络资源的导引信息以及操作方法，使学生充分利用网络资源自主学习，实现教学内容从单一化向多元化转变，为学生的研究性学习和自主性学习创造条件，使学生能力得到充分拓展。

五、师资队伍

1. 课程教学团队

本课程为理实一体化课程，要求授课教师应具有良好理论水平和较强的实践动手能力，专兼职教师素质能力要求如表22-5所示，专职教师基本情况如表22-6所示，兼职教师基本情况如表22-7所示。

1）专兼职教师数量、结构

课程教学团队由4人组成，其中：校内专职教师3人，行业企业兼职教师1人；高级职称2人，中级职称2人，全国技术能手1人；均具有企业工作经历。

2）专兼职教师素质

根据《深化新时代职业教育"双师型"教师队伍建设改革实施方案》精神和产品逆向设计岗位人才标准，本课程专兼职教师素质能力要求如表22-5所示。

表22-5 专兼职教师素质能力要求

教师类型	素质要求	能力要求
专职教师	具备爱国守法、爱岗敬业、关爱学生、教书育人、为人师表、终身学习等素质	（1）具备通识性教育、课程教学、素养教育等专业知识； （2）具备教学设计、教学实施、教学管理能力； （3）具备社会服务和科研能力
兼职教师	具备爱国守法、爱岗敬业、关爱学生、教书育人、为人师表、终身学习等素质	（1）具备较强的专业技能； （2）具备教学设计、教学实施、教学管理能力

表 22-6　专职教师基本情况

序号	姓名	学历	职称	职业资格	行业经历	承担任务
1	张玉平	硕士研究生	副教授	一级技师	2 年	课程建设及教学
2	韦光珍	硕士研究生	副教授	高级技师	3.5 年	课程建设及教学
3	杨皓	硕士研究生	讲师	工程师	5 年	课程建设及教学

表 22-7　兼职教师基本情况

序号	姓名	性别	单位	职称	承担任务
1	阳德森	男	长安汽车工程研究院	高级工程师	课程建设指导及课程教学

2. 课程团队职责

（1）模具设计与制造专业建设指导委员会把握课程发展方向。

（2）教研室主任、专业负责人与课程负责人，负责课程的整体建设、内容的调整、课程的持续发展。

（3）专职教师负责课程的授课，专职教师与实训指导教师共同负责课程的实训指导。

（4）课程负责人负责监督课程的实施。

六、实践教学

1. 校内实训条件要求

本课程实施主要在机房进行。机房要求如表 22-8 所示。

表 22-8　机房要求

序号	实训室名称	实训功能	实训内容	主要设备配置
1	机房	产品逆向设计	逆向设计与数据采集	安装 CATIA 软件的电脑 45 台。 （1）系统为 Windows 7 以上，Linux 版本可为：统信 UOS、银河麒麟、Debian 系列； （2）处理器为英特尔奔腾©4(2 GHz 或更高主频)、英特尔至强©、英特尔酷睿 TM 或等效的 AMD©处理器； （3）显卡为支持 Microsoft DirectX©9 及以上或 OpenGL 3.3 及以上的显卡； （4）RAM 为 2 GB 以上，硬盘空间为 6 GB 以上可用空间

2. 校外实训条件要求

（1）课程为理实一体化课程，安排在有 CATIA 软件的机房或实训室。

（2）指导老师不少于 1 人。

23　成型性模拟分析 CAE 课程标准

(编写：韦光珍　校对：胡慧芳　审核：张玉平)

课程代码：02150482
课程类型：理实一体化课
学时/学分：48 学时/3 学分
适用专业：模具设计与制造

一、课程概述

1. 课程性质

本课程是模具设计与制造专业必修的一门专业课，是在学习了塑料成型工艺与模具设计、机械制图与计算机绘图、计算机三维造型等课程之后，具备了模具设计能力的基础上，开设的一门理实一体化课程。其功能是对接专业人才培养目标，面向模具设计工程技术人员、产品设计工程技术人员等技术工作岗位，通过对注塑成型模拟分析软件的学习，提高学生塑料模具设计的合理性，累积塑料模具设计经验，缩短模具设计周期，提高生产效率，增加学生就业竞争力，培养学生模具仿真分析的能力，为后续毕业设计、顶岗实习课程的学习奠定基础。

2. 课程定位

本课程对接的主要工作岗位是产品成型工艺员，通过对职业岗位中典型工作任务及生产中典型零件模具方案的设计，使学生具备从事模流分析岗位的基本能力，能解决生产中常见模具工艺制定及模具设计等问题。

二、课程目标

本课程的目标是使学生能熟练操作软件及具有一定的分析能力，为模具设计工艺员及模流分析岗位服务，增加学生就业竞争力。

具体目标如下：

1. 素养目标

(1) 能践行社会主义核心价值观，养成深厚的爱国情感和中华民族自豪感。
(2) 养成质量意识、安全意识、工匠精神和创新思维。
(3) 养成自我管理能力，遵守职业规范和职业道德，有较强的集体意识和团队合作精神。

2. 知识目标

(1) 知道 CAE 分析软件的各种命令。
(2) 知道注射成型工艺与分析序列之间的关系。
(3) 知道 CAE 软件分析数据的含义。

3. 技能目标

(1) 具有修改网格问题的能力。
(2) 具有建立分析模型的能力。
(3) 具有正确运行分析的能力。
(4) 具有书写分析报告的能力。

三、课程实施和建议

1. 课程内容和要求

（1）课程内容总体要求。本课程以模具设计与制造专业学生的就业为导向，结合专业人才培养方案中培养目标、培养规格要求，根据学生的认知特点，结合职业能力培养的基本规律，以工作过程为主线，将陈述性知识与过程性知识整合、理论知识与实践知识整合，科学设计学习型工作任务，同时以企业真实化工作任务为载体，由简单到复杂、从单一到多元化设计教学内容。通过软件自带模型熟悉软件基本命令，突出操作的熟练性；结合前期课程塑料模具设计与实践所做课程项目，开发学生自主学习能力及实际解决问题的能力。遵循理论够用适度、突出实际操作技能的原则，结合学生基本素质与学习能力，围绕能够优化塑料模具设计、改进成型工艺的综合教学目标选取教学内容。

课程学时分配如表 23-1 所示，课程内容和要求如表 23-2 所示。

表 23-1　课程学时分配

项目	任务	学时		
		理论	实验实训	小计
项目1　分析前处理	任务1.1　分析模型的建立	2	2	4
	任务1.2　分析模型的优化	2	4	6
	任务1.3　分析序列的确定	2	2	4
项目2　浇注系统的优化	任务2.1　浇注系统的创建	2	2	4
	任务2.2　填充分析的运行	2	4	6
	任务2.3　浇注系统的优化	0	4	4
项目3　冷却系统的优化	任务3.1　冷却系统的创建	0	2	2
	任务3.2　冷却分析的运行	0	2	2
	任务3.3　冷却系统的优化	0	2	2
项目4　综合项目	任务4.1　分析模型的建立	2	4	6
	任务4.2　分析报告	2	6	8
小计		14	34	48

表 23-2　课程内容和要求

项目	任务	素质目标	知识目标	技能目标	教学活动
项目1 分析前处理	任务1.1 分析模型的建立	践行社会主义核心价值观，养成深厚的爱国情感和中华民族自豪感	（1）软件各命令含义； （2）网格的作用、特点；★ （3）网格边长的确定；★■ （4）常见的网格模型的特点；★■ （5）网格模型的适用条件	（1）能够正确安装、使用软件； （2）能够针对不同产品正确划分网格模型；★■ （3）能够选择合理的网格边长★■	提问、头脑风暴、课堂讨论

续表

项目	任务	素质目标	知识目标	技能目标	教学活动
项目1 分析前处理	任务1.2 分析模型的优化	培养质量意识、安全意识、工匠精神和创新思维	（1）自由边、共用边、交叉边的含义；（2）重叠单元的含义；（3）纵横比的含义；★■（4）网格匹配率的含义；★■（5）网格质量的判定；★（6）常见的网格修改命令★	（1）能够判定网格的质量缺陷；★■（2）准确找到存在缺陷的网格；（3）网格质量的自动修改；（4）能够选择合理的命令高效找到网格缺陷★■	讲练结合，线上线下混合式教学
	任务1.3 分析序列的确定	培养质量意识、安全意识、工匠精神和创新思维	（1）熟悉注射成型工艺过程；★■（2）认识常见热塑性塑料的成型性能；★（3）软件中各分析序列的作用；★■（4）各分析序列的运行条件	（1）能够选择合理的分析序列；★■（2）能够正确运行各个分析序列	讲练结合，线上线下混合式教学
项目2 浇注系统的优化	任务2.1 浇注系统的创建	培养质量意识、安全意识、工匠精神和创新思维	（1）判断和解决问题的技能，团队工作能力；（2）计划整个工作流程、管理和监控整个工作过程，评价自己的工作成果	（1）常见浇口类型的结构特点；（2）常见的浇口尺寸；（3）自动创建浇注系统的步骤；（4）手动创建浇注系统的方式	讲练结合，线上线下混合式教学
	任务2.2 填充分析的运行	（1）培养自我管理能力，遵守职业规范和职业道德，有较强的集体意识和团队合作精神；（2）培养质量意识、安全意识、工匠精神和创新思维	（1）判断和解决问题的技能，团队工作能力；（2）计划整个工作流程、管理和监控整个工作过程，评价自己的工作成果	（1）填充过程的特点；★（2）填充分析与快速填充分析的差异	讲练结合，线上线下混合式教学
	任务2.3 浇注系统的优化	（1）培养自我管理能力，遵守职业规范和职业道德，有较强的集体意识和团队合作精神；（2）培养质量意识、安全意识、工匠精神和创新思维	（1）探究学习、终身学习的能力；（2）语言、文字表达能力，沟通交流能力；（3）具有使用本专业信息技术有效地收集、分析、处理数据的能力	（1）填充分析常见的数据含义；★（2）常见分析数据的读取方式；（3）分析数据与质量缺陷之间的关系★■	讲练结合，线上线下混合式教学

续表

项目	任务	素质目标	知识目标	技能目标	教学活动
项目3 冷却系统的优化	任务3.1 冷却系统的创建	（1）培养良好的职业道德和科学的创新意识；（2）能独立制定工作计划并实施；（3）培养较强的人际沟通能力；（4）培养良好的团队合作精神	（1）判断和解决问题的技能，团队工作能力；（2）计划整个工作流程、管理和监控整个工作过程，评价自己的工作成果	（1）常见冷却形式的结构特点；（2）自动创建冷却系统的步骤；（3）手动创建冷却系统的方式	讲练结合，线上线下混合式教学
	任务3.2 冷却分析的运行	（1）培养良好的职业道德和科学的创新意识；（2）能完成工作计划实施；（3）培养较强的人际沟通能力；（4）培养良好的团队合作精神	（1）判断和解决问题的技能，团队工作能力；（2）计划整个工作流程、管理和监控整个工作过程，评价自己的工作成果	（1）冷却分析的运行；（2）冷却过程对产品质量的影响	讲练结合，线上线下混合式教学
	任务3.3 冷却系统的优化	（1）培养良好的职业道德和科学的创新意识；（2）能完成工作计划实施；（3）培养较强的人际沟通能力；（4）培养良好的团队合作精神	（1）探究学习、终身学习的能力；（2）语言、文字表达能力，沟通交流能力；（3）具有使用本专业信息技术有效地收集、分析、处理数据的能力	（1）冷却分析的数据含义；（2）冷却分析数据的读取方式；（3）分析数据与质量缺陷之间的关系★■	讲练结合，线上线下混合式教学
项目4 综合项目	任务4.1 分析模型的建立	（1）培养良好的职业道德和科学的创新意识；（2）能独立制定工作计划并实施；（3）培养较强的人际沟通能力；（4）培养良好的团队合作精神	（1）判断和解决问题的技能，团队工作能力；（2）计划整个工作流程、管理和监控整个工作过程，评价自己的工作成果	（1）分析产品质量要求；（2）明确分析需求；★■（3）注射成型工艺过程；（4）模具运动原；（5）分析序列的特点★■	讲练结合，线上线下混合式教学

续表

项目	任务	素质目标	知识目标	技能目标	教学活动
项目4 综合项目	任务4.2 分析报告	（1）培养良好的职业道德和科学的创新意识；（2）能完成工作计划实施；（3）培养较强的人际沟通能力；（4）培养良好的团队合作精神	（1）探究学习、终身学习的能力；（2）语言、文字表达能力，沟通交流能力；（3）具有使用本专业信息技术有效地收集、分析、处理数据的能力	分析报告的书写格式★■	讲练结合，线上线下混合式教学

备注：教学重点、难点在表中标出，其中，打★的为教学重点，打■的为教学难点。

2. 教学方法和教学手段

（1）加强对学生职业能力的培养，强化案例教学或项目教学，注重以工作任务为导向型案例或项目激发学生学习热情，使学生在案例分析或项目活动中了解塑料模具设计工作领域与工作过程。

（2）以学生为本，注重"教"与"学"的互动，融"教学做"于一体。通过选用典型案例应用项目，由教师进行操作性示范，并组织学生进行实际操作活动，让学生在案例应用项目教学活动中明确学习领域的知识点，并掌握本课程的核心专业技能。

（3）在教学过程中，要创设工作情景，同时应加大实践实操的容量，要紧密结合职业技能、实操项目的训练，提高学生的岗位适应能力。

（4）注重专业案例的积累与开发，以多媒体、录像与光盘、案例分析、在线答疑等方法提高学生分析和解决生产问题的专业技能。

（5）在教学过程中，要强调校企合作、工学结合，要重视本专业领域新技术、新工艺、新设备发展趋势，贴近生产现场。为学生提供职业生涯发展的空间，努力培养学生参与社会实践的创新精神和职业能力。

（6）教学过程中教师应积极引导学生提升职业素养，提高职业道德。

（7）注重推进专业课程思政改革，深化工匠职业素养教育。

3. 教学评价

1）评价建议

（1）课程评价采用平时测评与期末终结性鉴定相结合的鉴定方式、采用线上评价与线下评价，理论评价与实操评价的方式进行。

（2）工作过程与模块评价相结合，定性评价与定量评价相结合，加强实践性教学环节的考核，注重理解与分析能力的提高与培养。

（3）加大对学生学习过程的评价与控制，教学中分工作任务模块评分，设计各环节的考核标准和相应的考核表格，形成对工程素质、实践技能、合作能力等的综合评价体系。

（4）课程结束后进行综合评价，应用实例分析与讲解、答辩等手段，充分发挥学生的主动性和创造力，考核学生所拥有的综合职业能力及水平。

2）评价的具体形式与方法

（1）由教师与学生组成教学评价团队，对学生的学习积极性、自主性、参与性、学习过程和结果给予评价与考核。

（2）学习过程的评价采用以学生和学习团队为主、教师为辅的评价体系，主要对学生学习纪律、学习态度、学习活动中参与的积极性与能力、交流合作的能力以及实训与练习的考核。

（3）学习结果的评价主要采用以教师为主、学生为辅的评价体系，主要对学生的学习能力、设计能力、学习成效进行综合评价。

3）教学评价的结构与比例

本课程按照百分制进行考核，考核主要包括平时过程性考核和期末终结性考核两大方面，平时过程性考核占50%，期末终结性考核占50%。

（1）平时过程性考核包括学习态度、学习水平和实践动手能力三个方面。

学习态度——学生学习纪律与态度、学习活动中参与的积极性、学习交流与团队协作能力占10%。采用课堂学习活动评比、学习效果自评、互评、问卷调查等形式，主要由学生与学生团队给予评价。

学习水平——教学各单元模块知识结构与技能的训练占20%。以各学习单元的理论与实践项目活动鉴定为依据进行考核，主要由教师与学生团队给予评价。

实践动手能力——项目综合训练、创新能力占20%。以综合项目设计内容（1个）为依据进行综合项目考核，对查阅与应用设计手册、掌握设计软件能力以及创新设计能力进行评定，主要由教师与学生团队给予评价。

（2）期末终结性考核以试卷、课程总结报告或课程综合能力考核等形式进行评定，主要由教师给予评价。

4. 成绩认定及考核标准

学生成绩的认定，包括两个方面：一是平时过程性考核50%，满分50分；二是按照课程考核标准进行的期末考核，满分50分。两项分之和即为学生最终成绩。

课程考核应符合有关管理规定，具体要求如表23-3所示。

表23-3 课程考核要求

考核类别	平时过程性考核50%	期末终结性考核50%	补考
考核要求	平时表现30%（考勤、作业、实验实践等）+阶段考核20%	理论考试、实践考核、课题报告、答辩、考证成绩、技能竞赛等方式，可选择一种或多种方式，要明确各部分分数占比	理论考试或实践考核

注意事项：

平时过程性考核一般由平时表现（考勤、作业、实验实践等）及阶段考核组成，其中，阶段考核的次数一般不少于每24课时1次；期末终结性考核的主要形式为理论考试，技能操作性较强的课程可采用综合性技能操作考核、课题报告、答辩、考证成绩、技能竞赛等方式。

四、课程资源

1. 教材选用

（1）按照学院《教材管理办法》，选用的教材要符合职业本科教学的要求，尽量选用近三年出版的教育部规划教材。

（2）搭建产学合作平台，充分利用企业资源，组织由主讲教师与企业专家技术骨干组成的教学团队编写工学结合的教材。

2. 网络资源

（1）智慧职教课程平台成型性模拟分析CAE在线课程。

（2）充分认识信息技术与学科的整合，积极使用国家精品在线课程资源、国家专业教学资源库相关资源实现线上线下混合式教学、翻转课堂教学，如教学资源库、网络资源、MOOC课程、SPOC 课程等。

（3）利用现代信息技术开发教学用多媒体课件，包含"授课要点、模拟实验、在线答疑、自主测试"等内容，通过搭建多维、动态、活跃、自主的课程学习与训练平台，使学生的主动性、积极性和创造性得以充分调动。

（4）给学生提供电子书籍、电子期刊、数字图书馆、专业网站等网络资源的导引信息以及操作方法，使学生充分利用网络资源自主学习，实现教学内容从单一化向多元化转变，为学生的研究性学习和自主性学习创造条件，使学生能力得到充分拓展。

五、师资队伍

课程组师资队伍情况一览表如表 23-4 所示。

表 23-4 课程组师资队伍情况一览表

序号	姓名	年龄	单位	学历	职称	教师属性
1	韦光珍	42	重庆工业职业技术学院	硕士研究生	副教授/全国技术能手	校内专职
2	张玉平	43	重庆工业职业技术学院	硕士研究生	副教授	校内专职
3	胡慧芳	44	重庆工业职业技术学院	博士研究生	讲师	校内专职
4	夏江梅	56	重庆工业职业技术学院	大学本科	教授	校内专职
5	洪杰伟	42	重庆长安汽车股份有限公司	硕士研究生	高工	校外兼职

六、实践教学

1. 校内实训条件要求

（1）机房计算机数量不少于 40 台/间。
（2）单台计算机配置包括：
①系统为 Windows 7 以上，Linux 版本可为：统信 UOS、银河麒麟、Debian 系列。
②处理器为英特尔奔腾® 4（2 GHz 或更高主频）、英特尔至强®、英特尔酷睿™或等效的 AMD ® 处理器。
③显卡为支持 Microsoft DirectX® 9 及以上或 OpenGL 3.3 及以上的显卡。
④RAM 为 2 GB 以上。
⑤硬盘空间为 6 GB 以上可用空间。
⑥实训机房可实现监控单台电脑、发送广播以及禁止上网、读取 U 盘等功能。
⑦安装模流分析软件。

2. 校内外实训安排说明

（1）课程为理实一体化课程，安排在有模流分析软件的机房或实训室。
（2）指导老师不少于 1 人。

24 机床与数控机床课程标准

(编写：黄晓敏　校对：莫东鸣　审核：张玉平)

课程代码：02010155
课程类型：理实一体化课
学时/学分：64学时/4学分
适用专业：数控技术专业

一、课程概述

1. 课程性质

本标准依据数控技术专业能力标准、数控技术专业人才培养方案而制定。

机床与数控机床课程是数控技术专业核心课程，是在学习了机械制图、公差配合与测量技术、机械设计基础、电工电子技术，具备了识读和绘制机械产品零件图以及机械产品设计能力的基础上开设的一门理实一体化课程。本课程以机床为典型案例，学习设计机器的一般方法，为后续零件切削加工工艺与装备、数控机床故障诊断与维修等课程的学习奠定良好的基础，以适应装备制造业转型升级对复合型人才的需求。

2. 课程定位

本课程对接的工作岗位是机床操作、设计、安装调试、维护与管理等工作，培养学生能够识别机床、分析机床运动、设计机床传动系统与典型机构、进行典型机床部件的调整，以及根据零件表面形状正确选择机床的能力。

二、课程目标

1. 总目标

本课程将价值塑造、知识传授与能力培养融为一体，在专业能力培养的过程中，从国家定位、学校定位、专业目标、人才培养目标"四个层面"分别实现专业维度和思政维度的对接。适应"中国制造2025"和"新一代人工智能发展规划"的国家发展战略，弘扬社会主义核心价值观，培养社会主义建设者和接班人；对接"川渝经济共同体"，服务学校双高专业群建设，全方位、全过程、全员参与落实立德树人的根本任务。实现数控技术专业育人和育才的统一。培养具有家国情怀、爱国敬业、工程素养和国际视野的高素质应用型人才。

2. 分目标

以项目为导向，培养学生诚实、守信、沟通与合作等社会能力；以任务为目标，培养学生认识机床、分析机床、查阅技术资料、进行典型机构设计等专业能力；以成果验证为手段，培养学生独立思考、勇于创新的个人能力。

1）知识目标

（1）掌握机床型号的编制方法。

（2）熟悉零件表面成型方法、机床的运动、机床传动、典型机构。

（3）掌握CA6140型卧式车床、M1432A型万能外圆磨床、齿轮加工机床的传动系统、典型结构等基本知识。掌握典型机构的设计方法。

（4）掌握数控机床的典型机械结构，了解数控机床的各种类型及加工方法。

2）技能目标

（1）会分析机床的传动系统并掌握机床的运动计算。

（2）会分析 CA6140 车床的传动系统及典型结构。

（3）会分析 M1432A 型万能外圆磨床的传动系统分析方法，认识其典型部件。

（4）认识齿轮加工机床典型部件，能看懂滚齿传动系统图，会进行有关运动计算。

（5）能正确选用钻床、镗床、铣床、刨床、插床和拉床。

（6）认识数控机床典型部件，会进行典型机构的方案设计。

3）素质目标

（1）具有遵守安全操作规范和环境保护法规的能力。

（2）具有表达与沟通和团队合作的能力，能有效地与相关工作人员和客户进行交流。

（3）具有逻辑思维与发现问题和解决问题的能力，使学生从习惯思维中解脱出来，引导启发学生的创造思维能力。

（4）具有使用本专业信息技术有效地收集、查阅、分析、处理工作数据和技术资料的能力。

（5）具备终身学习与可持续发展的能力。

（6）具有爱岗敬业、诚实守信、吃苦耐劳的职业精神与创新设计意识。

三、课程实施和建议

1. 课程内容和要求

1）课程设计思路

本课程以高职数控技术专业学生的就业为导向，在企业有关专家与本院专业教师共同研讨下，结合专业教学任务与专业工作特点，对数控技术专业的就业岗位进行职业能力分析，以实际工作任务（项目）为导向，以机床与数控机床在行业中的应用为课程主线，以数控技术在机械行业中的工作过程所需要的岗位职业能力为依据，根据学生的认知规律与技能要求，采用循序渐进方式实现理论教学与典型案例相结合来展现教学内容，做到"教学做"一体共同完成。本课程通过对典型案例知识点和技能点的分析与讲解来组织教学，倡导学生在教学任务（项目）实施过程中掌握机床与数控机床的专业基础知识和基本技能。

2）课程内容选取的依据

工作过程导向的课程开发，首先要解决的是课程内容的序化与课程内容的取向问题。以就业为导向的职业教育，其课程内容应以过程性知识为主、陈述性知识为辅，即以实际应用的经验和策略的习得为主、以适度够用的概念和原理的理解为辅。由实践情境构成的以过程逻辑为中心的行动体系，强调的是获取过程性知识，主要解决"怎么做"（经验）和"怎么做更好"（策略）的问题。课程学时分配、课程内容和要求如表 24 – 1 和表 24 – 2 所示。

表 24 – 1　课程学时分配

项目（情景/模块/章节/单元）	学时		
	理论	实践	小计
机床的基础知识	2	2	4
车床	8	8	16
磨床	2	2	4
齿轮加工机床	4	4	8

续表

项目（情景/模块/章节/单元）	学时		
	理论	实践	小计
其他类型的机床	4	4	8
数控机床	3	3	6
数控机床典型部件结构	6	6	12
智能制造单元（柔性制造单元）	3	3	6
合计	32	32	64

表24-2　课程内容和要求

项目（情景/模块/章节/单元）	素质目标	知识目标	技能目标	教学活动
机床基础知识	（1）具有良好的专业精神、职业精神和工匠精神； （2）具有产品质量控制意识、安全生产意识、环保意识、创新思维、信息素养	（1）理解工件加工表面成形方法和所需机床运动；★ （2）分清简单成形运动和复合成形运动、表面成形运动和辅助运动、主运动和进给运动等概念；★ （3）掌握机床传动链基本构成原理★	（1）识读机床的传动系统图；★ （2）会分析机床的传动系统并掌握机床的运动计算；■ （3）会查阅相关技术资料★	（1）教师：引导、讲授、演示、评价； （2）学生：模仿、讨论、练习、互评、反馈、改进
车床	（1）具有良好的专业精神、职业精神和工匠精神； （2）具有产品质量控制意识、安全生产意识、环保意识、创新思维、信息素养	（1）掌握普通车床的基本知识；★ （2）掌握CA6140型卧式车床的传动系统、典型结构；■ （3）了解普通车床的各种类型及加工方法★	（1）认识车床典型部件，会操作普通卧式车床；★ （2）学会分析CA6140车床的传动系统及典型结构；■ （3）会查阅相关技术资料★	（1）教师：引导、讲授、演示、评价； （2）学生：模仿、讨论、练习、互评、反馈、改进
磨床	（1）具有良好的专业精神、职业精神和工匠精神； （2）具有产品质量控制意识、安全生产意识、环保意识、创新思维、信息素养	（1）掌握普通磨床的基本知识；★ （2）掌握M1432A型万能外圆磨床组成、传动特点和主要结构；■ （3）熟悉磨床的各种类型和应用★	（1）认识各种磨床，并明确其使用范围；★ （2）掌握M1432A型万能外圆磨床的传动系统分析方法，认识其典型部件；■ （3）会查阅相关技术资料★	（1）教师：引导、讲授、演示、评价； （2）学生：模仿、讨论、练习、互评、反馈、改进

续表

项目（情景/模块/章节/单元）	素质目标	知识目标	技能目标	教学活动
齿轮加工机床	（1）具有良好的专业精神、职业精神和工匠精神； （2）具有产品质量控制意识、安全生产意识、环保意识、创新思维、信息素养	（1）掌握齿轮加工机床的基本知识；★ （2）掌握齿轮加工机床的机械结构；■ （3）了解齿轮加工机床的各种类型及加工方法★	（1）能够正确地识别各种齿轮加工机床，并明确其使用范围；★ （2）认识齿轮加工机床典型部件，能看懂滚齿传动系统图，会进行有关运动计算；■ （3）会查阅相关技术资料★	（1）教师：引导、讲授、演示、评价； （2）学生：模仿、讨论、练习、互评、反馈、改进
其他类型的机床	（1）具有良好的专业精神、职业精神和工匠精神； （2）具有产品质量控制意识、安全生产意识、环保意识、创新思维、信息素养	（1）掌握钻床、镗床、铣床、刨床、插床和拉床的基本知识；★ （2）熟悉钻床、镗床、铣床、刨床、插床和拉床的主要结构；★ （3）了解钻床、镗床、铣床、刨床、插床和拉床的各种类型及加工方法★	（1）认识钻床、镗床、铣床、刨床、插床和拉床及其典型部件；★ （2）能正确选用钻床、镗床、铣床、刨床、插床和拉床；★ （3）会查阅相关技术资料★	（1）教师：引导、讲授、演示、评价； （2）学生：模仿、讨论、练习、互评、反馈、改进
数控机床	（1）具有良好的专业精神、职业精神和工匠精神； （2）具有产品质量控制意识、安全生产意识、环保意识、创新思维、信息素养	（1）了解数控机床的产生和发展情况，了解机床数控技术的相关概念；★ （2）掌握数控机床的基本组成与加工原理；■ （3）了解数控机床的各种类型及加工方法★	（1）理解数控机床的组成、分类和主要功能；★ （2）认识数控机床坐标系；■ （3）会查阅相关技术资料★	（1）教师：引导、讲授、演示、评价； （2）学生：模仿、讨论、练习、互评、反馈、改进
数控机床典型部件结构	（1）具有良好的专业精神、职业精神和工匠精神； （2）具有产品质量控制意识、安全生产意识、环保意识、创新思维、信息素养	（1）掌握主传动系统、主轴部件基本知识；★ （2）掌握滚珠丝杠螺母副的基本结构及工作特征；■ （3）掌握滚动导轨副的结构及安装要求；★ （4）了解自动换刀装置类型■	（1）理解主传动系统、会绘制主轴部件结构；★ （2）会绘制滚珠丝杠螺母副的基本结构；■ （3）能正确安装滚动导轨副；★ （4）会选用自动换刀装置■	（1）教师：引导、讲授、演示、评价； （2）学生：模仿、讨论、练习、互评、反馈、改进

续表

项目（情景/模块/章节/单元）	素质目标	知识目标	技能目标	教学活动
智能制造单元（柔性制造单元）	（1）具有良好的专业精神、职业精神和工匠精神； （2）具有产品质量控制意识、安全生产意识、环保意识、创新思维、信息素养	（1）了解智能制造单元（柔性制造单元）的基本组成以及工作特点；★ （2）掌握上下料机器人、码垛机器人的工作原理；■ （3）掌握运输与仓储装备的基本知识★	（1）会合理使用智能制造单元（柔性制造单元）；★ 2. 会合理选用上下料机器人、码垛机器人；■ （3）会选用运输与仓储装备（AGC 小车、智能仓储装置）★	（1）教师：引导、讲授、演示、评价； （2）学生：模仿、讨论、练习、互评、反馈、改进

备注：教学重点、难点在表中标出，其中，打★的为教学重点，打■的为教学难点。

2. 教学方法和教学手段

1）教学方法建议

（1）课程以"典型工作任务及工作过程知识"作为主体内容，突出如何借助"学习任务"实施职业教育教学。

（2）将"教学材料"的特征和"学习资料"的功能进行结合，通过活页式工作页引领、构建"教学做"于一体的学习管理体系。使学生了解职业、热爱职业岗位，帮助学生树立正确的价值观、择业观，培养良好的职业道德和职业意识，不仅传授知识，而且突出能力的培养。

（3）采用行动导向教学法，即以学生为中心、学习成果为导向，促进学生自主学习，以"行动导向驱动"为主要形式的教学方法。在教学过程中充分发挥学生的主体作用和教师的引导作用，注重对学生分析问题、解决问题能力的培养，从完成某一方面的"任务"着手，引导学生通过信息、资讯、计划、决策、实施、检查控制、评估反馈七步完成"任务"，从而实现教学目标。

（4）采用小组教学法，即以学生为主体，将课题内容分解成多个并列知识点，通过小组探究实现教学目标，形成人人有课题，小组之间相互交流各自掌握的内容，通过小组重组的形式实现学生相互传授知识，并共同实现教学目标的一种教学方法。本方法激发每个学生学习兴趣，培养其总结提炼、知识架构搭建及传授能力，提高学生的自信心和责任心，培养团队协作能力和沟通表达能力。

2）教学手段

（1）提供丰富、适用和引领创新作用的多种类型立体化、信息化课程资源，实现工作页多功能作用。

（2）运用现代教育技术，将教学视频、电子教材、电子课件、电子讲稿、动态演示软件、网络教学等现代化教学手段相结合。

（3）在教学过程中，重视专业领域新技术、新工艺、新设备发展趋势，努力为学生提供职业生涯发展的空间，着力培养学生参与社会实践的创新精神和职业能力。

3. 教学评价

1）考核要求

课程考核应符合有关管理规定，具体要求如表24-3所示。

表24-3　课程考核要求

考核类别	平时过程性考核50%	期末终结性考核50%	补考
考核要求	平时表现20%（考勤、作业、实验实践等）+阶段考核30%	期末成绩评定由机床基础知识、普通机床、数控机床三大部分组成，其中机床基础知识占10%，普通机床占20%，数控机床占20%	理论考试

2）说明

（1）平时过程性考核包括社会能力、专业能力和个人能力三个方面的考核。

社会能力——学生学习纪律与态度、学习活动中参与的积极性、学习交流与团队协作等占10%。采用课堂学习活动评比、学习效果自评、互评、问卷调查等形式，主要由学生与学生团队给予评价。

专业能力——教学各项目知识结构与技能的训练占20%。以各学习单元的理论与实践项目活动鉴定为依据进行考核，主要由教师与学生团队给予评价。

个人能力——项目综合训练、创新能力占20%。以综合项目设计内容（1个）为依据进行综合项目考核，对查阅与应用设计手册、创新设计能力进行评定，主要由教师与学生团队给予评价。

（2）终结性评价以试卷、课程总结报告或课程综合能力考核等形式进行评定，试卷占30%，课程总结报告或课程综合能力考核占20%。其中，课程综合能力考核以综合项目设计内容（1个）为依据，以课题答辩方式进行，主要由教师给予评价。本课程具体考核要求如表24-4、表24-5和表24-6所示。

表24-4 考核方式

考核分类	考核方式		成绩比例
形成性评价	课堂理论测试	检查作业、分组竞赛、课堂提问、平时测验等	20%
	设计能力测试	机床外形图手绘、机床结构图手绘能力	20%
	平时表现	考勤情况、学习态度、职业道德、团队合作、语言交流、组织管理等	10%
终结性评价	综合应用能力	试卷	30%
	课题（项目）设计	检查课题设计方案、PPT汇报答辩等	20%

表24-5 考核标准

序号	主要内容	考核的知识点、技能点及要求	考核比例
1	机床基础知识	表面、运动、传动、机构、调整	20%
2	普通机床	表面、运动、传动、机构、调整	40%
3	数控机床	表面、运动、传动、机构、调整	40%

表24-6 过程性考核评价内容与标准

项目	内容	分值			
学习态度（10分）	出勤情况（5分）	5（优秀）	4（良好）	3（合格）	0（不合格）
	听课态度（5分）	5（优秀）	4（良好）	3（合格）	0（不合格）
学习水平（30分）	课堂提问（5分）	5（优秀）	4（良好）	3（合格）	0（不合格）
	讨论课发言（5分）	5（优秀）	4（良好）	3（合格）	0（不合格）
	线上自主学习（20分）	20（优秀）	16（良好）	12（合格）	0（不合格）
实践动手能力（10分）	查阅与应用设计手册、绘制图形以及课题设计能力（10分）	10（优秀）	8（良好）	6（合格）	0（不合格）

(3) 注意事项。

说明：课程任课教师要按照课程考核要求实施考核，注意做好学习过程、到课情况、平时作业、实践情况、考核情况的相关记录，作为学生最终评定成绩的明确依据，并与成绩册一同形成成绩档案保存。课程可以过程性考核评价为主，也可以目标性考核评价为主。本课程是以过程性考核评价为主的课程。平时过程性考核一般由平时表现（考勤、作业、实践等）及阶段考核组成，其中，阶段考核的次数一般不少于每 24 课时 1 次；期末终结性考核的主要形式为理论考试，技能操作性较强的课程可采用综合性技能操作考核、课题报告、答辩、考证成绩、技能竞赛等方式。

四、课程资源

1. 教材选用

（1）按照学院《教材管理办法》，选用的教材要符合高职教学的要求，尽量选用近三年出版的教育部规划教材。

（2）搭建产学合作平台，充分利用行业的企业资源，组织由主讲教师与企业专家技术骨干组成的教学团队编写工学结合的教材。

2. 网络资源

（1）根据课程目标、学生实际以及本课程的理论性和实践等特点，本课程的教学建设由文字和电子教材、教学视频、电子课件、电子讲稿等多种形式的教学资源与 CAI 机床软件相结合，共同完成教学任务，达成教学目标。

（2）课程资源的开发和利用。充分利用教学视频、典型教学演示软件、电子讲稿、动画等资源创设形象生动的工作情境，激发学生的学习兴趣，促进学生对知识的理解和掌握。建议加强常用课程资源的开发，建立多媒体课程资源的数据库，努力实现跨学校多媒体资源的共享，以提高资源利用效率。

五、师资队伍

1. 课程教学团队

通过人才引进、聘请兼职教师等手段，增加师资数量；通过教师职业能力和职业技能培训，提高师资队伍的"双师"素质，形成合理的"双师"结构。

1）专兼职教师数量、结构

课程教学团队中：全国技术能手 1 人，国家级裁判 2 人，重庆市青年骨干人才 1 人；校内专职教师 5 人，行业企业兼职教师 2 人；博士 2 人，专科 3 人；高级职称 4 人，中级职称 1 人；双师型专职教师 4 人，其中高级双师型教师 3 人，中级双师型教师 1 人，双师型教师占比达 80%。

2）专兼职教师素质

根据《深化新时代职业教育"双师型"教师队伍建设改革实施方案》精神以及数控技术岗位人才标准，本课程专兼职教师素质能力要求如表 24－7 所示。

表 24－7　专兼职教师素质能力要求

教师类型	素质要求	能力要求
专职教师	具备爱国守法、爱岗敬业、关爱学生、教书育人、为人师表、终身学习等素质	（1）具备通识性教育、课程教学、素养教育等专业知识； （2）具备教学设计、教学实施、教学管理能力； （3）具备社会服务和科研能力

续表

教师类型	素质要求	能力要求
兼职教师	具备爱国守法、爱岗敬业、关爱学生、教书育人、为人师表、终身学习等素质	(1) 具备较强的专业技能； (2) 具备教学设计、教学实施、教学管理能力

3）职业能力课程任课教师资格

具有相应职业资格证书、受过技能培训的专职教师基本情况如表24-8所示。受过职业教学能力培训的企业技术人员、能工巧匠等兼职教师基本情况如表24-9所示。

表24-8 专职教师基本情况

序号	姓名	学历	职称	职业资格	行业经历	承担任务
1	黄晓敏	大学专科	教授	数控车工高级技师	6年	课程建设及教学
2	莫东鸣	博士研究生	副教授	钳工四级	3.5年	课程建设及教学
3	陆学胜	大学专科	高级工程师	钳工四级	10年	课程建设及教学
4	韩辉辉	大学专科	高级实验师	高级技师	3.5年	课程建设及教学
5	胡蒙均	博士研究生	讲师	工程师	14年	课程建设及教学

表24-9 兼职教师基本情况

序号	姓名	性别	单位	职称	承担任务
1	赵新兴	男	重庆长江轴承有限公司	高级工程师	课程建设指导及课程教学
2	傅文亮	男	重庆长安望江工业集团有限公司	工程师	课程建设指导及课程教学

2. 课程团队职责

（1）数控技术专业建设指导委员会把握课程发展方向。
（2）教研室主任、专业负责人与课程负责人负责课程的整体建设、内容的调整、课程的持续发展。
（3）专职教师负责课程的授课，专职教师与实训指导教师共同负责课程的实训指导。
（4）课程负责人负责监督课程的实施。

六、实践教学

1. 校内实训条件要求

本课程实验实训可在智能制造大楼、第一实训楼、现代制造技术实训中心、智能制造产教融合中心进行。课程教学实验室如表24-10所示。

表24-10 课程教学实验室

序号	实训室名称	实训功能	实训内容	主要设备配置
1	车工实训区	车床实践	车床部件拆装实践	车床6台
2	铣工实训区	铣床实践	铣床部件拆装实践	铣床6台
2	磨工实训区	磨床实践	磨床部件结构实践	磨床6台

续表

序号	实训室名称	实训功能	实训内容	主要设备配置
3	数控车削实训区	数车实践	数控车部件结构实训	数控车床 6 台
4	数控铣削实训区	数铣实践	数控铣部件结构实训	数控铣床 6 台
5	智能制造单元	柔性制造单元实践	柔性制造单元结构实训	智能制造单元 10 部

2. 校外实训条件要求

校企合作开发实验实训课程资源。充分利用本行业典型企业的资源,加强校企合作建立校外实训基地,满足学生的实习实训需求,在此过程中进行实验实训课程资源的开发,同时为学生提供就业机会,开创就业渠道。课程校外实习实训由校内专职和企业教师共同指导,课程校外实习实训一览表如表 24 – 11 所示。

表 24 – 11　课程校外实习实训一览表

序号	实习实训基地名称	实习实训功能	实习实训条件	指导老师
1	东风商用车发动机有限公司	跟岗实习	满足实习要求	校内专职和企业教师
3	重庆元创技研实业开发有限公司	跟岗实习	满足实习要求	校内专职和企业教师
3	重庆长安汽车模具有限公司	顶岗实习	满足实习要求	校内专职和企业教师
4	重庆长安望江工业集团有限公司	顶岗实习	满足实习要求	校内专职和企业教师

25 数控加工编程及操作课程标准

(编写：李大英 校对：罗应娜 审核：张玉平)

课程代码：02010239
课程类型：专业核心课（理实一体化课）
学时/学分：64学时/4学分
适用专业：数控技术

一、课程概述

1. 课程性质

本课程是数控技术专业的一门专业核心课程，是在学习了机械制图、公差配合与测量技术、机床与数控机床、零件切削加工与工艺装备、具备了识读和绘制机械产品零件图、编制机械产品普通切削加工工艺的能力基础上开设的一门理实一体化课程。其功能是对接专业人才培养目标，面向装备制造业从事机械产品的数控加工工艺员及编程员、高端数控机床操作员工作岗位，通过对机械产品数控加工工艺设计、数控加工程序编制及数控机床操作等内容的学习，培养学生的机械产品数控加工工艺设计，数控加工程序编制，数控机床所用刀具、量具及工装设计，数控机床操作等职业核心能力，为后续CAD/CAM应用技术、工业机器人编程与操作课程的学习奠定基础。

2. 课程定位

本课程对接的工作岗位是机械产品数控加工工艺员、数控加工编程员、数控机床操作员，通过学习使学生能具备机械产品数控加工工艺设计、数控加工程序编制以及数控机床操作的能力。

二、课程目标

本课程的目标是培养学生诚实、守信的品德，善于沟通和合作的社会能力，培养学生的科学素养和崇尚科学的正确价值观以及精益求精的工匠精神。通过本课程的学习，学生能够编制机械产品的数控加工工艺，编写典型零件的数控加工程序，选用数控加工刀具与量具，设计机械产品工装夹具，操作数控车、数控铣等数控机床。完成该课程的学习之后，学生可考取1+X数控车铣加工职业技能等级证书。

具体目标如下：

1. 知识目标

(1) 了解数控加工编程相关基础知识。
(2) 学会复杂零件数控加工工艺设计与编程的方法。
(3) 学会数控加工常用编程指令格式与应用。
(4) 学会数控加工质量检测与控制的方法。

2. 技能目标

(1) 具有典型零件的数控加工工艺设计与编制能力。
(2) 具有正确选用数控加工切削用量和常规刀具的能力。

(3) 具有常用工艺装备的选择、使用与设计的能力。
(4) 具有典型零件数控加工程序编制与调试能力。
(5) 具有切削加工及运行监控能力。

3. 素质目标

(1) 具有发现问题和解决问题的能力,并具有终身学习与专业发展能力。
(2) 具有诚实守信、敢于担当的精神,能够弘扬中华优秀传统文化。
(3) 具有工匠精神、劳动精神,能够树立社会主义核心价值观。
(4) 具有团队协作能力和沟通表达能力。
(5) 具有正确的价值观、择业观和良好的职业道德和职业意识。

三、课程实施和建议

1. 课程内容和要求

本课程以数控技术学生的就业为导向,结合专业人才培养方案中培养目标、人才规格要求、1+X证书职业资格标准以及职业院校学生的认知特点等方面的要求,以机械制造企业的行业及地域需求为逻辑起点,以工作过程为导向,以项目实施、典型工作任务为依据,以校企专家合作开发为纽带,以校内双师教师和企业兼职教师为主导,以与行业企业共建教学环境为条件,以行动导向组织教学。本课程解构了原有的理论与实践课程体系,重构了体现机械产品数控加工工艺编制、数控加工程序编制、数控机床操作等过程性知识与技能体系的课程。通过教学模式设计、教学方法设计、教学考核改革等,保证专业能力、个人能力和社会能力的培养,形成以工作过程为导向,以学生为中心,由教师引导的理论—实践—应用一体化工学结合教学模式。课程学时分配、课程内容和要求如表25-1和表25-2所示。

表25-1 课程学时分配

项目(情景/模块/章节/单元)		学时		
		理论	实践	小计
模块一 车削类零件 数控编程 与仿真加工	任务1 阶梯轴类零件的数控编程与仿真加工	4	4	8
	任务2 成型曲面轴类零件的数控编程	4	4	8
	任务3 螺纹轴类零件的数控编程	4	4	8
	任务4 套类综合零件的编程与仿真加工	2	2	4
模块二 铣削类零件 数控编程 与仿真加工	任务5 平面轮廓类零件铣削编程与仿真加工	6	8	14
	任务6 平面型腔类零件数控编程与仿真加工	4	4	8
	任务7 孔盘零件的孔加工编程与仿真加工	2	2	4
	任务8 铣削组合件数控编程与仿真加工	4	4	8
机动		2	0	2
小计		32	32	64

表 25-2 课程内容和要求

章节/单元		素质目标	知识目标	技能目标	教学活动
模块一 车削类零件数控编程与仿真加工	任务1 阶梯轴类零件的数控编程与仿真加工	（1）具有爱国主义和集体主义精神，拥护中国共产党领导和我国社会主义制度，爱国、敬业、诚信；（2）遵守职业规范，具有良好的专业精神、职业精神和工匠精神；（3）具有精益求精的工匠精神；（4）具有团队协作能力和沟通表达能力	（1）数控编程相关术语及概念；★（2）回转体类零件加工工艺相关知识；★（3）阶梯轴类零件车削工艺；★■（4）轴类零件的装夹方案；（5）阶梯轴类零件刀具选择与车削参数的确定；★■（6）阶梯轴类零件编程指令 G00, G01, G80/G90, M03, M30 等★	（1）能进行阶梯轴类零件数控加工工艺设计；★■（2）能够选择简单轴类零件的数控车削刀具及夹具；★（3）能够选择车削加工的切削用量；★（4）能正确编写阶梯轴类零件数控加工程序；★■（5）能够使用机械仿真加工软件完成阶梯轴的仿真加工★	（1）教师：引导、讲授、演示、评价；（2）学生：模仿、讨论、练习、互评、反馈、改进
	任务2 成型曲面轴类零件的数控编程	（1）具有爱国主义和集体主义精神，拥护中国共产党领导和我国社会主义制度，爱国、敬业、诚信；（3）具有产品质量意识、环保意识、安全意识、信息素养、工匠精神、创新思维	（1）成型曲面轴类零件加工工艺分析；★■（2）数控车床圆弧面的加工方法；★（3）成型曲面轴类零件刀具选择；（4）圆弧面的加工指令 G02, G03；（5）圆弧编程指令 G02, G03；★（6）复合循环指令 G71★■	（1）能够对曲线轮廓进行处理并会获取零件各基点值；■（2）能够进行曲面轴的数控加工工艺设计；★■（3）能够正确编写曲面轴数控加工编程★■	（1）教师：引导、讲授、演示、评价；（2）学生：模仿、讨论、练习、互评、反馈、改进
	任务3 螺纹轴类零件的数控编程	（1）具有爱国主义和集体主义精神，拥护中国共产党领导和我国社会主义制度，爱国、敬业、诚信；（2）具有产品质量控制意识、环保意识、安全生产意识、信息素养、工匠精神、创新思维	（1）培养学生发现问题和解决问题的能力，并具有终身学习与专业发展能力；（2）养成独立思考的学习习惯，同时兼顾协同工艺设计能力的培养，能对所学内容进行较为全面的比较、概括和阐释	（1）螺纹轴类零件加工工艺分析；★（2）螺纹特征参数分析；（3）切槽刀及切螺纹加工用刀具；（4）切槽及螺纹加工工艺；★■（5）切槽和切螺纹的切削用量；（6）螺纹编程指G92/G82★	（1）教师：引导、讲授、演示、评价；（2）学生：模仿、讨论、练习、互评、反馈、改进

续表

章节/单元		素质目标	知识目标	技能目标	教学活动
模块一 车削类零件数控编程与仿真加工	任务4 套类综合零件的编程与仿真加工	（1）具有发现问题和解决问题的能力，并具有终身学习与专业发展能力；（2）具有诚实守信、敢于担当的精神，能够弘扬中华优秀传统文化；（3）具有工匠精神、劳动精神，能够树立社会主义核心价值观；（4）具有团队协作能力和沟通表达能力	（1）套类零件的加工工艺特点；（2）套类零件的定位与装夹方式；★（3）套类零件车削工艺（内轮廓加工方法、加工用刀具、内轮廓工艺路线）；★■（4）掌握内槽与内螺纹和加工方法；★（5）掌握套类零件编程特点★	（1）能够对套类零件进行正确装夹；★（2）能够对套内件进行数控加工工艺设计；★■（3）能够正确编写套类数控加工程序；★■（4）能够运用数控车床完成套筒的仿真加工★■	（1）教师：引导、讲授、演示、评价；（2）学生：模仿、讨论、练习、互评、反馈、改进
模块二 铣削类零件数控编程与仿真加工	任务5 平面轮廓类零件铣削编程与仿真加工	（1）具有发现问题和解决问题的能力，并具有终身学习与专业发展能力；（2）具有诚实守信、敢于担当的精神，能够弘扬中华优秀传统文化；（3）具有工匠精神、劳动精神，能够树立社会主义核心价值观；（4）具有正确的价值观、择业观和良好的职业道德和职业意识	（1）数控铣床的主要加工对象；（2）数控铣削刀具的选用；★（3）铣削类零件定位与装夹及找正；★（4）掌握数控铣削加工工艺路线设计；★■（5）数控铣削加工切削用量的选择；（6）熟悉数铣常用编程指令 G90/G91，G20，G17/G18/G19；★（8）掌握编程指令 G92/G54，G00，G01，G02/G03，G41/G42/G40★	（1）能够对铣削类零件进行加工工艺分析；★（2）能够根据零件的形状特征的加工精度要求选择合理的数控铣床类型；（3）能够正确选择铣削类零件的数控加工刀具和装夹方案；★（4）能够选择合理的铣削用量；★（5）能够拟订正确的铣削类零件的数控加工路线；★（8）能够正确编写平面轮廓类零件的数控加工程序；★■（9）能够使用机械仿真加工软件完成平面轮廓件的仿真加工★	（1）教师：引导、讲授、演示、评价；（2）学生：模仿、讨论、练习、互评、反馈、改进
	任务6 平面型腔类零件数控编程与仿真加工	（1）具有发现问题和解决问题的能力，并具有终身学习与专业发展能力；（2）具有工匠精神、劳动精神，能够树立社会主义核心价值观；（3）具有团队协作能力和沟通表达能力	（1）平面型腔类零件的铣削工艺分析；★■（2）正确选用平面型腔类零件加工刀具；★（3）正确设置平面型腔类零件铣削参数；★（4）子程序 M98/M99★■	（1）能进行平面型腔类零件数控加工工艺设计；★■（2）能够拟订正确的型腔类零件的数控加工路线；★■（3）能够正确编写型腔类零件的数控加工程序；★■（4）能够使用机械仿真加工软件完成平面腔体件的仿真加工★	（1）教师：引导、讲授、演示、评价；（2）学生：模仿、讨论、练习、互评、反馈、改进

续表

章节/单元		素质目标	知识目标	技能目标	教学活动
模块二 铣削类零件数控编程与仿真加工	任务7 孔盘零件的孔加工编程与仿真加工	（1）具有发现问题和解决问题的能力，并具有终身学习与专业发展能力；（2）具有诚实守信、敢于担当的精神，能够弘扬中华优秀传统文化；（3）具有工匠精神、劳动精神，能够树立社会主义核心价值观	（1）孔加工工艺分析；★■（2）孔加工线路的确定；★■（3）孔加工刀具的选择；★（4）孔加工切削用量的选择；★（5）刀具的长度补偿；（6）孔加工固定循环指令★	（1）能够正确设计孔板的加工工艺路线；★■（2）能够正确对孔板进行定位与装夹；★（3）能够编制合理的孔板加工刀路；★■（4）能够使用机械仿真加工软件完成孔板的仿真加工★	（1）教师：引导、讲授、演示、评价；（2）学生：模仿、讨论、练习、互评、反馈、改进
	任务8 铣削组合件数控编程与仿真加工	（1）具有良好的专业精神、职业精神和工匠精神；（2）具有产品质量控制意识、安全生产意识、环保意识、创新思维、信息素养	（1）组合件的数控加工工艺设计；★■（2）组合件的精度保证；★■（3）零件的定位与装夹（软爪的设计与自动编程）■	（1）能够进行组合件的加工工艺分析；★■（2）能够设计组合件的数控加工工艺；★（3）能够用UG软件组合件进行自动编程；★■（4）能够对组合件进行仿真加工	（1）教师：引导、讲授、演示、评价；（2）学生：模仿、讨论、练习、互评、反馈、改进

备注：教学重点、难点在表中标出，其中，打★的为教学重点，打■的为教学难点。

2. 教学方法和教学手段
1）教学方法建议

（1）课程以"典型工作任务及工作过程知识"作为主体内容，突出如何借助"学习任务"实施职业教育教学。

（2）将"教学材料"的特征和"学习资料"的功能进行结合，通过活页式工作页引领，构建"教学做"于一体的学习管理体系。使学生了解职业、热爱职业岗位，帮助学生树立正确的价值观、择业观，培养良好的职业道德和职业意识，不仅传授知识，而且要突出能力的培养。

（3）行动导向教学法，即以学生为中心、学习成果为导向、促进学生自主学习、以"行动导向驱动"为主要形式的教学方法。在教学过程中充分发挥学生的主体作用和教师的主导作用，注重对学生分析问题、解决问题能力的培养，从完成某一方面的"任务"着手，引导学生通过认知、资讯、计划、决策、实施、检查控制、评估反馈七步完成"任务"，从而实现教学目标。

（4）小组教学法，即以学生为主体，将课题内容分解成多个并列知识点，通过小组探究实现教学目标，形成人人有课题，学生之间、小组之间相互教授各自掌握的内容，通过朋辈导修的形式实现全员参与的一种教学方法。该方法激发每个学生学习兴趣，培养其总结提炼、知识架构搭建及传授能力，提高学生的自信心和责任心，培养团队协作能力和沟通表达能力。

2）教学手段

（1）提供丰富、适用和引领创新作用的多种类型立体化、信息化课程资源，实现工作页多功能作用。

（2）运用现代教育技术，将教学视频、电子教材、电子课件、电子讲稿、数控加工仿真软件、网络教学等现代化教学手段相结合。

（3）在教学过程中，重视本专业领域新技术、新工艺、新设备发展趋势，努力为学生提供职业生涯发展的空间，着力培养学生参与社会实践的创新精神和职业能力。

3. 教学评价

1）考核要求

课程考核应符合有关管理规定，具体要求如表25–3所示。

表25–3　课程考核要求

考核类别	平时过程性考核50%	期末终结性考核50%	补考
考核要求	平时表现20%（考勤、作业、实验实践等）+阶段考核30%	期末成绩评定由理论知识和仿真加工技能两大部分组成，其中理论部分占30%，仿真加工技能部分占20%。仿真加工技能部分包括职业道德5%、数控机床操作10%、产品完成质量5%	理论考试

2）说明

（1）平时过程性考核包括学习态度、学习水平和实践动手能力三个方面的考核。

学习态度——学生学习纪律与态度、学习活动中参与的积极性、学习交流与团队协作能力占10%。采用课堂学习活动评比、学习效果自评、互评、问卷调查等形式，主要由学生与学生团队给予评价。

学习水平——教学各单元模块知识结构与技能的训练占30%。以各学习单元的理论与实践项目活动鉴定为依据进行考核，主要由教师与学生团队给予评价。

实践动手能力——项目综合训练、创新能力占10%。以综合项目设计内容（1个）为依据进行综合项目考核，对查阅与应用设计手册、掌握设计软件能力以及创新设计能力进行评定，主要由教师与学生团队给予评价。

（2）期末终结性考核以试卷、课程总结报告或课程综合能力考核等形式进行评定，试卷占30%，课程总结报告或课程综合能力考核占20%。其中，课程综合能力考核以综合项目设计内容（1个）为依据，以课题答辩方式进行，主要由教师给予评价。本课程具体考核要求如表25–4、表25–5和表25–6所示。

表25–4　考核方式

考核分类		考核方式	成绩比例
形成性评价	课堂理论测试	检查作业、分组竞赛、课堂提问、平时测验为主	25%
	实训技能测试	实验项目的上机仿真、实训项目的数控编程	25%
终结性评价	主要考核学生对该门课程的综合应用能力	笔试	30%
综合评价	考核学生的基本综合素质	观察学生的考勤情况、学习态度、职业道德、团队合作、语言交流、组织管理、数控技能竞赛等	20%

表 25-5 考核标准

序号	学习情境	考核的知识点、技能点及要求	考核比例
1	数控车床编程	数控车削工艺及程序编制、数控加工编程仿真模拟	45%
2	数控铣床编程	数控铣削工艺及程序编制、数控加工编程仿真模拟	45%
3	学生综合评价	学生的基本综合素养	10%

表 25-6 平时过程性考核评价内容与标准

项目	内容	分值			
学习态度（10分）	出勤情况（5分）	5（优秀）	4（良好）	3（合格）	0（不合格）
	听课态度（5分）	5（优秀）	4（良好）	3（合格）	0（不合格）
学习水平（30分）	课堂提问（5分）	5（优秀）	4（良好）	3（合格）	0（不合格）
	讨论课发言（5分）	5（优秀）	4（良好）	3（合格）	0（不合格）
	线上课件学习（20分）	20（优秀）	16（良好）	12（合格）	0（不合格）
实践动手能力（10分）	查阅与应用设计手册、掌握仿真软件能力以及工装设计能力（10分）	10（优秀）	8（良好）	6（合格）	0（不合格）

(3) 注意事项。

说明：课程任课教师要按照课程考核要求实施考核，注意做好学习过程、到课情况、平时作业、实验实践情况、考核情况的相关记录，将其作为学生最终评定成绩的明确依据，并与成绩册一同形成成绩档案保存。课程可以过程性考核评价为主，也可以目标性考核评价为主。本课程是以过程性考核评价为主的课程。平时过程性考核一般由平时表现（考勤、作业、实验实践等）及阶段考核组成，其中，阶段考核的次数一般不少于每24课时1次；期末终结性考核的主要形式为理论考试，技能操作性较强的课程可采用综合性技能操作考核、课题报告、答辩、考证成绩、技能竞赛等方式。

四、课程资源

1. 教材选用

(1) 按照学院《教材管理办法》，选用的教材要符合高职教学的要求，尽量选用近三年出版的教育部规划教材。

(2) 搭建产学合作平台，充分利用机械产品加工的企业资源，组织由主讲教师与企业专家技术骨干组成的教学团队编写工学结合的教材。

2. 网络资源

根据课程目标、学生实际以及本课程的理论性和实践等特点，本课程的教学建设由文字和电子教材、教学视频、电子课件、电子讲稿等多种形式的教学资源与数控加工仿真软件及数控机床相结合，共同完成教学任务，达成教学目标。

(1) 爱课程平台数控加工编程及操作在线课程，课程网址：https://www.icourse163.org/course/1406CQIPC016-1463225176?outVendor=zw_mooc_pclszykctj。

(2)课程资源的开发和利用。充分利用教学视频、多媒体、数控加工仿真软件、电子讲稿、动画等资源创设形象生动的工作情境,激发学生的学习,促进学生对知识的理解和掌握。建议加强常用课程资源的开发,建立多媒体课程资源的数据库,努力实现跨学校多媒体资源的共享,以提高资源利用效率。

五、师资队伍

1. 课程教学团队

通过人才引进、聘请兼职教师等手段,增加师资数量;通过教师职业能力和职业技能培训,提高师资队伍的"双师"素质,形成合理的"双师"结构。

1)专兼职教师数量、结构

课程教学团队中:全国技术能手2人,国家级裁判2人;校内专职教师7人,行业企业兼职教师2人;博士2人,硕士2人,专科3人;高级职称5人,中级职称2人;双师型专职教师4人,其中高级双师型教师3人,中级双师型教师2人,双师型教师占比达71.43%。

2)专兼职教师素质

根据《深化新时代职业教育"双师型"教师队伍建设改革实施方案》精神和数控技术岗位人才标准,本课程专兼职教师素质能力要求如表25-7所示。

表25-7 专兼职教师素质能力要求

教师类型	素质要求	能力要求
专职教师	具备爱国守法、爱岗敬业、关爱学生、教书育人、为人师表、终身学习等素质	(1)具备通识性教育、课程教学、素养教育等专业知识; (2)具备教学设计、教学实施、教学管理能力; (3)具备社会服务和科研能力
兼职教师	具备爱国守法、爱岗敬业、关爱学生、教书育人、为人师表、终身学习等素质	(1)具备较强的专业技能; (2)具备教学设计、教学实施、教学管理能力

3)职业能力课程任课教师资格

具有相应职业资格证书、受过技能培训的专职教师基本情况如表25-8所示。受过职业教学能力培训的企业技术人员、能工巧匠等兼职教师基本情况如表25-9所示。

表25-8 专职教师基本情况

序号	姓名	学历	职称	职业资格	行业经历	承担任务
1	李大英	大学专科	副教授	工程师	8年	课程建设及教学
2	罗应娜	大学专科	副教授	高级技师	4年	课程建设及教学
3	杨刚	硕士研究生	副教授	钳工四级	3.5年	课程建设及教学
4	韩辉辉	大学专科	高级实验师	高级技师	3.5年	课程建设及教学
5	邓燕君	博士研究生	高级工程师	工程师	3年	课程建设及教学
6	胡蒙均	博士研究生	讲师	工程师	14年	课程建设及教学
7	吴莉莉	硕士研究生	工程师	工程师	9.5年	课程建设及教学

表 25-9　兼职教师基本情况

序号	姓名	性别	单位	职称	承担任务
1	王云维	女	重油高科电控燃油喷射系统（重庆）有限公司	工程师	课程建设指导及课程教学
2	张敏	女	重油高科电控燃油喷射系统（重庆）有限公司	工程师	课程建设指导及课程教学

2. 课程团队职责

（1）数控技术专业建设指导委员会把握课程发展方向。

（2）教研室主任、专业负责人与课程负责人负责课程的整体建设、内容的调整、课程的持续发展。

（3）专职教师负责课程的授课，专职教师与实训指导教师共同负责课程的实训指导。

（4）课程负责人负责监督课程的实施。

六、实践教学

1. 校内实训条件要求

本课程实验实训可在智能制造大楼、第一实训楼、现代制造技术实训中心、智能制造产教融合中心进行。课程教学实验室如表 25-10 所示。

表 25-10　课程教学实验室

序号	实训室名称	实训功能	实训内容	主要设备配置
1	数控车铣职业资格认证管理中心	1+X 数控车铣加工职业技能等级中级证书认证	数控车铣加工编程及操作	数控车床 20 台、数控铣床 10 台
2	数控仿真加工实训中心	数控车铣加工仿真练习	数控程序验证	计算机、数控仿真软件
3	数控车削中心实训区	数车编程实践	数控车加工实训	数控车床 16 台
4	数控铣削中心实训区	数铣编程实践	数控铣加工实训	数控铣床 10 台

2. 校外实训条件要求

校企合作开发实验实训课程资源。充分利用本行业典型企业的资源，加强校企合作建立校外实训基地，满足学生的实习实训需求，在此过程中进行实验实训课程资源的开发，同时为学生提供就业机会，开创就业渠道。课程校外实习实训由校内专职和企业教师共同指导，课程校外实习实训一览表如表 25-11 所示。

表 25-11　课程校外实习实训一览表

序号	实习实训基地名称	实习实训功能	实习实训条件	指导老师
1	东风商用车发动机公司	跟岗实习	满足实习要求	校内专职和企业教师
2	重油高科电控燃油喷射系统（重庆）有限公司	跟岗实习	满足实习要求	校内专职和企业教师
3	重庆元创技研实业开发有限公司	跟岗实习	满足实习要求	校内专职和企业教师
4	重庆长安汽车模具有限公司	岗位实习	满足实习要求	校内专职和企业教师

26　数控机床电气控制与 PLC 应用技术课程标准

（编写：孙惠娟　校对：黄礼超　审核：张玉平）

课程代码：02150314
课程类型：专业核心课（理实一体化课）
学时/学分：96 学时/6 学分
适用专业：数控技术

一、课程概述

1. 课程性质

本课程是数控技术的一门专业核心课程，是在学习了电工电子、电工课程，具备了识读电气原理图、认识基本电气元件的基础上开设的一门理实一体化课程。其功能是对接专业人才培养目标，面向企业数控机床装调维修工工作岗位，实现数控专业人才培养规格要求，发挥课程思政功能，落实立德树人根本任务，育训结合，支持专业教学标准达成。该课程培养学生数控机床装调维修的基本技能，也是后续专业课程、毕业设计及顶岗实习的重要支撑课程。

2. 课程定位

本课程对接的工作岗位是数控机床装调维修工工作岗位，通过学习使学生具备从事数控机床装调维修的基本技能。

二、课程目标

本课程培养学生诚实、守信的品德，负责的态度，善于沟通和合作的团队意识；培养学生重质量、守规范和良好安全意识的职业能力；培养学生完成岗位工作任务的基本技能，使学生成为具有良好职业道德，掌握数控机床装调维修技能并具有可持续发展能力的高素质高技能型人才，以适应市场对数控专业技术人才的需求。

具体目标如下：

1. 知识目标

（1）知道数控机床装调维修的方法。
（2）知道数控机床电气控制、数控系统组成的基本知识。
（3）知道数控机床的基本电气控制回路。
（4）知道数控机床电气系统的连接与调试方法。
（5）知道运用数控系统的原理及结构、电气系统的连接与调试相关知识来分析和解决数控加工生产中常见的机械部件和电气连接技术问题的方法。

2. 技能目标

（1）具备数控机床基本操作和编程的能力。
（2）具备能够对数控系统相关参数进行维护的能力。

(3) 具备能够应用数控机床的机械和电气相关知识对数控机床进行调试和维护维修的能力。

3. 素质目标

(1) 具有发现问题和解决问题的能力,并具有终身学习与专业发展能力。
(2) 具有诚实守信、敢于担当的精神,能够弘扬中华优秀传统文化。
(3) 具有工匠精神、劳动精神,能够树立社会主义核心价值观。
(4) 具有团队协作能力和沟通表达能力。
(5) 具有正确的价值观、择业观和良好的职业道德和职业意识。

三、课程实施和建议

1. 课程内容和要求

本课程以数控专业学生的就业为导向,结合专业人才培养方案中培养目标、人才规格要求、相应职业资格标准以及高职院校学生的认知特点等方面的要求,根据国家"1+X"数控设备维护与维修职业技能等级标准和数控技术专业人才培养方案,同时参照数控机床电气控制与PLC应用技术所涉及的典型工作任务和专业知识学习单元为课程主线,以各种机床维修工的工作过程所需要的岗位职业能力为依据,以项目任务驱动为导向设计教学过程。本课程以突出课程的职业性、实践性和开放性为前提,采用循序渐进与典型案例相结合的方式来展现教学内容。

同时根据学生的认知特点,结合职业能力培养的基本规律,以工作过程为主线,将陈述性知识与过程性知识整合、理论知识与实践知识整合,科学设计学习型工作任务,以企业真实化工作任务为载体,由简单到复杂整合、序化课程内容。课程学时分配、课程内容和要求如表26-1和表26-2所示。

表26-1 课程学时分配

项目(情景/模块/章节/单元)		学时		
		理论	实践	小计
项目一	数控机床电气控制概述	4	0	4
项目二	数控机床电源电气控制	4	2	6
项目三	数控机床主轴电气控制	4	6	10
项目四	数控机床进给电气控制	8	8	16
项目五	数控机床刀架电气控制	4	6	10
项目六	数控机床面板控制	4	6	10
项目七	数控机床电气系统连接	4	6	10
项目八	PLC基础知识	8	4	12
项目九	FANUC数控系统PMC编程	6	8	14
机动		2	2	4
小计		48	48	96

表 26-2 课程内容和要求

章节/单元	素质目标	知识目标	技能目标	教学活动
项目一 数控机床电气控制概述	了解数控机床电气组成、分类、控制对象、发展趋势	（1）具有爱国主义和集体主义精神，拥护中国共产党领导和我国社会主义制度，爱国、敬业、诚信；（2）遵守职业规范，具有良好的专业精神、职业精神和工匠精神；（3）具有精益求精的工匠精神；（4）具有团队协作能力和沟通表达能力	数控机床电气组成、分类、控制对象、发展趋势	（1）能够对数控机床各个电气部件进行装拆；（2）认识机床电气部件的参数、功能和名称	（1）教师：引导、讲授、演示、评价；（2）学生：模仿、讨论、练习、互评、反馈、改进
项目二 数控机床电源电气控制	数控机床电源电气控制认识与实践	（1）具有爱国主义和集体主义精神，拥护中国共产党领导和我国社会主义制度，爱国、敬业、诚信；（3）具有产品质量意识、环保意识、安全意识、信息素养、工匠精神、创新思维	（1）数控机床强电电路构成；★（2）各种基本电气知识、伺服变压器的基础知识；★（3）机床电源电路的构成、电源变压器、开关电源知识■	（1）会认识接触器、继电器结构、参数、与机床各单元的连接；★■（2）会电源电路的组装、与机床各单元的连接★■	（1）教师：引导、讲授、演示、评价；（2）学生：模仿、讨论、练习、互评、反馈、改进
项目三 数控机床主轴电气控制	变频器基础知识，与电源、数控装置及电动机的连接与实践；主轴定向控制的调试与实践；主轴编码器及其实践应用	（1）具有爱国主义和集体主义精神，拥护中国共产党领导和我国社会主义制度，爱国、敬业、诚信；（2）具有产品质量控制意识、环保意识、安全生产意识、信息素养、工匠精神、创新思维	（1）变频器基础知识；★■（2）与电源、数控装置及电动机的连接方法；★（3）主轴定向控制的调试；★■（4）主轴编码器基础知识★■	（1）会数控机床主轴变频器的连接；★■（2）会变频器调速参数的设置；★■（3）会主轴定向控制的调试；★■（4）会主轴编码器安装与调试	（1）教师：引导、讲授、演示、评价；（2）学生：模仿、讨论、练习、互评、反馈、改进
项目四 数控机床进给电气控制	步进电机控制系统的连接控制与实践、数控系统、驱动器、交流电机的连接控制与实践、位置检测、参数设置与实践	（1）具有发现问题和解决问题的能力，并具有终身学习与专业发展能力；（2）具有诚实守信、敢于担当的精神，能够弘扬中华优秀传统文化；（3）具有工匠精神、劳动精神，能够树立社会主义核心价值观；（4）具有团队协作能力和沟通表达能力	（1）步进电机控制基本原理；★（2）步进电机控制方法原理；★（3）数控系统、驱动器、交流电机的连接方法；★（4）位置检测、参数设置方法★	（1）会步进电机的结构、系统的连接方法；（2）会步进电机运行参数的设置；★■（3）会交流伺服进给驱动系统的连接；★■（4）会交流变频器的参数设置；★■（5）会速度控制的参数设置；★■（6）会位置控制参数设置、与检测装置的安装与调试★■	（1）教师：引导、讲授、演示、评价；（2）学生：模仿、讨论、练习、互评、反馈、改进

续表

章节/单元		素质目标	知识目标	技能目标	教学活动
项目五 数控机床刀架电气控制	转位刀架的换刀过程、与数控装置的连接方法、I/O 接口控制、自动换刀信号的控制过程	（1）具有发现问题和解决问题的能力，并具有终身学习与专业发展能力； （2）具有诚实守信、敢于担当的精神，能够弘扬中华优秀传统文化； （3）具有工匠精神、劳动精神，能够树立社会主义核心价值观； （4）具有正确的价值观、择业观和良好的职业道德和职业意识	（1）转位刀架的换刀过程、与数控装置的连接方法；★ （2）I/O 接口控制、自动换刀信号的控制过程★	（1）会连接刀架与数控装置；★■ （2）会设置和调试刀具参数★■	（1）教师：引导、讲授、演示、评价； （2）学生：模仿、讨论、练习、互评、反馈、改进
项目六 数控机床面板控制	控制面板的结构与功能布置，手动控制、自动控制、主轴正反转、回参考点等控制键的实现，信号通道、I/O 地址的设计与实现实践	（1）具有发现问题和解决问题的能力，并具有终身学习与专业发展能力； （2）具有工匠精神、劳动精神，能够树立社会主义核心价值观； （3）具有团队协作能力和沟通表达能力	（1）数控面板的基本操作方法；★ （2）数控面板中各子面板的操作方法★	（1）会系统的组成、各接口名称、主要参数数控装置与外部的连接；★■ （2）会 HNC 系统数控机床电气系统连接与调试；★■ （3）会 FANUC 0i 系统数控机床电气系统连接与调试★■	（1）教师：引导、讲授、演示、评价； （2）学生：模仿、讨论、练习、互评、反馈、改进
项目七 数控机床电气系统连接	数控机床电气系统各部分功能及组成、FANUC 0i 数控装置组成及各模块之间的连接与调试实践	（1）具有发现问题和解决问题的能力，并具有终身学习与专业发展能力； （2）具有诚实守信、敢于担当的精神，能够弘扬中华优秀传统文化； （3）具有工匠精神、劳动精神，能够树立社会主义核心价值观	（1）数控机床电气系统各部分功能及组成；★ （2）FANUC 0i 数控装置组成及各模块之间的连接与调试方法★	（1）会系统的组成、各接口名称、主要参数、数控装置与外部的连接；★■ （2）知道 HNC 系统数控机床电气系统连接与调试； （3）会 FANUC 0i 系统数控机床电气系统连接与调试★■	（1）教师：引导、讲授、演示、评价； （2）学生：模仿、讨论、练习、互评、反馈、改进
项目八 PLC 基础知识	熟知 PLC 的产生、PLC 内部电路结构及各部件作用、PLC 外部端子及接线方法	（1）具有良好的专业精神、职业精神和工匠精神； （2）具有产品质量控制意识、安全生产意识、环保意识、创新思维、信息素养	（1）PLC 的发展及作用； （2）PLC 硬件结构，能利用其外部端子正确连接电源和简单的 I/O 器件；★ （3）正确连接 I/O 扩展模块★	（1）知道 PLC 的产生过程； （2）会 PLC 内部电路结构及各部件作用、PLC 外部端子及接线方法；★■ （3）会 PLC 基本的编程方法；★■ （4）会机床典型电气控制回路的编程与调试方法★■	（1）教师：引导、讲授、演示、评价； （2）学生：模仿、讨论、练习、互评、反馈、改进

续表

章节/单元		素质目标	知识目标	技能目标	教学活动
项目九 FANUC 数控系统 PMC 编程	PMC 的介绍与 PMC 的地址分配方法；PMC 各画面的系统操作；FANUC LADDER Ⅲ软件的使用实践	（1）具有良好的专业精神、职业精神和工匠精神；（2）具有产品质量控制意识、安全生产意识、环保意识、创新思维、信息素养	（1）PMC 的介绍；（2）PMC 的地址分配；★（3）梯形图简介；（4）PMC 各画面的系统操作；★■ 5. FANUC LADDER Ⅲ 软件的使用★	（1）会 FANUCI/OLINK 的硬件连接；★■（2）会 I/O 模块的地址分配方法；★■（3）会 FANUC 数控系统 PMC 各画面详细的操作与作用；★■（4）会 FANUC LADDER Ⅲ 软件的一般使用★■	（1）教师：引导、讲授、演示、评价；（2）学生：模仿、讨论、练习、互评、反馈、改进
备注：教学重点、难点在表中标出，其中，打★的为教学重点，打■的为教学难点。					

2. 教学方法和教学手段

1）教学方法建议

（1）课程以"典型工作任务及工作过程知识"作为主体内容，突出如何借助"学习任务"实施职业教育教学。

（2）将"教学材料"的特征和"学习资料"的功能进行结合，通过活页式工作页引领，构建"教学做"于一体的学习管理体系，使学生了解职业、热爱职业岗位，帮助学生树立正确的价值观、择业观，培养良好的职业道德和职业意识，不仅传授知识，而且要突出能力的培养。

（3）行动导向教学法，即以学生为中心、学习成果为导向、促进学生自主学习、以"行动导向驱动"为主要形式的教学方法。在教学过程中充分发挥学生的主体作用和教师的主导作用，注重对学生分析问题、解决问题能力的培养，从完成某一方面的"任务"着手，引导学生通过认知、资讯、计划、决策、实施、检查控制、评估反馈七步完成"任务"，从而实现教学目标。

（4）小组教学法，即以学生为主体，将课题内容分解成多个并列知识点，通过小组探究实现教学目标，形成人人有课题，学生之间、小组之间相互教授各自掌握的内容，通过朋辈导修的形式实现全员参与的一种教学方法。该方法激发每个学生学习兴趣，培养其总结提炼、知识架构搭建及传授能力，提高学生的自信心和责任心，培养团队协作能力和沟通表达能力。

2）教学手段

（1）提供丰富、适用和引领创新作用的多种类型立体化、信息化课程资源，实现工作页多功能作用。

（2）运用现代教育技术，将教学视频、电子教材、电子课件、电子讲稿、机电仿真软件、网络教学等现代化教学手段相结合。

（3）在教学过程中，重视本专业领域新技术、新工艺、新设备发展趋势，努力为学生提供职业生涯发展的空间，着力培养学生参与社会实践的创新精神和职业能力。

3. 教学评价

1）考核要求

课程考核应符合有关管理规定，具体要求如表 26 – 3 所示。

表 26 – 3 课程考核要求

考核类别	平时过程性考核 50%	期末终结性考核 50%	补考
考核要求	平时表现 30%（考勤、作业、实验实践等）+ 阶段考核 20%	期末成绩评定由理论知识和实践考核两大部分组成，其中理论部分占 50%，实践考核部分占 50%	理论考试

2)说明

(1)平时过程性考核包括学习态度、学习水平和实践动手能力三个方面。

学习态度——学生学习纪律与态度、学习活动中参与的积极性、学习交流与团队协作能力占10%。采用课堂学习活动评比、学习效果自评、互评、问卷调查等形式,主要由学生与学生团队给予评价。

学习水平——教学各单元模块知识结构与技能的训练占30%。以各学习单元的理论与实践项目活动鉴定为依据进行考核,主要由教师与学生团队给予评价。

实践动手能力——项目综合训练、创新能力占10%。以综合项目设计内容(1个)为依据进行综合项目考核,对查阅与应用设计手册、掌握设计软件能力以及创新设计能力进行评定,主要由教师与学生团队给予评价。

(2)期末终结性考核以试卷、课程总结报告或课程综合能力考核等形式进行评定,试卷占30%,课程总结报告或课程综合能力考核占20%。其中,课程综合能力考核以综合项目设计内容(1个)为依据,以课题答辩方式进行,主要由教师给予评价。本课程具体考核要求如表26-4、表26-5和表26-6所示。

表26-4 考核方式

考核分类		考核方式	成绩比例
形成性评价	课堂理论测试	检查作业、分组竞赛、课堂提问、平时测验为主	25%
	实训技能测试	实验项目的上机仿真、实训项目的实操训练	25%
终结性评价	主要考核学生对该门课程的综合应用能力	笔试	30%
综合评价	考核学生的基本综合素质	观察学生的考勤情况、学习态度、职业道德、团队合作、语言交流、组织管理、数控技能竞赛等	20%

表26-5 考核标准

序号	学习情境	考核的知识点、技能点及要求	考核比例
1	数控机床各模块电气控制	数控机床各模块电气连接与控制	45%
2	PLC基础知识	PLC外围接线与软件编程控制	45%
3	学生综合评价	学生的基本综合素养	10%

表26-6 平时过程性考核评价内容与标准

项目	内容	分值			
学习态度（10分）	出勤情况（5分）	5（优秀）	4（良好）	3（合格）	0（不合格）
	听课态度（5分）	5（优秀）	4（良好）	3（合格）	0（不合格）
学习水平（30分）	课堂提问（5分）	5（优秀）	4（良好）	3（合格）	0（不合格）
	讨论课发言（5分）	5（优秀）	4（良好）	3（合格）	0（不合格）
	线上课件学习（20分）	20（优秀）	16（良好）	12（合格）	0（不合格）
实践动手能力（10分）	查阅与应用手册、掌握PLC编程能力以及电气故障维修能力（10分）	10（优秀）	8（良好）	6（合格）	0（不合格）

(3) 注意事项。

说明：课程任课教师要按照课程考核要求实施考核，注意做好学习过程、到课情况、平时作业、实验实践情况、考核情况的相关记录，作为学生最终评定成绩的明确依据，并与成绩册一同形成成绩档案保存。课程可以过程性考核评价为主，也可以目标性考核评价为主。本课程是以过程性考核评价为主的课程。平时过程性考核一般由平时表现（考勤、作业、实验实践等）及阶段考核组成，其中，阶段考核的次数一般不少于每24课时1次；期末终结性考核的主要形式为理论考试，技能操作性较强的课程可采用综合性技能操作考核、课题报告、答辩、考证成绩、技能竞赛等方式。

四、课程资源

1. 教材选用

（1）按照学院《教材管理办法》，选用的教材要符合高职教学的要求，尽量选用近三年出版的教育部规划教材。

（2）搭建产学合作平台，充分利用数控行业的企业资源，组织由主讲教师与企业专家技术骨干组成的教学团队编写工学结合的教材。

2. 网络资源

根据课程目标、学生实际以及本课程的理论性和实践等特点，本课程的教学建设由文字和电子教材、教学视频、电子课件、电子讲稿等多种形式的教学资源与机电控制仿真软件及数控机床相结合，共同完成教学任务，达成教学目标。

（1）爱课程平台数控机床电气控制与PLC应用技术在线课程，课程网址：https://zjy2.icve.com.cn/teacher/SPOC_courseIntro?courseId=bx6iah6olktca9z0mkev2w&id=bx6iah6olktca9z0mkev2w。

（2）课程资源的开发和利用。充分利用教学视频、多媒体机电仿真软件、电子讲稿、动画等资源创设形象生动的工作情境，激发学生的学习，促进学生对知识的理解和掌握。建议加强常用课程资源的开发，建立多媒体课程资源的数据库，努力实现跨学校多媒体资源的共享，以提高资源利用效率。

五、师资队伍

1. 课程教学团队

通过人才引进、聘请兼职教师等手段，增加师资数量；通过教师职业能力和职业技能培训，提高师资队伍的"双师"素质，形成合理的"双师"结构。

1）专兼职教师数量、结构

课程教学团队中，全国技术能手1人，国家级裁判2人；校内专职教师5人，行业企业兼职教师2人；博士1人，硕士3人，专科1人；高级职称6人，中级职称1人；双师型专职教师占比100%。

2）专兼职教师素质

根据《深化新时代职业教育"双师型"教师队伍建设改革实施方案》精神和数控技术岗位人才标准，本课程专兼职教师素质能力要求如表26–7所示。

表26–7 专兼职教师素质能力要求

教师类型	素质要求	能力要求
专职教师	具备爱国守法、爱岗敬业、关爱学生、教书育人、为人师表、终身学习等素质	（1）具备通识性教育、课程教学、素养教育等专业知识； （2）具备教学设计、教学实施、教学管理能力； （3）具备社会服务和科研能力

续表

教师类型	素质要求	能力要求
兼职教师	具备爱国守法、爱岗敬业、关爱学生、教书育人、为人师表、终身学习等素质	(1) 具备较强的专业技能； (2) 具备教学设计、教学实施、教学管理能力

3）职业能力课程任课教师资格

具有相应职业资格证书、受过技能培训的专职教师基本情况如表26-8所示。受过职业教学能力培训的企业技术人员、能工巧匠等企业兼职教师基本情况如表26-9所示。

表26-8 专职教师基本情况

序号	姓名	学历	职称	职业资格	行业经历	承担任务
1	孙惠娟	博士研究生	副教授	高级技师	5年	课程建设及教学
2	倪元敏	硕士研究生	副教授	技师	6年	课程建设及教学
3	黄礼超	硕士研究生	副教授	技师	8年	课程建设及教学
4	徐敏	硕士研究生	副教授	技师	5年	课程建设及教学
5	何伟	大学专科	高级实验师	技师	15年	课程建设及教学

表26-9 兼职教师基本情况

序号	姓名	性别	单位	职称	承担任务
1	王云维	女	重油高科电控燃油喷射系统（重庆）有限公司	工程师	课程建设指导及课程教学
2	张敏	女	重油高科电控燃油喷射系统（重庆）有限公司	工程师	课程建设指导及课程教学

2. 课程团队职责

（1）数控技术专业建设指导委员会把握课程发展方向。

（2）教研室主任、专业负责人与课程负责人负责课程的整体建设、内容的调整、课程的持续发展。

（3）专职教师负责课程的授课，专职教师与实训指导教师共同负责课程的实训指导。

（4）课程负责人负责监督课程的实施。

六、实践教学

1. 校内实训条件要求

本课程实验实训可在智能制造大楼、第一实训楼、现代制造技术实训中心、智能制造产教融合中心进行。课程教学实验室如表26-10所示。

表 26-10　课程教学实验室

序号	实训室名称	实训功能	主要设备配置
1	FANUC 数控系统应用中心	数控系统的连接；数控系统的调试；数控机床故障诊断与维修	FANUC 数控系统综合实验台（数控车、数控铣）各 10 台
2	电机及电气控制实训室	电机结构与原理、电气连接、电气系统组建	电机及电气控制实训 19 套
3	PLC 实训室	PLC 结构与工作原理，PLC 编程、调试	西门子 PLC 实训台 15 套

2. 校外实训条件要求

校企合作开发实验实训课程资源。充分利用本行业典型企业的资源，加强校企合作建立校外实训基地，满足学生的实习实训需求，在此过程中进行实验实训课程资源的开发，同时为学生提供就业机会，开创就业渠道。课程校外实习实训由校内专职和企业教师共同指导，课程校外实习实训一览表如表 26-11 所示。

表 26-11　课程校外实习实训一览表

序号	实习实训基地名称	实习实训功能	实习实训条件	指导老师
1	东风商用车发动机公司	跟岗实习	满足实习要求	校内专职和企业教师
2	重油高科电控燃油喷射系统（重庆）有限公司	跟岗实习	满足实习要求	校内专职和企业教师
3	重庆元创技研实业开发有限公司	跟岗实习	满足实习要求	校内专职和企业教师
4	重庆长安汽车模具有限公司	岗位实习	满足实习要求	校内专职和企业教师

27　工业机器人编程课程标准（适用于数控技术专业）

（编写：瞿玮　校对：李大英　审核：张玉平）

课程代码：02150464
课程类型：专业核心课（理实一体化课）
学时/学分：48 学时/3 学分
适用专业：数控技术

一、课程概述

1. 课程性质

本课程是数控技术的一门专业核心课程。工业机器人自动化生产线成套设备已经成为自动化装备的主流和未来发展方向，工业机器人的操作是一门实用的技术性专业课程，也是一门实践性较强的综合性课程。它是在学习了机械制图、电工技术基础、电机与电气控制技术、数控加工编程及操作的基础上开设的一门课程。学习本课程后，学生可以在相关工作岗位从事工业机器人操作编程、工业机器人应用维护、工业机器人安装调试等工作任务。本课程可以使学生了解各种工业机器人的应用，熟练掌握工业机器人的编程和操作方法，锻炼学生的团队协作能力和创新意识，提高学生分析问题和解决实际问题的能力，提高学生的综合素质，增强适应职业变化的能力，为后续工业机器人使用与维护及毕业设计、岗位实习奠定基础。

2. 课程定位

本课程对接的工作岗位是工业机器人操作编程、工业机器人应用维护、工业机器人安装调试操作员，通过学习能够使学生具备掌握工业机器人的编程和操作方法的能力。

二、课程目标

本课程的目标是培养学生诚实、守信的品德，善于沟通和合作的社会能力，培养学生的科学素养、崇尚科学的正确价值观以及精益求精的工匠精神。通过本课程的学习，学生能根据工业机器人的安全操作规程，调试和编写工业机器人程序、手动操作工业机器人、设定工业机器人的工具坐标；能按照工作任务要求熟练使用运动指令对工业机器人进行示教编程，完成搬运零件任务。学习完本课程后，学生应当能从事工业机器人企业生产第一线的生产与管理等相关工作。
具体目标如下：

1. 知识目标

（1）了解工业机器人的系统组成、技术参数和典型应用。
（2）了解工业机器人的安全操作规程与安全注意事项。
（3）了解工业机器人的三种工作模式与动作模式。
（4）了解关节坐标、世界坐标和工具坐标的设定方法和使用场合。
（5）了解常用的机器人指令的分类、特点及使用场合。

2. 技能目标

(1) 掌握用仿真软件编写机器人搬运程序。
(2) 掌握用仿真软件编写机器人模拟加工及换手爪程序。
(3) 掌握用示教器操作工业机器人运动的方法。
(4) 能新建、编辑和加载工业机器人程序。
(5) 能够编写工业机器人搬运动作的运动程序。
(6) 能够编写工业机器人上下料运动程序。

3. 素质目标

(1) 具有发现问题和解决问题的能力,并具有终身学习与专业发展能力。
(2) 具有诚实守信、敢于担当的精神,能够弘扬中华优秀传统文化。
(3) 具有工匠精神、劳动精神,能够树立社会主义核心价值观。
(4) 具有团队协作能力和沟通表达能力。
(5) 具有正确的价值观、择业观和良好的职业道德和职业意识。

三、课程实施和建议

1. 课程内容和要求

本课程以数控技术学生的就业为导向,结合专业人才培养方案中培养目标、人才规格要求、1+X 证书职业资格标准以及职业院校学生的认知特点等方面的要求,以机械制造企业的行业及地域需求为逻辑起点,以工作过程为导向,以项目实施、典型工作任务为依据,以校内双师型教师为主导,以与行业企业共建教学环境为条件,以行动导向组织教学。通过教学模式设计、教学方法设计、教学考核改革等,保证专业能力、个人能力和社会能力的培养,形成以工作过程为导向,以学生为中心,由教师引导的理论—实践一体化工学结合教学模式。课程学时分配、课程内容和要求如表 27-1 和表 27-2 所示。

表 27-1 课程学时分配

项目(情景/模块/章节/单元)		学时		
		理论	实践	小计
模块一 仿真软件编写机器人完成任务程序	任务1 机器人的认识及工作站的建立	2	2	4
	任务2 机器人仓库取放料仿真编程	2	2	4
	任务3 机器人快换夹爪仿真编程	2	2	4
	任务4 仿真软件编写车床加工工件程序	2	2	4
	任务5 仿真软件编写加工中心加工工件程序	2	2	4
模块二 示教器编写机器人程序及操作	任务6 机器人启动及示教器编程方法	2	4	6
	任务7 示教器编写机器人取放手爪程序及运行	2	8	10
	任务8 示教器编写机器人仓库取放工件程序及运行	2	8	10
机动		2	0	2
小计		18	30	48

表 27-2　课程内容和要求

章节/单元		素质目标	知识目标	技能目标	教学活动
模块一 仿真软件编写机器人完成任务程序	任务1 机器人的认识及工作站的建立	（1）具有爱国主义和集体主义精神，拥护中国共产党领导和我国社会主义制度、爱国、敬业、诚信；（2）遵守职业规范，具有良好的专业精神、职业精神和工匠精神；（3）具有精益求精的工匠精神；（4）具有团队协作能力和沟通表达能力	（1）工业机器人的分类及应用；（2）工业机器人的系统组成；★（3）世界坐标和关节坐标系的功能和适用范围；★（4）机器人仿真的概念；（5）工作站的布局	（1）掌握仿真软件的安装，熟悉软件界面及基本操作；（2）能够熟练导入机器人模型库，并正确建立机器人仿真工作站；★■（3）掌握变量的新建方法	（1）教师：引导、讲授、演示、评价；（2）学生：模仿、讨论、练习、互评、反馈、改进
	任务2 机器人仓库取放料仿真编程	（1）具有爱国主义和集体主义精神，拥护中国共产党领导和我国社会主义制度、爱国、敬业、诚信；（2）具有钻研精神，团队协作，德智体全面发展，培养独立意识，乐于助人的精神；（3）具有产品质量意识、安全意识、信息素养、工匠精神、创新思维	（1）机器人目标点的建立；★■（2）机器人程序的创建；★（3）机器人的三种运动模式；★（4）机器人仓库取放料程序的编写步骤★■	（1）能够熟练创建机器人目标点；★（2）能够熟练创建机器人程序；★■（3）能够正确编写工件复位程序；★（4）能够正确规划机器人取放料的运动路径；★（5）能够正确编写机器人仓库取料和放料程序并运行★■	（1）教师：引导、讲授、演示、评价；（2）学生：模仿、讨论、练习、互评、反馈、改进
	任务3 机器人快换夹爪仿真编程	（1）具有爱国主义和集体主义精神，拥护中国共产党领导和我国社会主义制度、爱国、敬业、诚信；（2）具有产品质量控制意识、环保意识、安全生产意识、信息素养、工匠精神、创新思维	（1）夹爪的分类及命名；（2）了解流程控制指令；★■（3）了解仿真动作指令；★（4）机器人快换夹爪程序的编写步骤★■	（1）能够正确创建取放手爪过程中的目标点；★（2）能够正确规划机器人取放料的运动路径；★（3）能设定工件的绝对位置；（4）能够正确编写机器人取夹爪和放夹爪程序并运行★■	（1）教师：引导、讲授、演示、评价；（2）学生：模仿、讨论、练习、互评、反馈、改进
	任务4 仿真软件编写车床加工工件程序	（1）具有发现问题和解决问题的能力，并具有终身学习与专业发展能力；（2）具有诚实守信、敢于担当的精神，能够弘扬中华优秀传统文化；（3）具有工匠精神、劳动精神，能够树立社会主义核心价值观；（4）具有团队协作能力和沟通表达能力	（1）正确设置车床开关门目标点；★（2）了解车床模拟加工概念；（3）机器人车床加工工件程序的编写步骤★■	（1）能够正确创建机器人在车床取放工件过程中的目标点；★■（2）能够正确规划机器人在车床取放工件运动路径；★（3）能够编写车床模拟加工程序；★（4）能够正确编写机器人搬运工件放车床和进车床取工件程序★■	（1）教师：引导、讲授、演示、评价；（2）学生：模仿、讨论、练习、互评、反馈、改进

续表

章节/单元		素质目标	知识目标	技能目标	教学活动
模块二 示教器编写机器人程序及操作	任务5 仿真软件编写加工中心加工工件程序	（1）具有发现问题和解决问题的能力，并具有终身学习与专业发展能力；（2）具有诚实守信、敢于担当的精神，能够弘扬中华优秀传统文化；（3）具有工匠精神、劳动精神，能够树立社会主义核心价值观；（4）具有正确的价值观、择业观和良好的职业道德和职业意识	（1）正确设置加工中心开关门目标点；★（2）了解加工中心模拟加工概念；（3）机器人车床加工工件程序的编写步骤★■	（1）能够正确创建机器人在加工中心取放工件过程中的目标点；★■（2）能够正确规划机器人在加工中心取放工件的运动路径；★（3）能够编写加工中心模拟加工程序；★（4）能够正确编写机器人搬运工件加工中心和加工中心取工件程序；★■（5）能够编写加工一套完整工件程序★■	（1）教师：引导、讲授、演示、评价；（2）学生：模仿、讨论、练习、互评、反馈、改进
	任务6 机器人启动及示教器编程方法	（1）具有发现问题和解决问题的能力，并具有终身学习与专业发展能力；（2）具有工匠精神、劳动精神，能够树立社会主义核心价值观；（3）具有团队协作能力和沟通表达能力	（1）示教器的使用方法；★（2）机器人的日常维护；（3）操作机器人的注意事项；★（4）示教器位置和系统变量的认识；★（5）示教器运动指令及流程控制指令★■	（1）掌握机器人的开机启动及登录方法；（2）掌握示教器的使用方法和熟悉其界面操作；★（3）掌握项目和程序建立方法；（4）能够正确新建位置变量；★■（5）掌握用示教器操作机器人运动★	（1）教师：引导、讲授、演示、评价；（2）学生：模仿、讨论、练习、互评、反馈、改进
	任务7 示教器编写机器人取放手爪程序及运行	（1）具有发现问题和解决问题的能力，并具有终身学习与专业发展能力；（2）具有诚实守信、敢于担当的精神，能够弘扬中华优秀传统文化；（3）具有工匠精神、劳动精神，能够树立社会主义核心价值观	（1）示教器程序调用方法；（2）示教器示教方法及步骤；★■（3）机器人编写快换主盘开关程序设计；★（4）机器人取放手爪程序设计★■	（1）掌握用示教器编写快换主盘开关程序；★（2）掌握用示教器编写机器人取手爪程序；★■ 3.掌握用示教器编写机器人放手爪程序；（4）掌握示教器示教步骤；（5）掌握机器人执行取放手爪操作★■	（1）教师：引导、讲授、演示、评价；（2）学生：模仿、讨论、练习、互评、反馈、改进
	任务8 示教器编写机器人仓库取放工件程序及运行	（1）具有良好的专业精神、职业精神和工匠精神；（2）具有产品质量控制意识、安全生产意识、环保意识、创新思维、信息素养	（1）示教点精确度调节；■（2）机器人手爪开关程序设计；★（3）机器人仓库取放工件程序设计★■	（1）掌握用示教器手爪开关程序；★（2）掌握用示教器编写机器人仓库取工件程序；★■（3）掌握用示教器编写机器人仓库放工件程序；★■（4）掌握机器人执行仓库取放工件操作★■	（1）教师：引导、讲授、演示、评价；（2）学生：模仿、讨论、练习、互评、反馈、改进

备注：教学重点、难点在表中标出，其中，打★的为教学重点，打■的为教学难点。

2. 教学方法和教学手段

1) 教学方法建议

（1）课程以"典型工作任务及工作过程知识"作为主体内容，突出如何借助"学习任务"实施职业教育教学。

（2）将"教学材料"的特征和"学习资料"的功能进行结合，通过活页式工作页引领，构建"教学做"于一体的学习管理体系。使学生了解职业、热爱职业岗位，帮助学生树立正确的价值观、择业观，培养良好的职业道德和职业意识，不仅传授知识，而且要突出能力的培养。

（3）采用行动导向教学法，即以学生为中心、学习成果为导向、促进学生自主学习、以"行动导向驱动"为主要形式的教学方法。在教学过程中充分发挥学生的主体作用和教师的主导作用，注重对学生分析问题、解决问题能力的培养，从完成某一方面的"任务"着手，引导学生通过认知、资讯、计划、决策、实施、检查控制、评估反馈七步完成"任务"，从而实现教学目标。

（4）采用小组教学法，即以学生为主体，将课题内容分解成多个并列知识点，通过小组探究实现教学目标，形成人人有课题，学生之间、小组之间相互教授各自掌握的内容，通过朋辈导修的形式实现全员参与的一种教学方法。激发每个学生学习兴趣，培养总结提炼、知识架构搭建及传授能力，提高学生的自信心和责任心，培养团队协作能力和沟通表达能力。

2) 教学手段

（1）提供丰富、适用和引领创新作用的多种类型立体化、信息化课程资源，实现工作页多功能作用。

（2）运用现代教育技术，将教学视频、电子教材、电子课件、电子讲稿、数控加工仿真软件、网络教学等现代化教学手段相结合。

（3）在教学过程中，重视本专业领域新技术、新工艺、新设备发展趋势，努力为学生提供职业生涯发展的空间，着力培养学生参与社会实践的创新精神和职业能力。

3. 教学评价

1) 考核要求

课程考核应符合有关管理规定，具体要求如表27-3所示。

表27-3 课程考核要求

考核类别	平时过程性考核50%	期末终结性考核50%	补考
考核要求	平时表现20%（考勤、作业、实验实践等）+阶段考核30%	期末成绩评定由理论知识和仿真编程两大部分组成，其中理论部分占60%，仿真编程占40%	理论考试

2) 说明

（1）平时过程性考核包括学习态度、学习水平和实践动手能力三个方面。

学习态度——学生学习纪律与态度、学习活动中参与的积极性、学习交流与团队协作能力占10%。采用课堂学习活动评比、学习效果自评、互评、问卷调查等形式，主要由学生与学生团队给予评价。

学习水平——教学各单元模块知识结构与技能的训练占30%。以各学习单元的理论与实践项目活动鉴定为依据进行考核，主要由教师与学生团队给予评价。

实践动手能力——项目综合训练、创新能力占10%。以综合项目设计内容（1个）为依据进行综合项目考核，对查阅与应用设计手册、掌握设计软件能力以及创新设计能力进行评定，主要由教师与学生团队给予评价。

（2）期末终结性考核以试卷形式进行评定，试卷占 50%。工业机器人编程课程具体考核要求如表 27-4、表 27-5 和表 27-6 所示。

表 27-4 考核方式

考核分类		考核方式	成绩比例
形成性评价	课堂理论测试	检查作业、课堂提问、平时测验为主	20%
	实训技能测试	任务项目的上机仿真、实训项目的编程操作	30%
终结性评价	主要考核学生对该门课程的综合应用能力	笔试	50%

表 27-5 考核标准

序号	学习情境	考核的知识点、技能点及要求	考核比例
1	工业机器人仿真编程	仿真程序编制及模拟	45%
2	工业机器人示教器编程	示教器程序编制及操作运行	45%
3	学生综合评价	学生的基本综合素养	10%

表 27-6 平时过程性考核评价内容与标准

项目	内容	分值			
学习态度（10 分）	出勤情况（5 分）	5（优秀）	4（良好）	3（合格）	0（不合格）
	听课态度（5 分）	5（优秀）	4（良好）	3（合格）	0（不合格）
学习水平（30 分）	课堂提问（5 分）	5（优秀）	4（良好）	3（合格）	0（不合格）
	讨论课发言（5 分）	5（优秀）	4（良好）	3（合格）	0（不合格）
	线上课件学习（20 分）	20（优秀）	16（良好）	12（合格）	0（不合格）
实践动手能力（10 分）	查阅与应用设计手册、掌握仿真软件能力以及工装设计能力（10 分）	10（优秀）	8（良好）	6（合格）	0（不合格）

（3）注意事项。

说明：课程任课教师要按照课程考核要求实施考核，注意做好学习过程、到课情况、平时作业、实验实践情况、考核情况的相关记录，将其作为学生最终评定成绩的明确依据，并与成绩册一同形成成绩档案保存。课程可以过程性考核评价为主，也可以目标性考核评价为主。本课程是以过程性考核评价为主的课程。平时过程性考核一般由平时表现（考勤、作业、实践表现等）及阶段考核组成，其中，阶段考核的次数一般不少于每 8 课时 1 次；期末终结性考核的主要形式为理论考试，技能操作性较强的课程可采用综合性技能操作考核、课题报告、答辩等方式。

四、课程资源

1. 教材选用

（1）按照学院《教材管理办法》，选用的教材要符合高职教学的要求，尽量选用近三年出版的教育部规划教材。

（2）搭建产学合作平台，充分利用模具行业的企业资源，组织由主讲教师与企业专家技术骨干组成的教学团队编写工学结合的教材。

2. 网络资源

根据课程目标、学生实际以及本课程的理论性和实践结合等特点，本课程的教学建设由文字教材、教学视频多种形式的教学资源与工业机器人仿真软件及产线工作站相结合，共同完成教学任务，达成教学目标。

积极开发和利用网络课程资源。充分利用诸如电子书籍、电子期刊、数据库、数字图书馆、教育网站和电子论坛等网络信息资源，使教学媒体从单一媒体向多种媒体转变，使教学活动从信息的单向传递向双向交互转变，使学生从单独的学习向合作学习转变。

五、师资队伍

1. 课程教学团队

通过教师职业能力和职业技能培训，提高师资队伍的"双师"素质，形成合理的"双师"结构。

1）专职教师数量、结构

课程教学团队中，全国技术能手1人，国家级裁判1人；校内专职教师5人，其中，博士1人，硕士3人，专科1人；高级职称1人，中级职称4人；双师型专职教师4人，双师型教师占比达80%。

2）专职教师素质

根据《深化新时代职业教育"双师型"教师队伍建设改革实施方案》精神和数控技术岗位人才标准，本课程专兼职教师素质能力要求如表27-7所示。

表27-7 专兼职教师素质能力要求

教师类型	素质要求	能力要求
专职教师	具备爱国守法、爱岗敬业、关爱学生、教书育人、为人师表、终身学习等素质	（1）具备通识性教育、课程教学、素养教育等专业知识； （2）具备教学设计、教学实施、教学管理能力； （3）具备社会服务和科研能力

3）职业能力课程任课教师资格

具有相应职业资格证书、受过技能培训的专职教师基本情况如表27-8所示。受过职业教育能力培训的企业技术人员、能工巧匠等兼职教师基本情况如表27-9所示。

表27-8 专职教师基本情况

序号	姓名	学历	职称	职业资格	行业经历	承担任务
1	瞿玮	硕士研究生	讲师	二级技师	4年	课程建设及教学
2	蒋小娟	博士研究生	讲师	二级技师	2年	课程建设及教学
3	徐敏	硕士研究生	副教授	高级技师	4年	课程建设及教学
4	韩辉辉	大学专科	高级实验师	高级技师	4年	课程建设及教学
5	张津竹	硕士研究生	助教		1年	课程建设及教学

表 27-9　兼职教师基本情况

序号	姓名	性别	单位	职称	承担任务
1	李慧	男	重庆杰信模具有限公司	工程师	课程建设指导及课程教学

2. 课程团队职责

（1）数控技术专业建设指导委员会把握课程发展方向。
（2）教研室主任、专业负责人与课程负责人负责课程的整体建设、内容的调整、课程的持续发展。
（3）专职教师负责课程的授课，专职教师与实训指导教师共同负责课程的实训指导。
（4）课程负责人负责监督课程的实施。

六、实践教学

本课程实验实训可在智能制造产教融合中心，现代制造技术实训中心进行。课程教学实验室如表 27-10 所示。

表 27-10　课程教学实验室

序号	实训室名称	实训功能	实训内容	主要设备配置
1	智能制造产教融合中心实训中心机房	工业机器人仿真编程练习	工业机器人仿真编程	计算机、机器人仿真软件
2	智能制造产教融合中心实训中心	工业机器人示教器编程及操作练习	工业机器人编程及操作	机器人8台、数控车床及加工中心各8台

28 传感器与测试技术课程标准

(编写：杨皓　校对：胡蒙均　审核：张玉平)

课程代码：0001100271
课程类型：专业核心课（理实一体化课）
学时/学分：66学时/4学分
适用专业：数控技术

一、课程概述

1. 课程性质

本课程以重庆工业职业技术学院模具专业的学生就业为导向，通过精选内容、归类编排的方法增强传感器教学的系统性，从而有利于学生对传感器的现状和发展有一个完整的概念。鉴于传感器种类繁多，涉及的学科广泛，不可能也没有必要对各种具体传感器逐一剖析。本课程力求突出传感器共性基础，以自动化传感器与智能检测技术及应用涉及的专业知识学习领域为课程主线，以传感器与智能检测技术及应用的工作过程所需要的岗位职业能力为依据，着重介绍常用传感器的工作原理、测量转换电路及其典型应用，着眼于传感器的选型、调试、测量数据分析等解决实际问题的基本技能上，倡导学生在项目实施过程中掌握各种相关专业知识，使之初步具备实际工作过程所需的专业知识和技能。

2. 课程定位

本课程适应于三年制高职数控技术专业，在数控技术专业模块化人才培养模式中属于职业知识模块，是数控技术专业的一门重要专业必修课程。本课程对接的工作岗位是模具工、模具设计人员等，通过学习能够具备通过传感器检测模具尺寸、加工优劣的能力。

二、课程目标

学生通过本课程的学习，使学生能认识传感器，了解测量基本原理和基本结构，理解各种传感器进行非电量测量的方法，掌握传感器的基本使用方法；初步具备根据测量要求进行传感器选型、典型信号处理、电路设计、制作、调试、测量数据分析等解决智能制造业中信息采集与转换等实际问题的知识和技能，以及求真务实、开拓创新、团队合作等社会能力，树立正确的世界观、人生观、价值观，培养德才兼备、全面发展的社会主义建设者和接班人。

具体目标如下：

1. 知识目标

（1）学会测量、误差理论及测量数据统计处理等知识。
（2）能够掌握传感器的静特性、动特性的性能指标概念、定义和分析处理方法。
（3）了解电桥测量电路的基本特性。
（4）能够分析各种常用传感器的基本工作原理、性能特点和工作过程。
（5）能够掌握各种常用传感器的适用场合和使用方法。
（6）能够掌握信号处理及抗干扰技术的基本知识。

（7）学会分析典型检测系统的组成及工作原理。
（8）学会分析和设计常用传感器的典型信号检测与转换电路。

2. 技能目标
（1）学会查阅相关国家标准和行业规范。
（2）学会传感器性能判别和筛选。
（3）能够依据检测要求实现传感器的选型。
（4）能够进行典型传感器的信号检测与转换电路设计。
（5）学会设计典型的电子检测产品。
（6）学会常见传感器的安装。
（7）学会维护典型电子检测设备。
（8）学会检测仪器的调试方法。
（9）学会编制技术文件。
（10）学会查阅传感器资料。

3. 素质目标
（1）具备容忍、沟通和协调人际关系的能力。
（2）具备团队合作和独立工作能力。
（3）具备批评与自我批评的意识。
（4）具备求真务实、开拓创新的意识。
（5）能够进行劳动组织与实施。
（6）能够遵守劳动纪律和具备职业安全意识。
（7）具备信息查询、资料收集与整理的能力。
（8）具备工作分析、总结的能力。
（9）具备方案设计与决策评估的能力。

三、课程实施和建议

1. 课程内容和要求

本课程任务在于使学生获得误差理论、传感器、自动检测方法等方面的基本知识和基本技能，并能将所学到的传感器与智能检测技术知识和技能灵活地应用到今后的工作和生产实际中去。在课程的教学实践一体化实施过程中，注重理论联系实际，加强实践环节，并结合当前国内外的最新传感器技术及应用，分享创新与科技进步、数字中国、科技报国、新时代工匠精神、辩证唯物主义思想等科技素养及家国情怀。通过与技术相关的小故事大情怀思政元素融入，引导学生吸收最新传感器技术的同时，养成学生分析问题和解决问题的能力以及良好的人文素养；并通过教学模式设计、教学方法设计、教学考核改革等，保证专业能力、个人能力和社会能力的培养；形成以工作过程为导向，以学生为中心，由教师引导的理论—实践—应用一体化工学结合教学模式。课程学时分配、课程内容和要求如表 28-1 和表 28-2 所示。

表 28-1　课程学时分配

模块	工作任务	学时		
		理论	实践	小计
学习项目1 传感技术基础（6学时）	工作任务1.1　测量的基本概念及误差	2	0	2
	工作任务1.2　测量结果数据统计及传感器基本特性	2	2	4

续表

模块	工作任务	学时		
		理论	实践	小计
学习项目 2 温度传感器 （16 学时）	工作任务 2.1　膨胀式温度计	2	2	4
	工作任务 2.2　电阻式温度传感器	2	2	4
	工作任务 2.3　热电偶温度传感器	2	2	4
	工作任务 2.4　辐射式及其他温度传感器	2	2	4
学习项目 3 力敏传感器（8 学时）	工作任务 3.1　电阻应变式力传感器	2	2	4
	工作任务 3.2　压电式传感器	2	2	4
学习项目 4 位移传感器（12 学时）	工作任务 4.1　电感式位移传感器	2	2	4
	工作任务 4.2　电容式位移传感器	2	2	4
	工作任务 4.3　超声波位移传感器	2	2	4
学习项目 5 气敏、湿敏、磁敏、 光电传感器（14 学时）	工作任务 5.1　气敏传感器	1	1	2
	工作任务 5.2　湿敏传感器	2	2	4
	工作任务 5.3　磁敏传感器	2	2	4
	工作任务 5.4　光电传感器	2	2	4
学习项目 6 检测系统的抗干扰技术 （2 学时）	工作任务 6.1　干扰源及防护和检测技术中的电磁兼容原理	1	1	2
典型学习项目 7 检测技术的综合应用 （8 学时）	工作任务 7.1　智能家居	1	1	2
	工作任务 7.2　智能机器人	1	1	2
	工作任务 7.3　带微机的检测技术综合应用实例	1	1	2
	工作任务 7.4　传感器在现代汽车中的应用	1	1	2
小计		34	32	66

表 28－2　课程内容和要求

章节/单元		素质目标	知识目标	技能目标	教学活动
学习项目 1 传感技术基础 （6 学时）	工作任务 1.1 测量的基本概念及误差	（1）具有爱国主义和集体主义精神，拥护中国共产党领导和我国社会主义制度，爱国、敬业、诚信。 （2）遵守职业规范，具有良好的专业精神、职业精神和工匠精神； （3）具有精益求精的工匠精神。 （4）具有团队协作能力和沟通表达能力	（1）能够理解传感器的定义、典型组成及作用； （2）学会自动检测系统的典型组成、结构、工作原理和发展趋势； （3）能够理解基于误差理论的数据处理	（1）具备查阅传感器元件知识的技能； （2）能够掌握自动检测技术方面的基本知识和基本技能； （3）能够掌握误差的分析计算及基于误差要求的仪表选型	多媒体演示法、预设问题法、讨论法、演示法、讲授法

续表

章节/单元		素质目标	知识目标	技能目标	教学活动
学习项目1 传感技术基础 (6学时)	工作任务1.2 测量结果数据统计及传感器基本特性	(1) 具有爱国主义和集体主义精神,拥护中国共产党领导和我国社会主义制度,爱国、敬业、诚信; (2) 遵守职业规范,具有良好的专业精神、职业精神和工匠精神; (3) 具有精益求精的工匠精神; (4) 具有团队协作能力和沟通表达能力	(1) 学会测量结果数据统计处理的方法; (2) 学会传感器的组成、特性和特征参数; (3) 知道电子仪器仪表装配工国家职业标准	(1) 能够用数据统计方法处理传感器测量结果; (2) 能够阅读与传感器相关的国家标准及行业规范; (3) 能根据传感器的测量数据、统计学原理和工程经验实施简单的数据处理; (4) 能够规范编写技术文档	多媒体演示法、预设问题法、讨论法、演示法、案例分析法、讲授法等多种方法综合应用,使学生掌握传感器特性及其输出数据处理
学习项目2 温度传感器 (16学时)	工作任务2.1 膨胀式温度计	(1) 具有爱国主义和集体主义精神,拥护中国共产党领导和我国社会主义制度,爱国、敬业、诚信; (2) 遵守职业规范,具有良好的专业精神、职业精神和工匠精神; (3) 具有质量意识、安全意识、环保意识、创新思维、信息素养	(1) 知道温标概念及典型测温方法; (2) 了解膨胀式温度计的分类组成; (3) 理解膨胀式温度计的工作原理; (4) 学会膨胀式、温度计的选型方法;★ (5) 学会膨胀式温度计的典型应用★	(1) 能根据膨胀式温度计的结构、工作原理以及项目需求实施传感器选型; (2) 能根据说明书,掌握膨胀式温度计的接线、安装和调试;★■ (3) 能够规范编写技术文档■	演示教学法、小组讨论法、启发式教学法、讲授法、直观教学法等多种教学法的灵活应用;课内、课外相结合,掌握膨胀式温度传感器的原理及其应用
	工作任务2.2 电阻式温度传感器	(1) 具有爱国主义和集体主义精神,拥护中国共产党领导和我国社会主义制度,爱国、敬业、诚信; (2) 遵守职业规范,具有良好的专业精神、职业精神和工匠精神; (3) 具有质量意识、安全意识、环保意识、创新思维、信息素养	(1) 了解电阻式温度传感器的结构组成; (2) 理解电阻式温度传感器的工作原理; (3) 学会电阻式温度传感器的选型方法;★ (4) 学会电阻式温度传感器的典型应用★	(1) 能根据电阻式温度传感器的结构、工作原理以及项目需求实施传感器选型; (2) 能根据说明书,掌握电阻式温度传感器的接线、安装和调试;★■ (3) 能够规范编写技术文档■	演示教学法、小组讨论法、启发式教学法、讲授法、直观教学法等多种教学法的灵活应用;课内、课外相结合,掌握电阻式温度传感器的原理及其应用

续表

章节/单元		素质目标	知识目标	技能目标	教学活动
学习项目2 温度传感器（16学时）	工作任务2.3 热电偶温度传感器	（1）具有爱国主义和集体主义精神，拥护中国共产党领导和我国社会主义制度，爱国、敬业、诚信；（2）遵守职业规范，具有良好的专业精神、职业精神和工匠精神；（3）具有质量意识、安全意识、环保意识、创新思维、信息素养	（1）了解热电偶温度传感器的结构组成；（2）理解热电偶温度传感器的工作原理；（3）学会热电偶温度传感器的选型方法；★（4）学会热电偶温度传感器的典型应用★	（1）能根据热电偶温度传感器的结构、工作原理以及项目需求实施传感器选型；（2）能根据说明书，掌握热电偶温度传感器的接线、安装和调试；★■（3）能够规范编写技术文档■	演示教学法、小组讨论法、启发式教学法、讲授法、直观教学法等多种教学法的灵活应用；课内、课外相结合，掌握热电偶温度传感器的原理及其应用
	工作任务2.4 辐射式及其他温度传感器	（1）具有爱国主义和集体主义精神，拥护中国共产党领导和我国社会主义制度，爱国、敬业、诚信；（2）遵守职业规范，具有良好的专业精神、职业精神和工匠精神；（3）具有质量意识、安全意识、环保意识、创新思维、信息素养	（1）了解辐射式及其他温度传感器的结构组成；（2）理解辐射式及其他温度传感器的工作原理；（3）学会辐射式及其他温度传感器的选型方法；★（4）学会辐射式及其他温度传感器的典型应用★	（1）能根据辐射式及其他温度传感器的结构、工作原理以及项目需求实施传感器选型；（2）能根据说明书，掌握辐射式及其他温度传感器的接线、安装和调试；★■（3）能够规范编写技术文档■	演示教学法、小组讨论法、启发式教学法、讲授法等多种教学法的灵活应用；课内、课外相结合，掌握辐射式等温度传感器的原理及其应用
学习项目3 力敏传感器（8学时）	工作任务3.1 电阻应变式力传感器	（1）具有爱国主义和集体主义精神，拥护中国共产党领导和我国社会主义制度，爱国、敬业、诚信；（2）遵守职业规范，具有良好的专业精神、职业精神和工匠精神；（3）具有质量意识、安全意识、环保意识、创新思维、信息素养	（1）了解电阻应变式力敏传感器的结构组成；（2）理解电阻应变式力敏传感器的工作原理；（3）学会电阻应变式力敏传感器的选型方法；★（4）学会电阻应变式力敏传感器的典型应用★	（1）能根据电阻应变式力敏传感器的结构、工作原理以及项目需求实施传感器选型；（2）能根据说明书，掌握电阻应变式力敏传感器的接线、安装和调试；★■（3）能够规范编写技术文档■	演示教学法、启发式教学法、讲授法、直观教学法等多种教学法的灵活应用；课内、课外相结合，掌握电阻应变式传感器的原理及其应用

续表

章节/单元		素质目标	知识目标	技能目标	教学活动
学习项目3 力敏传感器(8学时)	工作任务3.2 压电式传感器	(1)具有爱国主义和集体主义精神，拥护中国共产党领导和我国社会主义制度，爱国、敬业、诚信；(2)遵守职业规范，具有良好的专业精神、职业精神和工匠精神；(3)具有质量意识、安全意识、环保意识、创新思维、信息素养	(1)知道压电式传感器的原理、结构；(2)学会压电式传感器的选型方法；★(3)学会压电式传感器的典型应用★	(1)能根据压电式力敏传感器的结构、工作原理以及项目需求实施传感器选型；(2)能根据说明书，掌握压电式力敏传感器的接线、安装和调试；★■(3)能够规范编写技术文档■	演示教学法、启发式教学法、讲授法、直观教学法等多种教学法的灵活应用；课内、课外相结合，掌握压电式传感器的原理及其应用
学习项目4 位移传感器(12学时)	工作任务4.1 电感式位移传感器	(1)具有爱国主义和集体主义精神，拥护中国共产党领导和我国社会主义制度，爱国、敬业、诚信；(2)遵守职业规范，具有良好的专业精神、职业精神和工匠精神；(3)具有质量意识、安全意识、环保意识、创新思维、信息素养	(1)能够理解电感式位移传感器的原理、结构；(2)学会电感式位移传感器的选型方法；★(3)学会电感式位移传感器的典型应用★	(1)能根据电感式位移传感器的结构、工作原理以及项目需求实施传感器选型；(2)能根据说明书，掌握常见电感式位移传感器的接线、安装和调试；★■(3)能够规范编写技术文档■	演示教学法、启发式教学法、讲授法、直观教学法等多种教学法的灵活应用；课内、课外相结合，掌握电感式位移传感器的原理及其应用
	工作任务4.2 电容式位移传感器	(1)具有爱国主义和集体主义精神，拥护中国共产党领导和我国社会主义制度，爱国、敬业、诚信；(2)遵守职业规范，具有良好的专业精神、职业精神和工匠精神；(3)具有质量意识、安全意识、环保意识、创新思维、信息素养	(1)能够理解电容式位移传感器的原理、结构；(2)学会电容式位移传感器的选型方法；★(3)学会电容式位移传感器的典型应用★	(1)能根据电容式位移传感器的结构、工作原理以及项目需求实施传感器选型；(2)能根据说明书，掌握电容式位移传感器的接线、安装和调试；★■(3)能够规范编写技术文档■	演示教学法、启发式教学法、讲授法、直观教学法等多种教学法的灵活应用；课内、课外相结合，掌握电容式位移传感器的原理及其应用

续表

章节/单元		素质目标	知识目标	技能目标	教学活动
学习项目4 位移传感器 (12学时)	工作任务4.3 超声波位移传感器	（1）具有爱国主义和集体主义精神，拥护中国共产党领导和我国社会主义制度，爱国、敬业、诚信；（2）遵守职业规范，具有良好的专业精神、职业精神和工匠精神；（3）具有质量意识、安全意识、环保意识、创新思维、信息素养	（1）知道超声波传感器的原理、结构；（2）学会超声波传感器的选型方法；（3）学会超声波传感器的典型应用；（4）知道接近开关的基本结构和工作原理；★（5）学会接近开关的选型和简单应用★	（1）能根据超声波位移传感器的结构、工作原理以及项目需求实施传感器选型；（2）能根据说明书，掌握超声波位移传感器的接线、安装和调试；★■（3）能够规范编写技术文档■	演示教学法、启发式教学法、讲授法、直观教学法等多种教学法的灵活应用；课内、课外相结合，掌握超声波位移传感器的原理及其应用
学习项目5 气敏、湿敏、磁敏、光电传感器 (14学时)	工作任务5.1 气敏传感器	（1）具有爱国主义和集体主义精神，拥护中国共产党领导和我国社会主义制度，爱国、敬业、诚信；（2）遵守职业规范，具有良好的专业精神、职业精神和工匠精神；（3）具有质量意识、安全意识、环保意识、创新思维、信息素养	（1）了解气敏传感器的结构和组成；（2）能够理解气敏传感器的工作原理及适用场合；（3）学会气敏传感器的选型方法；★（4）学会气敏传感器的典型应用★	（1）能根据常见气敏传感器的结构、工作原理以及项目需求实施传感器选型；（2）能根据说明书，掌握常见气敏传感器的接线、安装和调试；★■（3）能够规范编写技术文档■	项目驱动法、演示教学法、启发式教学法、讲授法、直观教学法等多种教学法的灵活应用；课内、课外相结合，掌握气敏传感器的原理及其应用
	工作任务5.2 湿敏传感器	（1）具有爱国主义和集体主义精神，拥护中国共产党领导和我国社会主义制度，爱国、敬业、诚信；（2）遵守职业规范，具有良好的专业精神、职业精神和工匠精神；（3）具有质量意识、安全意识、环保意识、创新思维、信息素养	（1）了解湿度的概念及常见测量方法；（2）能够理解湿敏传感器的原理、结构；（3）学会湿敏传感器的选型方法；★（4）学会湿敏传感器的典型应用★	（1）能根据常见湿敏传感器的结构、工作原理以及项目需求实施传感器选型；（2）能根据说明书，掌握常见湿敏传感器的接线、安装和调试；★■（3）能够规范编写技术文档■	项目驱动法、演示教学法、启发式教学法、讲授法、直观教学法等多种教学法的灵活应用；课内、课外相结合，掌握湿敏传感器的原理及其应用
	工作任务5.3 磁敏传感器	（1）具有爱国主义和集体主义精神，拥护中国共产党领导和我国社会主义制度，爱国、敬业、诚信；（2）遵守职业规范，具有良好的专业精神、职业精神和工匠精神；（3）具有质量意识、安全意识、环保意识、创新思维、信息素养	（1）了解测量磁场的常见方法；（2）能够理解霍尔传感器的原理、结构；（3）学会霍尔传感器的选型方法；★（4）学会霍尔传感器的典型应用★	（1）能根据霍尔传感器的结构、工作原理以及项目需求实施传感器选型；（2）能根据说明书，掌握常见霍尔传感器的接线、安装和调试；★■（3）能够规范编写技术文档■	演示教学法、启发式教学法、讲授法、直观教学法等多种教学法的灵活应用；课内、课外相结合，掌握磁敏传感器的原理及其应用

续表

章节/单元		素质目标	知识目标	技能目标	教学活动
学习项目5 气敏、湿敏、磁敏、光电传感器 (14学时)	工作任务5.4 光电传感器	（1）具有爱国主义和集体主义精神，拥护中国共产党领导和我国社会主义制度，爱国、敬业、诚信；（2）遵守职业规范，具有良好的专业精神、职业精神和工匠精神；（3）具有质量意识、安全意识、环保意识、创新思维、信息素养	（1）知道光电传感器的原理、结构；（2）学会光电传感器的选型方法；（3）能够掌握典型光电元件的测量电路设计；★（3）学会光电传感器的典型应用★	（1）能根据常见光电传感器的结构、工作原理以及项目需求实施传感器选型；（2）能设计典型光电传感器（如光敏电阻/二极管/三极管等）的应用电路；（3）能根据说明书，掌握常见光电传感器的接线、安装和调试；★■（4）能够规范编写技术文档■	项目驱动法、演示教学法、启发式教学法、讲授法、直观教学法等多种教学法的灵活应用；课内、课外相结合，掌握光电传感器的原理及其应用
学习项目6 检测系统的抗干扰技术 (2学时)	工作任务6.1 干扰源及防护和检测技术中的电磁兼容原理	（1）具有爱国主义和集体主义精神，拥护中国共产党领导和我国社会主义制度，爱国、敬业、诚信；（2）遵守职业规范，具有良好的专业精神、职业精神和工匠精神；（3）具有质量意识、安全意识、环保意识、创新思维、信息素养	（1）知道常见干扰的类型及产生、干扰信号的耦合方式；（2）学会常用的抑制干扰措施；（3）知道电磁干扰的来源；（4）知道电磁干扰的传播路径；（5）学会常见的克服电磁干扰的方法	（1）能够根据现象判断常见干扰的类型及产生的原因；（2）能够根据已知干扰设计合适的抑制干扰的措施和方法■	演示教学法、小组讨论法、启发式教学法、讲授法、直观教学法等多种教学法的灵活应用；课内、课外相结合，知道电磁干扰来源及其克服方法
典型学习项目7 检测技术的综合应用 (8学时)	工作任务7.1 智能家居	（1）具有爱国主义和集体主义精神，拥护中国共产党领导和我国社会主义制度，爱国、敬业、诚信；（2）遵守职业规范，具有良好的专业精神、职业精神和工匠精神；（3）具有质量意识、安全意识、环保意识、创新思维、信息素养	（1）知道火灾自动报警系统的概念和典型结构；（2）知道火灾发生后伴随产生的物理和化学现象及相应的探测传感器；（3）能够掌握典型烟雾、温度传感器的测量电路设计	（1）能够分析判断传感器在火灾自动报警系统中所起的作用；（2）能根据项目需求判断需要采用的检测系统类型；（3）能分析设计典型的温度超限和烟雾报警传感器■	演示教学法、小组讨论法、启发式教学法、讲授法、直观教学法等多种教学法的灵活应用，掌握传感器在火灾检测中的综合应用

续表

章节/单元		素质目标	知识目标	技能目标	教学活动
典型学习项目7 检测技术的综合应用（8学时）	工作任务7.2 智能机器人	（1）具有爱国主义和集体主义精神，拥护中国共产党领导和我国社会主义制度，爱国、敬业、诚信；（2）遵守职业规范，具有良好的专业精神、职业精神和工匠精神；（3）具有质量意识、安全意识、环保意识、创新思维、信息素养	（1）知道机器人的概念及常见传感器的分类和作用；（2）理解灭火机器人的工作过程及所用传感器的工作原理；（3）能够掌握典型红外测距传感器、远红外火烟探测器、地面灰度传感器等的测量电路设计	（1）能够分析判断传感器在智能机器人中所起的作用；（2）能根据项目需求选择相应的传感器；（3）能分析设计典型的红外测距传感器、远红外火烟探测器、地面灰度传感器等■	演示教学法、小组讨论法、启发式教学法、讲授法、直观教学法等多种教学法的灵活应用，掌握传感器在智能机器人中的综合应用
	工作任务7.3 带微机的检测技术综合应用实例	（1）具有爱国主义和集体主义精神，拥护中国共产党领导和我国社会主义制度，爱国、敬业、诚信；（2）遵守职业规范，具有良好的专业精神、职业精神和工匠精神；（3）具有质量意识、安全意识、环保意识、创新思维、信息素养	（1）知道传感器在机床、温度压力检测控制系统和模糊控制洗衣机中的应用；（2）知道典型的闭环负反馈控制原理	（1）能够分析判断传感器在机床、温度压力检测控制系统和模糊控制洗衣机中所起的作用；■（2）能够分析由单片机组成的智能化检测系统中传感器的作用及控制过程■	演示教学法、小组讨论法、启发式教学法、讲授法、直观教学法等多种教学法的灵活应用；课内、课外相结合，理解带微机的检测技术综合应用
	工作任务7.4 传感器在现代汽车中的应用	（1）具有爱国主义和集体主义精神，拥护中国共产党领导和我国社会主义制度，爱国、敬业、诚信；（2）遵守职业规范，具有良好的专业精神、职业精神和工匠精神；（3）具有质量意识、安全意识、环保意识、创新思维、信息素养	（1）知道汽车中需要采用的传感器；（2）知道汽车中传感器所起的作用	（1）能够分析判断温度、压力、压电等传感器在汽车监控中所起的作用；■（2）能够分析判断传感器在现代汽车、机器人、智能楼宇中的应用■	演示教学法、录像教学法、小组讨论法、启发式教学法、讲授法、直观教学法等多种教学法的灵活应用；课内、课外相结合，理解各种传感器在汽车中的应用

备注：教学重点、难点在表中标出，其中，打★的为教学重点，打■的为教学难点。

2. 教学方法和教学手段

1）教学方法建议

（1）课程以"典型工作任务及工作过程知识"作为主体内容，突出如何借助"学习任务"实施职业教育教学。

（2）将"教学材料"的特征和"学习资料"的功能进行结合，通过活页式工作页引领，构建"教学做"于一体的学习管理体系。使学生了解职业、热爱职业岗位，帮助学生树立正确的价值观、择业观，培养良好的职业道德和职业意识，不仅传授知识，而且要突出能力的培养。

（3）行动导向教学法，即以学生为中心、学习成果为导向，促进学生自主学习，以"行动导向驱动"为主要形式的教学方法。在教学过程中充分发挥学生的主体作用和教师的主导作用，注重对学生分析问题、解决问题能力的培养，从完成某一方面的"任务"着手，引导学生通过认知、资讯、计划、决策、实施、检查控制、评估反馈七步完成"任务"，从而实现教学目标。

（4）小组教学法，即以学生为主体，将课题内容分解成多个并列知识点，通过小组探究实现教学目标，形成人人有课题，学生之间、小组之间相互教授各自掌握的内容，通过朋辈导修的形式实现全员参与的一种教学方法。该方法激发每个学生学习兴趣，培养其总结提炼、知识架构搭建及传授能力，提高学生的自信心和责任心，培养团队协作能力和沟通表达能力。

2）教学手段

（1）提供丰富、适用和引领创新作用的多种类型立体化、信息化课程资源，实现工作页多功能作用。

（2）运用现代教育技术，将教学视频、电子教材、电子课件、电子讲稿、数控加工仿真软件、网络教学等现代化教学手段相结合。

（3）在教学过程中，重视本专业领域新技术、新工艺、新设备发展趋势，努力为学生提供职业生涯发展的空间，着力培养学生参与社会实践的创新精神和职业能力。

3. 教学评价

1）考核要求

课程考核应符合有关管理规定，具体要求如表 28 – 3 所示。

表 28 – 3　课程考核要求

考核类别	平时过程性考核 50%	期末终结性考核 50%	补考
考核要求	本课程采取平时考核（30%）+实践性技能训练考核（20%）	综合性考核（50%）	理论考试

2）说明

（1）平时过程性考核包括提问、作业、表现等，占总成绩的 30%，教师严格规范地记录学生的出勤、作业、回答问题等情况，作为成绩的评价依据。

（2）实践性技能训练考核是考核学生在技能训练中，表现出来的应用理论知识解决实际问题的能力、元件的应用能力、仪器仪表的使用能力、电气线路安装调试及检修能力等，教师需严格规范地记录学生每次技能训练中的情况，作为成绩评价的依据，考核成绩占总成绩的 20%。

（3）综合性考核是以期末对全部课程知识与能力的综合性测试，采用"教考分离"考核方式，占总成绩的 50%。

本课程具体考核要求如表 28 – 4 和表 28 – 5 所示。

表 28－4　考核方式

考核分类		考核方式	成绩比例
形成性评价	课堂理论测试	检查作业、分组竞赛、课堂提问、平时测验为主	10%
	实训技能测试	实训操作项目	10%
终结性评价	主要考核学生对该门课程的综合应用能力	教考分离	50%
综合评价	考核学生的基本综合素质	观察学生的考勤情况、学习态度、职业道德、团队合作、语言交流、组织管理等	30%

表 28－5　平时过程性考核评价内容与标准

项目	内容	分值			
学习态度（5分）	出勤情况（2.5分）	2.5（优秀）	2（良好）	1（合格）	0（不合格）
	听课态度（2.5分）	2.5（优秀）	2（良好）	1（合格）	0（不合格）
学习水平（15分）	课堂提问（5分）	5（优秀）	4（良好）	3（合格）	0（不合格）
	讨论课发言（5分）	5（优秀）	4（良好）	3（合格）	0（不合格）
	线上课件学习（5分）	5（优秀）	4（良好）	3（合格）	0（不合格）
实践动手能力（10分）	查阅与应用能力（10分）	10（优秀）	8（良好）	6（合格）	0（不合格）

（4）注意事项

说明：课程任课教师要按照课程考核要求实施考核，注意做好学习过程、到课情况、平时作业、实验实践情况、考核情况的相关记录，将其作为学生最终评定成绩的明确依据，并与成绩册一同形成成绩档案保存。

课程可以过程性考核评价为主，也可以目标性考核评价为主。本课程是以过程性考核评价为主的课程。

平时过程性考核一般由平时表现（考勤、作业、实验实践等）及阶段考核组成，其中，阶段考核的次数一般不少于每 24 课时 1 次；期末终结性考核的主要形式为理论考试，技能操作性较强的课程可采用综合性技能操作考核、课题报告、答辩、考证成绩、技能竞赛等方式。

四、课程资源

1. 教材选用

《传感器技术》沈燕卿　中国电力出版社

《自动检测技术及应用》梁森　机械工业出版社

其他参考教材如表 28－6 所示。

表 28－6　其他参考教材

参考教材			
1	《自动检测与转换技术》	梁森　黄杭美	机械工业出版社
2	《传感器原理及应用》	洪志刚	中南大学出版社
3	《检测技术及应用》	柳桂国	电子工业出版社
4	《自动检测技术》	朱强	山东科学技术出版社

2. 网络资源

根据课程目标、学生实际以及本课程的理论性和实践等特点,本课程的教学建设由文字与电子教材、教学视频、电子课件、电子讲稿等多种形式的教学资源与数控加工仿真软件及数控机床相结合,共同完成教学任务,达成教学目标。

1) 线上课程

线上课程如表28-7所示。

表28-7 线上课程

序号	网站课程名称	负责人	网址
1	检测技术	沈燕卿	云课堂智慧职教 APP
2	自动检测技术	梁森	http://www.cnhenet.org/course/5197
3	传感器应用	陈卫	http://www.cchve.com.cn/hep/portal/courseId_450

2) 课程资源的开发和利用。充分利用教学视频、多媒体软件、电子讲稿、动画等资源创设形象生动的工作情境,激发学生的学习,促进学生对知识的理解和掌握。建议加强常用课程资源的开发,建立多媒体课程资源的数据库,努力实现跨学校多媒体资源的共享,以提高资源利用效率。

五、师资队伍

1. 课程教学团队

通过人才引进、聘请兼职教师等手段,增加师资数量;通过教师职业能力和职业技能培训,提高师资队伍的"双师"素质,形成合理的"双师"结构。

1) 专兼职教师数量、结构

课程教学团队中,全国技术能手1人,国家级裁判1人;校内专职教师5人,行业企业兼职教师2人,占教师总人数的28%;博士1人,硕士5人,专科1人;高级职称5人,中级职称2人;双师型专职教师5人,其中高级双师型教师3人,中级双师型教师2人,双师型教师占比达72%。

2) 专兼职教师素质

根据《深化新时代职业教育"双师型"教师队伍建设改革实施方案》精神和数控技术岗位人才标准,本课程专兼职教师素质能力要求如表28-8所示。

表28-8 专兼职教师素质能力要求

教师类型	素质要求	能力要求
专职教师	具备爱国守法、爱岗敬业、关爱学生、教书育人、为人师表、终身学习等素质	(1) 具备通识性教育、课程教学、素养教育等专业知识; (2) 具备教学设计、教学实施、教学管理能力; (3) 具备社会服务和科研能力
兼职教师	具备爱国守法、爱岗敬业、关爱学生、教书育人、为人师表、终身学习等素质	(1) 具备较强的专业技能; (2) 具备教学设计、教学实施、教学管理能力

3) 职业能力课程任课教师资格

具有相应职业资格证书、受过技能培训的专职教师基本情况如表28-9所示。受过职业教学能力培训的企业技术人员、能工巧匠等兼职教师基本情况如表28-10所示。

表 28－9　专职教师基本情况

序号	姓名	学历	职称	职业资格	行业经历	承担任务
1	叶家飞	硕士研究生	副教授	工程师	8 年	课程建设及教学
2	韦光珍	硕士研究生	副教授	工程师	3.5 年	课程建设及教学
3	韩辉辉	大学专科	高级实验师	高级技师	3.5 年	课程建设及教学
4	胡蒙均	博士研究生	讲师	工程师	14 年	课程建设及教学
5	杨皓	硕士研究生	工程师	工程师	7 年	课程建设及教学

表 28－10　兼职教师基本情况

序号	姓名	性别	单位	职称	承担任务
1	唐婉霞	女	赛里斯汽车有限公司	工程师	课程建设指导及课程教学
2	欧阳海青	男	赛里斯汽车有限公司	高级工程师	课程建设指导及课程教学

2. 课程团队职责

（1）数控技术专业建设指导委员会把握课程发展方向。

（2）教研室主任、专业负责人与课程负责人负责课程的整体建设、内容的调整、课程的持续发展。

（3）专职教师负责课程的授课，专职教师与实训指导教师共同负责课程的实训指导。

（4）课程负责人负责监督课程的实施。

六、实践教学

1. 校内实训条件要求

本课程实验实训可在智能制造大楼、现代制造技术实训中心、智能制造产教融合中心进行。

（1）多媒体教学设备。

（2）电气控制线路安装调试实训台。

（3）机器人综合实训室。

（4）常用电工工具及仪器仪表。

（5）不小于 100 m^2 的理实一体化教学场地。

（6）教学环境中具备良好的安全防范措施，配备相应的急救物品。

2. 校外实训条件要求

校企合作开发实验实训课程资源，充分利用本行业典型企业的资源，加强校企合作建立校外实训基地，满足学生的实习实训需求，在此过程中进行实验实训课程资源的开发，同时为学生提供就业机会，开创就业渠道。

29　CAD/CAM 应用技术课程标准

（编写：罗应娜　校对：李大英　审核：张玉平）

课程代码：02150207/02150209
课程类型：专业核心课（理实一体化课）
学时/学分：124 学时/7.5 学分
适用专业：数控技术

一、课程概述

1. 课程性质

本课程是数控技术专业的一门专业核心课程，是在学习了机械制图、公差配合与测量技术、机床与数控机床、零件切削加工与工艺装备，具备了识读机械工程图的能力、绘制机械产品零件图能力、公差与配合的识读和选用能力、零件检测能力、编制机械产品切削加工工艺能力的基础上开设的一门理实一体课程。通过本课程的学习，为后续智能制造技术、智能制造单元维护与检修课程的学习奠定基础。

2. 课程定位

本课程对接的工作岗位是数控加工工艺编制员、数控加工编程员、高端数控机床操作员等工作岗位，通过学习学生应具备从事机械产品设计和对复杂零件进行工艺设计的能力，具备正确选择数控机床所用刀具、量具的能力，具备工装设计、数控加工程序编制、操作数控机床完成零件加工的能力。

二、课程目标

本课程的目标是培养学生诚实、守信的品德，负责的态度、善于沟通的能力和合作的团队意识；培养学生重质量、守规范和良好安全意识的职业能力；培养学生完成岗位工作任务的基本技能，使学生成为具有良好职业道德、掌握机械产品设计技能、掌握数控自动编程与加工技能，并具有可持续发展能力的高素质高技能型人才，以适应市场对数控技术人才的需求。

具体目标如下：

1. 知识目标

（1）了解和运用机械设计与制造相关国家标准和国际标准。
（2）熟悉本专业相关的法律法规以及环境保护、安全消防等知识，并能运用到实际操作中。
（3）熟练运用机械制图、机械设计基础、公差配合与测量、计算机三维造型等知识，掌握典型机械零部件结构特点及其设计和选型的方法。
（4）能够独立编制复杂零件的数控加工工艺及数控加工程序。
（5）熟悉数控加工质量检测与控制的方法。

2. 技能目标

（1）具有识读各类机械零件图和装配图，并熟练使用 CAD/CAM 软件进行机械产品三维建模、工程图绘制与产品装配的能力。

（2）具有根据生产任务和生产计划等要求，编制复杂零件数控加工工艺，运用 CAD/CAM 软件完成复杂零件加工程序编制、后处理器配置，并运用专业虚拟仿真软件完成程序验证的能力。

（3）具有操作数控机床完成零件多工序、多工步、多工位的综合加工的能力。

（4）具有对零件加工质量进行检测、分析和优化的能力。

（5）具有使用 MES、CAPP、PDM 等软件完成智能制造单元生产运行管理的能力。

3. 素质目标

（1）牢固树立对中国特色社会主义的思想认同、政治认同、理论认同和情感认同。

（2）培养正确的就业观和职业观，具有严谨、务实、诚信、敬业的职业道德，自觉遵守行业法规和职业规范。

（3）具有积极做事，融入团队，与人合作沟通的能力。

（4）具有运用信息手段查阅专业技术资料的能力。

（5）具有探究学习的习惯，用发展的思维解决工作中具体问题的能力。

（6）具有质量意识、环保意识、安全意识、信息素养、工匠精神、创新思维。

三、课程实施和建议

1. 课程内容和要求

本标准根据《国家职业教育改革实施方案》（国发〔2019〕4号）、《教育部关于职业院校专业人才培养方案制订与实施工作的指导意见》（教职成〔2019〕13号）、《教育部关于深化职业教育教学改革全面提高人才培养质量的若干意见》（教职成〔2015〕6号）和国务院办公厅《关于深化产教融合的若干意见》（国办发〔2017〕95号）等文件精神，依据《数控车工、数控铣工国家职业标准》《数控程序员国家职业标准》《1+X 证书职业资格标准》和重庆工业职业技术学院《数控技术专业人才培养方案》中关于人才培养目标和人才培养规格的要求，对接行业数控加工所需岗位能力的要求制订。

课程内容按"学习情景安排计划"，由浅入深，由易到难，普遍性和专业性结合，基础性与实践性统合，打破学科的界限，通过一个具体明确的学习情景载体把不同的专科课程连接起来，并以能够直接操作的方式呈现给师生们，通过以学习情景为中心的课程和在一般讲授式的课程教学中倡导小组学习的方式，培养学生合作意识与合作能力。

本课程共 124 学时，分为八个学习情景。课程学时分配如表 29-1 所示，课程内容和要求如表 29-2 所示。

表 29-1 课程学时分配

项目（情景/模块/章节/单元）	学时		
	理论	实践	小计
学习情景一　1+X 技能等级考核数控车削零件建模及自动编程	8	8	16
学习情景二　1+X 技能等级考核数控铣削零件建模及自动编程	8	8	16
学习情景三　万向联轴器机构的设计	2	4	6
学习情景四　万向联轴器机构的加工工艺编制及仿真	8	10	18
学习情景五　数控车铣编程拓展任务	4	8	12
学习情景六　1+X 技能等级考核多轴零件编程	16	16	32
学习情景七　航空件多轴数控编程	8	8	16
学习情景八　单叶片叶轮多轴数控编程	4	4	8
小计	58	66	124

表 29-2 课程内容和要求

章节/单元	素质目标	知识目标	技能目标	教学活动
学习情景一 1+X 技能等级考核数控车削零件建模及自动编程	（1）工匠精神：反复运动分析验证参数，精益求精； （2）绿色技能：使用数字化分析手段排除不合理的设计因素； （3）团队协作，沟通能力； （4）批判性地思考整个学习情景的工作过程与不足之处	（1）1+X 技能等级考核轴类零件和盘类零件的三维建模； （2）外圆、内孔、螺纹、断面槽等粗、精加工工艺设计、自动编程★■	（1）会利用软件完成轴类和盘类零件的三维建模； （2）能正确制定轴类和盘类零件加工工艺；★ （3）能确定数控车刀具类型、参数、切削用量；★ （4）会中等复杂程度轴类零件和盘类零件的刀具路径规划、刀位文件生成、后处理生成标准 G 代码、程序仿真校验★	小组分组、任务分配、信息查询、计划执行、检查评估
学习情景二 1+X 技能等级考核数控铣削零件建模及自动编程	（1）工匠精神：反复运动分析验证参数，精益求精； （2）绿色技能：使用数字化分析手段排除不合理的设计因素； （3）职业能力：能够独立阅读任务书，与他人沟通协调，秉持绿色环保理念，降低能量损耗、碳中和、多种解决方案的创造性； （4）批判性地思考整个学习情景的工作过程与不足之处	（1）1+X 技能等级考核铣削类零件建模； （2）合理制定零件的加工工艺、选择合适的刀具、切削用量；★■ （3）应用软件自动编程，进行轨迹模拟、G 代码生成★■	（1）能完成铣削类零件三维建模； （2）能正确制定铣削件加工工艺；★ （3）能确定数控铣刀具类型、参数、切削用量；★ （4）会中等复杂程度平面铣类零件的刀具路径规划、刀位文件生成、后处理生成标准 G 代码、程序仿真校验★■	头脑风暴、小组合作
学习情景三 万向联轴器机构的设计	（1）工匠精神：反复运动分析验证参数，精益求精； （2）绿色技能：使用数字化分析手段排除不合理的设计因素； （3）团队协作，沟通能力； （4）批判性地思考整个学习情景的工作过程与不足之处	（1）能够总结轴的用途、概述轴的主要类型与应用特点；★ （2）查阅资料，总结心轴、传动轴和转轴的承载情况及应用特点；★ （3）分析联轴器、离合器和制动器的结构与应用★	（1）设计轴的结构、分析轴上零件的轴向固定与周向固定方法；★ （2）标识轴承的代号、选用轴承的类型；★ （3）引用国标：选用标准联结件，避免非标生产；★ （4）运用计算机辅助设计软件完成万向联轴器零件三维建模与装配仿真；★ （5）评估万向联轴器机械机构的运行状况★	头脑风暴、小组合作

续表

章节/单元	素质目标	知识目标	技能目标	教学活动
学习情景四 万向联轴器机构的加工工艺编制及仿真	（1）工匠精神：反复运动分析验证参数，精益求精； （2）绿色技能：使用数字化分析手段排除不合理的设计因素； （3）职业能力：降低能量损耗、碳中和、环保性、多种解决方案的创造性； （4）批判性地思考整个学习情景的工作过程与不足之处	（1）简述配合件的含义和类型； （2）列举配合件在加工过程中的难点；★■ （3）归纳配合件加工时注意要点；★ （4）简述常用数控铣刀的类型及特点；★ （5）分析凹弧成形表面所用的刀具；★ （6）分析加工凹弧成形表面的加工工艺路线★■	（1）小组讨论，根据加工零件的要求，完成刃具的准备；★ （2）小组成员共同分析、讨论，确定合理的加工路线；★■ （3）根据选择的刀具和刀具材料查阅切削参数表，完成万向联轴器机构各零件的加工工艺卡；★■ （4）编制万向联轴器机构的加工程序并仿真；★■ （5）汇报评估小组的工艺方法及解决方案的创造性★	头脑风暴、小组合作
学习情景五 数控车铣编程拓展任务	（1）工匠精神：反复运动分析验证参数，精益求精； （2）绿色技能：使用数字化分析手段排除不合理的设计因素； （3）职业能力：降低能量损耗、碳中和、环保性、多种解决方案的创造性； （4）批判性地思考整个学习情景的工作过程与不足之处	车铣编程综合知识运用★■	车铣编程综合技能运用★■	头脑风暴、小组合作
学习情景六 1+X技能等级考核多轴零件编程	（1）工匠精神：反复运动分析验证参数，精益求精； （2）绿色技能：使用数字化分析手段排除不合理的设计因素； （3）职业能力：降低能量损耗、碳中和、环保性、多种解决方案的创造性； （4）批判性地思考整个学习情景的工作过程与不足之处	（1）1+X技能等级考核多轴零件三维造型； （2）合理制定多轴零件的4轴、5轴加工工艺，选择合适的刀具、切削用量；★■ （3）理解可变轴轮廓铣削的3个选项（驱动方法、投影矢量和刀轴）之间的关系；★■ （4）应用软件自动编程，进行轨迹模拟、G代码生成★■	（1）多轴零件三维造型；★ （2）多轴零件加工工艺设计；★■ （3）确定数控刀具类型、参数、切削用量；★■ （4）掌握可变轴轮廓铣削的3个关键参数：驱动方法、投影矢量与刀轴的正确选择；★■ （5）材料侧的选择；★ （6）正确定义切削方向★	头脑风暴、小组合作

续表

章节/单元	素质目标	知识目标	技能目标	教学活动
学习情景七 航空件多轴数控编程	1. 工匠精神：反复运动分析验证参数，精益求精； （2）绿色技能：使用数字化分析手段排除不合理的设计因素； （3）职业能力：降低能量损耗、碳中和、环保性、多种解决方案的创造性； （4）批判性地思考整个学习情景的工作过程与不足之处	（1）航空件三维造型； （2）合理制定多轴零件的4轴、5轴加工工艺，选择合适的刀具、切削用量；★■ （3）理解可变轴轮廓铣削的3个选项（驱动方法、投影矢量和刀轴）之间的关系；★■ （4）应用软件自动编程，进行轨迹模拟、G代码生成■	（1）多轴零件三维造型；★ （2）多轴零件加工工艺设计；★■ （3）确定数控刀具类型、参数、切削用量；★■ （4）掌握平面铣、型腔铣、可变轮廓铣、孔加工的综合运用★■	头脑风暴、小组合作
学习情景八 单叶片叶轮多轴数控编程	（1）工匠精神：反复运动分析验证参数，精益求精； （2）绿色技能：使用数字化分析手段排除不合理的设计因素； （3）职业能力：降低能量损耗、碳中和、环保性、多种解决方案的创造性； 4. 批判性地思考整个学习情景的工作过程与不足之处	（1）叶轮零件的三维造型； （2）合理制定多轴零件的加工工艺，选择合适的刀具、切削用量；★■ （3）应用软件自动编程，进行轨迹模拟、G代码生成■	（1）叶轮零件的三维造型；★ （2）叶片零件加工工艺设计；★■ （3）确定数控刀具类型、参数、切削用量；★■ （4）掌握叶轮加工的步骤：多叶片粗铣、轮毂精加工、叶片精铣、圆周精铣的运用★■	头脑风暴、小组合作

备注：教学重点、难点在表中标出，其中，打★的为教学重点，打■的为教学难点。

2. 教学方法和教学手段

教学方法秉承"思政引领、德技并修、学生中心、能力本位、工学一体"德智体美劳五育并举的教育理念，根据学情分析和学习目标的要求，采取实现"课前学习、课中内化、课后拓展"的翻转课堂学习法、以学生为中心的小组合作学习法、融合信息化手段的线上线下混合式学习法。引用德国系统教学法，将学习情境各环节串联，培养系统工作理念。运用多种且恰当的信息化教学手段，助力达成学习情境学习目标。教学手段主要有：中国大学慕课CAD/CAM应用技术、工作页、思政视频、GB/T 41158.7—2022《机械产品三维工艺设计第7部分：发放要求》中国标准出版社、《机械基础》中国劳动社会保障出版社、Tool Box标准件设计库、腾讯会议软件、评价表等。

3. 教学评价

1）考核要求

课程考核应符合有关管理规定，具体要求如表29-3所示。

表29-3 课程考核要求

考核类别	平时过程性考核60%	期末终结性考核40%	补考
考核要求	（1）依据技术推理和问题解决能力、系统思维、职业认同感和职业承诺、团队精神四项能力指标，以个人为评价对象，采用组内互评的方法，在工作过程中使用基于工作过程的过程性评价表，所获取的总得分值为本人的过程成绩（30%）； （2）平时上课考勤、作业（30%）； （3）平时过程性考核60% = 过程成绩30% + 考勤和作业（30%）	以小组为评价对象，以学习目标为内容，在展示方案环节由小组组长与教师一起使用评审表对设计方案进行评价，所获取的总得分值为该小组的任务成绩，也是每位小组成员的个人分数	理论考试

2）注意事项

课程内容的学习情景为团队合作成果，因此终结性考核得分值为整体小组分数，也是每位小组成员的个人分数，其结果与过程性考核得分值相加，构成每位同学本次学习情境的学业评价分数。计算公式如下：

个人总成绩 = 平时过程性考核得分值（60%） + 方案评审表得分值（40%）

四、课程资源

1. 教材选用

（1）按照学院《教材管理办法》，选用的教材要符合高职教学的要求，尽量选用近三年出版的教育部规划教材。

（2）搭建产学合作平台，充分利用数控加工行业的企业资源，组织由主讲教师与企业专家技术骨干组成的校企合作教学团队编写工作页等新形式教材。

2. 网络资源

学习情境运用多种且恰当的信息化手段，课前课后有效支持学生进行混合式学习，课中有效支持数字化设计任务的开展，主要部分列举如表 29-4 所示。

表 29-4 信息化教学手段与数字化资源

序号	教学手段	有效支持
1	中国大学慕课 CAD/CAM 应用技术	支持线上线下混合式学习
2	UG 软件学习网站	
3	UG NX2306	支持数字化设计与加工编程
4	Tool Box 标准件设计库	支持调用数字化标准件
5	腾讯会议软件	支持线上线下混合式教学

五、师资队伍

1. 课程教学团队

通过人才引进、聘请兼职教师等手段，增加师资数量；通过教师职业能力和职业技能培训，提高师资队伍的"双师"素质，形成合理的"双师"结构。

2. 专兼职教师数量、结构

（1）全国技术能手 2 人，国家级裁判 2 人。

（2）校内专职教师 7 人，行业企业兼职教师 2 人，占教师总人数的 22.22%。

（3）学位结构。教学团队专职教师中，博士 2 人，硕士 2 人，专科 3 人。

（4）职称结构。教学团队专职教师队伍中，高级职称 5 人，中级职称 2 人。

（5）年龄结构。教学团队专职教师中，40 岁以上 3 人，30~40 岁 4 人。

（6）双师型教师。教学团队专职教师队伍 7 人中，双师型专职教师 4 人，其中高级双师型教师 3 人、中级双师型教师 2 人，双师型教师占比达 71.43%。

3. 专兼职教师素质

根据《深化新时代职业教育"双师型"教师队伍建设改革实施方案》精神和数控技术岗位人才标准，本课程专兼职教师素质能力要求如表 29-5 所示。

表 29-5　专兼职教师素质能力要求

教师类型	素质要求	能力要求
专职教师	具备爱国守法、爱岗敬业、关爱学生、教书育人、为人师表、终身学习等素质	(1) 具备通识性教育、课程教学、素养教育等专业知识； (2) 具备教学设计、教学实施、教学管理能力； (3) 具备社会服务和科研能力
兼职教师	具备爱国守法、爱岗敬业、关爱学生、教书育人、为人师表、终身学习等素质	(1) 具备较强的专业技能； (2) 具备教学设计、教学实施、教学管理能力

4. 职业能力课程任课教师资格

具有相应职业资格证书、受过技能培训的专职教师基本情况如表 29-6 所示。受过职业教学能力培训的企业技术人员、能工巧匠等兼职教师基本情况如表 29-7 所示。

表 29-6　专职教师基本情况

序号	姓名	学历	职称	职业资格	行业经历	承担任务
1	罗应娜	大学专科	副教授	高级技师	4 年	课程建设及教学
2	李大英	大学专科	副教授、工程师	高级考评员	8 年	课程建设及教学
3	杨刚	硕士研究生	副教授	钳工四级	3.5 年	课程建设及教学
4	舒鹉鹏	大学专科	高级实验师	高级技师	3.5 年	课程建设及教学
5	韩辉辉	大学专科	高级实验师	高级技师	3.5 年	课程建设及教学

表 29-7　兼职教师基本情况

序号	姓名	性别	工作单位	职称	承担任务
1	陈雷	男	长安汽车工程研究院	工程师	课程建设指导及课程教学

5. 课程团队职责

(1) 数控技术专业建设指导委员会把握课程发展方向。
(2) 教研室主任、专业负责人与课程负责人负责课程的整体建设、内容的调整、课程的持续发展。
(3) 专职教师负责课程的授课，专职教师与实训指导教师共同负责课程的实训指导。
(4) 课程负责人负责监督课程的实施。

六、实践教学

1. 校内实训条件要求

本课程实验实训可在智能制造大楼、第一实训楼、现代制造技术实训中心、智能制造产教融合中心进行。课程教学实验室如表 29-8 所示。

表 29-8　课程教学实验室

序号	实训室名称	实训功能	实训内容	主要设备配置
1	数控车铣职业资格认证管理中心	1+X 数控车铣加工职业技能等级中级证书认证	数控车铣加工编程及操作	数控车床20台、数控铣床10台
2	数控仿真加工实训中心	数控车铣加工仿真练习	数控车铣加工实训	计算机、数控仿真软件
3	数控车床实训区	数控车床	数车编程与实践	数控车床16台
4	数控铣床实训区	数控铣床	数铣编程与实践	数控铣床10台

2. 校外实训条件要求

校企合作开发实验实训课程资源。充分利用本行业典型企业的资源，加强校企合作建立校外实训基地，满足学生的实习实训需求，在此过程中进行实验实训课程资源的开发，同时为学生提供就业机会，开创就业渠道。课程校外实习实训由校内专职和企业教师共同指导，课程校外实习实训一览表如表 29-9 所示。

表 29-9　课程校外实习实训一览表

序号	实习实训基地名称	实习实训功能	实习实训条件	指导老师
1	东风商用车发动机公司	跟岗实习	满足实习要求	校内专职和企业教师
2	重油高科电控燃油喷射系统（重庆）有限公司	跟岗实习	满足实习要求	校内专职和企业教师
3	重庆元创技研实业开发有限公司	跟岗实习	满足实习要求	校内专职和企业教师
4	重庆长安汽车模具有限公司	岗位实习	满足实习要求	校内专职和企业教师

30　零件切削加工与工艺装备课程标准

（编写：张津竹　校对：彭钿忠　审核：张玉平）

课程代码：01132009
课程类型：专业核心课（理实一体化课）
学时/学分：104 学时/6.5 学分
适用专业：数控技术

一、课程概述

1. 课程性质

零件切削加工与工艺装备是数控技术专业的必修专业核心课程，也是一门运用其他专业技术基础课程知识的综合性课程，具有很强的知识性、技能性和实践性。

本课程通过对机械零件加工的知识技能如刀具知识、切削过程知识、机械加工工艺规程设计与实践、夹具设计与实践等进行认识、理解及运用，培养学生严谨的科学态度、科学的思维方法和严格的质量意识、注重技术创新能力的开发与提高，培养具有处理解决现场机械加工问题能力的实用型人才。本课程对于数控技术专业学生职业核心能力的培养和职业素养的形成将起着重要的支撑作用，承担着培养学生适应零件切削加工与工艺装备设计岗位群、工艺管理岗位群能力要求的重任。

2. 课程定位

本课程以数控技术专业学生就业为导向，对应就业岗位是机械制造过程、生产过程、机械加工工艺过程等。学生通过学习机械加工的基础知识、基本理论、基本分析与设计方法以及案例教学与设计实践，能获得刀具、机械加工过程基础、机械加工方法选择与应用、机械加工工艺规程设计与实践、机床夹具设计与实践等的设计方法和技能的能力。

二、课程目标

本课程的目标是通过以实际工作过程为导向，采用任务及项目驱动的教学方法，培养学生的刀具与机械制造工艺工装设计能力及其综合应用能力；以常用机械零件加工制造过程为主线，通过"刀具""工艺""夹具"三个主要单元的教学，使学生获得机械制造的专业知识与基本技能，培养学生的岗位职业能力及分析问题、解决问题的能力，会应用设计软件合理设计全套图样；培养学生在设计实践过程中发现问题并解决问题的能力，使他们逐步树立认真工作和科学设计的态度以及市场意识。

具体目标如下：

1. 知识目标

（1）通过课程学习，使学生建立机械产品及零件制造的系统理念。
（2）掌握机械加工工艺规程编制的基本原理及方法。
（3）掌握常用机械加工刀具的类型及几何参数，合理确定切削用量。
（4）掌握常用机械零件的切削加工方法。

(5) 掌握机床夹具的基础知识和设计方法。
(6) 具备设计常用机床专用夹具的理论知识。

2. 技能目标

(1) 能对常用机械零件的制造进行机械加工工艺规程的设计。
(2) 具有综合运用工艺和工装知识，进行工艺方案的设计的能力。
(3) 能按工艺要求，合理设计专用夹具并具备进行夹具装配制作的能力。
(4) 能正确选用刀具类型、合理选择刀具几何参数及切削用量。
(5) 具备解决生产过程中遇到的产品质量和技术问题的能力。

3. 素质目标

(1) 具有发现问题和解决问题的能力，并具有终身学习与专业发展能力。
(2) 具有诚实守信、敢于担当的精神，能够弘扬中华优秀传统文化。
(3) 具有工匠精神、劳动精神，能够树立社会主义核心价值观。
(4) 具有团队协作能力和沟通表达能力。
(5) 具有正确的价值观、择业观和良好的职业道德和职业意识。
(6) 能严格贯彻、执行相关技术标准规范和安全规程。

三、课程实施和建议

1. 课程内容和要求

本课程是以数控技术专业学生就业为导向，本着为重庆机械制造业（如汽车、摩托车、机床等零部件制造企业）服务的宗旨，对就业岗位（制造业、工艺管理）进行任务与职业能力分析，在机械制造业专家与本专业教师共同研讨下，结合专业教学经验与专业工作特点开发的课程。课程按照岗位知识能力要求，以实际工作过程为导向，以机械制造过程中涉及的专业知识为课程主线，既注重专业知识的系统性和传承性，又突出课程的职业性和实践性。学习单元的设计案例来源于企业，根据机械制造业对设计与操作岗位和工艺管理岗位职业能力的要求，选择最常见、实用的专业知识，以机械产品及零部件制造为主线，突出切削加工及工艺工装设计的教学内容。教学单元突出以典型零件教学为工作导向，实施模块式教学作为课程教学内容。课程学时分配、课程内容和要求如表30-1、表30-2所示。

表30-1 课程学时分配

项目（情景/模块/章节/单元）		学时		
		理论	实践	小计
项目1 绪论	1.1 学习机械制造行业的基本概念和发展历程	2	0	2
	1.2 学习机械制造行业发展趋势和战略新兴技术，熟悉机械制造装备作用	2	0	2
项目2 学习切削过程和刀具基本知识	2.1 学习切削过程基础知识和基本过程，绘制刀具角度图	6	0	6
	2.2 学习与设计常用刀具	10	0	10
项目3 设计加工方法	3.1 学习常见加工方法	6	0	6
	3.2 学习特种加工技术	6	0	6
	3.3 结合实际案例，设计加工方法	4	4	8

续表

项目(情景/模块/章节/单元)		学时		
		理论	实践	小计
项目4 设计机械加工工艺规程	4.1 学习生产过程、工艺过程以及机械加工工艺过程的基础知识	2	2	4
	4.2 学习设计机械加工工艺规程主要步骤	4	4	8
	4.3 学习机械加工工艺尺寸链	2	4	6
	4.4 编制机械加工工艺规程实践	4	10	14
项目5 设计机床夹具	5.1 学习工件装夹及夹具基础知识	2	2	4
	5.2 学习工件定位原则和误差	4	4	8
	5.3 学习典型夹紧机构与夹具	4	4	8
	5.4 根据不同机床,设计相关夹具	4	6	10
机动		2	0	2
小计		64	40	104

表30-2 课程内容和要求

章节/单元		素质目标	知识目标	技能目标	教学活动
项目1 绪论	1.1 学习机械制造行业的基本概念和发展历程	(1)具有爱国主义和集体主义精神,拥护中国共产党领导和我国社会主义制度,爱国、敬业、诚信; (2)遵守职业规范,具有良好的专业精神、职业精神和工匠精神; (3)具有精益求精的工匠精神; (4)具有团队协作能力和沟通表达能力	学习机械制造行业发展趋势和战略新兴技术,熟悉机械制造装备作用	能了解机械制造行业的发展历程	(1)教师:引导、讲授、演示、评价; (2)学生:模仿、讨论、练习、互评、反馈、改进
	1.2 学习机械制造行业发展趋势和战略新兴技术,熟悉机械制造装备作用	(1)具有爱国主义和集体主义精神,拥护中国共产党领导和我国社会主义制度,爱国、敬业、诚信; (2)具有质量意识、环保意识、安全意识、信息素养、工匠精神、创新思维	知道机械制造行业的战略新兴技术和未来发展趋势	能判断机械制造装备的类型,能判断机械制造行业的发展趋势	(1)教师:引导、讲授、演示、评价; (2)学生:模仿、讨论、练习、互评、反馈、改进

续表

章节/单元		素质目标	知识目标	技能目标	教学活动
项目2 学习切削过程和刀具基本知识	2.1 学习切削过程基础知识和基本过程，绘制刀具角度图	（1）具有爱国主义和集体主义精神，拥护中国共产党领导和我国社会主义制度，爱国、敬业、诚信；（2）具有质量意识、环保意识、安全生产意识、信息素养、工匠精神、创新思维	（1）知道刀具的作用；（2）掌握刀具的角度对切削过程的影响；★■（3）掌握切削过程力、热等的变化规律■	（1）能根据加工条件选择切削用量；★（2）能计算切削力；（3）能通过切削用量、刀具角度合理组织和控制切削过程；★■（4）能正确选用刀具角度进行机械加工	（1）教师：引导、讲授、演示、评价；（2）学生：模仿、讨论、练习、互评、反馈、改进
	2.2 学习与设计常用刀具	（1）具有发现问题和解决问题的能力，并具有终身学习与专业发展能力；（2）具有诚实守信、敢于担当的精神，能够弘扬中华优秀传统文化；（3）具有工匠精神、劳动精神，能够树立社会主义核心价值观；（4）具有团队协作能力和沟通表达能力	（1）掌握刀具材料的要求；（2）掌握刀具的角度；★■（3）掌握刀具磨损规律	（1）能够独立选择刀具的材料；（2）能根据加工过程的需要设计适应的刀具★■	（1）教师：引导、讲授、演示、评价；（2）学生：模仿、讨论、练习、互评、反馈、改进
项目3 设计加工方法	3.1 学习常见加工方法	（1）具有发现问题和解决问题的能力，并具有终身学习与专业发展能力；（2）具有诚实守信、敢于担当的精神，能够弘扬中华优秀传统文化；（3）具有工匠精神、劳动精神，能够树立社会主义核心价值观；（4）具有正确的价值观、择业观和良好的职业道德和职业意识	（1）知道机械加工方法及现代加工要求；（2）熟悉常用的加工方法及能获得的经济精度和表面粗糙度★■	能够根据加工需要选择合适的加工方法★■	（1）教师：引导、讲授、演示、评价；（2）学生：模仿、讨论、练习、互评、反馈、改进
	3.2 学习特种加工技术	（1）具有发现问题和解决问题的能力，并具有终身学习与专业发展能力；（2）具有工匠精神、劳动精神，能够树立社会主义核心价值观；（3）具有团队协作能力和沟通表达能力	（1）知道特种加工技术的"三超"概念；（2）知道常用的特种加工技术	能够根据实际加工需要选择合适的特种加工技术★	（1）教师：引导、讲授、演示、评价；（2）学生：模仿、讨论、练习、互评、反馈、改进

续表

章节/单元		素质目标	知识目标	技能目标	教学活动
项目3 设计加工方法	3.3 结合实际案例，设计加工方法	（1）遵守职业规范，具有良好的专业精神、职业精神和工匠精神； （2）具有质量意识、安全意识、环保意识、创新思维、信息素养	（1）知道加工方法的合理选用；★■ （2）掌握加工方法主要工艺范围★	（1）能够根据选用的加工方法合理选择加工设备；★■ （2）能够根据精度要求选择保证精度的方法★■	（1）教师：引导、讲授、演示、评价； （2）学生：模仿、讨论、练习、互评、反馈、改进
项目4 设计机械加工工艺规程	4.1 学习生产过程、工艺过程以及机械加工工艺过程的基础知识	（1）具有发现问题和解决问题的能力，并具有终身学习与专业发展能力； （2）具有诚实守信、敢于担当的精神，能够弘扬中华优秀传统文化； （3）具有工匠精神、劳动精神，能够树立社会主义核心价值观； （4）具有正确的价值观、择业观和良好的职业道德和职业意识	（1）知道三个过程的基本含义； （2）掌握三个过程的内涵与外延	能够准确理解三种过程	（1）教师：引导、讲授、演示、评价； （2）学生：模仿、讨论、练习、互评、反馈、改进
	4.2 学习设计机械加工工艺规程主要步骤	（1）具有发现问题和解决问题的能力，并具有终身学习与专业发展能力； （2）具有工匠精神、劳动精神，能够树立社会主义核心价值观； （3）具有团队协作能力和沟通表达能力	（1）知道工艺设计的目标； （2）掌握工艺设计的主要步骤★	（1）能够根据设计步骤完成机械加工工艺规程的设计★■	（1）教师：引导、讲授、演示、评价； （2）学生：模仿、讨论、练习、互评、反馈、改进
	4.3 学习机械加工工艺尺寸链	（1）遵守职业规范，具有良好的专业精神、职业精神和工匠精神； （2）具有质量意识、安全意识、环保意识、创新思维、信息素养	（1）知道机械加工工艺尺寸链的概念； （2）知道尺寸链的建立方法★	能够熟练应用尺寸链	（1）教师：引导、讲授、演示、评价； （2）学生：模仿、讨论、练习、互评、反馈、改进
	4.4 编制机械加工工艺规程实践	（1）遵守职业规范，具有良好的专业精神、职业精神和工匠精神； （2）具有质量意识、安全意识、环保意识、创新思维、信息素养	掌握工艺规程技术文件的编制方法★■	（1）能够分析零件结构工艺性；★ （2）能够根据实现精度的要求设计机械加工工艺过程；★■ （3）能够编制工艺规程	（1）教师：引导、讲授、演示、评价； （2）学生：模仿、讨论、练习、互评、反馈、改进

续表

章节/单元		素质目标	知识目标	技能目标	教学活动
项目5 设计机床夹具	5.1 学习工件装夹及夹具基础知识	（1）具有发现问题和解决问题的能力，并具有终身学习与专业发展能力；（2）具有诚实守信、敢于担当的精神，能够弘扬中华优秀传统文化；（3）具有工匠精神、劳动精神，能够树立社会主义核心价值观；（4）具有正确的价值观、择业观和良好的职业道德和职业意识	（1）知道工件装夹的概念和方法；（2）知道机床夹具的组成、类型、功能和要求	能明确机床夹具的功能和设计步骤★	（1）教师：引导、讲授、演示、评价；（2）学生：模仿、讨论、练习、互评、反馈、改进
	5.2 学习工件定位原则和误差	（1）具有发现问题和解决问题的能力，并具有终身学习与专业发展能力；（2）具有工匠精神、劳动精神，能够树立社会主义核心价值观；（3）具有团队协作能力和沟通表达能力	（1）掌握工件定位的基本原理和设计；★■（2）掌握定位误差的计算；（3）掌握定位机构设计方法	（1）能合理设计定位机构，正确绘制工作图样；★■（2）会定位误差分析和计算	（1）教师：引导、讲授、演示、评价；（2）学生：模仿、讨论、练习、互评、反馈、改进
	5.3 学习典型夹紧机构与夹具	（1）遵守职业规范，具有良好的专业精神、职业精神和工匠精神；（2）具有质量意识、安全意识、环保意识、创新思维、信息素养	（1）掌握夹紧机构的设计原则；（2）掌握夹紧力的确定原则；■（3）熟悉典型夹紧机构的工作原理和结构特点；★■（4）了解夹紧的动力装置	（1）能合理确定夹具夹紧机构；★■（2）能够合理选择动力装置；（3）能正确绘制夹紧机构工作图样★■	（1）教师：引导、讲授、演示、评价；（2）学生：模仿、讨论、练习、互评、反馈、改进
	5.4 根据不同机床，设计相关夹具	（1）遵守职业规范，具有良好的专业精神、职业精神和工匠精神；（2）具有质量意识、安全意识、环保意识、创新思维、信息素养	（1）掌握车床、铣床、钻床、镗床夹具设计；★■（2）掌握加工中心夹具设计，了解成组夹具、组合夹具、随行夹具设计，掌握专用机床夹具设计	（1）能正确分析夹具结构特点，明确设计要点，能正确分析、计算、分配夹具零件精度，正确绘制夹具装配图样和零件图样；★■（2）会正确标注技术要求，正确选择夹具零件材料及热处理■	（1）教师：引导、讲授、演示、评价；（2）学生：模仿、讨论、练习、互评、反馈、改进

备注：教学重点、难点在表中标出，其中，打★的为教学重点，打■的为教学难点。

2. 教学方法和教学手段

1）教学方法建议

（1）加强对学生职业能力的培养，强化案例教学或项目教学激发学生的学习热情，使学生在案例分析或项目活动中了解零件切削加工与工艺装备的工作领域与工作过程。

（2）以学生为本，注重"教"与"学"的互动，融"教学做"于一体。通过典型案例设计实践，教师演示，学生进行设计实际操作，让学生在案例教学活动中明确学习领域的知识点，从而掌握本课程的核心专业技能。

（3）注重专业案例的积累与开发，以多媒体、录像与光盘、案例分析、在线答疑等方法培养学生分析和解决生产实际问题的能力。

（4）教学过程中，强调校企合作、工学结合，重视本专业领域新技术、新工艺、新设备的发展趋势，贴近生产现场，为学生提供职业生涯发展的空间，努力培养学生参与社会实践的能力。

（5）注重学生职业素养的提升和职业道德的形成。

2）教学手段

（1）提供丰富、适用和引领创新作用的多种类型立体化、信息化课程资源，实现工作页多功能作用。

（2）运用现代教育技术，将教学视频、电子教材、电子课件、电子讲稿、数控加工仿真软件、网络教学等现代化教学手段相结合。

（3）在教学过程中，重视本专业领域新技术、新工艺、新设备发展趋势，努力为学生提供职业生涯发展的空间，着力培养学生参与社会实践的创新精神和职业能力。

3. 教学评价

1）考核要求

课程考核应符合有关管理规定，具体要求如表 30-3 所示。

表 30-3 课程考核要求

考核类别	平时过程性考核 50%	期末终结性考核 50%	补考
考核要求	平时表现 20%（考勤、作业、实验实践等）+ 阶段考核 30%	期末考核以试卷、课程总结报告或课程设计等形式进行评价，试卷占 30%，课程总结报告或课程设计占 20%。课程总结报告或课程设计以设计图样、设计说明书编制、答辩等内容为依据，由教师给予评价	理论考试

2）说明

（1）平时过程性考核包括学习态度、学习水平和实践动手能力三个方面。

学习态度——学生学习纪律与态度、学习活动中参与的积极性、学习交流与团队协作能力占 10%。采用课堂学习活动评比、学习效果自评、互评、问卷调查等形式，主要由学生与学生团队给予评价。

学习水平——教学各单元模块知识结构与技能的训练占 20%。以各学习单元的理论与实践项目活动鉴定为依据进行考核，主要由教师与学生团队给予评价。

实践动手能力——项目综合训练、创新能力占 20%。以综合项目设计内容（1 个）为依据进行综合项目考核，对查阅与应用设计手册、掌握设计软件能力以及创新设计能力进行评定，主要由教师与学生团队给予评价。

（2）期末终结性考核以试卷、课程总结报告或课程综合能力考核等形式进行评定，试卷占 30%，课程总结报告或课程综合能力考核占 20%。其中，课程综合能力考核以综合项目设计内容（1个）为依据，以课题答辩方式进行，主要由教师给予评价。零件切削加工与工艺装备课程具体考核要求如表30-4、表30-5所示。

表30-4 平时过程性考核评价内容与标准

项目	考核内容	分值			
学习态度（10分）	出勤情况（5分）	优秀（5）	良好（4）	合格（3）	不合格（0）
	听课态度（5分）	优秀（5）	良好（4）	合格（3）	不合格（0）
学习水平（20分）	课堂提问（3分）	优秀（3）	良好（2）	合格（1）	不合格（0）
	讨论课发言（3分）	优秀（3）	良好（2）	合格（1）	不合格（0）
	实践活动鉴定（14分）	优秀（14）	良好（11）	合格（8）	不合格（0）
实践动手能力（20分）	查阅与应用设计手册、掌握设计软件能力、设计结构的合理性、设计图样质量（20分）	优秀（20）	良好（16）	合格（6）	不合格（0）

表30-5 期末终结性考核评价内容与标准

项目	考核内容与标准	分值
试卷考试（30分）	机械制造业认知	0.9
	切削原理与刀具技术运用	5
	切削过程基础知识	5
	加工方法选择与应用	6.1
	机械加工工艺规程设计与实践	6.5
	机床夹具设计与实践	6.5
课程设计（20分）	对学生课程设计内容进行答辩，全面考核学生与设计有关的基础理论和设计技能的掌握情况	
	优秀：基础理论和基本概念清楚，设计过程中反映出较强的独立工作能力，设计结构合理、图样标注合理、规范，答辩思路清晰，回答问题正确	20
	良好：基础理论和基本概念清楚，设计过程中反映出一定的独立工作能力，设计结构较合理、图样标注基本正确，回答问题基本正确	16
	合格：基础理论和基本概念虽有错误，但经启发能予以纠正，设计图样基本完成	12
	不合格：基础理论和基本概念不清楚，经启发仍不能阐明设计的基本观点，设计图样没有完成	0

（3）注意事项。

课程任课教师要按照课程考核要求实施考核，注意做好学习过程、到课情况、平时作业、实验实践情况、考核情况的相关记录，将其作为学生最终评定成绩的明确依据，并与成绩册一同形成成绩档案保存。

四、课程资源

1. 教材选用

(1) 依据本课程标准选用(或)编写教材,教材应充分体现任务引领、实践导向课程的设计思想。

(2) 教材重点突出实用性,同时注意知识结构的系统性和传承性,充分体现本专业领域的发展趋势和实际应用的技术特点。

(3) 教材中的活动设计要具有明显的专业技术可操作性,建议企业一线技术骨干、高级工程师共同参与教材的编写。

2. 网络资源

(1) 搭建产学合作平台,充分利用机械制造行业的企业资源,组织由主讲教师与企业专家组成的教学团队编写工学结合的教材。

(2) 利用现代信息技术开发教学课件、数字化教材、习题库、试题库、在线测试、网上答疑等资源,搭建多维、动态、自主的课程训练平台,充分调动学生的主动性和创造性。

(3) 积极利用电子书籍、期刊、数字图书馆、专业网站等网络资源,使教学内容从单一化向多元化转变,使学生的专业知识和能力的拓展成为可能。

(4) 利用现代多媒体技术开发刀具库、积屑瘤动画、切削加工方法动画与仿真、定位六点原则动画、机床夹具库等素材,将典型结构视频上传,通过网络为学生提供大量教学素材,为学生的自主学习提供一个技术平台,使学生在丰富的感性认知的基础上可以更好地理解、掌握抽象的内容。

(5) 完善职教云网络资源。

五、师资队伍

1. 课程教学团队

本课程教师应具备以下相关知识、能力和资质:

(1) 具备高校教师资格。

(2) 具备教学组织、管理及协调能力。

(3) 具备数控技术专业知识和机械制造装备设计经验。

通过人才引进、聘请兼职教师等手段,增加师资数量;通过教师职业能力和职业技能培训,提高师资队伍的"双师"素质,形成合理的"双师"结构。

根据《深化新时代职业教育"双师型"教师队伍建设改革实施方案》精神和数控技术岗位人才标准,本课程专兼职教师素质能力要求如表30-6所示。

表30-6 专兼职教师素质能力要求

教师类型	素质要求	能力要求
专职教师	具备爱国守法、爱岗敬业、关爱学生、教书育人、为人师表、终身学习等素质	(1) 具备通识性教育、课程教学、素养教育等专业知识; (2) 具备教学设计、教学实施、教学管理能力; (3) 具备社会服务和科研能力
兼职教师	具备爱国守法、爱岗敬业、关爱学生、教书育人、为人师表、终身学习等素质	(1) 具备较强的专业技能; (2) 具备教学设计、教学实施、教学管理能力

具有相应职业资格证书、受过技能培训的专职教师基本情况如表30-7所示。受过职业教学能力培训的企业技术人员兼职教师基本情况如表30-8所示。

表30-7 专职教师基本情况

序号	姓名	学历	职称	教师属性	承担任务
1	彭钿忠	大学本科	教授	专职教师	课程建设及教学
2	叶爽	博士研究生	讲师	专职教师	课程建设及教学
3	白娇娇	博士研究生	讲师	专职教师	课程建设及教学
4	张津竹	硕士研究生	助教	专职教师	课程建设及教学

表30-8 兼职教师基本情况

序号	姓名	性别	单位	职称	承担任务
1	王云维	女	重油高科电控燃油喷射系统（重庆）有限公司	工程师	课程建设指导及课程教学
2	张敏	女	重油高科电控燃油喷射系统（重庆）有限公司	工程师	课程建设指导及课程教学

2. 课程团队职责

（1）数控技术专业建设指导委员会把握课程发展方向。
（2）教研室主任、专业负责人与课程负责人负责课程的整体建设、内容的调整、课程的持续发展。
（3）专职教师负责课程的授课，专职教师与实训指导教师共同负责课程的实训指导。
（4）课程负责人负责监督课程的实施。

六、实践教学

教学设施配置如表30-9所示。

表30-9 教学设施配置

序号	名称	数量	单位	备注
1	教学软件（CAXA，CAPP/CATIA/UG）	50	套	较新版本
2	常见定位元件	各5	件	教学模型
3	基本夹紧机构	各5	套	教学模型
4	典型机床夹具	各5	套	教学模型
5	刀具库	50	套	教学模型
6	刀具角度测试仪	20	套	教学仪器
7	典型加工方法模型	15	套	教学仪器
8	机械设计手册	各5	套	含机床、夹具、工艺等
9	校内实训基地	1	个	配有各类金属切削机床及机床附件、工具等
10	校外实习基地	1	个	强化校企合作，确保工学结合顺利进行，一般一学期三周实习时间，每次两名带队老师，企业具有相应夹具、机床等

31 公差配合及测量技术课程标准

（编写：黄皞磊　校对：周渝庆　审核：韦光珍）

课程代码：bk001013
课程类型：理实一体化课
学时/学分：48学时/3学分
适用专业：机制、模具、数控

一、课程概述

1. 课程性质

公差配合与测量技术是机械类、机电类等各专业必修的主干专业基础课程，上承机械制图、机械设计基础，下启机械制造技术、制造工艺、夹具等课程，对工程识图、领会产品设计理念、确定零件加工制造方法、保证产品制造质量尤为重要。为了保证实现从零件的加工到装配，使机器的运转正常，并实现所要求的功能，就需要在进行机器的结构、零件设计时，对零部件和机器进行精度设计。本课程就是研究零件几何精度设计和几何精度测量，这是一门实践性很强的课程。

2. 课程定位

本课程是高等职业技术学院机械类专业的核心课程，是学生学习产品精度设计与检测的专业基础课程。其功能与教学目的是使学生对产品精度设计与检测知识和专业技能有深刻认识与理解，使学生具备从事机械类专业的基本专业技能，并为后续专业课程设计与学生的顶岗实习作前期准备。

二、课程目标

本课程以高职机械类专业的学生就业为导向，在机械制造类企业有关专家与本院专业教师共同反复研讨下，结合专业教学经验与专业工作过程特点，对机械类专业的就业岗位进行职业能力分析，以中等复杂程度的机械类零件工艺设计过程，所涉及的专业知识为课程主线，以机械制造类行业所需要的岗位职业能力为依据，根据学生的认知与技能特点，采用典型案例，循序渐进展现教学内容。通过对各教学单元知识内容和相应的典型案例，进行分析与讲解来组织教学，培养学生分析、解决机械制造中一般工艺技术问题的能力。

三、课程实施和建议

1. 课程内容和要求

主要说明该门课程设置的依据、课程设计的总体思路、课程内容确定的依据、课程内容编排的思路、课时安排说明等内容，如工作任务完成的需要、职业院校学生的认知特点、毕业要求、相应职业资格标准、项目（情境）设置的思路等。课程设计思路必须依据所属专业人才培养方案中培养目标、人才规格要求、相应职业资格标准以及职业院校学生的认知特点等方面的要求。课程学时分配、课程内容和要求如表31-1、表31-2所示。

表 31-1　课程学时分配

项目（情景/模块/章节/单元）	学时		
	理论	实践	小计
绪论	2	0	2
光滑圆柱的极限与配合	8	2	10
技术测量基本知识	2	0	2
形位公差与检测	8	2	10
表面粗糙度	2	0	2
光滑极限量规	2	0	2
滚动轴承的互换性	2	0	2
键与花键联结的互换性及检测	2	4	2
普通螺纹结合的互换性	2	0	2
渐开线直齿圆柱齿轮传动的互换性及检测	2	6	2
理论实训	2	0	2
小计	34	14	48

表 31-2　课程内容和要求

章节/单元	素质目标	知识目标	技能目标	教学活动
绪论	养成自主学习的习惯，培养自学能力	（1）理解标准与标准化的概念及重要性； （2）掌握有关互换性的概念、特征、分类及作用； （3）掌握互换性与公差、检测的关系； （4）了解优先数和优先数系的基本内容和特点	（1）掌握本课程学习方法； （2）树立对课程学习的信心	（1）教师：引导、讲授、演示、评价； （2）学生：模仿、讨论、练习、互评、反馈、改进
光滑圆柱的极限与配合	养成自主学习的习惯，培养自学能力	（1）掌握孔、轴，及有关尺寸、偏差及配合的基本概念；★ （2）掌握标准公差与配合国家标准的组成与特点；★ （3）掌握光滑圆柱结合的基准制、配合的特点和类别；★ （4）掌握尺寸公差带图和配合公差带图的绘制	（1）学会选择合适的方法进行尺寸精度设计；★■ （2）学会正确标注；★ （3）学会尺寸公差带的设计；★ （4）学会检测选择	（1）教师：引导、讲授、演示、评价； （2）学生：模仿、讨论、练习、互评、反馈、改进

续表

章节/单元	素质目标	知识目标	技能目标	教学活动
技术测量基本知识	养成自主学习的习惯，培养自学能力	（1）了解测量和检验的基本概念及四个要素； （2）了解尺寸传递的概念，掌握尺寸传递中的重要媒介之一——量块的基本知识；★ （3）理解计量器具的分类方法及常用的度量指标；★ （4）掌握常用计量器具的原理和读数方法以及正确选择计量器具； （5）理解测量方法的分类及特点； （6）了解测量误差的概念	（1）学会选择量块的基本方法； （2）学会测量数据分析；★■ （3）学会选择测量仪器■	（1）教师：引导、讲授、演示、评价； （2）学生：模仿、讨论、练习、互评、反馈、改进
形位公差与检测	养成自主学习的习惯，培养自学能力	（1）熟记14个形位公差特征项目名称及符号；★ （2）掌握典型常用的形位公差特征项目的含义、运用以及检测方法等；★■ （3）在图样上正确标注形位公差，特别注意一些特殊标注的含义和一些容易出错的标注；★ （4）理解公差原则中，独立原则、相关要求在图标上的标注、含义、检测手段和运用场合；★■ （5）掌握形位公差的选用方法，包括特征项目、公差数值及公差原则的选择★	（1）学会选择合适的方法进行形位精度设计；★■ （2）学会正确标注；★ （3）学会形位公差带的设计； （4）学会检测选择。★■ （5）学会协调尺寸公差与形位公差的关系■	（1）教师：引导、讲授、演示、评价； （2）学生：模仿、讨论、练习、互评、反馈、改进
表面粗糙度	养成自主学习的习惯，培养自学能力	（1）了解表面粗糙度的实质及对零件的机械性能影响；★ （2）掌握表面粗糙度的评定参数及其数值标准的基本内容和特点；★■ （3）掌握表面粗糙度在图样上的标注方法及选用原则★	（1）学会表面粗糙度的评定参数及其数值标准的基本内容和特点； （2）学会正确标注表面粗糙度；★■ （3）学会检测表面粗糙度	（1）教师：引导、讲授、演示、评价； （2）学生：模仿、讨论、练习、互评、反馈、改进
光滑极限量规	养成自主学习的习惯，培养自学能力	（1）了解光滑极限量规的作用和种类；★ （2）掌握工作量规公差带的分布；★ （3）理解泰勒原则，并掌握工作量规的设计方法★■	（1）学会量规的设计；★■ （2）学会量规的使用方法★■	（1）教师：引导、讲授、演示、评价； （2）学生：模仿、讨论、练习、互评、反馈、改进
滚动轴承的互换性	养成自主学习的习惯，培养自学能力	（1）了解滚动轴承的结构、分类、精度等级和应用场合； （2）熟悉滚动轴承配合采用的基准制，掌握滚动轴承内径、外径的公差带特点；★ （3）掌握滚动轴承的选用及其在零件图中的标注	（1）学会滚动轴承精度的设计； （2）学会滚动轴承在图样上的正确标注★■	（1）教师：引导、讲授、演示、评价； （2）学生：模仿、讨论、练习、互评、反馈、改进

续表

章节/单元	素质目标	知识目标	技能目标	教学活动
键与花键联结的互换性及检测	养成自主学习的习惯，培养自学能力	（1）掌握平键联结和花键联结的特点和结构参数，了解平键联结和花键联结的用途；★ （2）掌握平键联结的公差与配合、形位公差和表面粗糙度的选用，并能够在图样上正确标注；★■ （3）了解矩形花键联结采用小径定心的方式及理由，掌握矩形花键联结的公差与配合、形位公差和表面粗糙度的选用，并能够在图样上正确标注；■ （4）了解平键与矩形花键的检测方法	（1）学会平键联结和花键联结精度的设计；★■ （2）学会平键联结和花键联结在图样上的正确标注	（1）教师：引导、讲授、演示、评价； （2）学生：模仿、讨论、练习、互评、反馈、改进
普通螺纹结合的互换性	养成自主学习的习惯，培养自学能力	（1）了解螺纹的作用、分类及使用要求，熟悉普通螺纹的主要几何参数； （2）了解普通螺纹的几何参数误差对螺纹互换性的影响，掌握保证螺纹互换性的条件；★■ （3）掌握普通螺纹的公差与配合的选用和正确标注；★ （4）了解普通螺纹常用的检测方法	（1）学会螺纹主要几何参数的精度设计；★■ （2）掌握普通螺纹的公差与配合的选用和正确标注；★ （3）掌握普通螺纹常用的检测方法■	（1）教师：引导、讲授、演示、评价； （2）学生：模仿、讨论、练习、互评、反馈、改进
渐开线直齿圆柱齿轮传动的互换性及检测	养成自主学习的习惯，培养自学能力	（1）明确齿轮传动的四项基本要求以及齿轮加工误差产生的原因； （2）正确理解 GB/T 10095.1—2000 和 GB/T 10095.2—2008 中规定的单个齿轮偏差及 GB/Z 18620—2008 中规定的齿厚偏差代号、含义和对齿轮工作性能的影响；★■ （3）了解上述偏差常用检测方法；★ （4）了解齿轮副的精度要求； （5）了解齿坯的精度要求； （6）初步学会齿轮精度设计的全过程，并正确标注在齿轮工作图上■	（1）学会齿轮主要几何参数的精度设计；★■ （2）掌握齿轮的公差与配合的选用和正确标注； （3）掌握齿轮常用的检测方法★■	（1）教师：引导、讲授、演示、评价； （2）学生：模仿、讨论、练习、互评、反馈、改进
理论实训	养成自主学习的习惯，培养自学能力	（1）中等复杂程度零件几何精度设计； （2）中等复杂程度检测设计	学会典型零件几何精度设计和检测设计	（1）教师：引导、讲授、演示、评价； （2）学生：模仿、讨论、练习、互评、反馈、改进

备注：教学重点、难点在表中标出，其中，打★的为教学重点，打■的为教学难点。

2. 教学方法和教学手段

要体现课程在教学组织形式、教学方法与教学手段上的特殊性，要强调校企合作、工学结合。

（1）应加强对学生实际职业能力的培养，强化案例教学或项目教学，注重以工作任务为导向型案例或项目激发学生学习热情，使学生在案例分析或项目活动中了解零件几何精度设计的工作领域与工作过程。

（2）应以学生为本，注重"教"与"学"的互动。通过选用典型案例应用项目，由教师进行操作性示范,并组织学生进行实际操作活动,让学生在案例应用项目教学活动中明确学习领域的知识点,并掌握本课程的核心专业技能。

(3) 在教学过程中,要创设工作情境,同时应加大实践实操的容量,要紧密结合职业技能证书的考证,加强考证的实操项目的训练,提高学生的岗位适应能力。

(4) 应注重专业案例的积累与开发,以多媒体、录像与光盘、案例分析、在线答疑等方法提高学生解决问题与分析实际应用问题的专业技能。

(5) 在教学过程中,要重视本专业领域新技术、新工艺、新设备发展趋势,贴近生产现场,为学生提供职业生涯发展的空间,努力培养学生参与社会实践的创新精神和职业能力。

(6) 教学过程中教师应积极引导学生提升职业素养,提高职业道德。

3. 教学评价

1) 考核要求

课程考核应符合有关管理规定,具体要求如表31-3所示。

表31-3 课程考核要求

考核类别	平时过程性考核50%	期末终结性考核50%	补考
考核要求	平时表现20%(考勤、作业、实验实践等)+阶段考核30%	期末成绩评定由理论知识和测量技能两大部分组成,其中理论部分占30%、测量技能部分占20%。测量技能部分包括职业道德5%、三坐标操作10%、产品完成质量5%	理论考试

2) 说明

(1) 平时过程性考核包括学习态度、学习水平和实践动手能力三个方面。

学习态度——学生学习纪律与态度、学习活动中参与的积极性、学习交流与团队协作能力占10%。采用课堂学习活动评比、学习效果自评、互评、问卷调查等形式,主要由学生与学生团队给予评价。

学习水平——教学各单元模块知识结构与技能的训练占30%。以各学习单元的理论与实践项目活动鉴定为依据进行考核,主要由教师与学生团队给予评价。

实践动手能力——项目综合训练、创新能力占10%。以综合项目设计内容(1个)为依据进行综合项目考核,对查阅与应用设计手册、掌握三坐标测量,主要由教师与学生团队给予评价。

(2) 期末终结性考核以试卷、课程总结报告或课程综合能力考核等形式进行评定,试卷占30%,课程总结报告或课程综合能力考核占20%。其中,课程综合能力考核以综合项目设计内容(1个)为依据,以课题答辩方式进行,主要由教师给予评价。本课程具体考核要求如表31-4~表31-6所示。

表31-4 考核方式

考核分类		考核方式	成绩比例
形成性评价	课堂理论测试	检查作业、分组竞赛、课堂提问、平时测验为主	25%
	实训技能测试	实验项目的三坐标操作	25%
终结性评价	主要考核学生对该门课程的综合应用能力	笔试	30%
综合评价	考核学生的基本综合素质	学生的考勤情况、学习态度、职业道德、团队合作、语言交流、组织管理、数控技能竞赛等	20%

表 31-5 考核标准

序号	学习情境	考核的知识点、技能点及要求	考核比例
1	三坐标理论知识	熟悉三坐标基本原理和三坐标基本理论知识	45%
2	三坐标实际操作	熟悉三坐标基本操作、能独立测量标准件	45%
3	学生综合评价	学生的基本综合素养	10%

表 31-6 平时过程性考核评价内容与标准

项目	内容	分值			
学习态度 （10分）	出勤情况（5分）	5（优秀）	4（良好）	3（合格）	0（不合格）
	听课态度（5分）	5（优秀）	4（良好）	3（合格）	0（不合格）
学习水平 （30分）	课堂提问（5分）	5（优秀）	4（良好）	3（合格）	0（不合格）
	讨论课发言（5分）	5（优秀）	4（良好）	3（合格）	0（不合格）
	线上课件学习（20分）	20（优秀）	16（良好）	12（合格）	0（不合格）
实践动手能力 （10分）	查阅与应用设计手册、掌握仿真软件能力以及工装设计能力（10分）	10（优秀）	8（良好）	6（合格）	0（不合格）

3）注意事项

说明：课程任课教师要按照课程考核要求实施考核，注意做好学习过程、到课情况、平时作业、实验实践情况、考核情况的相关记录，将其作为学生最终评定成绩的明确依据，并与成绩册一同形成成绩档案保存。课程可以过程性考核评价为主，也可以目标性考核评价为主。本课程是以过程性考核评价为主的课程。平时过程性考核一般由平时表现（考勤、作业、实验实践等）及阶段考核组成，其中，阶段考核的次数一般不少于每24课时1次；期末终结性考核的主要形式为理论考试，技能操作性较强的课程可采用综合性技能操作考核、课题报告、答辩、考证成绩、技能竞赛等方式。

四、课程资源

1. 教材选用

（1）按照学院《教材管理办法》，选用的教材要符合高职教学的要求，尽量选用近三年出版的教育部规划教材。

（2）搭建产学合作平台，充分利用模具行业的企业资源，组织由主讲教师与企业专家技术骨干组成的教学团队编写工学结合的教材。

2. 网络资源

包括相关教辅材料、实训指导手册、信息技术应用、工学结合案例、网络资源、仿真软件、图片库、素材库、视频与音频资料等。

（1）利用现代信息技术开发教学视听光盘、教学用多媒体课件，通过搭建起多维、动态、活跃、自主的课程训练平台，使学生的主动性、积极性和创造性得以充分调动。

（2）搭建产学合作平台，充分利用机械行业的企业资源，满足学生顶岗实习、专业实训和毕业设计的需要，并在合作中关注学生职业能力的发展和教学内容的适当调整。

（3）积极利用电子书籍、电子期刊、数字图书馆、专业网站等网络资源，使教学内容从单一化向多元化转变，使学生知识和能力的拓展成为可能。

（4）建立本专业开放实训中心，使之具备现场教学、实验实训、职业技能证书考证的功能，实现教学与实训合一、教学与培训合一、教学与考证合一，满足学生综合职业能力培养的要求。

五、师资队伍

1. 课程教学团队

通过人才引进、聘请兼职教师等手段，增加师资数量；通过教师职业能力和职业技能培训，提高师资队伍的"双师"素质，形成合理的"双师"结构。

专兼职教师数量、结构：

（1）全国技术能手1人，国家级裁判2人。

（2）校内专职教师7人，行业企业兼职教师2人，占教师总人数的22.22%。

（3）学位结构。教学团队专职教师中，博士2人，硕士5人。

（4）职称结构。教学团队专职教师中，高级职称3人，中级职称4人。

（5）年龄结构。教学团队专职教师中，40岁以上2人，30~40岁5人。

（6）双师型教师。教学团队专职教师7人中，双师型专职教师4人，其中高级双师型教师3人、中级双师型教师2人，双师型教师占比达71.43%。

2. 专兼职教师素质

根据《深化新时代职业教育"双师型"教师队伍建设改革实施方案》精神和模具设计与制造岗位人才标准，本课程专兼职教师素质能力要求如表31-7所示。

表31-7 专兼职教师素质能力要求

教师类型	素质要求	能力要求
专职教师	具备爱国守法、爱岗敬业、关爱学生、教书育人、为人师表、终身学习等素质	（1）具备通识性教育、课程教学、素养教育等专业知识； （2）具备教学设计、教学实施、教学管理能力； （3）具备社会服务和科研能力
兼职教师	具备爱国守法、爱岗敬业、关爱学生、教书育人、为人师表、终身学习等素质	（1）具备较强的专业技能； （2）具备教学设计、教学实施、教学管理能力

3. 职业能力课程任课教师资格

具有相应职业资格证书、受过技能培训的专职教师基本情况如表31-8所示。受过职业教学能力培训的企业技术人员、能工巧匠等兼职教师基本情况如表31-9所示。

表31-8 专职教师基本情况

序号	姓名	学历	职称	职业资格	行业经历	承担任务
1	周渝庆	硕士研究生	教授	高级技师	12年	课程建设及教学
2	游晓畅	硕士研究生	讲师	高级技师	8年	课程建设及教学
3	屈晓凡	博士研究生	副教授	高级技师	4年	课程建设及教学
4	叶爽	博士研究生	副教授	高级技师	3.5年	课程建设及教学
5	周蔚	硕士研究生	讲师	工程师	3年	课程建设及教学
6	栗波	硕士研究生	讲师	工程师	3年	课程建设及教学
7	吴莉莉	硕士研究生	讲师	工程师	9.5年	课程建设及教学

表 31-9 兼职教师基本情况

序号	姓名	性别	单位	职称	承担任务
1	王云维	女	重油高科电控燃油喷射系统（重庆）有限公司	工程师	课程建设指导及课程教学
2	王凤	女	中冶赛迪集团有限公司	工程师	课程建设指导及课程教学

4. 课程团队职责

（1）模具设计与制造专业建设指导委员会把握课程发展方向。

（2）教研室主任、专业负责人与课程负责人负责课程的整体建设、内容的调整、课程的持续发展。

（3）专职教师负责课程的授课，专职教师与实训指导教师共同负责课程的实训指导。

（4）课程负责人负责监督课程的实施。

六、实践教学

1. 校内实训条件要求

本课程实验实训可在智能制造大楼、第一实训楼、现代制造技术实训中心、智能制造产教融合中心进行。课程教学实验室如表 31-10 所示。

表 31-10 课程教学实验室

序号	实训室名称	实训功能	实训内容	主要设备配置
1	智能制造实训中心	测量仪使用	熟悉了解各测量仪器功能及原理	二维成像仪、三维坐标仪
2	公差实训室	基本测量工具使用	熟悉应用各类基本测量工具	各类公差相关仪器，如量块等

2. 校外实训条件要求

校企合作开发实验实训课程资源。充分利用本行业典型企业的资源，加强校企合作建立校外实训基地，满足学生的实习实训需求，在此过程中进行实验实训课程资源的开发，同时为学生提供就业机会，开创就业渠道。课程校外实习实训由校内专职和企业教师共同指导，课程校外实习实训一览表如表 31-11 所示。

表 31-11 课程校外实习实训一览表

序号	实习实训基地名称	实习实训功能	实习实训条件	指导老师
1	东风商用车发动机公司	跟岗实习	满足实习要求	校内专职和企业教师
2	重油高科电控燃油喷射系统（重庆）有限公司	跟岗实习	满足实习要求	校内专职和企业教师
3	重庆元创技研实业开发有限公司	跟岗实习	满足实习要求	校内专职和企业教师
4	重庆长安汽车模具有限公司	岗位实习	满足实习要求	校内专职和企业教师

32 机械产品数字化设计课程标准

(编写：周渝庆 校对：赵雷 审核：裴江红)

课程代码：02150462
课程类型：专业核心课（理实一体化课）
学时/学分：64学时/4学分
适用专业：机械设计与制造

一、课程概述

1. 课程性质

本课程是机械设计与制造专业的一门专业核心课程，是在学习了机械制图、机械设计基础、公差配合与测量技术，具备了识读和绘制机械产品零件图、机械产品设计基础知识上开设的一门理实一体化课程。其功能是对接专业人才培养目标，面向装备制造业从事机械产品的机械设计人员，通过对机械产品数据采集、数据处理、模型重建等内容的学习，培养机械产品数字化设计核心能力，为后续智能制造技术、毕业设计课程的学习奠定基础。

2. 课程定位

本课程对接的工作岗位是机械产品设计岗位群，通过学习学生能够具备机械产品数据采集、数据处理、模型重建的能力。

二、课程目标

本课程的培养目标是培养学生诚实、守信的品德及善于沟通和合作的社会能力，培养学生的科学素养、崇尚科学的正确价值观以及精益求精的工匠精神。通过本课程的学习，学生能够进行产品三维数据采集、数据处理、模型重建。完成该课程的学习之后，学生可考取1+X机械产品三维模型设计职业技能等级证书。

具体目标如下：

1. 知识目标

（1）知道零部件三维点云数据采集的方法。
（2）知道三维点云数据处理的方法。
（3）知道运用逆向设计软件进行三维模型重建的方法。

2. 技能目标

通过学习，使学习者获得必备的技术技能，培养学生诚实守信、爱岗敬业、团结协作、吃苦耐劳的职业精神与创新设计意识和严谨求实的科学态度。

必备的技术技能如下：

（1）具备能操作手持式三维扫描仪、拍照式三维扫描仪进行零部件三维点云数据采集的能力。
（2）具备能应用GEOMAGIC软件进行三维点云数据处理的能力。
（3）具备应用CATIA软件、DX软件、UG软件进行三维模型重建的能力。

3. 素质目标

（1）具有发现问题和解决问题的能力，并具有终身学习与专业发展能力。
（2）具有诚实守信、敢于担当的精神，能够弘扬中华优秀传统文化。
（3）具有工匠精神、劳动精神，能够树立社会主义核心价值观。
（4）具有团队协作能力和沟通表达能力。
（5）具有正确的价值观、择业观和良好的职业道德和职业意识。

三、课程实施和建议

1. 课程内容和要求

本课程以机械设计与制造专业学生的就业为导向，结合专业人才培养方案中培养目标、人才规格要求、1+X 证书职业资格标准以及职业院校学生的认知特点等方面的要求，以机械制造企业的行业及地域需求为逻辑起点，以工作过程为导向，以项目实施、典型工作任务为依据，以校企专家合作开发为纽带，以校内双师教师和企业兼职教师为主导，以与行业企业共建教学环境为条件，以行动导向组织教学。本课程解构了原有的理论与实践课程体系，重构了体现机械产品数据采集、数据处理、模型重建等过程性知识与技能体系。通过教学模式设计、教学方法设计、教学考核改革等，保证专业能力、个人能力和社会能力的培养，形成以工作过程为导向，以学生为中心由教师引导的理论—实践—应用一体化工学结合教学模式。课程学时分配、课程内容和要求如表 32 - 1 和表 32 - 2 所示。

表 32 - 1 课程学时分配

项目（情景/模块/章节/单元）		学时		
		理论	实践	小计
模块一 产品三维数据采集	任务 1 拍照式三维扫描仪采集机械产品数据	2	6	8
	任务 2 手持式激光三维扫描仪采集产品数据	2	6	8
模块二 产品三维数据处理	任务 1 简单产品三维数据处理	2	2	4
	任务 2 复杂曲面产品三维数据处理	2	2	4
模块三 三维模型重建	任务 1 简单模型重建	4	14	18
	任务 2 复杂曲面模型重建	6	14	20
机动		2	0	2
小计		20	44	64

表 32 - 2 课程内容和要求

章节/单元		素质目标	知识目标	技能目标	教学活动
模块一 产品三维数据采集	任务 1 拍照式三维扫描仪采集机械产品数据	（1）具有爱国主义和集体主义精神，拥护中国共产党领导和我国社会主义制度，爱国、敬业、诚信；（2）遵守职业规范，具有良好的专业精神、职业精神和工匠精神；（3）具有精益求精的工匠精神；（4）具有团队协作能力和沟通表达能力	知道拍照式三维扫描仪采集产品点云数据知识★■	能熟练操作拍照式三维扫描仪采集产品点云数据★■	（1）教师：引导、讲授、演示、评价；（2）学生：模仿、讨论、练习、互评、反馈、改进

续表

章节/单元		素质目标	知识目标	技能目标	教学活动
模块一 产品三维数据采集	任务2 手持式激光三维扫描仪采集产品数据	(1) 具有发现问题和解决问题的能力，并具有终身学习与专业发展能力； (2) 具有诚实守信、敢于担当的精神，能够弘扬中华优秀传统文化； (3) 具有工匠精神、劳动精神，能够树立社会主义核心价值观； (4) 具有正确的价值观、择业观和良好的职业道德和职业意识	知道手持式激光三维扫描仪采集产品点云数据知识★■	能熟练操作拍照式三维扫描仪采集产品点云数据★■	(1) 教师：引导、讲授、演示、评价； (2) 学生：模仿、讨论、练习、互评、反馈、改进
模块二 产品三维数据处理	任务1 简单产品三维数据处理	(1) 具有发现问题和解决问题的能力，并具有终身学习与专业发展能力； (2) 具有诚实守信、敢于担当的精神，能够弘扬中华优秀传统文化； (3) 具有工匠精神、劳动精神，能够树立社会主义核心价值观； (4) 具有正确的价值观、择业观和良好的职业道德和职业意识	知道点云数据精简、数据平滑、数据拼接等知识★■	能应用Geomagic Wrap软件进行简单零件的数据精简、数据平滑、数据拼接★■	(1) 教师：引导、讲授、演示、评价； (2) 学生：模仿、讨论、练习、互评、反馈、改进
	任务2 复杂曲面产品三维数据处理	(1) 具有发现问题和解决问题的能力，并具有终身学习与专业发展能力； (2) 具有工匠精神、劳动精神，能够树立社会主义核心价值观； (3) 具有团队协作能力和沟通表达能力	知道复杂曲面模型点云数据精简、数据平滑、数据拼接等知识★■	能应用Geomagic Wrap软件进行复杂曲面产品的数据精简、数据平滑、数据拼接★■	(1) 教师：引导、讲授、演示、评价； (2) 学生：模仿、讨论、练习、互评、反馈、改进
模块三 三维模型重建	任务1 简单模型重建	(1) 具有发现问题和解决问题的能力，并具有终身学习与专业发展能力； (2) 具有工匠精神、劳动精神，能够树立社会主义核心价值观； (3) 具有团队协作能力和沟通表达能力	知道简单三维模型基础知识★■	能应用Geomagic Design X、UG、CATIA等软件进行简单模型重建★■	(1) 教师：引导、讲授、演示、评价； (2) 学生：模仿、讨论、练习、互评、反馈、改进
	任务2 复杂曲面模型重建	(1) 具有发现问题和解决问题的能力，并具有终身学习与专业发展能力； (2) 具有工匠精神、劳动精神，能够树立社会主义核心价值观； (3) 具有团队协作能力和沟通表达能力	知道复杂曲面模型基础知识★■	能应用Geomagic Design X、UG、CATIA等软件进行复杂曲面模型重建★■	(1) 教师：引导、讲授、演示、评价； (2) 学生：模仿、讨论、练习、互评、反馈、改进

备注：教学重点、难点在表中标出，其中，打★的为教学重点，打■的为教学难点。

2. 教学方法和教学手段

1）教学方法建议

（1）课程以"典型工作任务及工作过程知识"作为主体内容，突出如何借助"学习任务"实施职业教育教学。

（2）将"教学材料"的特征和"学习资料"的功能进行结合，通过活页式工作页引领，构建"教学做"于一体的学习管理体系。使学生了解职业、热爱职业岗位，帮助学生树立正确的价值观、择业观，培养良好的职业道德和职业意识，不仅传授知识，而且要突出能力的培养。

（3）行动导向教学法，即以学生为中心、学习成果为导向、促进学生自主学习、以"行动导向驱动"为主要形式的教学方法。在教学过程中充分发挥学生的主体作用和教师的主导作用，注重对学生分析问题、解决问题能力的培养，从完成某一方面的"任务"着手，引导学生通过认知、资讯、计划、决策、实施、检查控制、评估反馈七步完成"任务"，从而实现教学目标。

（4）小组教学法，即以学生为主体，将课题内容分解成多个并列知识点，通过小组探究实现教学目标，形成人人有课题，学生之间、小组之间相互教授各自掌握的内容，通过朋辈导修的形式实现全员参与的一种教学方法。该方法激发每个学生学习兴趣，培养其总结提炼、知识架构搭建及传授能力，提高学生的自信心和责任心，培养团队协作能力和沟通表达能力。

2）教学手段

（1）提供丰富、适用和引领创新作用的多种类型立体化、信息化课程资源，实现工作页多功能作用。

（2）运用现代教育技术，将教学视频、电子教材、电子课件、电子讲稿、数控加工仿真软件、网络教学等现代化教学手段相结合。

（3）在教学过程中，重视本专业领域新技术、新工艺、新设备发展趋势，努力为学生提供职业生涯发展的空间，着力培养学生参与社会实践的创新精神和职业能力。

3. 教学评价

1）考核要求

课程考核应符合有关管理规定，具体要求如表32-3所示。

表32-3 课程考核要求

考核类别	平时过程性考核 50%	期末终结性考核 50%	补考
考核要求	平时表现 20%（考勤、作业、实验实践等）+ 阶段考核 30%	期末成绩评定由数据采集、数据处理、模型重建三大部分组成，其中数据采集部分占 30%，数据处理部分占 10%，模型重建部分占 60%	理论考试

2）说明

（1）平时过程性考核包括学习态度、学习水平和实践动手能力三个方面。

学习态度——学生学习纪律与态度、学习活动中参与的积极性、学习交流与团队协作能力占 10%。采用课堂学习活动评比、学习效果自评、互评、问卷调查等形式，主要由学生与学生团队给予评价。

学习水平——教学各单元模块知识结构与技能的训练占 30%。以各学习单元的理论与实践项目活动鉴定为依据进行考核，主要由教师与学生团队给予评价。

实践动手能力——项目综合训练、创新能力占 10%。以综合项目设计内容（1个）为依据进行综合项目考核，对查阅与应用设计手册、掌握设计软件能力以及创新设计能力进行评定，主要由教师与学生团队给予评价。

（2）期末终结性考核以试卷、课程总结报告或课程综合能力考核等形式进行评定，试卷占30%，课程总结报告或课程综合能力考核占20%。其中，课程综合能力考核以综合项目设计内容（1个）为依据，以课题答辩方式进行，主要由教师给予评价。本课程具体考核要求如表32-4~表32-6所示。

表32-4 考核方式

考核分类		考核方式	成绩比例
形成性评价	课堂理论测试	检查作业、分组竞赛、课堂提问、平时测验为主	25%
	实训技能测试	实验项目的上机仿真、实训项目的数控编程	25%
终结性评价	主要考核学生对该门课程的综合应用能力	笔试	30%
综合评价	考核学生的基本综合素质	学生的考勤情况、学习态度、职业道德、团队合作、语言交流、组织管理、数控技能竞赛等	20%

表32-5 考核标准

序号	学习情境	考核的知识点、技能点及要求	考核比例
1	产品三维数据采集	采用拍照式三维扫描仪、手持式激光三维扫描仪采集机械产品三维数据	30%
2	产品三维数据处理	应用Geomagic Wrap软件进行产品的数据精简、数据平滑、数据拼接	10%
3	三维模型重建	应用Geomagic Design X，UG，CATIA等软件进行三维模型重建	50%
3	学生综合评价	学生的基本综合素养	10%

表32-6 平时过程性考核评价内容与标准

项目	内容	分值			
学习态度（10分）	出勤情况（5分）	5（优秀）	4（良好）	3（合格）	0（不合格）
	听课态度（5分）	5（优秀）	4（良好）	3（合格）	0（不合格）
学习水平（30分）	课堂提问（5分）	5（优秀）	4（良好）	3（合格）	0（不合格）
	讨论课发言（5分）	5（优秀）	4（良好）	3（合格）	0（不合格）
	线上课件学习（20分）	20（优秀）	16（良好）	12（合格）	0（不合格）
实践动手能力（10分）	数据采集设备操作、数据处理软件、三维模型重建软件能力（10分）	10（优秀）	8（良好）	6（合格）	0（不合格）

（3）注意事项。

说明：课程任课教师要按照课程考核要求实施考核，注意做好学习过程、到课情况、平时作业、实验实践情况、考核情况的相关记录，将其作为学生最终评定成绩的明确依据，并与成绩册一同形成成绩档案保存。课程可以过程性考核评价为主，也可以目标性考核评价为主。本课程是以过程性考核评价为主的课程。平时过程性考核一般由平时表现（考勤、作业、实验实践等）及阶段考核组成，其中，阶段考核的次数一般不少于每24课时1次；期末终结性考核的主要形式为理论考试，技能操作性较强的课程可采用综合性技能操作考核、课题报告、答辩、考证成绩、技能竞赛等方式。

四、课程资源

1. 教材选用

（1）按照学院《教材管理办法》，选用的教材要符合高职教学的要求，尽量选用近三年出版的教育部规划教材。

（2）搭建产学合作平台，充分利用本行业的企业资源，组织由主讲教师与企业专家技术骨干组成的教学团队编写工学结合的教材。

2. 网络资源

根据课程目标、学生实际以及本课程的理论性和实践等特点，本课程的教学建设由文字与电子教材、教学视频、电子课件、电子讲稿等多种形式的教学资源完成教学任务，达成教学目标。

（1）智慧职教课程平台机械产品数字化设计在线课程，课程网址：https://zyk.icve.com.cn/icve – admin/courseSetting。

（2）课程资源的开发和利用。充分利用教学视频、电子讲稿、动画等资源创设形象生动的工作情境，激发学生的学习，促进学生对知识的理解和掌握。建议加强常用课程资源的开发，建立多媒体课程资源的数据库，努力实现跨学校多媒体资源的共享，以提高资源利用效率。

（3）积极开发和利用网络课程资源。充分利用诸如电子书籍、电子期刊、数据库、数字图书馆、教育网站和电子论坛等网络信息资源，使教学媒体从单一媒体向多种媒体转变，使教学活动从信息的单向传递向双向交互转变，使学生从单独的学习向合作学习转变。

五、师资队伍

1. 课程教学团队

通过人才引进、聘请兼职教师等手段，增加师资数量；通过教师职业能力和职业技能培训，提高师资队伍的"双师"素质，形成合理的"双师"结构。

1）专兼职教师数量、结构

课程教学团队中：全国技术能手1人，国家级裁判2人；校内专职教师7人，行业企业兼职教师2人，占教师总人数的22.22%；博士2人，硕士2人，本科3人；高级职称5人，中级职称2人；双师型专职教师4人，其中高级双师型教师3人、中级双师型教师2人，双师型教师占比达71.43%。

2）专兼职教师素质

根据《深化新时代职业教育"双师型"教师队伍建设改革实施方案》精神和机械设计岗位人才标准，本课程专兼职教师素质能力要求如表32 – 7所示。

表32 – 7 专兼职教师素质能力要求

教师类型	素质要求	能力要求
专职教师	具备爱国守法、爱岗敬业、关爱学生、教书育人、为人师表、终身学习等素质	（1）具备通识性教育、课程教学、素养教育等专业知识； （2）具备教学设计、教学实施、教学管理能力； （3）具备社会服务和科研能力
兼职教师	具备爱国守法、爱岗敬业、关爱学生、教书育人、为人师表、终身学习等素质	（1）具备较强的专业技能； （2）具备教学设计、教学实施、教学管理能力

3) 职业能力课程任课教师资格

具有相应职业资格证书、受过技能培训的专职教师基本情况如表32－8所示。受过职业教学能力培训的企业技术人员、能工巧匠等兼职教师基本情况如表32－9所示。

表32－8　专职教师基本情况

序号	姓名	学历	职称	职业资格	行业经历	承担任务
1	周渝庆	硕士研究生	教授	高级技师	3年	课程建设及教学
2	栗波	硕士研究生	讲师	高级工	1年	课程建设及教学
3	舒鸪鹏	大学本科	讲师	高级技师	4年	课程建设及教学
4	韩辉辉	大学本科	高级实验师	高级技师	3.5年	课程建设及教学
5	叶爽	博士研究生	讲师	高级工	1年	课程建设及教学
6	屈晓凡	博士研究生	高级工程师	高级工程师	13年	课程建设及教学
7	周蔚	硕士研究生	讲师	高级工	1年	课程建设及教学

表32－9　兼职教师基本情况

序号	姓名	性别	单位	职称	承担任务
1	张金波	男	中国电投集团公司	高级工程师	课程建设指导及课程教学
2	罗贤勇	男	中冶赛迪集团有限公司	高级工程师	课程建设指导及课程教学

2. 课程团队职责

（1）机械设计与制造专业建设指导委员会把握课程发展方向。

（2）教研室主任、专业负责人与课程负责人负责课程的整体建设、内容的调整、课程的持续发展。

（3）专职教师负责课程的授课，专职教师与实训指导教师共同负责课程的实训指导。

（4）课程负责人负责监督课程的实施。

六、实践教学

1. 校内实训条件要求

本课程实验实训可在智能制造大楼、第一实训楼、现代制造技术实训中心、智能制造产教融合中心进行。课程教学实验室如表32－10所示。

表32－10　课程教学实验室

序号	实训室名称	实训功能	实训内容	主要设备配置
1	3D打印智造中心	1+X机械产品三维模型设计职业技能等级中级证书认证	机械产品三维数据采集、数据处理、模型重建	拍照式三维扫描仪、手持式激光三维扫描仪、计算机
2	机械产品数字化设计中心	1+X机械产品三维模型设计职业技能等级中级证书认证	机械产品三维模型重建	计算机、三维模型设计软件

2. 校外实训条件要求

校企合作开发实验实训课程资源。充分利用本行业典型企业的资源，加强校企合作建立校外实训基地，满足学生的实习实训需求，在此过程中进行实验实训课程资源的开发，同时为学生提供就业机会，开创就业渠道。课程校外实习实训由校内专职和企业教师共同指导，课程校外实习实训一览表如表32-11所示。

表32-11 课程校外实习实训一览表

序号	实习实训基地名称	实习实训功能	实习实训条件	指导老师
1	东风商用车发动机公司	跟岗实习	满足实习要求	校内专职和企业教师
2	中国第一拖拉机集团有限责任公司	跟岗实习	满足实习要求	校内专职和企业教师
3	重庆元创技研实业开发有限公司	岗位实习	满足实习要求	校内专职和企业教师
4	重庆长安汽车模具有限公司	岗位实习	满足实习要求	校内专职和企业教师

33　机械制图课程标准

(编写：陈峥　校对：杨刚　审核：韦光珍)

课程代码：02150225
课程类型：专业基础课
学时/学分：136 学时/8.5 学分
适用专业：模具设计与制造

一、课程概述

1. 课程性质

本课程是模具设计与制造专业必修的专业基础课程，是在学习了计算机基础等课程、具备了计算机基本操作能力和对模具专业初步了解认识的基础上开设的一门理实一体化课程。该课程主要学习现代制造业中模具专业技术人员必备的工程图样绘制与识读、产品零部件的测绘技能及计算机二维绘图的基本操作，在模具专业教学和实践工作之间起着承前启后的桥梁作用，课程的实践教学部分是培养模具设计和制造专业人才过程中重要的技术基础环节。

2. 课程定位

本课程面向的是装备制造大类中机械工程技术人员、工装工具制造加工人员等职业，对接的工作岗位是模具设计、模具制造、模具生产管理等岗位（群）。通过学习，学生应具备识读计算机绘制模具零件图和装配图的能力。

二、课程目标

本课程的目标是培养学生重质量、守规范和良好安全意识的职业能力，培养学生完成岗位工作任务的基本技能，使学生成为具有良好职业道德、掌握工程制图基本理论、零部件识读和绘制技能，并具有可持续发展能力的高素质高技能型人才，以适应市场对模具专业技术人才的需求。

具体目标如下：

1. 素质目标

（1）具有爱国主义和集体主义精神，拥护中国共产党领导和我国社会主义制度，爱国、敬业、诚信。

（2）遵守职业规范，具有良好的专业精神、职业精神和工匠精神。

（3）具有质量意识、安全意识、环保意识、创新思维、信息素养。

（4）培养学生发现问题和解决问题的能力，并具有终身学习与专业发展能力。

（5）培养良好的学习态度，培养诚实守信、和谐文明的工作作风。

（6）养成独立思考的学习习惯，同时兼顾协同设计能力的培养，能对所学内容进行较为全面的比较、概括和阐释。

2. 知识目标

（1）掌握工程制图的基础知识，遵守国家标准，能绘制与识读零部件图样。

（2）掌握至少一种计算机绘图软件的常用绘图、编辑、标注、打印等命令。

3. 技能目标

(1) 能绘制和识读模具零部件图样。
(2) 具备至少利用一种计算机绘图软件作图的能力。
(3) 具有对工装设备进行大修和改进时的零部件测绘能力。
(4) 具有工程图分析、框架搭建、项目管理的能力。

三、课程实施和建议

1. 课程内容和要求

本课程是以模具专业的学生就业为导向，在企业专家与本院专业教师共同反复研讨下，依据模具专业工程实践等专业工作任务与职业能力分析表中的实际工程项目设置的。

本课程总体设计思路是，打破以知识传授为主要特征的传统学科课程模式，转变为以工作任务为中心组织课程内容，并让学生在完成具体项目的过程中学会完成相应工作任务，并构建相关理论知识，发展职业能力。课程内容突出对学生职业能力的训练，理论知识的选取紧紧围绕工作任务完成的需要来进行，同时又充分考虑了高等职业教育对理论知识学习的需要，并融合了相关职业资格证书对知识、技能和态度的要求。课程项目设计以学生针对机械和模具绘图能力的培养为线索来进行。教学过程中，要通过校企合作、校内实训基地建设等多种途径，采取工学结合、课程设计等形式，充分开发学习资源，给学生提供丰富的实践机会。教学效果评价采取过程性评价与结果性评价相结合、理论与实践相结合的方式，理论考试重点考核与实践能力紧密相关的知识，重点评价学生的职业能力。

课程学时分配、课程内容和要求如表 33-1、表 33-2 所示。

表 33-1 课程学时分配

项目（情景/模块/章节/单元）	学时		
	理论	实践	小计
项目 1 平面图形的绘制	4	0	4
项目 2 零件图的绘制与识读	50	6	56
项目 3 常用标准件的学习	10	0	10
项目 4 装配图的绘制与识读	10	2	12
项目 5 计算机绘图	10	16	26
项目 6 装配体测绘	8	20	28
小计	92	44	136

表 33-2 课程内容和要求

章节/单元		素质目标	知识目标	技能目标	教学活动
项目 1 平面图形的绘制	1-1 制图国家标准和基本知识	(1) 具有爱国主义和集体主义精神，拥护中国共产党领导和我国社会主义制度，爱国、敬业、诚信；(2) 遵守职业规范，具有良好的专业精神、职业精神和工匠精神；(3) 培养良好的学习态度，培养诚实守信、和谐文明的工作作风	(1) 了解制图国家标准的基本规定；(2) 了解尺寸注法★	能正确使用绘图仪器及工具绘制标准图框和标题栏	(1) 教师：引导、讲授、演示、评价；(2) 学生：模仿、讨论、练习、互评、反馈、改进（2 学时）

续表

章节/单元		素质目标	知识目标	技能目标	教学活动
项目1 平面图形的绘制	1-2 简单平面图形的绘制	(1) 具有爱国主义和集体主义精神，拥护中国共产党领导和我国社会主义制度，爱国、敬业、诚信； (2) 遵守职业规范，具有良好的专业精神、职业精神和工匠精神； (3) 培养良好的学习态度，培养诚实守信、和谐文明的工作作风	(1) 熟悉尺寸注法；■ (2) 掌握平面图形的画法 ★■	能正确、规范抄绘产品的平面轮廓图形及标注尺寸 ★■	(1) 教师：引导、讲授、演示、评价； (2) 学生：模仿、讨论、练习、互评、反馈、改进 (2学时)
项目2 零件图的绘制与识读	2-1 基本体三视图	(1) 培养学生发现问题和解决问题的能力，并具有终身学习与专业发展能力； (2) 培养良好的学习态度，培养诚实守信、和谐文明的工作作风	(1) 了解正投影法及其投影特性； (2) 了解三视图形成及其投影规律；★ (3) 掌握典型平面立体三视图画法；★ (4) 掌握典型曲面立体三视图画法；★ (5) 掌握常用基本立体的尺寸注法 ★■	能看懂、绘制各类基本体的三视图 ★■	(1) 教师：引导、讲授、演示、评价； (2) 学生：模仿、讨论、练习、互评、反馈、改进 (4学时)
	2-2 轴测图	(1) 具有爱国主义和集体主义精神，拥护中国共产党领导和我国社会主义制度，爱国、敬业、诚信； (2) 培养学生发现问题和解决问题的能力，并具有终身学习与专业发展能力； (3) 培养良好的学习态度，培养诚实守信、和谐文明的工作作风	(1) 掌握平面及曲面基本体正等轴测图画法；★■ (2) 了解平面及曲面基本体斜二测图画法	能独立绘制简单体正等轴测图和斜二测图，能选择和使用一种轴测图解决工作中的看图问题 ★■	(1) 教师：引导、讲授、演示、评价； (2) 学生：模仿、讨论、练习、互评、反馈、改进 (4学时)
	2-3 立体表面交线	(1) 培养学生发现问题和解决问题的能力，并具有终身学习与专业发展能力； (2) 培养良好的学习态度，培养诚实守信、和谐文明的工作作风	(1) 掌握平面立体的截切特点及其三视图的画法；★■ (2) 掌握回转体的截切特点及其三视图的画法；★■ (3) 掌握正交两圆柱相贯线的画法；★ (4) 了解特殊相贯线的几种情况 ■	(1) 能正确绘制切割体三视图；★■ (2) 能快速从机件的图样中判断出截交线和相贯线的空间形状 ■	(1) 教师：引导、讲授、演示、评价； (2) 学生：模仿、讨论、练习、互评、反馈、改进 (8学时)
	2-4 组合体的绘制与识读	(1) 培养学生发现问题和解决问题的能力，并具有终身学习与专业发展能力； (2) 培养良好的学习态度，培养诚实守信、和谐文明的工作作风； (3) 养成独立思考的学习习惯，同时兼顾协同设计能力的培养，能对所学内容进行较为全面的比较、概括和阐释	(1) 了解组合体的形体分析方法； (2) 掌握组合体视图的画法；★ (3) 掌握读组合体视图的方法；★ (4) 掌握组合体的尺寸注法方法；★■ (5) 了解尺寸标注注意事项	(1) 能读、绘组合体的三视图 ★■，徒手绘制组合体草图； (2) 能正确、合理地标注组合体尺寸 ★■	(1) 教师：引导、讲授、演示、评价； (2) 学生：模仿、讨论、练习、互评、反馈、改进 (8学时)

续表

章节/单元		素质目标	知识目标	技能目标	教学活动
项目2 零件图的绘制与识读	2-5 机件常用表达方法	(1) 培养学生发现问题和解决问题的能力，并具有终身学习与专业发展能力；(2) 培养良好的学习态度，培养诚实守信、和谐文明的工作作风；(3) 养成独立思考的学习习惯，同时兼顾协同设计能力的培养，能对所学内容进行较为全面的比较、概括和阐释	(1) 了解视图种类并掌握基本视图、局部视图、斜视图的画法与标注 ★■ (2) 了解剖视图种类（全剖视图、半剖视图、局部剖视图）并掌握剖视图画法与标注 ★■ (3) 了解断面图种类（移出断面图、重合断面图）并掌握断面图画法与标注 ★■ (4) 了解局部放大图画法及各种简化画法 ★	(1) 能绘制较复杂机件图样；★■ (2) 能识读复杂机件图样 ■	(1) 教师：引导、讲授、演示、评价；(2) 学生：模仿、讨论、练习、互评、反馈、改进 (16学时)
	2-6 零件图	(1) 遵守职业规范，具有良好的专业精神、职业精神和工匠精神；(2) 具有质量意识、安全意识、环保意识、创新思维、信息素养；(3) 培养学生发现问题和解决问题的能力，并具有终身学习与专业发展能力；(4) 培养良好的学习态度，培养诚实守信、和谐文明的工作作风；(5) 养成独立思考的学习习惯，同时兼顾协同设计能力的培养，能对所学内容进行较为全面的比较、概括和阐释	(1) 了解零件图的作用和内容；(2) 掌握典型零件的表达方案；★■ (3) 了解零件图的尺寸标注规则；■ (4) 了解零件常见工艺结构；★ (5) 了解零件图技术要求的相关术语及标注方法 ■	能灵活运用零件图知识识读与绘制较复杂零件工作图 ★■	(1) 教师：引导、讲授、演示、评价；(2) 学生：模仿、讨论、练习、互评、反馈、改进 (16学时)
项目3 常用标准件的学习	3-1 螺纹与螺纹紧固件	(1) 遵守职业规范，具有良好的专业精神、职业精神和工匠精神；(2) 具有质量意识、安全意识、环保意识、创新思维、信息素养；(3) 养成独立思考的学习习惯，同时兼顾协同设计能力的培养，能对所学内容进行较为全面的比较、概括和阐释	(1) 了解螺纹种类及其功用；(2) 了解螺纹五要素；★ (3) 掌握螺纹规定画法；★■ (4) 掌握螺纹规定标记及标注方法；★ (5) 了解螺纹紧固件种类、功用及规定标记；★ (6) 掌握螺纹紧固件联结图画法 ■	能绘制并读懂各类标准件的联结图，写出标记与正确查表，在职场工作中能正确选用标准件 ★■	(1) 教师：引导、讲授、演示、评价；(2) 学生：模仿、讨论、练习、互评、反馈、改进 (6学时)
	3-2 键、销、滚动轴承	(1) 遵守职业规范，具有良好的专业精神、职业精神和工匠精神；(2) 具有质量意识、安全意识、环保意识、创新思维、信息素养；(3) 养成独立思考的学习习惯，同时兼顾协同设计能力的培养，能对所学内容进行较为全面的比较、概括和阐释	(1) 掌握键联结相关知识；★ (2) 了解销联结相关知识；★ (3) 了解滚动轴承相关知识；★ (4) 掌握键、销、滚动轴承等零件在装配图中的规定画法	能绘制并读懂各类标准件的联结图，写出标记与正确查表，在职场工作中能正确选用标准件 ★■	(1) 教师：引导、讲授、演示、评价；(2) 学生：模仿、讨论、练习、互评、反馈、改进 (2学时)

续表

章节/单元		素质目标	知识目标	技能目标	教学活动
项目3 常用标准件的学习	3-3 齿轮	(1) 遵守职业规范，具有良好的专业精神、职业精神和工匠精神； (2) 具有质量意识、安全意识、环保意识、创新思维、信息素养； (3) 养成独立思考的学习习惯，同时兼顾协同设计能力的培养，能对所学内容进行较为全面的比较、概括和阐释	(1) 了解直齿圆柱齿轮各部分名称及尺寸关系与计算；★ (2) 掌握单个齿轮的规定画法；★■ (3) 掌握两齿轮啮合的规定画法★	能绘制并读懂齿轮零件图和啮合图★■	(1) 教师：引导、讲授、演示、评价； (2) 学生：模仿、讨论、练习、互评、反馈、改进（2学时）
项目4 装配图的绘制与识读	4-1 装配图的基本知识	(1) 遵守职业规范，具有良好的专业精神、职业精神和工匠精神； (2) 具有质量意识、安全意识、环保意识、创新思维、信息素养； (3) 培养良好的学习态度，培养诚实守信、和谐文明的工作作风； (4) 养成独立思考的学习习惯，同时兼顾协同设计能力的培养，能对所学内容进行较为全面的比较、概括和阐释	(1) 了解装配图的作用与内容； (2) 掌握装配图的表达方法；★■ (3) 掌握装配图尺寸标注方法；★■ (4) 掌握装配图零件序号标注及明细栏填写方法；★ (5) 了解常见装配工艺结构★	(1) 能灵活运用装配图表达方法绘制装配体；★■ (2) 能按照国标要求正确标注装配图尺寸和零部件序号及填写明细栏★■	(1) 教师：引导、讲授、演示、评价； (2) 学生：模仿、讨论、练习、互评、反馈、改进（6学时）
	4-2 装配图的绘制与识读	(1) 遵守职业规范，具有良好的专业精神、职业精神和工匠精神； (2) 具有质量意识、安全意识、环保意识、创新思维、信息素养； (3) 培养良好的学习态度，培养诚实守信、和谐文明的工作作风； (4) 养成独立思考的学习习惯，同时兼顾协同设计能力的培养，能对所学内容进行较为全面的比较、概括和阐释	(1) 掌握装配图识读方法；★ (2) 掌握装配图绘制方法★■	能独立完成中等复杂装配图的识读和绘制★■	(1) 教师：引导、讲授、演示、评价； (2) 学生：模仿、讨论、练习、互评、反馈、改进（6学时）
项目5 计算机绘图	5-1 计算机绘图：绘制平面图形	(1) 遵守职业规范，具有良好的专业精神、职业精神和工匠精神； (2) 培养良好的学习态度，培养诚实守信、和谐文明的工作作风； (3) 养成独立思考的学习习惯，同时兼顾协同设计能力的培养，能对所学内容进行较为全面的比较、概括和阐释； (4) 培养学生发现问题和解决问题的能力，并具有终身学习与专业发展能力	(1) 了解绘图工作界面； (2) 了解图形文件的管理方法； (3) 掌握绘图环境的基本设置方法； (4) 掌握基本图形绘制方法；★■ (5) 掌握基本编辑命令★■	(1) 能够独立安装使用AutoCAD软件； (2) 能够熟练绘制简单平面图形★■	(1) 教师：引导、讲授、演示、评价； (2) 学生：模仿、讨论、练习、互评、反馈、改进（6学时）

续表

章节/单元		素质目标	知识目标	技能目标	教学活动
项目5 计算机绘图	5-2 计算机绘图：绘制零件图	（1）遵守职业规范，具有良好的专业精神、职业精神和工匠精神；（2）培养良好的学习态度，培养诚实守信、和谐文明的工作作风；（3）养成独立思考的学习习惯，同时兼顾协同设计能力的培养，能对所学内容进行较为全面的比较、概括和阐释；（4）培养学生发现问题和解决问题的能力，并具有终身学习与专业发展能力	（1）掌握图形绘制方法；■（2）掌握编辑命令及其应用；■（3）掌握文字书写和尺寸标注方法★■	（1）能绘制较复杂的零件图形；★■（2）能正确标注、编辑零件尺寸和技术要求★■	（1）教师：引导、讲授、演示、评价；（2）学生：模仿、讨论、练习、互评、反馈、改进（14学时）
	5-3 计算机绘图：绘制装配图	（1）遵守职业规范，具有良好的专业精神、职业精神和工匠精神；（2）培养良好的学习态度，培养诚实守信、和谐文明的工作作风；（3）养成独立思考的学习习惯，同时兼顾协同设计能力的培养，能对所学内容进行较为全面的比较、概括和阐释；（4）培养学生发现问题和解决问题的能力，并具有终身学习与专业发展能力	（1）掌握块的定义、插入与编辑等方法；★■（2）掌握编辑命令及其应用；（3）掌握尺寸标注方法；（4）掌握表格命令的用法★■	能绘制中等复杂装配图并完成尺寸标注、序号编写、明细栏填写★■	（1）教师：引导、讲授、演示、评价；（2）学生：模仿、讨论、练习、互评、反馈、改进（6学时）
项目6 装配体测绘	6-1 装配体测绘：画装配示意图、拆装练习	（1）遵守职业规范，具有良好的专业精神、职业精神和工匠精神；（2）具有质量意识、安全意识、环保意识、创新思维、信息素养；（3）培养良好的学习态度，培养诚实守信、和谐文明的工作作风；（4）养成独立思考的学习习惯，同时兼顾协同设计能力的培养，能对所学内容进行较为全面的比较、概括和阐释	（1）了解测绘对象；（2）掌握装配示意图画法；★（3）了解拆装方法和步骤并练习★	（1）能运用机构运动简图规定符号画出装配示意图；★■（2）能正确使用适当工具，并按顺序进行零件拆卸、编号	（1）教师：引导、讲授、演示、评价；（2）学生：模仿、讨论、练习、互评、反馈、改进（2学时）
	6-2 装配体测绘：画零件草图	（1）遵守职业规范，具有良好的专业精神、职业精神和工匠精神；（2）具有质量意识、安全意识、环保意识、创新思维、信息素养；（3）培养良好的学习态度，培养诚实守信、和谐文明的工作作风；（4）养成独立思考的学习习惯，同时兼顾协同设计能力的培养，能对所学内容进行较为全面的比较、概括和阐释	（1）了解零件草图的组成内容：图形、尺寸、技术要求；（2）掌握测量工具的使用方法；（3）掌握徒手画零件草图的方法和步骤；★■（4）了解绘制零件草图的注意事项和要求■	（1）能按制图国家标准规定绘制零件草图；★■（2）能正确使用测量工具，测量各个尺寸并进行合理标注★■	（1）教师：引导、讲授、演示、评价；（2）学生：模仿、讨论、练习、互评、反馈、改进（14学时）

续表

章节/单元		素质目标	知识目标	技能目标	教学活动
项目6 装配体测绘	6-3 装配体测绘：画装配图	（1）遵守职业规范，具有良好的专业精神、职业精神和工匠精神； （2）具有质量意识、安全意识、环保意识、创新思维、信息素养； （3）培养良好的学习态度，培养诚实守信、和谐文明的工作作风； （4）养成独立思考的学习习惯，同时兼顾协同设计能力的培养，能对所学内容进行较为全面的比较、概括和阐释	（1）掌握装配图表达方案的确定方法；★■ （2）掌握装配图尺寸标注方法；★■ （3）掌握装配图零件序号编写和标注方法； （4）掌握明细栏填写规则； （5）掌握各标准件和常用件的联结图画法★■	能正确、完整绘制一幅中等复杂装配图★■	（1）教师：引导、讲授、演示、评价； （2）学生：模仿、讨论、练习、互评、反馈、改进（6学时）
	6-4 装配体测绘：画零件工作图	（1）遵守职业规范，具有良好的专业精神、职业精神和工匠精神； （2）具有质量意识、安全意识、环保意识、创新思维、信息素养； （3）培养良好的学习态度，培养诚实守信、和谐文明的工作作风； （4）养成独立思考的学习习惯，同时兼顾协同设计能力的培养，能对所学内容进行较为全面的比较、概括和阐释	（1）掌握根据装配图拆画零件图并修正零件草图的方法；★ （2）掌握计算机绘制零件工作图方法；★ （3）了解图纸折叠和装订方法	（1）能独立完成一个真实部件的装拆过程及测绘过程；★ （2）具备独立工作和查阅手册的能力	（1）教师：引导、讲授、演示、评价； （2）学生：模仿、讨论、练习、互评、反馈、改进（6学时）
备注：教学重点、难点在表中标出，其中，打★的为教学重点，打■的为教学难点。					

2. 教学方法和教学手段

（1）加强对学生职业能力的培养，强化案例教学，注重以工作任务导向型案例或项目激发学生学习热情，使学生在案例分析或项目活动中了解工程制图与CAD设计工作领域与工作过程。

（2）以学生为本，注重"教"与"学"的互动，融"教学做"于一体。通过选用典型案例应用项目，由教师进行操作性示范，并组织学生进行实际操作活动，让学生在案例应用项目教学活动中明确学习领域的知识点，并掌握本课程的核心专业技能。

（3）在教学过程中，要创设工作情景，同时应加大实践实操的容量，要紧密结合职业技能，实操项目的训练，提高学生的岗位适应能力。

（4）注重专业案例的积累与开发，以多媒体、录像与光盘、案例分析、在线答疑等方法提高学生分析和解决生产问题的专业技能。

（5）在教学过程中，要强调校企合作、工学结合，要重视本专业领域新技术、新工艺、新设备发展趋势，贴近生产现场，为学生提供职业生涯发展的空间，努力培养学生参与社会实践的创新精神和职业能力。

（6）教学过程中教师应积极引导学生提升职业素养，提高职业道德，注重推进专业课程思政改革，深化工匠职业素养教育。

3. 教学评价

1）考核要求

课程考核应符合有关管理规定，具体要求如表33-3和表33-4所示。

表33-3 课程考核要求

考核类别	平时过程性考核50%	期末终结性考核50%	补考
考核要求	平时表现50%（考勤、作业等）+阶段考核（任务模块考核、期中考试等）50%	理论考试（包含课程思政、工匠精神、职业素养等考核，占3~5分）	理论考试

表33-4 平时过程性考核评价内容与标准

项目	内容	分值			
学习态度（10分）	出勤情况（5分）	5（优秀）	4（良好）	3（合格）	0（不合格）
	课堂学习态度（5分）	5（优秀）	4（良好）	3（合格）	0（不合格）
学习水平（15分）	作业完成质量（8分）	8（优秀）	5（良好）	2（合格）	0（不合格）
	线上课件学习（7分）	7（优秀）	5（良好）	3（合格）	0（不合格）
阶段考核（25分）	任务模块考核（15分）	15（优秀）	10（良好）	5（合格）	0（不合格）
	期中考试成绩（10分）	10（优秀）	7（良好）	5（合格）	0（不合格）

2）注意事项

（1）课程任课教师要按照课程考核要求实施考核，注意做好学习过程、到课情况、平时作业、实验实践情况、考核情况的相关记录，将其作为学生最终评定成绩的明确依据，并与成绩册一同形成成绩档案保存。

（2）本课程是以平时过程性考核评价为主的课程。平时过程性考核一般由平时表现（考勤、作业、实验实践等）及阶段考核组成，其中，阶段考核的次数一般不少于每36课时1次；期末终结性考核的主要形式为理论考试，技能操作性较强的课程可采用综合性技能操作考核、课题报告、答辩、考证成绩、技能竞赛等方式。

四、课程资源

1. 教材选用

（1）按照学院《教材管理办法》，选用的教材要符合高职教育教学的要求，尽量选用近三年出版的教育部规划教材。

（2）搭建产学合作平台，充分利用模具专业的企业资源，组织由主讲教师与企业专家技术骨干组成的教学团队编写工学结合的教材。

2. 网络资源

（1）充分认识信息技术与学科的整合，积极使用国家精品在线课程资源、国家专业教学资源库相关资源实现线上线下混合式教学、翻转课堂教学，如教学资源库、网络资源、MOOC课程、SPOC课程等。

（2）利用现代信息技术开发教学用多媒体课件，包含"授课要点、在线答疑、自主测试"等内容，通过搭建多维、动态、活跃、自主的课程学习与训练平台，使学生的主动性、积极性和创造性得以充分调动。

（3）给学生提供电子书籍、电子期刊、数字图书馆、专业网站等网络资源的导引信息以及操作方法，使学生充分利用网络资源自主学习，实现教学内容从单一化向多元化转变，为学生的研究性学习和自主性学习创造条件，使学生能力充分得到拓展。

五、师资队伍

1. 课程教学团队

通过人才引进、聘请兼职教师等手段,增加师资数量;通过教师职业能力和职业技能培训,提高师资队伍的"双师"素质,形成合理的"双师"结构。课程教学师资队伍如表33-5所示。

(1) 从事本课程教学的专职教师,应具备以下相关知识、能力和资质:

①具备高校教师资格。

②具备手工及计算机绘制机械图样的能力,具备机械、机电等专业知识。

③具备信息化教学的能力、课堂设计及管理能力、指导学生学习活动、草绘及测绘技能训练、生产加工实践能力。

(2) 从事本课程教学的兼职教师,应具备以下资质:

①具备一定的机械制图与计算机绘图教学经验。

②具有企业相关专业的技术经验。

表33-5 课程教学师资队伍

序号	姓名	学历	职称	教师属性
1	陈峥	大学本科	副教授	课程负责人及教学
2	包中碧	大学本科	副教授	课程建设及教学
3	马学知	硕士研究生	讲师	课程建设及教学
4	杨刚	硕士研究生	副教授	课程建设及教学
5	谭大庆	大学本科	副教授	课程建设及教学
6	屈晓凡	博士研究生	高级工程师	课程建设及教学

2. 课程团队职责

(1) 模具设计与制造专业建设指导委员会把握课程发展方向。

(2) 教研室主任、专业负责人与课程负责人负责课程的整体建设、内容的调整、课程的持续发展。

(3) 专职教师负责课程的授课,专职教师与实训指导教师共同负责课程的实训指导。

(4) 课程负责人负责监督课程的实施。

六、实践教学

1. 校内实训条件要求

(1) 配备多媒体机房,主要实训项目有CAD基本绘图方法实训及基本三视图绘制。

(2) 配备模具制图实训室,主要实训项目为模具零部件图样绘制。

2. 校内实训安排说明

(1) 实训室设备配置:计算机(运行CAD制图软件的载体和多媒体教学工具)、正版CAD制图软件(CAD制图软件平台、虚拟仿真平台)、交换机(连接局域网计算机)、投影仪(多媒体课件演示、视频播放投影等)。

(2) 实训场所的设备配备数量要满足45人/班同时开展实训的教学要求。

（3）在保证实训教学目标的前提下，实训地点和时间可根据授课计划、实训班级数量等因素进行合理安排。

（4）模具制图实训室空间布局要合理，除实训操作区外，还应规划学习讨论区，以满足理实一体化教学的需要。

（5）网络环境应保证实训教学软件与设备的正常运行，要满足顺利进行线上指导、线上虚拟仿真实训及信息化管理所需网络环境要求。

34 机械制造装备设计与实践课程标准

(编写：张燕　校对：彭钿忠　审核：周渝庆)

课程代码：02010061
课程类型：专业核心课（理实一体化课）
学时/学分：88学时/5.5学分
适用专业：机械设计与制造

一、课程概述

1. 课程性质

机械制造装备设计与实践是机械设计与制造专业的必修专业核心课程。这门课程主要讲述机床、刀具、夹具、物流系统等基本理论和分析方法，具有专业课的性质；同时现代生产制造离不开具体制造装备，涉及具体装备的设计与生产维护，在具体实践项目设计中又需要运用其他专业技术基础课程知识，所以，一方面机械制造装备设计与实践是专业课，另一方面它也是前序课程学习检验的工具之一，同基础课紧密相邻又有明确分工，在课程体系中处于核心地位。

2. 课程定位

本课程是机械设计与制造专业的核心必修课程，以机械设计与制造专业学生的就业为导向，目标就业岗位是机械设计、机械工艺管理等。通过学习企业单元的设计案例，力争通过案例教学与设计实践使学生具备金属切削机床、组合机床、机床夹具及物流系统等内容的设计方法和技术的能力，对培养机械设计与制造专业学生理论和实践能力有十分重要的作用。

二、课程目标

本课程的目标是以实际工作过程为导向，采用任务及项目驱动的教学方法，培养学生掌握金属切削机床的主轴部件、进给系统和支承件设计、组合机床总体设计和多轴箱设计、机床夹具设计、物流系统设计等的基本理论知识和设计方法，会应用设计软件合理设计这些部件或机构的全套图样。培养学生在设计实践过程中发现问题并解决问题的能力，逐步树立认真工作和科学设计的态度以及市场意识。

具体目标如下：

1. 知识目标

(1) 了解机械制造装备的概况。
(2) 了解金属切削机床设计的基础知识。
(3) 掌握金属切削机床主轴部件、进给系统、支承件的设计方法。
(4) 掌握机床夹具的基础知识和设计方法。
(5) 了解物流系统的基础知识。

2. 技能目标

(1) 具备设计数控切削机床主轴、进给系统、支承件等部件的能力。
(2) 具备设计机床夹具的能力。
(3) 具备解决生产过程中遇到的产品质量问题和技术问题的能力。

3. 素质目标

（1）具有发现问题和解决问题的能力，并具有终身学习与专业发展能力。
（2）具有诚实守信、敢于担当的精神，能够弘扬中华优秀传统文化。
（3）具有工匠精神、劳动精神，能够树立社会主义核心价值观。
（4）具有团队协作能力和沟通表达能力。
（5）具有正确的价值观、择业观和良好的职业道德和职业意识。

三、课程实施和建议

1. 课程内容和要求

本课程是以机械设计与制造专业学生就业为导向，本着为机械制造业（如汽车、摩托车、机床等零部件制造企业）服务的宗旨，对就业岗位（设计、工艺管理）进行任务与职业能力分析，在机械制造业专家与本专业教师共同研讨下，结合专业教学经验与专业工作特点开发的课程。课程按照岗位知识能力要求，以实际工作过程为导向，以机械制造装备设计中涉及的专业知识为课程主线，既注重专业知识的系统性和传承性，又突出课程的职业性和实践性。学习单元的设计案例来源于企业，根据机械制造业对设计岗位和工艺管理岗位职业能力的要求，选择最常见、实用的专业知识如金属切削机床的主轴部件、进给系统和支承件设计、组合机床总体设计和多轴箱设计、机床夹具设计、物流系统设计等作为课程教学内容。课程学时分配、课程内容和要求如表34-1、表34-2所示。

表34-1 课程学时分配

项目（情景/模块/章节/单元）		学时		
		理论	实践	小计
项目1 绪论	1-1 认识机械加工工艺装备	2	0	2
	1-2 学习机械制造装备设计内容及步骤	1	0	2
	1-3 了解本课程学习的特点与学习方法	1	0	
项目2 金属切削机床设计基础理论	2-1 认识机床设计的基本要求	2	0	2
	2-2 学习机床设计方法	2	0	2
	2-3 学习机床工作原理	1	0	1
	2-4 学习获得形状精度的方法	1	1	2
	2-5 认识工件表面的形成所需要的运动	1	0	1
项目3 机床夹具设计	3-1 学习机床夹具概论	2	2	4
	3-2 设计工件的定位方案	2	4	6
	3-3 认识典型表面的定位方法及其定位元件	3	3	6
	3-4 分析和计算定位误差	3	3	6
	3-5 学习定位方案设计示例	3	3	6
	3-6 设计工件的夹紧方案	2	4	6
	3-7 认识典型夹紧机构	2	4	6
	3-8 认识夹紧的动力装置	2	4	6
	3-9 设计典型的机床夹具	2	4	6
	3-10 认识其他夹具	2	2	4

续表

项目（情景/模块/章节/单元）		学时		
		理论	实践	小计
项目4 物流系统的设计	4-1 总体设计物流系统	2	2	4
	4-2 设计机床上下料装置	2	2	4
	4-3 认识物料运输装置	2	3	5
	4-4 设计自动化立体仓库	2	3	5
机动		2	0	2
小计		44	44	88

表34-2　课程内容和要求

章节/单元		素质目标	知识目标	技能目标	教师活动
项目1 绪论	1-1 认识机械加工工艺装备	(1) 具有爱国主义和集体主义精神，拥护中国共产党领导和我国社会主义制度，爱国、敬业、诚信； (2) 遵守职业规范，具有良好的专业精神、职业精神和工匠精神； (3) 具有精益求精的工匠精神； (4) 具有团队协作能力和沟通表达能力	(1) 了解机械制造基本概念及发展； (2) 掌握机械制造装备的功能； (3) 了解机械制造备的分类； (4) 熟悉机械制造装备设计内容及步骤	(1) 能判断机械制造装备的类型； (2) 明确机械制造装备的功能和设计步骤★	(1) 教师：引导、讲授、演示、评价； (2) 学生：模仿、讨论、练习、互评、反馈、改进
	1-2 学习机械制造装备设计内容及步骤	(1) 具有爱国主义和集体主义精神，拥护中国共产党领导和我国社会主义制度，爱国、敬业、诚信； (2) 遵守职业规范，具有良好的专业精神、职业精神和工匠精神； (3) 具有精益求精的工匠精神； (4) 具有团队协作能力和沟通表达能力	(1) 了解机械制造装备设计的概念和三种基本设计类型； (2) 熟悉产品设计的内容和基本步骤； (3) 熟悉设计审查的几种阶段	(1) 能判断机械制造装备的类型； (2) 明确机械制造装备的功能和设计步骤★	(1) 教师：引导、讲授、演示、评价； (2) 学生：模仿、讨论、练习、互评、反馈、改进
	1-3 了解本课程学习的特点与学习方法	(1) 具有爱国主义和集体主义精神，拥护中国共产党领导和我国社会主义制度，爱国、敬业、诚信； (2) 遵守职业规范，具有良好的专业精神、职业精神和工匠精神； (3) 具有精益求精的工匠精神； (4) 具有团队协作能力和沟通表达能力	(1) 了解本课程的学习特点和方法；★ (2) 明晰本课程参考书目	(1) 能够依据设计目标选择参考书目； (2) 能够掌握学习本课程的方法	(1) 教师：引导、讲授、演示、评价； (2) 学生：模仿、讨论、练习、互评、反馈、改进

续表

章节/单元		素质目标	知识目标	技能目标	教师活动
项目2 金属切削机床设计基础理论	2-1 认识机床设计的基本要求	(1) 具有爱国主义和集体主义精神，拥护中国共产党领导和我国社会主义制度，爱国、敬业、诚信；(2) 遵守职业规范，具有良好的专业精神、职业精神和工匠精神；(3) 具有精益求精的工匠精神；(4) 具有团队协作能力和沟通表达能力	(1) 了解机床设计的工艺范围；★ (2) 清楚机床精度和精度保持；★ (3) 熟悉机床生产效率；(4) 了解机床的性能；(5) 知道机床宜人性；(6) 了解机床产品的成本	学会机床设计的基本要求	(1) 教师：引导、讲授、演示、评价；(2) 学生：模仿、讨论、练习、互评、反馈、改进
	2-2 学习机床设计方法	(1) 具有爱国主义和集体主义精神，拥护中国共产党领导和我国社会主义制度，爱国、敬业、诚信；(2) 遵守职业规范，具有良好的专业精神、职业精神和工匠精神；(3) 具有精益求精的工匠精神；(4) 具有团队协作能力和沟通表达能力	(1) 知道机床设计的基础理论和技术；★ (2) 熟悉机床设计的基本步骤；★ (3) 懂得设计手段计算机化、设计方法综合化、设计对象系统化、设计目标最优化、设计问题模块化以及设计过程模式化与并行化；★■ (4) 熟悉总图设计、详细设计、整机综合评价及定型设计等机床设计步骤	(1) 学会设计、绘制进给传动装置；★■ (2) 学会设计、绘制主轴组件；★■ (3) 学会设计、绘制机床支撑件	(1) 教师：引导、讲授、演示、评价；(2) 学生：模仿、讨论、练习、互评、反馈、改进
	2-3 学习机床工作原理	(1) 具有爱国主义和集体主义精神，拥护中国共产党领导和我国社会主义制度，爱国、敬业、诚信；(2) 遵守职业规范，具有良好的专业精神、职业精神和工匠精神；(3) 具有精益求精的工匠精神；(4) 具有团队协作能力和沟通表达能力	熟悉机床工作的原理★	能够依据机床工作原理灵活开展机床设计工作	(1) 教师：引导、讲授、演示、评价；(2) 学生：模仿、讨论、练习、互评、反馈、改进
	2-4 学习获得形状精度的方法	(1) 具有爱国主义和集体主义精神，拥护中国共产党领导和我国社会主义制度，爱国、敬业、诚信；(2) 遵守职业规范，具有良好的专业精神、职业精神和工匠精神；(3) 具有精益求精的工匠精神；(4) 具有团队协作能力和沟通表达能力	(1) 熟悉工件表面的成形方法；(2) 区别掌握发生线法和发生线成形方法★■	能够掌握不同成形方法的适用领域	(1) 教师：引导、讲授、演示、评价；(2) 学生：模仿、讨论、练习、互评、反馈、改进

续表

章节/单元		素质目标	知识目标	技能目标	教师活动
项目2 金属切削机床设计基础理论	2-5 认识工件表面的形成所需要的运动	(1) 具有爱国主义和集体主义精神，拥护中国共产党领导和我国社会主义制度，爱国、敬业、诚信； (2) 遵守职业规范，具有良好的专业精神、职业精神和工匠精神； (3) 具有精益求精的工匠精神； (4) 具有团队协作能力和沟通表达能力	(1) 了解非表面成形运动； (2) 了解机床传动链和传动原理图	(1) 学会确定机床运动参数；★ (2) 学会计算机床动力参数； (3) 学会根据加工要求确定主传动的变速方式； (4) 能够绘制机床的传动原理图■	(1) 教师：引导、讲授、演示、评价； (2) 学生：模仿、讨论、练习、互评、反馈、改进
项目3 机床夹具设计	3-1 学习机床夹具概论	(1) 具有爱国主义和集体主义精神，拥护中国共产党领导和我国社会主义制度，爱国、敬业、诚信； (2) 遵守职业规范，具有良好的专业精神、职业精神和工匠精神； (3) 具有精益求精的工匠精神； (4) 具有团队协作能力和沟通表达能力	(1) 了解工件的装夹和机床夹具； (2) 了解夹具的组成和分类； (3) 熟悉夹具的基本设计步骤★	能够明确机床夹具的功能和设计步骤★	(1) 教师：引导、讲授、演示、评价； (2) 学生：模仿、讨论、练习、互评、反馈、改进
	3-2 设计工件的定位方案	(1) 具有爱国主义和集体主义精神，拥护中国共产党领导和我国社会主义制度，爱国、敬业、诚信； (2) 遵守职业规范，具有良好的专业精神、职业精神和工匠精神； (3) 具有精益求精的工匠精神； (4) 具有团队协作能力和沟通表达能力	(1) 了解工件定位的基本原理； (2) 了解常用的定位元件限制的自由度站流程；■ (3) 熟悉定位元件的选择与设计	能够合理设计定位机构，正确绘制工作图样★■	(1) 教师：引导、讲授、演示、评价； (2) 学生：模仿、讨论、练习、互评、反馈、改进
	3-3 认识典型表面的定位方法及其定位元件	(1) 具有爱国主义和集体主义精神，拥护中国共产党领导和我国社会主义制度，爱国、敬业、诚信； (2) 遵守职业规范，具有良好的专业精神、职业精神和工匠精神； (3) 具有精益求精的工匠精神； (4) 具有团队协作能力和沟通表达能力	区别掌握平面定位、圆孔定位、圆柱面定位及组合表面定位的原理和特点★	(1) 能够正确选用正确的定位结构设计方法； (2) 能够正确选取合适的定位元件	(1) 教师：引导、讲授、演示、评价； (2) 学生：模仿、讨论、练习、互评、反馈、改进
	3-4 分析和计算定位误差	(1) 具有爱国主义和集体主义精神，拥护中国共产党领导和我国社会主义制度，爱国、敬业、诚信； (2) 遵守职业规范，具有良好的专业精神、职业精神和工匠精神； (3) 具有精益求精的工匠精神； (4) 具有团队协作能力和沟通表达能力	(1) 了解工件加工误差的组成； (2) 知道定位误差产生的原因及其计算方法	学会定位误差分析和计算★■	(1) 教师：引导、讲授、演示、评价； (2) 学生：模仿、讨论、练习、互评、反馈、改进

续表

章节/单元		素质目标	知识目标	技能目标	教师活动
项目3 机床夹具设计	3-5 学习定位方案设计示例	（1）具有爱国主义和集体主义精神，拥护中国共产党领导和我国社会主义制度，爱国、敬业、诚信；（2）遵守职业规范，具有良好的专业精神、职业精神和工匠精神；（3）具有精益求精的工匠精神；（4）具有团队协作能力和沟通表达能力	（1）了解定位方案设计的基本原则；（2）熟悉定位方案设计步骤	（1）能正确分析夹具结构特点，明确设计要点；（2）能正确分析、计算、分配夹具零件精度，正确绘制夹具装配图样和零件图样	（1）教师：引导、讲授、演示、评价；（2）学生：模仿、讨论、练习、互评、反馈、改进
	3-6 设计工件的夹紧方案	（1）具有爱国主义和集体主义精神，拥护中国共产党领导和我国社会主义制度，爱国、敬业、诚信；（2）遵守职业规范，具有良好的专业精神、职业精神和工匠精神；（3）具有精益求精的工匠精神；（4）具有团队协作能力和沟通表达能力	（1）了解夹紧机构的设计原则；（2）知道工件夹紧力的确定方法	（1）能够合理确定夹具夹紧机构，合理选择动力装置，正确绘制夹紧机构工作图样；■（2）会正确标注技术要求，正确选择夹具零件材料及热处理	（1）教师：引导、讲授、演示、评价；（2）学生：模仿、讨论、练习、互评、反馈、改进
	3-7 认识典型夹紧机构	（1）具有爱国主义和集体主义精神，拥护中国共产党领导和我国社会主义制度，爱国、敬业、诚信；（2）遵守职业规范，具有良好的专业精神、职业精神和工匠精神；（3）具有精益求精的工匠精神；（4）具有团队协作能力和沟通表达能力	（1）了解不同夹紧机构的工作原理；（2）知道不同夹紧机构夹紧力的计算方法；（3）熟悉不同夹紧机构的适用范围	学会根据不同工况灵活选用不同夹紧机构★	（1）教师：引导、讲授、演示、评价；（2）学生：模仿、讨论、练习、互评、反馈、改进
	3-8 认识夹紧的动力装置	（1）具有爱国主义和集体主义精神，拥护中国共产党领导和我国社会主义制度，爱国、敬业、诚信；（2）遵守职业规范，具有良好的专业精神、职业精神和工匠精神；（3）具有精益求精的工匠精神；（4）具有团队协作能力和沟通表达能力	了解不同夹紧动力装置的特点和适用范围	能够区别不同夹紧动力装置的优缺点	（1）教师：引导、讲授、演示、评价；（2）学生：模仿、讨论、练习、互评、反馈、改进
	3-9 设计典型的机床夹具	（1）具有爱国主义和集体主义精神，拥护中国共产党领导和我国社会主义制度，爱国、敬业、诚信；（2）遵守职业规范，具有良好的专业精神、职业精神和工匠精神；（3）具有精益求精的工匠精神；（4）具有团队协作能力和沟通表达能力	（1）熟悉机床夹具的结构特点；（2）了解不同机床夹具的工作原理	掌握车床、铣床、钻床、镗床夹具设计★■	（1）教师：引导、讲授、演示、评价；（2）学生：模仿、讨论、练习、互评、反馈、改进

续表

章节/单元		素质目标	知识目标	技能目标	教师活动
项目3 机床夹具设计	3-10 认识其他夹具	(1) 具有爱国主义和集体主义精神，拥护中国共产党领导和我国社会主义制度，爱国、敬业、诚信； (2) 遵守职业规范，具有良好的专业精神、职业精神和工匠精神； (3) 具有精益求精的工匠精神； (4) 具有团队协作能力和沟通表达能力	了解其他夹具的结构特点	(1) 能够区别成组夹具、组合夹具、随行夹具等； (2) 掌握专用机床夹具设计	(1) 教师：引导、讲授、演示、评价； (2) 学生：模仿、讨论、练习、互评、反馈、改进
项目4 物流系统的设计	4-1 总体设计物流系统	(1) 具有爱国主义和集体主义精神，拥护中国共产党领导和我国社会主义制度，爱国、敬业、诚信； (2) 遵守职业规范，具有良好的专业精神、职业精神和工匠精神； (3) 具有精益求精的工匠精神； (4) 具有团队协作能力和沟通表达能力	(1) 了解物流系统及其设计意义；熟悉物流系统的特点和功能；★ (2) 熟悉物流系统的设计内容和要求；★■ (3) 了解物流系统的设计步骤	能够明确物流系统的设计内容与步骤★■	(1) 教师：引导、讲授、演示、评价； (2) 学生：模仿、讨论、练习、互评、反馈、改进
	4-2 设计机床上下料装置	(1) 具有爱国主义和集体主义精神，拥护中国共产党领导和我国社会主义制度，爱国、敬业、诚信； (2) 遵守职业规范，具有良好的专业精神、职业精神和工匠精神； (3) 具有精益求精的工匠精神； (4) 具有团队协作能力和沟通表达能力	(1) 了解单件物品形态分析及定向方法； (2) 熟悉料仓式、料斗式和板片式供料机构；★ (3) 知道工件的分配和汇总机构； (4) 了解上下料机械手	能够分析、理解机床上下料装置的功能	(1) 教师：引导、讲授、演示、评价； (2) 学生：模仿、讨论、练习、互评、反馈、改进
	4-3 认识物料运输装置	(1) 具有爱国主义和集体主义精神，拥护中国共产党领导和我国社会主义制度，爱国、敬业、诚信； (2) 遵守职业规范，具有良好的专业精神、职业精神和工匠精神； (3) 具有精益求精的工匠精神； (4) 具有团队协作能力和沟通表达能力	(1) 了解输送机的类型及特点； (2) 了解自动运输小车的类型及特点	能够根据不同应用场景，合理选用物料输运装置★	(1) 教师：引导、讲授、演示、评价； (2) 学生：模仿、讨论、练习、互评、反馈、改进
	4-4 设计自动化立体仓库	(1) 具有爱国主义和集体主义精神，拥护中国共产党领导和我国社会主义制度，爱国、敬业、诚信； (2) 遵守职业规范，具有良好的专业精神、职业精神和工匠精神； (3) 具有精益求精的工匠精神； (4) 具有团队协作能力和沟通表达能力	(1) 熟悉自动化立体仓库的分类； (2) 了解自动化立体仓库的构成； (3) 知道自动化立体仓库的工作过程； (4) 了解自动化立体仓库的计算机控制	能够根据实际需求，选取合适的自动化立体仓库类型	(1) 教师：引导、讲授、演示、评价； (2) 学生：模仿、讨论、练习、互评、反馈、改进

备注：教学重点、难点在表中标出，其中，打★的为教学重点，打■的为教学难点。

2. 教学方法和教学手段

1) 教学方法建议

（1）课程以"典型工作任务及工作过程知识"作为主体内容，突出如何借助"学习任务"实施职业教育教学。

（2）将"教学材料"的特征和"学习资料"的功能进行结合，通过活页式工作页引领，构建"教学做"于一体的学习管理体系。使学生了解职业、热爱职业岗位，帮助学生树立正确的价值观、择业观，培养良好的职业道德和职业意识，不仅传授知识，而且要突出能力的培养。

（3）采用行动导向教学法，即以学生为中心、学习成果为导向，促进学生自主学习，以"行动导向驱动"为主要形式的教学方法。在教学过程中充分发挥学生的主体作用和教师的主导作用，注重对学生分析问题、解决问题能力的培养，从完成某一方面的"任务"着手，引导学生通过认知、资讯、计划、决策、实施、检查控制、评估反馈七步完成"任务"，从而实现教学目标。

（4）采用小组教学法，即以学生为主体，将课题内容分解成多个并列知识点，通过小组探究实现教学目标，形成人人有课题，学生之间、小组之间相互教授各自掌握的内容，通过朋辈导修的形式实现全员参与的一种教学方法。此方法可以激发每个学生学习兴趣，培养总结提炼、知识架构搭建及传授能力，提高学生的自信心和责任心，培养团队协作能力和沟通表达能力。

2) 教学手段

（1）提供丰富、适用和引领创新作用的多种类型立体化、信息化课程资源，实现工作页多功能作用。

（2）运用现代教育技术，将教学视频、电子教材、电子课件、电子讲稿、数控加工仿真软件、网络教学等现代化教学手段相结合。

（3）在教学过程中，重视本专业领域新技术、新工艺、新设备发展趋势，努力为学生提供职业生涯发展的空间，着力培养学生参与社会实践的创新精神和职业能力。

3. 教学评价

1) 考核要求

课程考核应符合有关管理规定，具体要求如表34-3所示。

表34-3 课程考核要求

考核类别	平时过程性考核 50%	期末终结性考核 50%	补考
考核要求	平时表现 20%（考勤、作业、实验实践等）+ 阶段考核 30%	期末成绩评定由理论知识和课程设计两大部分组成，其中理论部分占 30%，课程设计部分占 20%	理论考核 100%

2) 说明

（1）平时过程性考核包括学习态度、学习水平和实践动手能力三个方面。

学习态度——学生学习纪律与态度、学习活动中参与的积极性、学习交流与团队协作能力占 10%。采用课堂学习活动评比、学习效果自评、互评、问卷调查等形式，主要由学生与学生团队给予评价。

学习水平——教学各单元模块知识结构与技能的训练占 30%。以各学习单元的理论与实践项目活动鉴定为依据进行考核，主要由教师与学生团队给予评价。

实践动手能力——项目综合训练、创新能力占 10%。以综合项目设计内容（1个）为依据进行综合项目考核，对查阅与应用设计手册、掌握设计软件能力以及创新设计能力进行评定，主要由教师与学生团队给予评价。

（2）期末终结性考核以试卷、课程总结报告或课程综合能力考核等形式进行评定，试卷占30%，课程总结报告或课程综合能力考核占20%。其中，课程综合能力考核以综合项目设计内容（1个）为依据，以课题答辩方式进行，主要由教师给予评价。本课程具体考核要求如表34-4和表34-5所示。

表34-4 期末终结性考核内容与标准

项目	考核内容与标准	分值
试卷考试（30分）	机械制造装备认知	0.9
	金属切削机床设计	7.5
	机床夹具设计	12
	组合机床设计	7.5
	物流系统设计	2.1
课程设计（20分）	对学生课程设计内容进行答辩，全面考核学生与设计有关的基础理论和设计技能的掌握情况	
	优秀： 基础理论和基本概念清楚，设计过程中反映出较强的独立工作能力，设计结构合理，图样标注合理、规范，答辩思路清晰，回答问题正确	20
	良好： 基础理论和基本概念清楚，设计过程中反映出一定的独立工作能力，设计结构较合理、图样标注基本正确、回答问题基本正确	16
	合格： 基础理论和基本概念虽有错误，但经启发能予以纠正，设计图样基本完成	12
	不合格： 基础理论和基本概念不清楚，经启发仍不能阐明设计的基本观点，设计图样没有完成	0

表34-5 平时过程性考核评价内容与标准

项目	内容	分值			
学习态度（10分）	出勤情况（5分）	5（优秀）	4（良好）	3（合格）	0（不合格）
	听课态度（5分）	5（优秀）	4（良好）	3（合格）	0（不合格）
学习水平（30分）	课堂提问（5分）	5（优秀）	4（良好）	3（合格）	0（不合格）
	讨论课发言（5分）	5（优秀）	4（良好）	3（合格）	0（不合格）
	线上课件学习（20分）	20（优秀）	16（良好）	12（合格）	0（不合格）
实践动手能力（10分）	查阅与应用设计手册、掌握仿真软件能力以及工装设计能力（10分）	10（优秀）	8（良好）	6（合格）	0（不合格）

（3）注意事项。

说明：课程任课教师要按照课程考核要求实施考核，注意做好学习过程、到课情况、平时作业、实验实践情况、考核情况的相关记录，将其作为学生最终评定成绩的明确依据，并与成绩册一同形成成绩档案保存。课程可以过程性考核评价为主，也可以目标性考核评价为主。本课程是以过程性考核评价为主的课程。平时过程性考核一般由平时表现（考勤、作业、实验实践等）及阶段考核组成，其中，阶段考核的次数一般不少于每24课时1次；期末终结性考核的主要形式为理论考试，技能操作性较强的课程可采用综合性技能操作考核、课题报告、答辩、考证成绩、技能竞赛等方式。

四、课程资源

1. 教材选用

（1）按照学院《教材管理办法》，选用的教材要符合高职教学的要求，尽量选用近三年出版的教育部规划教材。

（2）搭建产学合作平台，充分利用模具行业的企业资源，组织由主讲教师与企业专家技术骨干组成的教学团队编写工学结合的教材。

2. 网络资源

根据课程目标、学生实际以及本课程的理论性和实践等特点，本课程的教学建设由文字和电子教材、教学视频、电子课件、电子讲稿等多种形式的教学资源与数控加工仿真软件及数控机床相结合，共同完成教学任务，达成教学目标。

（1）职教云平台机械制造装备设计与实践在线课程，课程网址：

https://cqipc.zjy2.icve.com.cn/course.html?courseOpenId=mhhvaf2r3q9lej6iclha。

（2）课程资源的开发和利用。充分利用教学视频、多媒体数控加工仿真软件、电子讲稿、动画等这些资源创设形象生动的工作情境，激发学生的学习，促进学生对知识的理解和掌握。建议加强常用课程资源的开发，建立多媒体课程资源的数据库，努力实现跨学校多媒体资源的共享，以提高资源利用效率。

（3）积极开发和利用网络课程资源。充分利用诸如电子书籍、电子期刊、数据库、数字图书馆、教育网站和电子论坛等网络信息资源，使教学媒体从单一媒体向多种媒体转变，使教学活动从信息的单向传递向双向交互转变，使学生从单独的学习向合作学习转变。

五、师资队伍

1. 课程教学团队

通过人才引进、聘请兼职教师等手段，增加师资数量；通过教师职业能力和职业技能培训，提高师资队伍的"双师"素质，形成合理的"双师"结构。

1）专兼职教师数量、结构

课程教学团队中：校内专职教师6人，其中，博士2人，硕士3人，本科1人；高级职称3人，中级职称2人；双师型专职教师6人，其中高级双师型教师2人、中级双师型教师1人，双师型教师占比达100%。

2）专兼职教师素质

根据《深化新时代职业教育"双师型"教师队伍建设改革实施方案》精神和数控技术岗位人才标准，本课程专兼职教师素质能力要求如表34-6所示。

表34-6 专兼职教师素质能力要求

教师类型	素质要求	能力要求
专职教师	具备爱国守法、爱岗敬业、关爱学生、教书育人、为人师表、终身学习等素质	（1）具备通识性教育、课程教学、素养教育等专业知识； （2）具备教学设计、教学实施、教学管理能力； （3）具备社会服务和科研能力

续表

教师类型	素质要求	能力要求
兼职教师	具备爱国守法、爱岗敬业、关爱学生、教书育人、为人师表、终身学习等素质	（1）具备较强的专业技能； （2）具备教学设计、教学实施、教学管理能力

3）职业能力课程任课教师资格

具有相应职业资格证书、受过技能培训的专职教师基本情况如表34-7。

表34-7 专职教师基本情况

序号	姓名	学历	职称	职业资格	行业经历	承担任务
1	彭钿忠	大学本科	教授	正高级工程师	20年	课程建设及教学
2	叶爽	博士研究生	讲师	无	1年	课程建设及教学
3	屈晓凡	博士研究生	副教授	高级工程师	8年	课程建设及教学
4	黄皞磊	硕士研究生	讲师	高级加工中心技师	3年	课程建设及教学
5	张燕	硕士研究生	助教	工程师	5年	课程建设及教学
6	张寒	硕士研究生	助教	初级工程师	2年	课程建设及教学

2. 课程团队职责

（1）机械设计与制造专业建设指导委员会把握课程发展方向。

（2）教研室主任、专业负责人与课程负责人负责课程的整体建设、内容的调整、课程的持续发展。

（3）专职教师负责课程的授课，专职教师与实训指导教师共同负责课程的实训指导。

（4）课程负责人负责监督课程的实施。

六、实践教学

校内外实训安排说明：对各实训项目时间、软硬件准备、同时实训学生数及同时指导老师人数等作出说明。

教学设施配置如表34-8所示。

表34-8 教学设施配置

序号	名称	数量	单位	备注
1	教学软件（CAXA，CATIA/UG）	50	套	较新版本
2	工装设计中心	1	间	配相应软件及教学模型
3	常见定位元件	各5	件	教学模型
4	基本夹紧机构	各5	套	教学模型
5	典型机床夹具	各5	套	教学模型

续表

序号	名称	数量	单位	备注
6	机床主轴部件	5	套	教学模型
7	数控工作台	5	套	伺服电机、联轴器、滚珠丝杠副、滚珠直线导轨副
8	夹具拆装工具	5	套	
9	电机、丝杠、导轨副、主轴、组合机床通用部件等配套件样本	若干	本	技术资料
10	机械设计手册	各5	套	含机床、夹具、工艺等
11	校内实训基地	1	个	配有各类金属切削机床及机床附件、工具等
12	校外实习基地	1	个	强化校企合作，确保工学结合顺利进行，一般一学期三周实习时间，每次两名带队老师，企业具有相应夹具、机床等

35　工程力学课程标准

(编写：游晓畅　校对：董梦瑶　审核：韦光珍)

课程代码：bk001014
课程类型：理实一体化课
学时/学分：48学时/3学分
适用专业：材料成型及控制工程

一、课程概述

1. 课程性质

本课程是材料成型及控制工程专业的专业基础知识课程，该课程为必修课，是一门研究物体机械运动规律以及构件强度、刚度和稳定性等计算原理的科学。本课程既具有基础性，即为后续课程的学习提供必要的力学知识与分析计算能力；又具有很强的工程应用性，即它为协调工程的安全性和经济性矛盾提供科学的解决方法，为学习有关后继课、专业课打基础。

2. 课程定位

本课程对接的工作岗位是机械产品加工工艺员、加工编程员、机床操作员，通过学习能够具备机械产品机械加工工艺设计及模具设计过程中力学分析的能力。

二、课程目标

通过工学结合，以工程实际任务驱动，以项目活动实施教学，使学生具备静定结构受力分析能力和内力图的绘制能力，力系平衡条件的应用能力，构件的强度、刚度、稳定性计算能力，工程运用与实际问题的解决能力；同时培养诚实、守信、善于沟通和合作的品质，并为后续专业课的学习打下坚实的基础。具体目标如下：

1. 知识目标

(1) 深入理解力、平衡、刚体和约束的概念和静力学基本公理及推论。能从简单的物系中恰当地选取研究对象，正确地画出受力图。

(2) 能正确地将力沿坐标轴分解并求其投影，能应用平面任意力系平衡方程计算单个物体和简单物体系统的平衡问题。

(3) 能清晰地理解力矩、合力矩、力偶、力偶矩的概念，会计算其大小，能应用平衡条件求解平面力偶系的平衡问题，能深入理解并应用力线平移定理。

(4) 明确变形固体的基本假设，理解起构件强度、刚度、截面法、内力、应力、极限应力、许用应力、安全系数、应力集中等系列概念，熟悉工程构件的四种基本变形形式。

(5) 懂得材料力学性能的测试方法，能对拉(压)杆进行变形计算和强度校核、截面尺寸选择及许用载荷确定；正确绘制扭矩图，熟悉横截面上剪应力的分布规律，并能应用圆轴的强度、刚度条件对扭转圆轴进行设计计算；熟悉纯弯曲时截面上正应力分布规律，能绘出弯矩图并对直梁进行弯曲强度计算。

2. 技能目标

通过学习，使学习者获得必备的技术技能，培养学生诚实守信、爱岗敬业、团结协作、吃苦耐劳的职业精神与创新设计意识和严谨求实的科学态度。

必备的技术技能如下：

（1）绘图与书写能力。

（2）把物体抽象为力学模型的能力。

（3）静定结构受力分析（外力与内力）能力。

（4）力系平衡条件的运用能力。

（5）工程构件（梁、柱）的强度、刚度、稳定性计算能力。

（6）培养学生查阅手册、检索资料的能力。

（7）工程项目中实际问题的分析与解决能力。

3. 素质目标

将课程思政元素运用在其中，以思政教育对学生进行正确性引导，帮助学生树立正确的人生观与价值观，使学生能够养成吃苦耐劳、坚韧不拔的精神，并且在学科学习中付出更多的精力，即便面对工程力学学科中浩瀚如海的知识量，学生也能够做到不屈不挠、刻苦钻研、深入探索，从而提高学生学习的质量与效果，以此确保学习可以更加优质地完成。

（1）培养学生逻辑思维能力与发现问题和解决问题的能力。

（2）培养学生刻苦钻研的学习态度，善于思考的学习方法，脚踏实地的工作作风。

（3）使学生具备在专业方面可持续发展的能力。

（4）养成独立思考的学习习惯，同时兼顾协同设计能力的培养，能对所学内容进行较为全面的比较、概括和阐释。

（5）使学生具备良好职业道德和诚信地与人交往沟通的能力。

（6）培养学生爱岗敬业、团结协作、吃苦耐劳的职业精神与创新设计意识。

三、课程实施和建议

1. 课程内容和要求

力学既是基础学科又是技术学科，横跨理工，与各行业的结合非常密切。传统力学内容经典，体系严密，但对于不擅长逻辑思维的高职学生，要让其在有限的课时内学到最有应用价值的过程性力学知识，课程团队在课程体系及教学内容改革方面的主要思路是：

突出主线，精选内容。遵循力学的基本研究方法，以刚体受力分析、平衡条件及应用、构件强度、刚度、稳定性、力和运动分析为主线，精选、组织与序化学习内容。

抓住共性，触类旁通（启发思维）。研究静力学问题的基本方法都是平衡方程；研究变形固体的基本方法都是依据变形几何关系、物理关系和静力学关系，以建立学生对力学问题处理的整体认识，为以后探索和解决未知问题启迪思路。

案例引领，任务驱动。以建构主义学习理论为基础，以典型工作任务（工程问题）为载体，以过程考核为评价手段，引领和推进课程内容的实施。在教师指导下，通过学生的自主学习与合作探究，学用一体，在解决问题、完成任务的过程中，实现知识、技能、态度和经验的自我构建，培养学生利用力学知识解决工程实际问题的岗位职业能力。

同时，根据课程思政的要求，将思政元素融入教学内容。在工程力学教学中进行文化培养。首先，树立正确的世界观、人生观、价值观。工程力学中的诸多理论都是沿着"实验—观察现象—假说—理论—实验"的科学方法来建立的，借此培养学生严谨科学的工作作风、对知识实事求是的态度、辩证唯物主义世界观，以及正确地分析和解决问题的能力，为树立正确的人生观、价值观作出正确引导。其次，要培养学生爱国情怀。在课程内容中适当加入一些力学史、科技前沿及工程案例,让学生了解每一代的科学家们的不懈努力,激发学生的爱国热情和前进动力,培养学生的科学精神和态度。

在工程力学中渗透唯物主义思想教育,使学生树立科学的世界观。力学是人们在生活中根据经验总结提炼出来的,所以力学中蕴含了很多哲理。教学中利用这些哲学道理,使学生的人生得到启示,帮助学生规划未来。

在工程力学教学中向学生灌输认真严谨的工作作风及遵纪守法的理念。在力学实验教学时,向学生强调操作过程一定要按照实验步骤,严格遵守实验规定,给学生播放工程事故案例,向学生灌输国家标准就是行业的法规,提醒学生无论在任何时候,都一定要遵守国家的法律法规,遵纪守法。

在工程力学教学中培养学生的相互协助、团队互助等意识以及良好的工作素养。在力学实验教学时,采用分组的方式进行实验。以组为单位,共同完成实验,培养学生的团队合作互助意识。在实验结束后,要求学生及时整理实验操作设备,培养学生养成良好的生活、工作习惯。

课程学时分配如表 35-1 所示,课程内容和要求如表 35-2 所示。

表 35-1 课程学时分配

项目(情景/模块/章节/单元)	学时		
	理论	实践	小计
项目一 静力学基本概念及受力图	4	4	8
项目二 力系的平衡方程及其应用	4	4	8
项目三 轴向拉伸与压缩	6	6	12
项目四 圆轴扭转	4	4	8
项目五 平面弯曲	4	4	8
项目六 压杆稳定	2	2	4
小计	24	24	48

表 35-2 课程内容和要求

章节/单元	素质目标	知识目标	技能目标	教学活动
项目一 静力学基本概念及受力图	(1)帮助学生养成严谨的治学态度; (2)结合工程力学静力学理论的推导、力学力矩的求解、工程力学受力分析的步骤,让学生明白科学的严谨性,在未来工作中养成认真踏实的工作作风	(1)掌握力学的基本概念;★ (2)掌握静力学基本公理; (3)理解力在直角坐标系的投影,能熟练计算力在直角坐标轴上的投影; (4)求解力对点之距,以及力偶; (5)约束与约束反力;★ (6)物体的受力分析★	(1)能够求解力的投影; (2)能够求解力对点之矩; (3)能够合成平面力偶系;■ (4)能根据约束类型分析相应约束力; (5)能够正确画出物体的受力分析★■	讲练结合、线上线下混合式教学

207

续表

章节/单元	素质目标	知识目标	技能目标	教学活动
项目二 力系的平衡方程及其应用	（1）帮助学生养成严谨的治学态度；（2）结合工程力学汇交力系几何法与解析法的区别，让学生明白计算的严谨性，在未来工作中养成认真踏实的工作作风；（3）培养学生掌握抽象化能力、逻辑思维能力、计算能力以及利用工程力学的基本理论和方法，去解决一些简单的工程实际问题的能力；（4）培养学生的社会能力、方法能力，使其具有良好的职业道德	（1）平面汇交力系的合成与平衡；（2）掌握平面汇交力系合成的几何法和解析法；（3）平面力偶系的平衡条件；★（4）求解平衡力偶系中未知约束力；★（5）平面一般力系的简化合成；（6）平面一般力系的平衡条件与平衡方程；★（7）应用平面任意力系的平衡方程，求解单个物体的平衡问题；★（8）物体系统的平衡问题求解★	（1）能够合成平面汇交力系，掌握平面汇交力系平衡方程，并能求解未知约束力；★■（2）能够合成平面力偶系；（3）能用平面力偶系的平衡方程解决实际工程中的基本力学问题；★■（4）能够用平面任意力系的平衡方程解决实际工程中的力学问题，培养工程实践能力★■	讲练结合、线上线下混合式教学
项目三 轴向拉伸与压缩	（1）帮助学生养成严谨的治学态度；（2）结合轴力求解，让学生明白计算的严谨性，在未来工作中养成认真踏实的工作作风；（3）培养学生发现问题和解决问题的能力，并具有终身学习与专业发展能力	（1）能正确分析直杆在常见载荷作用下的变形形式；（2）了解轴力的概念；（3）轴力的计算；★（4）绘制轴力图；（5）塑性与脆性材料（以低碳钢与铸铁为例）拉伸时的力学特性；★（6）塑性与脆性材料（以低碳钢与铸铁为例）压缩时的力学特性；（7）拉压杆的截面应力计算、拉压杆的刚度计算、拉压杆的强度计算★	（1）能够熟练应用截面法或简捷法求解轴力；★（2）能够进行轴力图的绘制；★（3）会分析低碳钢拉伸的四个阶段；★■（4）会区分塑性与脆性材料在拉伸与压缩时不同的力学性能；（5）能熟练求解拉压杆的应力；★■（6）能运用胡克定律进行刚度计算；（7）能熟练进行拉压杆的强度计算★■	讲练结合、线上线下混合式教学
项目四 圆轴扭转	（1）帮助学生养成严谨的治学态度；（2）结合工程中地轴扭转变形造成的事故，让学生养成认真踏实的工作作风；（3）培养学生遵守职业规范，具有良好的专业精神、职业精神和工匠精神	（1）掌握扭转变形的受力特点和变形特点；（2）掌握扭矩的计算及扭矩图的画法；★（3）掌握圆轴扭转时的应力计算、强度计算；（4）掌握圆轴扭转时的扭转角计算及刚度条件和计算	（1）能够根据传动轴所传递的功率、转速计算外力偶矩；（2）能够熟练运用截面法或者简捷法计算圆轴横截面上的扭矩并绘制扭矩图；★■（3）能够运用扭转强度条件进行强度计算；★■（4）能够按强度条件和刚度条件解决三类强度问题	讲练结合、线上线下混合式教学

续表

章节/单元	素质目标	知识目标	技能目标	教学活动
项目五 平面弯曲	(1) 帮助学生养成严谨的治学态度；(2) 结合工程中的实际弯曲变形造成的事故案例，让学生养成认真踏实的工作作风；(3) 培养学生发现问题和解决问题的能力，并具有终身学习与专业发展能力；(4) 养成独立思考的学习习惯，同时兼顾协同设计能力的培养，能对所学内容进行较为全面的比较、概括和阐释	(1) 了解弯曲和平面弯曲的基本概念；(2) 牢固掌握剪力、弯矩的概念及其符号规定；(3) 理解应用剪力方程与弯矩方程作用力图的方法；★ (4) 掌握弯矩、剪力、荷载集度之间的关系，以及由此得出的作剪力图和弯矩图的规律；★ (5) 牢固掌握简捷法画梁的剪力图和弯矩图的方法；★ (6) 掌握纯弯曲、横力弯曲、正应力、剪应力、基本概念；★ (7) 掌握梁弯曲时的应力求解公式；(8) 熟悉梁横截面上正应力和剪应力的分布规律；(9) 正确判断梁的危险截面；(10) 牢固掌握梁的正应力强度条件及其应用；★ (11) 了解挠度与转角的关系和梁的挠曲线近似微分方程；★ (12) 理解求解梁变形的两种方法；(13) 掌握梁的刚度条件和相应计算	(1) 能熟练应用截面法直接求出梁的任意横截面的剪力和弯矩；★■ (2) 能够应用剪力方程与弯矩方程作用力图；(3) 能熟练应用简捷法绘制梁的剪力图和弯矩图；★■ (4) 能够计算矩形截面、工字形截面和圆形截面梁上各点的弯曲应力；★■ (5) 能够熟练应用平面弯曲时梁正应力的强度条件解决三类强度问题；(6) 能用叠加法求梁的某些特定截面的转角及挠度；★■ (7) 能够对刚度条件进行校核；(8) 能够采取相应的措施提高梁的弯曲刚度	讲练结合、线上线下混合式教学
项目六 压杆稳定	(1) 培养学生遵守职业规范，具有良好的专业精神、职业精神和工匠精神；(2) 培养质量意识、安全意识、环保意识、创新思维、信息素养；(3) 帮助学生养成严谨的治学态度；(4) 结合工程中的压杆失稳造成的事故，让学生养成认真踏实的工作作风	(1) 掌握压杆稳定、失稳的概念；★ (2) 理解临界力、临界应力及柔度的概念；★ (3) 掌握柔度在压杆稳定计算中的应用；(4) 掌握欧拉公式；(5) 掌握用折减系数法对压杆进行稳定计算；(6) 了解提高压杆稳定性的措施★	(1) 能够对压杆的临界力和临界应力进行计算；★■ (2) 能够采取相应措施提高实际压杆的稳定性；(3) 能够应用稳定条件对压杆进行稳定计算★	讲练结合、线上线下混合式教学

备注：教学重点、难点在表中标出，其中，打★的为教学重点，打■的为教学难点。

2. 教学方法和教学手段

1) 教学方法建议

(1) 以正确的职业教育思想为指导，了解学生学习特点，研究学生的学习过程和方法，研究教学规律，不断改进教学方法，较好地实现教学目的。教学手段的使用与教学内容紧密结合，通过有效的现代化教学手段，借助启发互动式、启发探究式、讲授、实验法等手段使教学内容得到充分的解释，使之在规定的时间内给学生提供最大的信息量，收到较好的教学效果。

（2）通过采取课堂模拟、多媒体、项目任务、小组协作等教学手段和方法，培养学生系统思考问题的能力，使其对抽象或者平面物体的认识和分析能力得以提高，并能够举一反三将力学模型套用到相关工程实例上面进行应用和计算。

（3）搜集更多、更新的工程实际教学案例，通过多媒体手段制作成案例库，在组织授课内容时突出教学案例与造型方法等知识点的联系，帮助学生真正理解抽象物体的受力情况。提高学生对典型力学模型的剖析程度，让案例教学效果更加明显。

（4）利用信息化手段，变"以教师为中心"为"以学生为主体"。课堂教学的实质首先就在于它不仅是"教"或"学"的过程，而且是一种全体参与的过程。要充分发挥学生的主体性，让他们参与到整个教学中，激发学生的学习兴趣，提高教学质量。

2）教学手段

（1）提供丰富、适用和引领创新作用的多种类型立体化、信息化课程资源，实现工作页多功能作用。

（2）运用现代教育技术，将教学视频、电子教材、电子课件、电子讲稿、数控加工仿真软件、网络教学等现代化教学手段相结合。

（3）在教学过程中，重视本专业领域新技术、新工艺、新设备发展趋势，努力为学生提供职业生涯发展的空间，着力培养学生参与社会实践的创新精神和职业能力。

3. 教学评价

1）考核要求

课程考核应符合有关管理规定，具体要求如表35-3所示。

表35-3 课程考核要求

考核类别	平时过程性考核50%	期末终结性考核50%	补考
考核要求	平时表现40%（考勤5%、听课态度5%、作业5%、回答问题5%、讨论发言5%、线上资源学习使用5%、查阅与应用设计手册5%、实验5%等）+阶段考核10%	理论考试50%	理论考试

2）说明

（1）改革考核手段和方法，加强实践环节的考核，可采用过程考核和结果考核相结合的考核方法。

（2）结合课堂提问、学生作业、平时测验、实验实训及考试情况，综合评定学生的成绩。

（3）应注重对学生动手能力和在实践中分析问题、解决问题能力的考核。对在学习和应用上有创新的学生应特别给予鼓励，综合评价学生的能力。评价内容不仅要有传统课程试卷考试成绩，还要从课程心得、参与过程及团队合作等两个角度进行综合评价；评价主体上打破教师单一评价的模式，实现教师评价、学生自评、小组互评等多种评价方式相结合的模式。本课程具体考核要求如表35-4~表35-6所示。

表35-4 考核方式

考核分类		考核方式	成绩比例
形成性评价	课堂理论测试	检查作业、分组竞赛、课堂提问、平时测验为主	25%
	实训技能测试	实验项目地完成、查阅手册	25%
终结性评价	主要考核学生对该门课程的综合应用能力	笔试	30%

续表

考核分类		考核方式	成绩比例
综合评价	考核学生的基本综合素质	观察学生的考勤情况、学习态度、职业道德、团队合作、语言交流、组织管理、数控技能竞赛等	20%

表35-5 考核标准

序号	学习情境	考核的知识点、技能点及要求	考核比例
1	理论力学部分实验	实验完成度，相关手册查看情况，实验结果分析情况	45%
2	材料力学部分实验	实验完成度，相关手册查看情况，实验结果分析情况	45%
3	学生综合评价	学生的基本综合素养	10%

表35-6 平时过程性考核评价内容与标准

项目	内容	分值			
学习态度（10分）	出勤情况（5分）	5（优秀）	4（良好）	3（合格）	0（不合格）
	听课态度（5分）	5（优秀）	4（良好）	3（合格）	0（不合格）
学习水平（30分）	课堂提问（5分）	5（优秀）	4（良好）	3（合格）	0（不合格）
	讨论课发言（5分）	5（优秀）	4（良好）	3（合格）	0（不合格）
	线上课件学习（20分）	20（优秀）	16（良好）	12（合格）	0（不合格）
实践动手能力（10分）	查阅与应用设计手册、掌握仿真软件能力以及工装设计能力（10分）	10（优秀）	8（良好）	6（合格）	0（不合格）

（4）注意事项。

说明：课程任课教师要按照课程考核要求实施考核，注意做好学习过程、到课情况、平时作业、实验实践情况、考核情况的相关记录，将其作为学生最终评定成绩的明确依据，并与成绩册一同形成成绩档案保存。课程可以过程性考核评价为主，也可以目标性考核评价为主。本课程是以过程性考核评价为主的课程。平时过程性考核一般由平时表现（考勤、作业、实验实践等）及阶段考核组成，其中，阶段考核的次数一般不少于每24课时1次；期末终结性考核的主要形式为理论考试，技能操作性较强的课程可采用综合性技能操作考核、课题报告、答辩、考证成绩、技能竞赛等方式。

四、课程资源

1. 教材选用

（1）按照学院《教材管理办法》，选用的教材要符合高职教学的要求，尽量选用近三年出版的教育部规划教材。

（2）搭建产学合作平台，充分利用模具行业的企业资源，组织由主讲教师与企业专家技术骨干组成的教学团队编写工学结合的教材。

2. 网络资源

（1）智慧职教课程平台工程力学在线课程。

（2）充分认识信息技术与学科的整合，积极使用国家精品在线课程资源、国家专业教学资源库相关资源实现线上线下混合式教学、翻转课堂教学，如教学资源库、网络资源、MOOC 课程、SPOC 课程等。

（3）利用现代信息技术开发教学用多媒体课件，包含"授课要点、模拟实验、在线答疑、自主测试"等内容，通过搭建多维、动态、活跃、自主的课程学习与训练平台，使学生的主动性、积极性和创造性得以充分调动。

（4）给学生提供电子书籍、电子期刊、数字图书馆、专业网站等网络资源的导引信息以及操作方法，使学生充分利用网络资源自主学习，实现教学内容从单一化向多元化转变，为学生的研究性学习和自主性学习创造条件，使学生能力充分得到拓展。

五、师资队伍

1. 课程教学团队

通过人才引进、聘请兼职教师等手段，增加师资数量；通过教师职业能力和职业技能培训，提高师资队伍的"双师"素质，形成合理的"双师"结构。

1）专兼职教师数量、结构

校内专职教师5人，行业企业兼职教师2人；教学团队专职教师中，博士2人，硕士2人，本科1人；高级职称1人，中级职称4人；专职教师40岁以上2人，30～40岁3人；双师型专任教师5人，其中高级双师型教师1人，中级双师型教师4人，双师型教师占比达100%。

2）专兼职教师素质

根据《深化新时代职业教育"双师型"教师队伍建设改革实施方案》精神和材料成型及控制工程岗位人才标准，本课程专兼职教师素质能力要求如表35-7所示。

表35-7 专兼职教师素质能力要求

教师类型	素质要求	能力要求
专职教师	具备爱国守法、爱岗敬业、关爱学生、教书育人、为人师表、终身学习等素质	（1）具备通识性教育、课程教学、素养教育等专业知识； （2）具备教学设计、教学实施、教学管理能力； （3）具备社会服务和科研能力
兼职教师	具备爱国守法、爱岗敬业、关爱学生、教书育人、为人师表、终身学习等素质	（1）具备较强的专业技能； （2）具备教学设计、教学实施、教学管理能力

3）职业能力课程任课教师资格

具有相应职业资格证书、受过技能培训的专职教师基本情况如表35-8所示。受过职业教学能力培训的企业技术人员、能工巧匠等兼职教师基本情况如表35-9所示。

表35-8 专职教师基本情况

序号	姓名	学历	职称	职业资格	行业经历	承担任务
1	游晓畅	大学本科	讲师	钳工四级	3年	课程建设及教学
2	杨刚	硕士研究生	副教授	钳工四级	3.5年	课程建设及教学
5	董梦瑶	博士研究生	讲师	工程师	3年	课程建设及教学
6	胡慧芳	博士研究生	讲师	工程师	14年	课程建设及教学
7	吴莉莉	硕士研究生	工程师	工程师	9.5年	课程建设及教学

表 35-9 兼职教师基本情况

序号	姓名	性别	单位	职称	承担任务
1	洪杰伟	男	重庆长安模具有限公司	工程师	课程建设指导及课程教学
2	杨波	男	重庆建筑安装工程公司	工程师	课程建设指导及课程教学

2. 课程团队职责

（1）材料成型及控制工程专业建设指导委员会把握课程发展方向。
（2）教研室主任、专业负责人与课程负责人负责课程的整体建设、内容的调整、课程的持续发展。
（3）专职教师负责课程的授课，专职教师与实训指导教师共同负责实训指导。
（4）课程负责人负责监督课程的实施。

六、实践教学

1. 校内实训条件要求

本课程实验实训可在智能制造大楼、第一实训楼、现代制造技术实训中心、智能制造产教融合中心进行。课程教学实验室如表 35-10 所示。

表 35-10 课程教学实验室

序号	实训室名称	实训功能	实训内容	主要设备配置
1	智能制造实训中心	测量仪使用	熟悉了解各测量仪器功能及原理	二维成像仪、三维坐标仪
2	力学实验室	万能试验机、硬度计、标准试验机的使用	学习不同材料的力学实验	标准试验机、硬度计、万能实验机、冲击试验机

2. 校外实训条件要求

校企合作开发实验实训课程资源。充分利用本行业典型企业的资源，加强校企合作建立校外实训基地，满足学生的实习实训需求，在此过程中进行实验实训课程资源的开发，同时为学生提供就业机会，开创就业渠道。课程校外实习实训由校内专职和企业教师共同指导。课程校外实习实训一览表如表 35-11 所示。

表 35-11 课程校外实习实训一览表

序号	实习实训基地名称	实习实训功能	实习实训条件	指导老师
1	东风商用车发动机公司	跟岗实习	满足实习要求	校内专职和企业教师
2	重油高科电控燃油喷射系统（重庆）有限公司	跟岗实习	满足实习要求	校内专职和企业教师
3	重庆元创技研实业开发有限公司	跟岗实习	满足实习要求	校内专职和企业教师
4	重庆长安汽车模具有限公司	岗位实习	满足实习要求	校内专职和企业教师

36　机械设计基础课程标准

（编写：屈晓凡　校对：张黎　审核：周渝庆）

课程代码：02150101
课程类型：理实一体化课
学时/学分：64 学时/4 学分
适用专业：机械设计与制造、模具设计与制造、数控技术

一、课程概述

1. 课程性质

本课程是机械设计与制造、模具设计与制造、数控技术专业必修的一门专业基础课程，是在学生已经学习了机械制图与计算机绘图课程、具备了一定的识图、制图能力的基础上开设的一门理实一体化课程。其功能是对接专业人才培养目标，面向机械产品设计与制造、机械零件测绘设计、成型工艺装备设计、模具研发与设计、生产线设计以及技术管理等工作岗位。通过对常见机构、传动系统、标准件、轴系零部件和联结零件等内容的学习，培养学生具备简单机械的设计能力及使用维护能力，为后续相关课程和毕业设计奠定基础。

2. 课程定位

本课程对接的工作岗位是机械产品设计与制造、机械零件测绘设计、成型工艺装备设计、模具研发与设计、生产线设计以及技术管理等，通过学习学生应具备简单机械结构的设计能力及使用维护的能力。

二、课程目标

本课程培养学生诚实、守信的品德，负责的态度以及善于沟通和合作的团队意识；培养学生重质量、守规范和良好安全意识的职业能力；培养学生掌握岗位工作所需的简单机械设计和使用维护，使学生成为具有良好职业道德并具有可持续发展能力的创新型技术技能型人才，以适应市场对人才的需求。

具体目标如下：

1. 素质目标

（1）具有爱国主义和集体主义精神，拥护中国共产党领导和我国社会主义制度，爱国、敬业、诚信。
（2）遵守职业规范，具有良好的专业精神、职业精神和工匠精神。
（3）具有质量意识、安全意识、环保意识、创新思维、信息素养。
（4）培养学生发现问题和解决问题的能力，并具有终身学习与专业发展能力。
（5）培养良好的学习态度，培养诚实守信、和谐文明的工作作风。
（6）培养良好地交往与沟通表达能力和良好的团队合作精神。

2. 知识目标

(1) 认识常用机构,能判断机构的类型,分析机构的运动特性,熟悉机构的使用特点。
(2) 认识带传动与齿轮传动,熟悉带、带轮、齿轮的设计准则与设计方法。
(3) 掌握轮系的分类和功用,学会定轴轮系和周转轮系传动比的计算方法。
(4) 熟悉螺纹与螺纹联结、键、轴承等标准件的标准以及使用性能。
(5) 熟悉轴与轴上零件的定位与固定方法,熟悉轴的设计准则与设计方法。
(6) 了解轴承、联轴器和离合器的主要类型和功用。

3. 技能目标

(1) 能够绘制简单的机构运动简图,识记常见的机构。
(2) 能够对圆柱齿轮进行基本的尺寸计算,以及对轮系进行传动比的计算。
(3) 能够正确选用键联结、轴承、联轴器和离合器。
(4) 培养学生查阅手册、检索资料的能力和设计简单传动装置的能力。

三、课程实施和建议

1. 课程内容和要求

本课程是以机械设计与制造、模具设计与制造、数控技术专业学生的就业与可持续发展为导向,根据专业课程的需求,由行业专家、技术人员与该课程的教学团队根据人才培养方案而开发的。课程教学以项目实施、典型工作任务为依据,以校内双师教师和企业兼职教师为主导,以行动导向组织教学。具体设计思路为:按专业培养目标,以国家职业标准为依据,结合典型的工作任务,以行动导向为特征,以突出课程的职业性、实践性和开放性为前提,进行学科体系的解构与行动体系的重构;采用循序渐进、典型案例、教书与育人、线上与线下相结合,将专业课程中丰富的思政元素与专业内容有机结合起来的方式来展现教学内容;以理论教学和实训设计相融合的教学方式,边讲边学、边学边做、做中学、学中做,把学生培养成为具有良好职业道德的、具有一定的机械设计理论知识又初步具备机械设计能力的应用型人才,并为后续专业课的学习以及学生可持续发展打下坚实的基础。

根据材料成型及控制工程专业的需求,选取适合的教学内容,具体课程学时分配如表36-1所示,教学内容和要求如表36-2所示。

表36-1 课程学时分配

项目(情景/模块/章节/单元)	学时		
	理论	实践	小计
项目一 常用机构的认识与工作特性分析	8	8	16
项目二 带传动、链传动	6	6	12
项目三 齿轮传动、蜗杆传动	12	12	24
项目四 轴系零部件和联结零件	6	6	12
小计	32	32	64

表 36-2　课程内容和要求

章节/单元	任务	教学内容和要求			
		素质目标	知识目标	技能目标	教学活动
项目一 常用机构的认识与工作特性分析	任务 1-1 平面机构自由度的运动简图及机构自由度计算	（1）具有爱国主义和集体主义精神，拥护中国共产党领导和我国社会主义制度，爱国、敬业、诚信；（2）遵守职业规范，具有良好的专业精神、职业精神和工匠精神；（3）具有质量意识、安全意识、环保意识、创新思维、信息素养	（1）知道构件的自由度、运动副、低副、高副、复合铰、局部自由度、虚约束等基本概念；（2）熟悉机构运动简图，机构的自由度、自由度计算公式和机构具有确定相对运动的条件★	（1）能绘制简单常用的平面机构运动简图；■（2）能熟练地进行机构自由度的计算并正确分析机构是否具有确定的相对运动★■	（1）教师：引导、讲授、演示、评价；（2）学生：模仿、讨论、练习、互评、反馈、改进
	任务 1-2 认识平面连杆机构及凸轮机构	（1）具有爱国主义和集体主义精神，拥护中国共产党领导和我国社会主义制度，爱国、敬业、诚信；（2）遵守职业规范，具有良好的专业精神、职业精神和工匠精神；（3）具有质量意识、安全意识、环保意识、创新思维、信息素养	（1）知道平面机构的概念，铰链四杆机构、滑块机构、平面连杆机构的工作特性；★（2）知道凸轮机构、棘轮机构、槽轮机构、螺旋机构的组成与工作特性	（1）能正确判断常用机构的类型，熟悉常用机构的运动特性与工作特性；★■（2）能设计简单的平面连杆机构■	（1）教师：引导、讲授、演示、评价；（2）学生：模仿、讨论、练习、互评、反馈、改进
项目二 带传动、链传动	任务 2-1 带传动设计与承载能力分析	（1）具有爱国主义和集体主义精神，拥护中国共产党领导和我国社会主义制度，爱国、敬业、诚信；（2）质量意识、环保意识、安全意识、信息素养、工匠精神、创新思维	（1）知道带传动的工作原理、类型及其应用；（2）知道 V 带的结构与标准，以及 V 带轮的结构；（3）学会带传动的失效形式与设计准则、设计方法★	（1）能够对 V 带与带轮的结构进行设计；★■（2）掌握简单带传动的安装与维护★■	（1）教师：引导、讲授、演示、评价；（2）学生：模仿、讨论、练习、互评、反馈、改进
	任务 2-2 链传动设计与承载能力分析	（1）具有爱国主义和集体主义精神，拥护中国共产党领导和我国社会主义制度，爱国、敬业、诚信；（2）质量意识、环保意识、安全意识、信息素养、工匠精神、创新思维	（1）知道链传动的工作原理、类型及应用；（2）知道链传动的结构与标准、链轮的结构；（3）学会链传动的失效形式与设计准则、设计方法★	（1）能够对链条与链轮的结构进行设计；★■（2）掌握简单链传动的安装与维护★■	（1）教师：引导、讲授、演示、评价；（2）学生：模仿、讨论、练习、互评、反馈、改进

续表

章节/单元	任务	教学内容和要求			
		素质目标	知识目标	技能目标	教学活动
项目三 齿轮传动、蜗杆传动	任务3-1 平行轴齿轮传动设计	（1）具有爱国主义和集体主义精神，拥护中国共产党领导和我国社会主义制度，爱国、敬业、诚信；（2）质量意识、环保意识、安全意识、信息素养、工匠精神、创新思维	（1）知道直齿圆柱齿轮几何尺寸计算；★（2）知道渐开线齿轮的失效形式与设计准则，直齿圆柱齿轮渐开线齿轮的设计方法与步骤★	（1）能正确计算齿轮的几何尺寸；★（2）能对直齿圆柱齿轮的结构设计与承载能力计算，能画齿轮零件工作图★■	（1）教师：引导、讲授、演示、评价；（2）学生：模仿、讨论、练习、互评、反馈、改进
	任务3-2 认识非平行轴齿轮传动	培养质量意识、环保意识、安全意识、信息素养、工匠精神、创新思维	知道斜齿轮传动特点、几何尺寸、啮合特性及其应用★	能够分析斜齿轮传动的工作特性★	（1）教师：引导、讲授、演示、评价；（2）学生：模仿、讨论、练习、互评、反馈、改进
	任务3-3 认识蜗杆传动	（1）遵守职业规范，具有良好的专业精神、职业精神和工匠精神；（2）具有质量意识、安全意识、环保意识、创新思维、信息素养	知道蜗杆传动特点、几何尺寸、啮合特性及其应用★	能够分析蜗杆传动的工作特性★	（1）教师：引导、讲授、演示、评价；（2）学生：模仿、讨论、练习、互评、反馈、改进
	任务3-4 认识轮系	（1）遵守职业规范，具有良好的专业精神、职业精神和工匠精神；（2）具有质量意识、安全意识、环保意识、创新思维、信息素养	（1）知道齿轮系（含蜗轮蜗杆）类型的判断；★（2）理解各类齿轮系传动比计算的方法★■	（1）能够判断齿轮系（含蜗轮蜗杆）类型；★（2）能够计算各类齿轮系传动比★■	（1）教师：引导、讲授、演示、评价；（2）学生：模仿、讨论、练习、互评、反馈、改进
项目四 轴系零部件和联结零件	任务4-1 轴和轴毂联结	（1）遵守职业规范，具有良好的专业精神、职业精神和工匠精神；（2）具有质量意识、安全意识、环保意识、创新思维、信息素养	（1）学会轴上零件的定位与固定方法，会进行轴上零件（带轮、齿轮、轴承、联轴器等）的定位与固定的设计；★（2）知道根据失效形式选用正确的强度条件进行强度计算和结构设计；★（3）知道绘制轴系结构图与轴的零件工作图★■	（1）掌握轴上零件的定位与固定方法，并能够进行轴上零件（带轮、齿轮、轴承、联轴器等）的定位与固定的设计；★（2）掌握根据失效形式选用正确的强度条件进行强度计算和结构设计；★（3）能够使用二维CAD软件正确绘制轴系结构图与轴的零件工作图★■	（1）教师：引导、讲授、演示、评价；（2）学生：模仿、讨论、练习、互评、反馈、改进

续表

章节/单元	任务	教学内容和要求			
		素质目标	知识目标	技能目标	教学活动
项目四 轴系零部件和联结零件	任务4-2 认识轴承	(1) 遵守职业规范,具有良好的专业精神、职业精神和工匠精神; (2) 具有质量意识、安全意识、环保意识、创新思维、信息素养	(1) 认识常用滚动轴承的代号;★ (2) 认识常用滚动轴承的分类和其适用范围,熟悉常用滚动轴承的选用★	(1) 能认识常用滚动轴承的代号;★ (2) 能够正确选用常用滚动轴承★	(1) 教师:引导、讲授、演示、评价; (2) 学生:模仿、讨论、练习、互评、反馈、改进
	任务4-3 认识联轴器和离合器	(1) 遵守职业规范,具有良好的专业精神、职业精神和工匠精神; (2) 具有质量意识、安全意识、环保意识、创新思维、信息素养	(1) 知道联轴器、离合器的类型和作用;★ (2) 知道联轴器和离合器选择★	(1) 能够识别联轴器、离合器的类型和作用;★ (2) 能够正确选择联轴器和离合器★	(1) 教师:引导、讲授、演示、评价; (2) 学生:模仿、讨论、练习、互评、反馈、改进
	任务4-4 认识螺纹联结	(1) 遵守职业规范,具有良好的专业精神、职业精神和工匠精神; (2) 具有质量意识、安全意识、环保意识、创新思维、信息素养	(1) 知道螺纹的基本参数和类型;★ (2) 知道螺纹联结的预紧与防松★	(1) 能够选择螺纹的基本参数和类型;★ (2) 掌握螺纹联结的预紧与防松★	(1) 教师:引导、讲授、演示、评价; (2) 学生:模仿、讨论、练习、互评、反馈、改进

备注:教学重点、难点在表中标出,其中,打★的为教学重点,打■的为教学难点。

3. 教学方法和教学手段

机械设计基础是一门专业基础课,既有较强的理论性,概念和公式多,又有较强的实践性,计算题量大、设计复杂等。因此可以采取灵活的教学方法,启发、诱导、因材施教,给学生更多的思维活动空间,发挥教与学两方面的积极性,提高教学质量和教学水平。

1) 教学方法建议

(1) 线上线下混合式教学法。

基于"云班课+翻转课堂"进行线上线下教学,将线下课堂教学与线上课程教学有机结合,使学生运用基于移动终端的在线开放课程,将部分课程线下学习扩展到不受时间地点限制的课前、课后线上学习。

课前向学生发布课前学习任务(包括话题讨论、线上投票、问卷调查、预习资料等),并按学校教学安排,线下开展理实一体化的教学(包括线上签到、头脑风暴、设计练习、作业点评等教学活动),最后线上布置课后学习安排(包括线上作业、复习课件等)。

(2) 项目导向法。

在实际的教学工作过程中将理论与实践相结合,以实际的项目内容贯穿整个课程教学,实施以项目为中心,选择、组织课程内容,并以完成工作任务为主要学习方式。该教学模式打破了原来课程的界限，将课程教学内容细分为与专业相关的项目与任务，强调实训环节，实现"双教一体化""教学做"一体化同时进行，使得学生能真正进入到"在做中学"的理想学习环境中，使学生在案例分析或项目活动中了解机械传动装置设计工作领域与工作过程。

（3）任务驱动法。

任务驱动教学法有利于构建一个良好的教学情境，营造宽松的教学环境，激发学生的学习兴趣，能充分调动学生的积极性，提高学生的自主学习能力。以任务为主线、教师为主导、学生为主体，将所要学习的新知识隐含在任务之中，学生通过对所提出的任务进行分析、讨论，寻找完成任务的途径，在老师的指导和帮助下完成任务，在完成任务过程中掌握解决问题的方法，自主学习相关的知识点。同时，使学生学会与人合作、总结与反思，培养学生的动手能力、综合职业素质和创新能力。

（4）互动式教学法。

根据学生已有知识或实践经验，有目的地提出问题，激发学生积极思考，从而使学生获得新知识。这种探讨式的教学方法不仅能发散学生的思维，使他们对所学的知识理解深刻，还有利于学生口头表达能力的提高。启发式、互动式教学给教师提供了多方面了解学生的机会和教师与学生互动的平台。教师还可根据互动情况调整教学广度和深度，补充必要的知识内容。

（5）课程思政融入教学法。

在本课程中开展课程思政教学，以润物无声的方式融入教学案例、任务引入、课后作业，多层次多角度地培养学生的家国情怀，激发他们的爱国主义热情、精益求精的工匠精神，增强职业自豪感和认同感，提高其遵守国家标准、行业规范、责任意识等工程伦理素质，激发学生学习的内在动力。

2）教学手段

（1）以微课、多媒体教学的方式将网络当中的各类教学资源进行整合，有效提升任务驱动式教学的效果。

（2）在教学过程中，强调校企合作、工学结合，重视本专业领域新技术、新工艺、新设备发展趋势，贴近生产现场。

3. 教学评价

1）评价建议

（1）课程评价采用平时测评与期末终结性鉴定相结合的鉴定方式，采用线上评价与线下评价、理论评价与实操评价的方式进行。

（2）建议工作过程与模块评价相结合、定性评价与定量评价相结合，加强实践性教学环节的考核，注重理解与分析能力的提高与培养。

（3）建议加大对学生学习过程的评价与控制，教学中分工作任务模块评分，设计各环节的考核标准和相应的考核表格，形成对工程素质、实践技能、合作能力等的综合评价体系。

（4）建议课程结束后进行综合评价，应用实例分析与讲解、答辩等手段，充分发挥学生的主动性和创造力，考核学生所拥有的综合职业能力及水平。

2）评价的具体形式与方法

（1）由教师与学生组成教学评价团队，对学生的学习积极性、自主性、参与性、学习过程和结果给予评价与考核。

（2）学习过程的评价采用以学生和学习团队为主，教师为辅的评价体系，主要是对学生学习纪律、学习态度、学习活动中参与的积极性与能力、交流合作的能力以及实训与练习的考核。

（3）学习结果的评价主要采用以教师为主，学生为辅的评价体系，主要对学生的学习能力、设计能力、学习成效进行综合评价。

3）教学评价的结构与比例

本课程按照百分制进行考核，考核主要包括平时过程性考核和期末终结性考核两大方面，平时过程性考核占50%，期末终结性考核占50%。

（1）平时过程性考核包括学习态度、学习水平和实践动手能力三个方面。

学习态度——学生学习纪律与态度、学习活动中参与的积极性、学习交流与团队协作能力占10%。采用课堂学习活动评比、学习效果自评、互评、问卷调查等形式，主要由学生与学生团队给予评价。

学习水平——教学各单元模块知识结构与技能的训练占30%。以各学习单元的理论与实践项目活动鉴定为依据进行考核，主要由教师与学生团队给予评价。

实践动手能力——项目综合训练、创新能力占10%。以综合项目设计内容（1个）为依据进行综合项目考核，对查阅与应用设计手册、掌握设计软件能力以及创新设计能力进行评定，主要由教师与学生团队给予评价。

（2）期末终结性考核以试卷、课程总结报告或课程综合能力考核等形式进行评定，试卷占30%，课程总结报告或课程综合能力考核占20%。其中，课程综合能力考核以综合项目设计内容（1个）为依据，由教师评价。

4）成绩认定及考核标准

学生成绩的认定，包括两个方面：一是平时过程性考核50%，满分50分；二是按照课程考核标准进行的期末终结性考核，满分50分。两项分之和，即为学生最终成绩。

课程考核应符合有关管理规定，具体要求如表36-3、表36-4和表36-5所示。

表36-3　课程考核要求

考核类别	平时过程性考核50%	期末终结性考核50%	补考
考核要求	平时表现30%（考勤、作业、实验实践等）+阶段考核20%	理论考试、实践考核、课题报告、答辩、考证成绩、技能竞赛等方式，可选择一种或多种方式，要明确各部分分数占比	理论考试

表36-4　平时过程性考核评价内容与标准

项目	内容	分值			
学习态度（10分）	出勤情况（5分）	5（优秀）	4（良好）	3（合格）	0（不合格）
	听课态度（5分）	5（优秀）	4（良好）	3（合格）	0（不合格）
学习水平（30分）	课堂提问（5分）	5（优秀）	4（良好）	3（合格）	0（不合格）
	讨论课发言（5分）	5（优秀）	4（良好）	3（合格）	0（不合格）
	线上课件学习（20分）	20（优秀）	16（良好）	12（合格）	0（不合格）
实践动手能力（10分）	查阅与应用设计手册、掌握设计软件能力以及创新设计能力（10分）	10（优秀）	8（良好）	6（合格）	0（不合格）

表 36-5　期末终结性考核内容与标准

项目	考核内容与标准	分值
试卷考试（50分）	平面机构自由度	5
	平面连杆机构及凸轮机构	10
	带传动、链传动	5
	齿轮传动、蜗杆传动	15
	轴系结构	5
	联结件、标准件、常用件	5
	课程思政、工匠精神、职业素养考核	5
共计		50

注意事项：

建议课程任课教师平时成绩均采用线上课程平台考核，课程考核内容可参照考核标准要求实施考核，注意做好学习过程、到课情况、平时作业、实验实践情况、考核情况的相关记录，将其作为学生最终评定成绩的明确依据，并与成绩册一同形成成绩档案保存。

四、课程资源

1. 教材选用

（1）选用的教材要符合国家法律法规以及高职教学的要求，尽量选用近三年出版的国家规划教材。

（2）搭建产学合作平台，充分利用企业资源，组织由主讲教师与企业专家、技术骨干组成的教学团队编写工学结合的教材。

2. 网络资源

（1）主要采用智慧职教课程平台机械设计基础在线课程。网址：https://vocational.smartedu.cn/details/index.html?courseId=d100f29c981a464fa116b0971878f0f1。

（2）利用现代信息技术开发教学用多媒体课件，包含"授课要点、模拟实验、在线答疑、自主测试"等内容，通过搭建多维、动态、活跃、自主的课程学习与训练平台，使学生的主动性、积极性和创造性得以充分调动。

（3）给学生提供电子书籍、电子期刊、数字图书馆、专业网站等网络资源的导引信息以及操作方法，使学生充分利用网络资源自主学习，实现教学内容从单一化向多元化转变，为学生的研究性学习和自主性学习创造条件，使学生能力得到充分拓展。

五、师资队伍

1. 课程教学团队

机械设计基础是理实一体化课程，担任该课程的教师应具有丰富的机械设计理论知识和机械设计项目实践经验，要求具有机械类专业本科以上学历、三年以上机械设计经验、初级以上职称。

1）专兼职教师结构和数量

课程教学团队中：全国技术能手1人；校内专职教师6人，行业企业兼职教师1人；学历方面，博士2人，硕士3人，本科2人；高级职称4人，中级职称3人；双师型专职教师6人。

2) 专兼职教师素质

专兼职教师素质能力要求如表36-6。

表36-6 专兼职教师素质能力要求

教师类型	素质要求	能力要求
专职教师	具备爱国守法、爱岗敬业、关爱学生、教书育人、为人师表、终身学习等素质	(1) 具备通识性教育、课程教学、素养教育等专业知识； (2) 具备教学设计、教学实施、教学管理能力； (3) 具备社会服务和科研能力
兼职教师	具备爱国守法、爱岗敬业、关爱学生、教书育人、为人师表、终身学习等素质	(1) 具备较强的专业技能； (2) 具备教学设计、教学实施、教学管理能力

3) 职业能力课程任课教师资格

具有相应职业资格证书、受过技能培训的专职教师基本情况如表36-7所示，兼职教师基本情况如表36-8所示。

表36-7 专职教师基本情况

序号	姓名	学历	职称	职业资格	行业经历	承担任务
1	屈晓凡	博士研究生	高级工程师	无	12年	课程建设及教学
2	赵雷	硕士研究生	教授	无	19年	课程建设及教学
3	张黎	大学本科	副教授	无	30年	课程建设及教学
4	周蔚	硕士研究生	讲师	无	3年	课程建设及教学
5	叶爽	博士研究生	讲师	无	2年	课程建设及教学
6	栗波	硕士研究生	讲师	无	3年	课程建设及教学

表36-8 兼职教师基本情况

序号	姓名	性别	单位	职称	承担任务
1	王进	男	重庆远达烟气治理特许经营有限公司科技分公司	高级工程师	课程建设指导及课程教学

2. 课程团队职责

(1) 材料成型及控制工程专业建设指导委员会把握课程发展方向。

(2) 教研室主任、专业负责人与课程负责人负责课程的整体建设、内容的调整、课程的持续发展。

(3) 专职教师负责课程的授课，专职教师与实训指导教师共同负责课程的实训指导。

(4) 课程负责人负责监督课程的实施。

六、实践教学

1. 校内实训条件要求

本课程实训可在第一实训楼的相关实训室进行,课程教学实验室如表 36-9 所示。

表 36-9 课程教学实验室

序号	实训室名称	实训功能	实训内容	主要设备配置
1	机械设计理实一体化实训室	认识常见机械零部件的实物展示和操作平台	认识各种零部件	常见机械零部件实物及操作平台
2	3D 打印中心	3D 打印设备操作	学习利用 3D 打印机设计加工零部件	3D 打印机若干台
3	绘图机房	CAD 绘图和 3D 建模	绘制机械零部件图纸和建模	100 台计算机

2. 校外实训条件要求

实践教学充分利用本行业合作企业的资源,建立校外实训基地,满足学生的实习实训需求。在此过程中进行实验实训课程资源的开发,同时为学生提供就业机会,开创就业渠道。校外实习实训由校内专职和企业教师共同指导,课程校外实习实训一览表如表 36-10 所示。

表 36-10 课程校外实习实训一览表

序号	实习实训基地名称	实习实训功能	实习实训条件	指导老师
1	中国一拖集团有限公司	跟岗实习	满足实习要求	校内专职和企业教师
2	东风商用车发动机公司	跟岗实习	满足实习要求	校内专职和企业教师
3	重庆长安汽车模具有限公司	岗位实习	满足实习要求	校内专职和企业教师

37 机械产品质量检测课程标准

(编写：周蔚　校对：韩辉辉　审核：周渝庆)

课程代码：02150248
课程类型：理实一体化课
学时/学分：64学时/4学分
适用专业：机械设计与制造

一、课程概述

1. 课程性质

本课程机械产品质量检测是机械设计与制造专业课程体系中的一门专业核心课程。该课程是在对专业人才市场需求和就业岗位进行调研、分析的基础上，以质量管理员岗位能力和综合职业素质培养为重点，采用基于岗、课、赛、证的课程开发理论，校企合作开发的一门工学结合课程。

2. 课程定位

通过机械产品质量检测课程学习三坐标检测的应用，对企业真实产品进行质量检测。课程通过设备操作中的精益求精工匠精神训练，使学生尽快掌握设备操作技能及方法，培养和加强学生对精密检测技术的掌握，以及对社会的服务意识。机械产品质量检测课程把检测设备操作技能、制定三坐标测量方案贯穿教学的始终，把学生检测设备操作能力与制定检测方案能力的提高作为教学目标，通过"分类项目贯穿、技创交替培养"教学方法，使学生完成从"被动"检测设备操作走向"主动"三坐标测量技术能力。

机械产品质量检测课程中强化三维目标培养（"技"的能力）和创造性、综合性解决真实零件精密测量任务问题的意识和方法（"创"的能力）的培养，通过典型项目筑"技"、真实项目增"创"，两类项目交替开展、技创能力融合递增的思路，实施校企双导师指导、"学徒化/员工化"双课堂情景教学，促使教学目标有效达成，促进学生职业素养与核心能力提高。本课程的主要技能将对学生职业能力培养和职业素养养成起重要支撑作用。

二、课程目标

通过理论与实践训练使学生懂得学习精密检测技术的作用与意义，理解并掌握常用精密检测设备的基本检测原理和操作方法，能应用三坐标测量机对模具进行检测，从而培养学生精密检测设备的操作能力和精益求精的工匠精神，为机械设计与制造专业后续学习打下坚实的基础。以"守规范、懂智能、会测量、高要求"为目标，培养学生诚实、守信、负责、善于沟通和合作的团队意识，培养学生重质量、守规范和良好安全意识的职业能力，培养学生完成岗位工作任务的基本技能。使学生成为具有良好职业道德，掌握精密检测技术并具有可持续发展能力的高素质高技能型人才，以适应市场对三坐标测量技术人才的需求。为学生进一步深造和就业提供助力，达到培养既有创新思维又有实际动手能力的设计专业人才的目标。

具体目标如下：

1. 知识目标

(1) 掌握三坐标测量机的开关机和维护流程。

(2) 掌握测针的选择原则和测头校验流程。
(3) 掌握手动测量基本元素和创建坐标系方法。
(4) 掌握编制三坐标自动测量程序的方法。
(5) 掌握智能制造产线联调与智能检测的流程。

2. 能力目标

(1) 能够规范操作三坐标测量机的开关机和维护流程。
(2) 能正确进行测头校验并获得有效的校验结果。
(3) 能够完成三坐标测量的手动检测。
(4) 能够编制三坐标的自动检测程序。
(5) 能够完成智能制造产线联调与智能检测。

3. 素质目标

(1) 具备爱国爱党的情感认同,笃行不怠的责任担当。
(2) 具备奋发有为的拼搏精神,精益求精的工匠意识。
(3) 具备明规守则的岗位意识,精诚合作的团队品质。
(4) 具备科学严谨的工程思维,一丝不苟的工作态度。

三、课程实施和建议

1. 课程内容和要求

以就业为导向的职业教育,其课程内容应以技能性知识为主、陈述性知识为辅,即以实际应用的经验和策略的习得为主,以适度够用的概念和原理的理解为辅。本课程强调的是学生能够掌握正确的观察、感受、分析、综合的方法,掌握三坐标测量机的基本操作技巧和制定检测方案的能力,提高检测设备操作能力,制定检测方案的能力,以适应行业、企业对三坐标测量技术人才的需求。

课程学时分配如表 37-1 所示,课程内容和要求如表 37-2 所示。

表 37-1 课程学时分配

项目(情景/模块/章节/单元)	学时		
	理论	实验实训	小计
模块一 三坐标手动检测	12	12	24
模块二 三坐标自动检测	12	12	24
模块三 三坐标数字化检测	8	8	16
合计	32	32	64

表 37-2 课程内容和要求

章节/单元		素质目标	知识目标	技能目标	教学活动
模块一 三坐标手动检测	任务1	(1) 培养学生维护社会环境的使命感; (2) 培养学生成为高素质技术技能型人才; (3) 培养学生科技强国的责任感; (4) 培养学生严谨细致的职业习惯	(1) 掌握三坐标测量机的开关机和维护流程;★ (2) 掌握测针的选择原则和测头校验流程;★ (3) 掌握手动测量基本元素和创建坐标系方法。★■ (4) 掌握尺寸误差数据处理及分析方法和操作流程	(1) 能规范操作三坐标测量机完成零件的检测;★ (2) 能正确进行测头校验并获得有效校验结果; (3) 能规范测量零件基本元素并创建坐标系;★■ (4) 能够合理应用元素间相关计算功能,正确评价零件尺寸误差■	教师:引导、讲授、演示、评价; 学生:模仿、讨论、练习、互评、反馈、改进

续表

章节/单元		素质目标	知识目标	技能目标	教学活动
模块一 三坐标 手动检测	任务2	（1）培养学生的民族自豪感；（2）培养学生综合性思维意识；（3）培养学生专注的劳动精神；（4）培养学生团队合作意识	（1）掌握测针的选用方法和校验流程；★（2）掌握元素的组合方式和操作流程；★■（3）掌握操纵盒各功能键的使用方法；（4）掌握三坐标测量机的使用方法和操作流程	（1）能够正确分析图纸信息完成测量准备；（2）能够正确判断组合元素并完成创建；★■（3）能够熟练使用操纵盒移动测头位置；（4）能够熟练操作三坐标测量机完成零件的检测★■	（1）教师：引导、讲授、演示、评价；（2）学生：模仿、讨论、练习、互评、反馈、改进
模块二 三坐标 自动检测	任务1	（1）培养学生的民族自豪感；（2）培养学生的规范意识；（3）培养学生的团队协作能力；（4）培养学生的权变思维	（1）掌握三坐标数字化检测工作流程；（2）掌握测座的选择与应用；★（3）掌握导入零件模型的流程；★（4）掌握精建零件坐标系的原则★	（1）能够明确零件的测量特征；★（2）能够正确安装星形测针；（3）能够变换零件模型坐标系■	（1）教师：引导、讲授、演示、评价；（2）学生：模仿、讨论、练习、互评、反馈、改进
	任务2	（1）培养学生学以致用的工作态度；（2）培养学生零件检测的质量意识；（3）培养学生守正创新的工程思维；（4）培养学生严谨细致的工作态度	（1）掌握坐标系平移和旋转操作流程；★（2）掌握编制元素自动测量程序方法；★■（3）掌握设置安全参数的方法；（4）掌握构造元素的方法★■	（1）能够判断坐标系旋转方向；★■（2）能够选择各元素自动测量形式；★（3）能够使用安全参数优化测量程序；★■（4）能合理构造特征评价形位公差	（1）教师：引导、讲授、演示、评价；（2）学生：模仿、讨论、练习、互评、反馈、改进
模块三 三坐标 数字化检测	任务1	（1）培养学生一丝不苟的工作态度；（2）培养学生自主思考的学习能力；（3）培养学生举一反三的迁移能力	（1）掌握产线虚拟仿真系统的使用方法；（2）掌握如何规划机器人的搬运位置点；★（3）掌握产线虚拟仿真系统中机器人搬运位置点的示教设置方法；★■（4）掌握产线虚拟仿真系统中机器人搬运位置点的程序编制设置方法★■	（1）能在产线虚拟仿真系统中进行工作站布局；（2）能够根据需要在产线虚拟仿真系统中设置机器人位置点；★（3）能够在产线虚拟仿真系统中编制调用程序；★■（4）能够利用产线虚拟仿真系统对产线联调进行碰撞和干涉检测★	（1）教师：引导、讲授、演示、评价；（2）学生：模仿、讨论、练习、互评、反馈、改进
	任务2	（1）培养学生产线工作安全意识；（2）培养学生严谨的工程思维；（3）培养学生明规守则的职业素养；（4）培养学生团队协作的能力	（1）掌握智能制造基本单元检测流程和注意事项；★（2）掌握零件上下料位置点示教流程；■（3）掌握使用MES系统创建工单方法；■（4）掌握MES系统自动排程操作★	（1）能够正确完成智能制造控制系统网络架构通信测试；★（2）能够通过转换坐标系和调速准确定示教点位置；★（3）能够运行产线联调程序；（4）能操作完成MES系统自动排程★■	（1）教师：引导、讲授、演示、评价；（2）学生：模仿、讨论、练习、互评、反馈、改进
备注：教学重点、难点在表中标出，其中，打★的为教学重点，打■的为教学难点。					

2. 教学方法和教学手段

（1）课程依据"分类项目贯穿、技创交替培养"教学策略开展教学。其中"技"是针对三维目标培养，由典型项目的完成来习得；"创"是创造性，是综合性解决智能制造产线上零件检测实际问题的意识和方法，由真实项目的完成来培养。

（2）围绕学情与教学重难点分析，依据"技""创"培养方式不同，优选产业学院企业培训案例库中的多个零件为典型项目，以及来自生产企业的某型汽车变速器各零部件作为真实项目贯穿本课程三个模块中的各个任务，并对各模块中每个任务实施包含"学徒化课堂/员工化课堂"双情境教学，让学生交替完成两个零件的阶段任务来学习相关知识技能，强化教学重点的掌握。

（3）将"教学材料"的特征和"学习资料"的功能进行结合，通过活页式工作页引领，构建"教学做"于一体的学习管理体系。使学生了解职业、热爱职业岗位，帮助学生树立正确的价值观、择业观，培养良好的职业道德和职业意识，不仅传授知识，而且要突出能力的培养。

（4）采用小组教学法，即以学生为主体，将课题内容分解成多个并列知识点，通过小组探究实现教学目标，形成人人有课题，学生之间、小组之间相互教授各自掌握的内容，通过朋辈导修的形式实现全员参与的一种教学方法。激发每个学生学习兴趣，培养总结提炼、知识架构搭建及传授能力，提高学生的自信心和责任心，培养团队协作能力和沟通表达能力。

（5）运用现代教育技术，将教学视频、电子教材、电子课件、电子讲稿、数控加工仿真软件、网络教学等现代化教学手段相结合，依托信息化资源和手段开展课堂活动，并根据学生学习能力差异，校企双导师进行针对性指导，助力教学难点化解，以此提升学生学习的主动性与有效性，促使知识、技能的内化与迁移。

（6）在教学过程中，重视本专业领域新技术、新工艺、新设备发展趋势，努力为学生提供职业生涯发展的空间，着力培养学生参与社会实践的创新精神和职业能力。

3. 教学评价

1）考核要求

课程考核应符合有关管理规定，具体要求如表 37-3 所示。

表 37-3 课程考核要求

考核类别	平时过程性考核	增值考核	期末终结性考核
考核要求	课前：在线资源学习、课前测试。 课中： （1）讲练习技环节。对"技"进行三维目标评价； （2）合作共创环节。对"创"进行岗位能力评价。 课后：总结报告、课后测试	课中增值、 课后增值	任务考核、答辩

2）说明

（1）"双模多维"开展多元综合评价，体现学生真实水平。以教师、学生、平台、企业导师为主体，在课前、课中、课后、增值、期末 5 个环节开展覆盖整个教学流程的全方位评价。

（2）学生学习要与教师评价和学习者互评相结合、过程评价和结果评价相结合、课内评价和课外评价相结合、理论评价和实践评价相结合、校内评价和校外评价相结合，同时注重增值评价的有效融合。课前，云班课平台统计学生在线学习、论坛互动等学习数据，增强对学生学习效果的预判性，便于教师及时调整授课策略。课中，三坐标检测 VR 测评系统、数字化双胞胎系统对学生设备操作、虚拟仿真进行打分，提升学生操作的规范性，精准评判学生知识技能掌握水平；校企双导师分别针对学生的课堂表现、真机实操、项目完成质量等要素进行评价，进一步研判每个学生的学习情况；学生则展开团队成员、小组之间学习互评，提升课堂参与度，强化团队合作意识等职场能力的培养。课后，云班课平台再次统计学生在线测评、作业等完成情况。

（3）改革考核手段和方法，加强实践性教学环节的考核，采用过程性评价、增值评价、期终评价相结合的考核方法。所有过程性考核数据被录入"三坐标测量技术评分系统"，形成学生阶段性成绩的智能化分析与可视化，清晰再现学生在每个任务完成后的职业素质提升、专业知识积累、职业技能进阶、个性化成长等方面变化情况，形成过程评价与增值评价。最后，结合期终考核，形成学生的综合评价结果，精准体现学生学习效果。

（4）过程性评价的任务是对学生日常学习过程中的表现、所取得的成绩以及所反映出的情感、态度、策略等方面的发展作出评价。教师要根据评价结果与学生进行不同形式的交流，充分肯定学生的进步，鼓励学生自我反思、自我提高。按照评价标准从检测质量、检测速度、检测方案制定、学习态度等方面评价学生表现，重点关注三坐标测量机操作熟练程度和制定检测方案的能力。

（5）由学校主讲老师和企业兼职老师结合考勤情况、学习态度、学生作业、平时测验、设计竞赛、学生有关实习情况及考核情况，共同综合评定学生成绩。应注重对学生动手能力和在实践中分析问题、解决问题能力的考核，对在学习和应用上有创新的学生给予特别鼓励，综合评价学生的能力。

（6）终结性评价必须以考查学生设计构成综合应用能力为目标，力争科学地、全面地考查学生在经过一段学习后所具有的检测设备操作能力及检测方案制定水平。测试可以采取阶段设计、大作业等形式，全面考查学生综合应用能力。

（7）注意事项。

课程任课教师要按照课程考核要求实施考核，注意做好学习过程、到课情况、平时作业、实践情况、考核情况的相关记录，将其作为学生最终评定成绩的明确依据，并与成绩册一同形成成绩档案保存。过程性考核保存纸质图纸，照片等电子文档刻录成光盘保存；终结性考核将模型源程序、质量检测报告、过程性图片等电子文档刻录成光盘保存。

考核细节如表37-4所示。

表37-4 考核细节

序号	学习模块	考核的知识点、技能点及要求
1	模块一 三坐标手动检测	应用三坐标测量机手动编程测量零件的能力
2	模块二 三坐标自动检测	应用三坐标测量机自动编程测量零件的能力
3	模块三 三坐标数学化检测	根据任务书要求，完成零件手动排产，工单下发，MES下单根据需要对尺寸进行三坐标检测的能力

四、课程资源

1. 教材选用

按照学院《教材管理办法》，选用的教材要符合高职教学的要求，尽量选用近三年出版的教育部规划教材。教材的编写要体现课程的性质、价值、基本理念、课程目标以及内容标准。以选用教育部高等学校高职高专规划教材为主，同时也可以由一线教师与行业专家依据本课程大纲编写教材。打破传统的学科教材模式，以本课程大纲为依据进行教材编写。通过工作任务的需求，以够用为度为原则，设定能力目标、能力标准，引入高职学生所必需的理论知识，加强实际操作能力的训练。教材应图文并茂，提供大量的实际示例图，提高学生的学习兴趣，加深对技术的理解与掌握。

教材选用如表37-5所示。

表 37-5 教材选用

序号	教材名称	主编	出版社
1	精密测量技术	蒋建强、陶华山	北京师范大学出版社
参考资料			
1	精密测量技术实训手册（工作手册式）（"十四五"职业教育国家规划教材）	党威武、李桂玲、张涛	中国石化出版社
2	机械检测技术（第三版）（"十三五"职业教育国家规划教材）	罗晓晔、王慧珍、陈发波	科学出版社

2. 教学资源

根据课程目标、学生实际以及本课程的理论性和实践等特点，本课程的教学资源应该建设为由文字教材、课件和网络教材等多种媒体教学资源为一体的配套教材，全套教材各司其职，以文字教材为中心，辅以多媒体教学课件共同完成教学任务，达成教学目标。

（1）常用课程资源的开发和利用。

充分利用幻灯片、多媒体软件、电子教案等资源创设形象生动的工作情境，激发学生的学习，促进学生对知识的理解和掌握。建议加强常用课程资源的开发，建立多媒体课程资源数据库，努力实现跨学校多媒体资源的共享，以提高资源利用效率。

（2）积极开发和利用网络课程资源。

充分利用诸如电子书籍、电子期刊、数据库、数字图书馆、教育网站和电子论坛等网络信息资源，使教学媒体从单一媒体向多种媒体转变，使教学活动从信息的单向传递向双向交互转变，使学生从单独的学习向合作学习转变。

五、师资队伍

1. 课程教学团队

（1）从事本课程教学的专职教师，应具备机械设计与制造类专业大学本科以上学历（含本科），并接受过职业教育教学方法论的培训，具备高校教师资格。从事实践教学的主讲教师要具备设计专业中级以上的资格证书或工程师资格，具备机械制图、机械设计、公差配合等方面的相关知识，具备教学组织、管理及协调能力。

（2）从事本课程教学的兼职教师，应具有一定的普通话基础，并掌握一定的教学、教育相关知识，在进行示范性教学时，能充分表达所教学的内容，在企业从事3年以上三坐标测量技术工作。

课程团队如表 37-6 所示。

表 37-6 课程团队

序号	姓名	职称	教学任务
1	裴江红	教授	教学设计、课堂教学
2	陆学胜	高级工程师	教学设计、课堂教学
3	韩辉辉	高级实验师（全国技术能手、高级技师）	教学设计、课堂教学
4	周蔚	讲师（全国技术能手）	教学设计、课堂教学
5	黄皞磊	讲师	教学设计、课堂教学
6	程勇	工程师（企业导师）	教学设计、课堂教学
7	洪杰伟	工程师（企业导师）	教学设计、课堂教学
8	吕建平	工程师（企业导师）	教学设计、课堂教学

2. 课程团队职责

(1) 机械设计与制造专业建设指导委员会把握课程发展方向。

(2) 教研室主任、专业负责人与课程负责人负责课程的整体建设、内容的调整、课程的持续发展。

(3) 专职教师负责课程的授课，专职教师与实训指导教师共同负责课程的实训指导。

(4) 课程负责人负责监督课程的实施。

六、实践教学

学校联合海克斯康公司共建了"智慧测量实训室"，依托国家级产教融合中心，对标汽摩典型企业的智能制造生产环境，购置了 8 套智能制造产线，打造了业界一流检测实训平台；发挥国家级虚拟仿真中心平台优势，研发了三坐标检测 VR 测评系统、智能化评分系统，引入了三坐标检测数字化双胞胎、智能制造产线虚拟仿真系统，构建了虚实结合的教学与评价平台。

充分利用本行业典型企业的资源，建立校内、校外实训基地，满足学生的实习实训需求，在此过程中进行实验实训课程资源的开发，同时为学生提供就业机会，开创就业渠道；建立开放式实验实训中心，使之具备职业技能考核、实验实训、现场教学的功能，将教学与培训教材合一、教学与实训合一，满足高职学生综合职业能力培养的需求。

38　机械制造工艺课程标准

（编写：李亚利　校对：赵雷　审核：游晓畅）

课程代码：02150246
课程类型：理实一体化课
学时/学分：88学时/5.5学分
适用专业：机械设计与制造

一、课程概述

1. 课程性质

本课程以机械设计与制造专业学生的就业为导向，结合专业人才培养方案中培养目标、人才规格要求以及职业院校学生的认知特点等方面的要求，以机械制造企业的行业及地域需求为逻辑起点，以工作过程为导向，以项目实施、典型工作任务为依据，以校企专家合作开发为纽带，以校内双师教师和企业兼职教师为主导，以与行业企业共建教学环境为条件，以行动导向组织教学。本课程是在学习了机械制图、公差配合与测量技术、机械制造基础课程，具备了识读和绘制机械产品零件图以及机械产品切削加工基本认知能力的基础上开设的一门理实一体化课程。其功能是对接专业人才培养目标，面向装备制造业从事机械产品的加工工艺编制员、机床操作员工作岗位，通过对机械产品加工工艺设计、加工实践操作方法等内容的学习，培养学生机械产品加工工艺设计、加工工艺规程编制等职业核心能力。同时结合机床所用刀具、量具及工装设计、机床操作知识和技能的课程，为后续智能制造技术、毕业设计课程的学习奠定基础。本课程培养学生从事机械设计与工艺编制的基本技能，也是后续毕业设计及跟岗实习的重要支撑课程。

2. 课程定位

本课程对接的工作岗位是机械产品加工工艺编制员、机床操作员，学生通过学习能够具备机械产品加工工艺过程设计、加工工艺规程编制以及机床操作的能力。

二、课程目标

本课程的培养目标是培养学生诚实、守信的品德及善于沟通和合作的社会能力，培养学生的科学素养、崇尚科学的正确价值观以及精益求精的工匠精神。通过本课程的学习，学生能够编制机械产品的加工工艺、编写一般复杂零件的加工工艺过程、选用加工刀具与量具、设计机械产品工装夹具、操作数控车、数控铣等数控机床。

具体目标如下：

1. 知识目标

（1）了解机械加工工艺相关基础知识。
（2）学会一般零件机械加工工艺设计的方法。
（3）学会产品的结构工艺性分析、零件各表面加工方法的选择等，进行机械零件加工工艺过程分析与实践操作。

(4) 能进行一般复杂的机械零件加工工艺规程分析和加工工艺规程编制实践操作。

2. 技能目标

(1) 具有典型零件的加工工艺设计与编制能力。
(2) 具有正确选用加工切削用量和常规刀具的能力。
(3) 具有常用工艺装备的选择、使用与设计的能力。
(4) 具有典型零件加工工艺编制与调试能力。
(5) 具有切削加工及运行监控能力。

3. 素质目标

(1) 具有发现问题和解决问题的能力,并具有终身学习与专业发展能力。
(2) 具有诚实守信、敢于担当的精神,能够弘扬中华优秀传统文化。
(3) 具有工匠精神、劳动精神,能够树立社会主义核心价值观。
(4) 具有科学素养,具备科学思维、理性思维以及辩证思维。

三、课程实施和建议

1. 课程内容和要求

本课程解构了原有的理论与实践课程体系,重构了体现机械产品加工工艺编制、机床操作等过程性知识与技能体系的课程,并通过教学模式设计、教学方法设计、教学考核改革等,保证专业能力、个人能力和社会能力的培养,形成以工作过程为导向,以学生为中心,由教师引导的理论—实践—应用一体化的工学结合教学模式。课程学时分配、课程内容和要求如表38-1、表38-2所示。

表38-1　课程学时分配

项目(情景/模块/章节/单元)		学时		
		理论	实践	小计
项目一 机械加工工艺认知	任务1　轴类零件的基本加工工艺认知	8	6	14
	任务2　圆盘零件的基本加工工艺认知	6	4	10
项目二 典型零件加工 工艺认知	任务3　轴加工工艺设计与实践	10	8	18
	任务4　箱体加工工艺设计与实践	6	4	10
	任务5　齿轮加工工艺设计与实践	6	4	10
项目三 机械加工精度认知	任务6　工艺系统几何误差的表现形式及其对零件加工精度的影响	8	6	14
	任务7　机械零件表面质量对零件使用性能的影响	2	2	4
项目四 装配加工工艺认知	任务8　装配精度及装配方法的认知	4	2	6
机动		0	2	2
小计		50	38	88

表 38 – 2　课程内容和要求

章节/单元		素质目标	知识目标	技能目标	教学活动
项目一 机械加工工艺认知	任务1 轴类零件的基本加工工艺认知	（1）具有发现问题和解决问题的能力，并具有终身学习与专业发展能力；（2）具有诚实守信、敢于担当的精神，能够弘扬中华优秀传统文化；（3）具有工匠精神、劳动精神，能够树立社会主义核心价值观	（1）了解机械加工工艺过程及组成的基本概念；★（2）正确选择加工定位基准；★（3）掌握机械加工工艺顺序安排原则★	（1）能进行机械加工工艺顺序的拟定步骤分析；★■（2）能认知常用工艺文件的格式及内容填写；★■（3）能认知工艺尺寸链特性，能分析工艺尺寸链组成★■	（1）教师：引导、讲授、演示、评价；（2）学生：模仿、讨论、练习、互评、反馈、改进
	任务2 圆盘零件的基本加工工艺认知	（1）具有发现问题和解决问题的能力，并具有终身学习与专业发展能力；（2）具有诚实守信、敢于担当的精神，能够弘扬中华优秀传统文化；（3）具有工匠精神、劳动精神，能够树立社会主义核心价值观	（1）了解机械加工工艺规程的基本概念；★（2）正确选择圆盘加工定位基准；★（3）认知圆盘机械加工工艺顺序安排原则	（1）能进行机械加工工艺顺序的拟定步骤分析；★■（2）能进行常用工艺文件的格式及内容填写；★■（3）能设计中间工序尺寸及公差，能分析计算工艺尺寸链■	（1）教师：引导、讲授、演示、评价；（2）学生：模仿、讨论、练习、互评、反馈、改进
项目二 典型零件加工工艺认知	任务3 轴加工工艺设计与实践	（1）具有发现问题和解决问题的能力，并具有终身学习与专业发展能力；（2）具有诚实守信、敢于担当的精神，能够弘扬中华优秀传统文化；（3）具有工匠精神、劳动精神，能够树立社会主义核心价值观	（1）理解车床主轴加工工艺过程认知；★（2）掌握CA6140主轴加工工艺设计及外圆加工方法认知实践；★（3）了解查阅手册、正确选用常用的加工方法及加工余量	（1）会进行轴类结构、材料、毛坯的选择；★（2）会进行轴类加工工艺过程与工艺分析；★■（3）会进行轴类加工方法认知★	（1）教师：引导、讲授、演示、评价；（2）学生：模仿、讨论、练习、互评、反馈、改进
	任务4 箱体加工工艺设计与实践	（1）具有发现问题和解决问题的能力，并具有终身学习与专业发展能力；（2）具有诚实守信、敢于担当的精神，能够弘扬中华优秀传统文化；（3）具有工匠精神、劳动精神，能够树立社会主义核心价值观	（1）理解车床主轴箱加工工艺过程认知实践；★（2）了解查阅手册、正确选用常用的加工方法及加工余量	（1）会进行箱体类结构、材料、毛坯的选择；★（2）会进行箱体类加工工艺过程与工艺分析；★（3）会进行孔及孔系加工方法认知■	（1）教师：引导、讲授、演示、评价；（2）学生：模仿、讨论、练习、互评、反馈、改进
	任务5 齿轮加工工艺设计与实践	（1）具有发现问题和解决问题的能力，并具有终身学习与专业发展能力；（2）具有诚实守信、敢于担当的精神，能够弘扬中华优秀传统文化；（3）具有工匠精神、劳动精神，能够树立社会主义核心价值观	（1）理解齿轮加工工艺过程认知及加工方法认知实践；★（2）了解查阅手册、正确选用常用的加工方法及加工余量	（1）会进行齿轮类结构、材料、毛坯的选择；★（2）会进行齿轮类加工工艺过程与工艺分析；★（3）会进行齿轮类加工方法认知■	（1）教师：引导、讲授、演示、评价；（2）学生：模仿、讨论、练习、互评、反馈、改进

续表

章节/单元		素质目标	知识目标	技能目标	教学活动
项目三 机械加工精度认知	任务6 工艺系统几何误差的表现形式及其对零件加工精度的影响	(1) 具有发现问题和解决问题的能力，并具有终身学习与专业发展能力； (2) 具有诚实守信、敢于担当的精神，能够弘扬中华优秀传统文化； (3) 具有工匠精神、劳动精神，能够树立社会主义核心价值观	了解工艺系统几何误差的表现形式及其对零件加工精度的影响★	工艺系统几何误差的表现形式及其对零件加工精度的影响■	(1) 教师：引导、讲授、演示、评价； (2) 学生：模仿、讨论、练习、互评、反馈、改进
	任务7 机械零件表面质量对零件使用性能的影响	(1) 具有发现问题和解决问题的能力，并具有终身学习与专业发展能力； (2) 具有诚实守信、敢于担当的精神，能够弘扬中华优秀传统文化； (3) 具有工匠精神、劳动精神，能够树立社会主义核心价值观	了解工艺系统受力变形、热变形及残余应力影响	能分析工艺系统受力变形、热变形及残余应力影响	(1) 教师：引导、讲授、演示、评价； (2) 学生：模仿、讨论、练习、互评、反馈、改进
项目四 装配加工工艺认知	任务8 装配精度及装配方法的认知	(1) 具有发现问题和解决问题的能力，并具有终身学习与专业发展能力； (2) 具有诚实守信、敢于担当的精神，能够弘扬中华优秀传统文化； (3) 具有工匠精神、劳动精神，能够树立社会主义核心价值观	(1) 装配精度的基本认知；★ (2) 装配尺寸链建立基本认知；★ (3) 装配方法基本认知★	会进行互换装配法、分组装配法、修配装配法及调整装配法的装配方法选用（决策），设计工作流程和检查项目（计划）★■	(1) 教师：引导、讲授、演示、评价； (2) 学生：模仿、讨论、练习、互评、反馈、改进

备注：教学重点、难点在表中标出，其中，打★的为教学重点，打■的为教学难点。

2. 教学方法和教学手段

1）教学方法建议

(1) 课程以"典型工作任务及工作过程知识"作为主体内容，突出如何借助"学习任务"实施职业教育教学。

(2) 将"教学材料"的特征和"学习资料"的功能进行结合，通过活页式工作页引领，构建"教学做"于一体的学习管理体系。使学生了解职业、热爱职业岗位，帮助学生树立正确的价值观、择业观，培养良好的职业道德和职业意识，不仅传授知识，而且要突出能力的培养。

(3) 行动导向教学法，即以学生为中心、学习成果为导向，促进学生自主学习，形成以"行动导向驱动"为主要形式的教学方法。在教学过程中充分发挥学生的主体作用和教师的主导作用，注重对学生分析问题、解决问题能力的培养，从完成某一方面的"任务"着手，引导学生通过认知、资讯、计划、决策、实施、检查控制、评估反馈七步完成"任务"，从而实现教学目标。

(4) 小组教学法，即以学生为主体，将课题内容分解成多个并列知识点，通过小组探究实现教学目标，形成人人有课题，学生之间、小组之间相互教授各自掌握的内容，实现全员参与的一种教学方法。激发每个学生学习兴趣，培养总结提炼、知识架构搭建及传授能力，提高学生的自信心和责任心，培养团队协作能力和沟通表达能力。

（5）启发式教学，即根据高职学生的生源、学生的心态、学习动力等学情状态在每一个项目或任务前进行素质教育、课程思政教育。

（6）情景教学，即对重点机械加工工艺过程及组成的基本概念和加工定位基准选择难点时，创设形象鲜明的 PPT、动画、实践视频、微课，让学生如闻其声，如见其人，仿佛置身事内、如临其境。

（7）案例教学法，即根据车床主轴、主轴箱、齿轮加工方法实践性强的特点及孔和孔系加工方法认知难点的特殊性，对车床主轴、主轴箱、齿轮加工工艺过程认知重点通过互动过程让学生学习、记忆，以项目、任务进行分组讨论。通过具体案例去理解相关知识，发表对视频、动画的观后感。

2）教学手段

（1）提供丰富、适用和引领创新作用的多种类型立体化、信息化课程资源，实现工作页多功能作用。

（2）运用现代教育技术，将教学视频、电子教材、电子课件、电子讲稿、网络教学等现代化教学手段相结合，把讲授、翻转式课堂融入头脑风暴、典型零件分析中，并结合参观实习、讨论互动答题等教学手段。

（3）在教学过程中，重视本专业领域新技术、新工艺、新设备发展趋势，努力为学生提供职业生涯发展的空间，着力培养学生参与社会实践的创新精神和职业能力。

3）教学评价

1）考核要求

课程考核应符合有关管理规定，具体要求如表 38-3 所示。

表 38-3 课程考核要求

考核类别	平时过程性考核 50%	期末终结性考核 50%	补考
考核要求	平时表现 30%（考勤、作业、实验实践等）+ 阶段考核 20%	期末成绩评定中理论知识部分占 50%，或实践考核（以一个典型零件工艺编制方式展现成果）占 50%。	理论考试

2）说明

（1）平时过程性考核包括学习态度、学习水平和实践动手能力三个方面。

学习态度——学生学习纪律与态度、学习活动中参与的积极性、学习交流与团队协作能力占 10%。采用课堂学习活动评比、学习效果自评、互评、问卷调查等形式，主要由学生与学生团队给予评价。

学习水平——教学各项目知识结构与技能的训练占 30%。以各学习项目的理论与实践项目活动鉴定为依据进行考核，主要由教师与学生团队给予评价。

实践动手能力——项目综合训练、创新能力占 10%。以综合项目设计内容（1 个）为依据进行综合项目考核，对查阅与应用设计手册、掌握设计软件能力以及创新设计能力进行评定，主要由教师与学生团队给予评价。

（2）期末终结性考核以试卷、课程总结报告或课程综合能力考核等形式进行评定，试卷占 50%，或实践考核（以一个典型零件工艺编制方式展现成果）占 50%。本课程具体考核要求如表 38-4～表 38-6 所示。

表 38-4 考核方式

考核分类		考核方式	成绩比例
形成性评价	课堂理论测试	检查作业、分组讨论、课堂提问、平时测验为主	30%
	实训技能测试	1~2 个典型零件的工艺过程编制实训	10%
终结性评价	主要考核学生对该门课程的综合应用能力	笔试	50%
综合评价	考核学生的基本综合素质	观察学生的考勤情况、学习态度、职业道德、团队合作、语言交流、组织管理等	10%

表 38-5 考核标准

序号	学习情境	考核的知识点、技能点及要求	考核比例
1	轴类零件工艺编制	轴类零件工艺编制过程及加工方法实践	45%
2	箱体、齿轮类零件工艺编制	箱体、齿轮类零件工艺编制过程及加工方法实践	45%
3	学生综合评价	学生的基本综合素养	10%

表 38-6 平时过程性考核评价内容与标准

项目	内容	分值			
学习态度（10 分）	出勤情况（5 分）	5（优秀）	4（良好）	3（合格）	0（不合格）
	听课态度（5 分）	5（优秀）	4（良好）	3（合格）	0（不合格）
学习水平（30 分）	课堂提问（5 分）	5（优秀）	4（良好）	3（合格）	0（不合格）
	讨论课发言（5 分）	5（优秀）	4（良好）	3（合格）	0（不合格）
	线上课件学习（20 分）	20（优秀）	16（良好）	12（合格）	0（不合格）
实践动手能力（10 分）	查阅与应用设计手册、掌握零件工艺编制能力以及工装设计能力（10 分）	10（优秀）	8（良好）	6（合格）	0（不合格）

（3）注意事项。

说明：课程任课教师要按照课程考核要求实施考核，注意做好学习过程、到课情况、平时作业、实验实践情况、考核情况的相关记录，将其作为学生最终评定成绩的明确依据，并与成绩册一同形成成绩档案保存。课程可以过程性考核评价为主，也可以目标性考核评价为主。本课程是以过程性考核评价为主的课程。平时过程性考核一般由平时表现（考勤、作业、实验实践等）及阶段考核组成，其中，阶段考核的次数一般不少于每 24 课时 1 次；期末终结性考核的主要形式为理论考试，技能操作性较强的课程可采用综合性技能操作考核、课题报告、答辩、考证成绩、技能竞赛等方式。

四、课程资源

1. 教材选用

（1）按照学院《教材管理办法》，选用的教材要符合高职教学的要求，尽量选用近三年出版的教育部规划教材。

（2）搭建产学合作平台，充分利用本行业的企业资源，组织由主讲教师与企业专家技术骨干组成的教学团队编写工学结合的教材。

2. 网络资源

根据课程目标、学生实际以及本课程的理论性和实践等特点，本课程的教学建设由文字与电子教材、教学视频、电子课件、电子讲稿等多种形式的教学资源，与机械制造装备设计与实践、机床与数控机床相结合，共同完成教学任务，达成教学目标。

（1）智慧职教课程平台机械加工工艺与实践在线课程。网址：https://mooc.icve.com.cn/learning/u/teacher/teaching/mooc_index.action。

（2）课程资源的开发和利用。充分利用教学视频、多媒体数控加工仿真软件、电子讲稿、动画等资源创设形象生动的工作情境，激发学生的学习，促进学生对知识的理解和掌握。建议加强常用课程资源的开发，建立多媒体课程资源的数据库，努力实现跨学校多媒体资源的共享，以提高资源利用效率。

（3）积极开发和利用网络课程资源。充分利用诸如电子书籍、电子期刊、数据库、数字图书馆、教育网站和电子论坛等网络信息资源，使教学媒体从单一媒体向多种媒体转变，使教学活动从信息的单向传递向双向交互转变，使学生从单独的学习向合作学习转变。

五、师资队伍

1. 课程教学团队

通过人才引进、聘请兼职教师等手段，增加师资数量；通过教师职业能力和职业技能培训，提高师资队伍的"双师"素质，形成合理的"双师"结构。

1）专兼职教师数量、结构

课程教学团队中：全国技术能手2人，国家级裁判2人，校内专职教师7人，行业企业兼职教师2人；博士2人，硕士2人，本科3人；高级职称5人，中级职称2人；双师型专职教师4人，其中高级双师型教师3人，中级双师型教师2人，双师型教师占比达71.43%。

2）专兼职教师素质

根据《深化新时代职业教育"双师型"教师队伍建设改革实施方案》精神和机械设计岗位人才标准，本课程专兼职教师素质能力要求如表38-7所示。

表38-7 专兼职教师素质能力要求

教师类型	素质要求	能力要求
专职教师	具备爱国守法、爱岗敬业、关爱学生、教书育人、为人师表、终身学习等素质	（1）具备通识性教育、课程教学、素养教育等专业知识； （2）具备教学设计、教学实施、教学管理能力； （3）具备社会服务和科研能力
兼职教师	具备爱国守法、爱岗敬业、关爱学生、教书育人、为人师表、终身学习等素质	（1）具备较强的专业技能； （2）具备教学设计、教学实施、教学管理能力

3）职业能力课程任课教师资格

具有相应职业资格证书、受过技能培训的专职教师基本情况如表38-8所示。受过职业教学能力培训的企业技术人员、能工巧匠等兼职教师基本情况如表38-9所示。

表38-8 专职教师基本情况

序号	姓名	学历	职称	职业资格	行业经历	承担任务
1	李亚利	大学本科	副教授	工程师	3年	课程建设及教学
2	周渝庆	硕士研究生	教授	高级技师	3年	课程建设及教学
3	谭大庆	大学本科	副教授	高级技师	4年	课程建设及教学
4	韩辉辉	大学本科	高级实验师	高级技师	3.5年	课程建设及教学
5	游晓畅	硕士研究生	讲师	工程师	2年	课程建设及教学
6	彭钿忠	大学本科	教授、工程师	工程师	14年	课程建设及教学
7	叶爽	博士研究生	讲师	高级工	1年	课程建设及教学
8	屈晓凡	博士研究生	高级工程师	高级工程师	13年	课程建设及教学

表38-9 兼职教师基本情况

序号	姓名	性别	单位	职称	承担任务
1	王云维	女	重油高科电控燃油喷射系统（重庆）有限公司	工程师	课程建设指导及课程教学
2	虞学军	男	重庆杰品科技股份有限公司	高级工程师	课程建设指导及课程教学

2. 课程团队职责

（1）机械设计与制造专业建设指导委员会把握课程发展方向。

（2）教研室主任、专业负责人与课程负责人负责课程的整体建设、内容的调整、课程的持续发展。

（3）专职教师负责课程的授课，专职教师与实训指导教师共同负责课程的实训指导。

（4）课程负责人负责监督课程的实施。

六、实践教学

1. 校内实训条件要求

本课程实验实训可在智能制造大楼、第一实训楼、现代制造技术实训中心、智能制造产教融合中心进行。课程教学实验室如表38-10所示。

表38-10 课程教学实验室

序号	实训室名称	实训功能	实训内容	主要设备配置
1	数控车铣职业资格认证管理中心	1+X数控车铣加工职业技能等级中级证书认证	数控车铣加工编程及操作	数控车床20台、数控铣床10台
2	数控仿真加工实训中心	数控车铣加工仿真练习	数控车铣加工实训	计算机、数控仿真软件
3	数控车床实训区	数控车床	数车编程与实践	数控车床16台
4	数控铣床实训区	数控铣床	数铣编程与实践	数控铣床10台

2. 校外实训条件要求

校企合作开发实验实训课程资源。充分利用本行业典型企业的资源，加强校企合作建立校外实训基地，满足学生的实习实训需求，在此过程中进行实验实训课程资源的开发，同时为学生提供就业机会，开创就业渠道。本课程校外实习实训由校内专职和企业教师共同指导，课程校外实习实训一览表如表 38 – 11 所示。

表 38 – 11　课程校外实习实训一览表

序号	实习实训基地名称	实习实训功能	实习实训条件	指导老师
1	东风商用车发动机公司	跟岗实习	满足实习要求	校内专职和企业教师
2	重油高科电控燃油喷射系统（重庆）有限公司	跟岗实习	满足实习要求	校内专职和企业教师
3	中国一拖集团有限公司	跟岗实习	满足实习要求	校内专职和企业教师
4	重庆长安汽车模具有限公司	岗位实习	满足实习要求	校内专职和企业教师

39　PLC 原理及应用课程标准

（编写：朱开波　校对：孙惠娟　审核：郭艳萍）

课程代码：02150168
课程类型：理实一体课程
学时/学分：80 学时/5 学分
适用专业：电气自动化技术、工业机器人技术

一、课程概述

1. 课程性质

PLC 原理及应用课程是电气自动化技术专业和工业机器人技术专业必修的核心课程，同时也是一门知识性、技能性和实践性很强的课程。本课程是在学习电路原理、电子技术、C 语言程序设计、电机拖动与控制技术等课程后开设的一门理实一体化课程。

本课程对接专业人才培养目标，面向以 PLC 为控制核心单元的电气控制系统的安装调试、维修维护、产品设计与技术改造等工作岗位，实现自动化类专业人才培养规格要求，发挥课程思政功能，落实立德树人根本任务，育训结合，支持专业教学标准达成。该课程培养学生 PLC 控制产品的设计、安装、调试及维修维护等理论和技能，也是后续专业课程、毕业设计及顶岗实习的重要支撑课程。

2. 课程定位

本课程对接的工作岗位是电气产品安装调试、维修维护、产品设计与改良、电气产品技术支持等工作岗位。通过本课程的学习可以使学生具备：PLC 技术基础知识、以 PLC 为控制核心的电气产品硬件设计施工能力、软件编程及调试能力，读懂专业相关的英文资料，包括产品说明书、元器件说明书等能力。根据电气自动化技术专业和工业机器人技术专业人才培养方案要求，课程为 80 学时。

二、课程目标

本课程的培养目标是：通过本课程的学习使学生了解以 PLC 为核心控制单元的电气控制产品的设计及改良、安装及调试、维修及维护的基本工作内容，知道以 PLC 为核心控制单元的电气控制产品的设计、安装、调试及维修基本方法，学会以 PLC 为核心控制单元的电气控制产品的设计、安装、调试及维修的基础技能，并能够将其应用在具体的以 PLC 为核心控制单元的工业电气产品设计与表现工作当中，从而提高学生电气控制产品的设计、安装、调试及维修的水平，分析并解决问题和能够针对学习和工作中出现的问题进行正确处理问题的方法能力；使用专业书籍对工作中涉及的知识与技能进行自主学习和在工作中始终具有积极向上的工作与学习态度的能力；着力培养学生善于沟通和合作的团队意识，成为具有可持续发展能力的高素质高技能型人才，以适应市场对以 PLC 为核心控制单元的电气控制产品的设计、安装、调试及维修人才的需求。

具体目标如下：

1. 知识目标

（1）了解 PLC 的基本结构和工作原理，知道 PLC 的分类方法、外围接线图的阅读方法，学会 PLC 与电脑间的参数匹配方法，进行通信。

（2）学会 PLC 基本指令的使用方法，学会 PLC 程序编写的基本原则和编程方法。

（3）学会 PLC 程序调试的基本方法，学会收集和整理 PLC 技术资料的基本要求。

2. 技能目标

通过学习，使学习者获得必备的技术技能，培养学生诚实守信、爱岗敬业、团结协作、吃苦耐劳的职业精神与创新设计意识和严谨求实的科学态度。

必备的技术技能如下：

（1）能够熟练使用常用 PLC 使用手册，能够熟练根据任务选用 PLC 模块并对 PLC 外围导线进行正确的连接。

（2）能够熟练使用编程软件进行程序的编写，并能利用仿真技术初步调试程序。

（3）能够熟练掌握 PLC 的通信技术，学会根据监控错误信息来修改程序设计。

（4）能够阅读他人设计并进行设计改进，能够收集、查阅 PLC 及相关资料，能够根据实际要求熟练修改相关参数数据。

3. 素质目标

（1）具有爱国主义和集体主义精神，拥护中国共产党领导和我国社会主义制度，爱国、敬业、诚信。

（2）遵守职业规范，具有良好的专业精神、职业精神和工匠精神。

（3）具有质量意识、安全意识、环保意识、创新思维、信息素养。

（4）培养学生发现问题和解决问题的能力，并具有终身学习与专业发展能力。

（5）养成良好的学习态度，培养诚实守信、和谐文明的工作作风。

（6）养成良好的交往与沟通表达能力和良好的团队合作精神。

（7）养成独立思考的学习习惯，同时兼顾协同工作能力的培养，能对所学内容进行较为全面的比较、概括和阐释。

三、课程实施和建议

1. 课程内容和要求

本课程以电气自动化技术专业和工业机器人技术专业学生的就业为导向，在行业有关专家与本院专业教师共同反复研讨下，结合专业教学经验与专业工作特点，对该专业的就业岗位进行任务与职业能力分析，本着符合国家高职教育的"必需够用、注重实际动手能力培养为主"的要求、国家相关职业资格考试标准和本专业人才培养需求的原则来选取课程教学内容，加强学生实践技能的培养，教学过程重视理论知识与实践技能融合，倡导学生在项目实施过程中掌握各种相关专业知识，培养学生初步具备实际工作过程的专业技能。

教学内容共包括五个模块：初识 PLC 技术、PLC 基本指令的编程及应用、PLC 功能指令的编程及应用、PLC 顺序功能图编程及应用、PLC 模拟量和运动模块的编程及应用。五个模块由浅及深，引导学生学习 PLC 的结构、工作原理及特点、PLC 的指令的应用、程序编写与调试方法、外围线路设计与安装、相关工控产品选择等，使学生的 PLC 的知识与技能体系螺旋式上升，并逐步达成 PLC 应用的职业行动能力。

课程学时分配如表 39 – 1 所示，课程内容和要求如表 39 – 2 所示。

表 39 – 1 课程学时分配

项目（情景/模块/章节/单元）	学时		
	理论	实践	小计
项目一 初识 PLC 技术	6	2	8
项目二 PLC 基本指令的编程及应用	12	12	24

续表

项目（情景/模块/章节/单元）	学时		
	理论	实践	小计
项目三　PLC 功能指令的编程及应用	8	8	16
项目四　PLC 顺序功能图编程及应用	10	12	22
项目五　PLC 模拟量和运动模块编程及应用	6	4	10
合计	42	38	80

表 39－2　课程内容和要求

项目/任务		素质目标	知识目标	技能目标	教学活动
项目一 初识 PLC 技术	任务 1－1 认识 PLC 的结构和接线	（1）具有爱国主义和集体主义精神，拥护中国共产党领导和我国社会主义制度、爱国、敬业、诚信；（2）遵守职业规范，具有良好的专业精神、职业精神和工匠精神；（3）具有质量意识、安全意识、环保意识、创新思维、信息素养	（1）熟悉 PLC 的基本结构；（2）理解 PLC 元件的基本工作原理及特点；★（3）熟悉 PLC 各接线端子的作用；（4）掌握 PLC 输入模块、输出模块、电源模块的接线方法；★（5）熟悉 PLC 外围接线图的绘制方法及读图方法	能正确完成 PLC 各部分的接线★■	（1）教师：引导、讲授、演示、评价；（2）学生：模仿、讨论、练习、互评、反馈、改进
项目二 PLC 基本指令的编程及应用	任务 2－1 电机运转控制	（1）具有爱国主义和集体主义精神，拥护中国共产党领导和我国社会主义制度、爱国、敬业、诚信；（2）具有质量意识、环保意识、安全意识、信息素养、工匠精神、创新思维	（1）熟悉 PLC 编程软件的安装和使用；★（2）掌握常见的 PLC 编程电路；（3）熟悉程序的调试方法	（1）会安装编程软件；（2）会进行自锁和互锁程序的编写；（3）会正确连接电机运行电路★■	（1）教师：引导、讲授、演示、评价；（2）学生：模仿、讨论、练习、互评、反馈、改进
	任务 2－2 楼道照明灯控制	（1）具有爱国主义和集体主义精神，拥护中国共产党领导和我国社会主义制度、爱国、敬业、诚信；（2）具有质量意识、环保意识、安全意识、信息素养、工匠精神、创新思维	（1）熟悉基本位逻辑指令的功能及使用方法；（2）理解内部辅助继电器的基本概念；（3）掌握梯形图的基本编程规则；★（4）熟悉基本位逻辑指令的功能及使用方法；（5）熟悉简单逻辑控制程序的编制和调试方法；（6）理解外部输入常闭触点的处理★	（1）能够正确编写调试简单逻辑控制程序；（2）学会上传程序、下载程序及在线监测；■（3）能够正确使用辅助继电器完成较复杂程序的编制；★（4）学会调试 PLC 外围线路和控制程序	（1）教师：引导、讲授、演示、评价；（2）学生：模仿、讨论、练习、互评、反馈、改进

续表

项目/任务		素质目标	知识目标	技能目标	教学活动
项目三 PLC功能指令的编程及应用	任务3-1 多电机顺序启停控制	具有质量意识、环保意识、安全意识、信息素养、工匠精神、创新思维	（1）熟悉基本位逻辑指令的功能及使用方法；（2）熟悉简单逻辑控制程序的编制方法★	（1）能够正确编写调试简单逻辑控制程序；（2）能够正确设计、连接PLC电机顺序控制外围线路；（3）学会在线监测程序；（4）学会调试PLC外围线路和控制程序	（1）教师：引导、讲授、演示、评价；（2）学生：模仿、讨论、练习、互评、反馈、改进
	任务3-2 产品出入库控制	具有质量意识、环保意识、安全意识、信息素养、工匠精神、创新思维	（1）理解基本位逻辑指令的功能及使用方法；（2）熟悉简单计数控制程序的编制方法	（1）能够正确编写调试简单逻辑控制程序；（2）能够正确连接PLC电机起停控制外围线路；（3）会在线监测程序运行；（4）能够调试PLC外围线路和控制程序	（1）教师：引导、讲授、演示、评价；（2）学生：模仿、讨论、练习、互评、反馈、改进
	任务3-3 流水灯顺序控制	（1）遵守职业规范，具有良好的专业精神、职业精神和工匠精神；（2）具有质量意识、安全意识、环保意识、创新思维、信息素养	（1）理解应用指令的格式；（2）熟悉MOV指令的功能及使用方法；■（3）掌握I/O点PLC外围线路的绘制方法；（4）熟悉编写调试较复杂逻辑控制程序★	（1）能够运用MOV指令编写控制程序段；（2）能够通过监控调试、分析、修改程序及外围线路★	（1）教师：引导、讲授、演示、评价；（2）学生：模仿、讨论、练习、互评、反馈、改进
项目四 PLC顺序功能图编程及应用	任务4-1 十字路口红绿灯控制	（1）遵守职业规范，具有良好的专业精神、职业精神和工匠精神；（2）具有质量意识、安全意识、环保意识、创新思维、信息素养	（1）理解顺序控制的含义；（2）理解SFC流程控制语言；（3）理解编制单流程控制程序设计方法；（4）熟悉顺序功能图与梯形图之间的转换；（5）理解电磁阀的使用方法及工作原理	（1）能够使用SFC流程控制指令编写控制程序段；（2）能够正确连接夹具控制系统的外围线路；（3）能够通过监控调试、分析、修改夹具控制系统SFC程序★	（1）教师：引导、讲授、演示、评价；（2）学生：模仿、讨论、练习、互评、反馈、改进
	任务4-2 大小球分拣控制	（1）遵守职业规范，具有良好的专业精神、职业精神和工匠精神；（2）具有质量意识、安全意识、环保意识、创新思维、信息素养	（1）理解选择分支SFC程序的编制方法；（2）理解设备的不同工作方式概念；■（3）理解置位与复位指令在SFC流程中的应用	（1）能够使用SFC流程控制指令编写选择分支控制程序段；（2）能够正确连接机械手控制系统中外围线路	（1）教师：引导、讲授、演示、评价；（2）学生：模仿、讨论、练习、互评、反馈、改进

续表

项目/任务		素质目标	知识目标	技能目标	教学活动
项目四 PLC顺序功能图编程及应用	任务4-3 气动机械手控制	（1）遵守职业规范，具有良好的专业精神、职业精神和工匠精神；（2）具有质量意识、安全意识、环保意识、创新思维、信息素养	（1）理解并行分支SFC程序的编制方法；（2）理解设备的不同工作方式概念；■（3）掌握自动回原点与手动回原点的概念及方法★	（1）能够使用SFC流程控制指令编写并行分支控制程序段；（2）能够正确编写具有单周期、单步和自动循环控制功能的机械手SFC程序并调试成功■	（1）教师：引导、讲授、演示、评价；（2）学生：模仿、讨论、练习、互评、反馈、改进
项目五 PLC模拟量和运动模块编程及应用	任务5-1 温度采集控制	（1）遵守职业规范，具有良好的专业精神、职业精神和工匠精神；（2）具有质量意识、安全意识、环保意识、创新思维、信息素养	（1）理解热电阻、电偶、压力传感器基本知识；（2）熟悉ADD、SUB、MUL、PID等指令的字、双字以及实数运算功能；■（3）熟悉模拟量扩展模块功能与参数；★（4）掌握模拟量控制程序的编写方法	（1）能够正确使用运算指令等高级指令编写控制程序段；■（2）学会选用及安装热电阻、热电偶、压力传感器；（3）能够进行热电阻、热电偶与模拟量模块连接；（4）能够调试模拟量控制程序★	（1）教师：引导、讲授、演示、评价；（2）学生：模仿、讨论、练习、互评、反馈、改进
	任务5-2 传送带运行控制	（1）遵守职业规范，具有良好的专业精神、职业精神和工匠精神；（2）具有质量意识、安全意识、环保意识、创新思维、信息素养	（1）高速计数器结构原理；★（2）高速计数器设置方法；★（3）高速计数器编程和控制程序的编写★	（1）会区分高速计数器的类型和分辨率；★■（2）会进行高速计数器的连接和正确组态；■（3）会编写程序控制高速计数器的输出★■	（1）教师：引导、讲授、演示、评价；（2）学生：模仿、讨论、练习、互评、反馈、改进
	任务5-3 步进电机运动控制	（1）遵守职业规范，具有良好的专业精神、职业精神和工匠精神；（2）具有质量意识、安全意识、环保意识、创新思维、信息素养	（1）了解步进电机的基本结构及系统组成；（2）熟悉步进电机驱动器的端子含义及接线方法；★（3）理解步进电机的细分设置方法；■（4）熟悉PLC运动控制功能	（1）能够根据要求对步进电机驱动器端子进行导线连接；（2）能够对步进电机进行细分设置；■（3）学会使用PLC的运动控制功能；（4）能够使用运动控制向导组态运动控制轴并进行调试★	（1）教师：引导、讲授、演示、评价；（2）学生：模仿、讨论、练习、互评、反馈、改进

2. 教学方法和教学手段

1）教学方法建议

（1）加强对学生职业能力的培养，强化案例教学或项目教学，注重以工作任务为导向型案例或项目激发学生学习热情，使学生在案例分析或项目活动中了解塑料模具设计工作领域与工作过程。

（2）在教学过程中，要创设工作情景，同时应加大实践实操的容量，要紧密结合职业技能、实操项目的训练，提高学生的岗位适应能力。

（3）注重专业案例的积累与开发，以多媒体、录像与光盘、案例分析、在线答疑等方法提高学生分析和解决生产问题的专业技能。

（4）在教学过程中，要强调校企合作、工学结合，要重视本专业领域新技术、新工艺、新设备发展趋势，贴近生产现场。为学生提供职业生涯发展的空间，努力培养学生参与社会实践的创新精神和职业能力。

（5）教学过程中教师应积极引导学生提升职业素养，提高职业道德。

（6）注重推进专业课程思政改革，深化工匠职业素养教育。

2）教学手段

（1）提供丰富、适用和引领创新作用的多种类型立体化、信息化课程资源，实现工作页多功能作用。

（2）运用现代教育技术，将教学视频、电子教材、电子课件、电子讲稿、数控加工仿真软件、网络教学等现代化教学手段相结合。

（3）以学生为本，注重"教"与"学"的互动，融"教学做"于一体。通过选用典型案例应用项目，由教师进行操作性示范，并组织学生进行实际操作活动，让学生在案例应用项目教学活动中明确学习领域的知识点，并掌握本课程的核心专业技能。

3. 教学评价

1）考核要求

本课程按照百分制进行考核，考核主要包括过程性考核和期末终结性考核两大方面，过程性考核占50%，期末终结性考核占50%。

（1）过程性考核包括学习态度、学习水平和实践动手能力三个方面。

学习态度——学生学习纪律与态度、学习活动中参与的积极性、学习交流与团队协作能力占10%。采用课堂学习活动评比、学习效果自评、互评、问卷调查等形式，主要由学生与学生团队给予评价。

学习水平——教学各单元模块知识结构与技能的训练占15%。以各学习单元的理论与实践项目活动鉴定为依据进行考核，主要由教师与学生团队给予评价。

实践动手能力——项目综合训练、创新能力占25%。以综合项目设计内容（1个）为依据进行综合项目考核，对查阅与应用设计手册、掌握设计软件能力以及创新设计能力进行评定，主要由教师与学生团队给予评价。

（2）期末终结性考核以闭卷考试的形式进行评定，试卷成绩占50%。

课程考核应符合有关管理规定，具体要求如表39-3、表39-4和表39-5所示。

表39-3 课程考核要求

考核类别	过程性考核50%	期末终结性考核50%	考核形式
考核要求	平时表现25%（考勤、作业、实验实践等）+阶段考核25%	理论考试	建议采用项目考核+期末闭卷考试的形式进行

表39-4 过程性考核评价内容与标准

项目	内容	分值			
学习态度 （10分）	出勤情况（5分）	5（优秀）	4（良好）	3（合格）	0（不合格）
	听课态度（5分）	5（优秀）	4（良好）	3（合格）	0（不合格）
学习水平 （15分）	课堂提问（5分）	5（优秀）	4（良好）	3（合格）	0（不合格）
	讨论课发言（5分）	5（优秀）	4（良好）	3（合格）	0（不合格）
	线上课件学习（5分）	5（优秀）	4（良好）	3（合格）	0（不合格）
实践动手能力 （25分）	查阅与应用设计手册、掌握设计软件能力以及创新设计能力（25分）	24（优秀）	20（良好）	15（合格）	0（不合格）

表39-5 期末终结性考核内容与标准

项目	考核内容与标准	分值
试卷考试 满分100 占比50%	初识PLC技术	15
	PLC基本指令的编程及应用	30
	PLC功能指令的编程及应用	20
	PLC顺序功能图编程及应用	20
	PLC模拟量和运动模块编程及应用	10
	课程思政、工匠精神、职业素养考核	5
	共计	100

2）注意事项

（1）由教师与学生组成教学评价团队，对学生的学习积极性、自主性、参与性、学习过程和结果给予评价与考核。

（2）学习过程的评价采用以学生和学习团队为主，教师为辅的评价体系，主要是对学生学习纪律、学习态度、学习活动中参与的积极性与能力、交流合作的能力以及实训与练习的考核。

（3）学习结果的评价主要采用以教师为主，学生为辅的评价体系，主要对学生的学习能力、设计能力、学习成效进行综合评价。

（4）建议课程任课教师平时成绩均采用线上课程平台考核，课程考核内容可参照考核标准要求实施考核，注意做好学习过程、到课情况、平时作业、实验实践情况、考核情况的相关记录，将其作为学生最终评定成绩的明确依据，并与成绩册一同形成成绩档案保存。

四、课程资源

1. 教材选用

按照学院《教材管理办法》，选用的教材应符合高等职业教育本科层次教学要求，尽量选用近三年出版的教育部规划教材。

2. 网络资源

（1）智慧职教课程平台 PLC 原理及应用在线课程。

（2）充分认识信息技术与学科的整合，积极使用国家精品在线课程资源、国家专业教学资源库相关资源实现线上线下混合式教学、翻转课堂教学，如教学资源库、网络资源、MOOC 课程、SPOC 课程等。

（3）利用现代信息技术开发教学用多媒体课件，包含"授课要点、模拟实验、在线答疑、自主测试"等内容，通过搭建多维、动态、活跃、自主的课程学习与训练平台，使学生的主动性、积极性和创造性得以充分调动。

（4）给学生提供电子书籍、电子期刊、数字图书馆、专业网站等网络资源的导引信息以及操作方法，使学生充分利用网络资源自主学习，实现教学内容从单一化向多元化转变，为学生的研究性学习和自主性学习创造条件，使学生能力充分得到拓展。

五、师资队伍

本课程为实践课程，要求课程授课教师应具有良好了理论水平和较强的实践动手能力，课程教学师资队伍如表 39-6 所示。

表 39-6　课程教学师资队伍

序号	姓名	年龄	职称	教师属性
1	朱开波	43	副教授	校内专职、课程负责人
2	孙惠娟	40	副教授	校内专职
3	黄斌	35	讲师	校外聘任

六、实践教学

校内实训条件要求：

建立 PLC 理实一体化实训室，通过学生自己动手，熟悉 PLC 硬件结构、接线与编程基础，为学生参与自动化设计铺垫平台。

实训室的设备台套数：42 套。每套可满足 2~3 人使用，能满足 80~120 人同时学习。

40　变频及伺服应用技术课程标准

(编写：郭艳萍　校对：郑益　审核：朱开波)

课程代码：02150174
课程类型：专业核心课B（理实一体化课）
学时/学分：80学时/5学分
适用专业：电气自动化技术

一、课程概述

1. 课程性质

本课程是电气自动化技术专业的一门专业核心必修课程，是在学习了电机与电气控制和PLC应用技术课程，具备了电气控制和PLC编程能力的基础上开设的一门理实一体化课程，其功能是对接专业人才培养目标，面向变频调速及伺服运动控制岗位以及新职业"智能制造工程技术人员"工作岗位，通过对变频器、步进驱动器、伺服驱动器的工作原理、参数设置、运行操作以及运动控制系统设计与选型、编程及调试等内容的学习，培养学生德技并修，能对调速和伺服设备、生产线进行设计、安装、调试、运维和管理的能力，为后续自动生产线安装调试和工业控制网络等课程学习奠定基础。

2. 课程定位

本课程对接的工作岗位是自动控制设备或智能生产线的调速及运动控制系统设计、安装、调试、运维和管理，通过学习，培养学生对变频及伺服控制技术专业知识和专业技能的认识与理解，使学生具备掌握变频调速、步进和伺服控制系统的基本专业技能，也是后续专业课程、毕业设计及顶岗实习的重要支撑课程。

二、课程目标

通过本课程的学习，使学生掌握变频调速、步进和伺服控制应用方面的基本知识和技能，培养学生的质量、标准、安全意识和工匠精神；毕业后能结合企业实际应用，胜任自动化类行业的专业技术岗位工作，并具有诚实、守信的良好职业道德；同时也为中、高级电工职业技能资格证书的考核起到良好的支撑作用。

具体目标如下：

1. 知识目标

（1）掌握变频器功率模块、控制单元的接线图和操作面板的功能，学会使用Startdrive软件调试变频器，掌握变频器常用功能及参数设置。

（2）学会用PLC控制变频器端子及通信控制的系统构建、硬件接线图和简单程序设计。

（3）了解步进电机、伺服电机的结构及工作原理，掌握步进驱动器和伺服驱动器的端子功能及参数设置，学会利用PLC的运动控制功能进行工艺组态、控制面板调试，掌握运动控制指令并能编写简单单轴控制和双轴控制的PLC程序。

（4）学会利用PLC构建小型伺服控制系统的硬件接线、编程及系统调试。

2. 技能目标

(1) 能够查找变频器及伺服驱动器使用手册并对变频器和伺服驱动器进行操作。
(2) 能够使用 Startdrive 软件进行变频器的参数预置和基本运行操作方式的设置。
(3) 能够使用变频器和 PLC 构建简单控制系统并能够进行系统的安装和调试、故障排除。
(4) 能够使用步进和伺服电机构建简单控制系统并进行安装、调试、故障排除。

3. 素质目标

(1) 践行"劳动光荣、技能宝贵"的社会主义核心价值观，厚植爱国情怀和民族自豪感。牢固树立四个自信。
(2) 养成诚实守信、爱岗敬业、团结协作、吃苦耐劳的职业精神与创新设计意识和严谨求实的科学态度。
(3) 具有质量意识、标准意识、安全意识、环保意识、创新思维。
(4) 培养学生信息查询、收集与整理的能力，发现问题和解决问题的能力。
(5) 培养学生独立学习、获取新知识并具有终身学习与专业发展能力。
(6) 培养学生方案设计与评估决策能力，养成良好的交往与沟通表达能力和良好的团队合作精神。

三、课程实施和建议

1. 课程内容和要求

本课程以电气自动化技术专业学生的就业为导向，结合专业人才培养方案中培养目标、人才规格要求、中高级电工职业资格等级标准以及高职院校学生的认知特点等方面的要求，以变频器、步进驱动器和伺服驱动器使用和设计过程涉及的专业知识学习单元为课程主线，以变频及运动控制系统实际岗位职业能力为依据，以西门子 G120 变频器和 V90 伺服驱动器为平台，结合典型的工作任务，以"项目引导、任务驱动"的行动导向设计教学过程。本课程以突出课程的职业性、实践性和开放性为前提，采用由简单到复杂、由单轴到双轴的循序渐进的典型学习工作任务来展现教学内容。

同时根据学生的认知特点，结合职业能力培养的基本规律，以工作过程为主线，将陈述性知识与过程性知识整合、理论知识与实践知识整合，科学设计学习型工作任务，以企业真实化工作任务为载体，由简单到复杂整合、细化课程内容。

课程学时分配/学分/开课学期安排如表 40-1 所示，课程教学内容和要求如表 40-2 所示。

表 40-1 课程学时分配/学分/开课学期安排

项目（情景/模块/章节/单元）	学时			开课学期 学时/学分/学期		
	理论	实践	小计			
项目1 变频器的运行与常用功能	14	10	24	80	5	4
项目2 变频器与 PLC 在工程中的典型应用	10	12	22			
项目3 步进控制系统的应用	8	8	16			
项目4 伺服控制系统的应用	10	8	18			
合计	42	38	80			

表 40－2　课程教学内容和要求

章节/单元		素质目标	知识目标	技能目标	教学活动
项目1 变频器的运行与常用功能	任务1.1 认识变频器	(1) 厚植爱国精神和民族自豪感；(2) 培养学生心怀使命、刻苦学习、科技报国的担当精神	(1) 了解三相异步电动机的调速方法；(2) 了解变频器的结构；(3) 掌握变频调速原理；★■ (4) 掌握变频器的控制单元和功率模块的分类及接线图★	(1) 能分析变频器的工作原理；★■ (2) 会拆装变频器；(3) 能根据控制要求选择控制单元和功率模块的型号★	(1) 教师：引导、讲授、演示、评价；(2) 学生：模仿、讨论、练习、互评、反馈、改进
	任务1.2 BOP－2操作面板控制变频器运行	(1) 培养学生的标准意识和规范意识；(2) 培养学生学思践悟，知行合一的职业素养	(1) 了解变频器常用参数的功能；(2) 掌握变频器快速调试步骤★	(1) 能用BOP－2操作面板修改参数；(2) 能用BOP－2操作面板控制变频器正反转运行★	(1) 教师：引导、讲授、演示、评价；(2) 学生：模仿、讨论、练习、互评、反馈、改进
	任务1.3 模拟量给定调节变频器的速度	(1) 具有爱国主义和集体主义精神，拥护中国共产党领导和我国社会主义制度，爱国、敬业、诚信；(2) 具有产品质量控制意识、环保意识、安全生产意识、信息素养、工匠精神、创新思维	(1) 了解G120变频器的BICO功能；■ (2) 掌握变频器输入输出端子的功能；★ (3) 学会预定义接口宏的接线及参数设置★	(1) 能用Startdrive软件调试变频器；★ (2) 能对模拟量给定调节变频器速度进行安装与调试	(1) 教师：引导、讲授、演示、评价；(2) 学生：模仿、讨论、练习、互评、反馈、改进
	任务1.4 电动电位器给定调节变频器的速度	(1) 具有发现问题和解决问题的能力，并具有终身学习与专业发展能力；(2) 具有诚实守信、敢于担当的精神，能够弘扬中华优秀传统文化；(3) 具有工匠精神、劳动精神，能够树立社会主义核心价值观	(1) 掌握升降速端子功能的接线图；(2) 掌握升降速端子功能参数设置	学会使用升降速端子功能实现水泵的恒压供水控制	(1) 教师：引导、讲授、演示、评价；(2) 学生：模仿、讨论、练习、互评、反馈、改进
	任务1.5 固定转速给定调节变频器的速度	(1) 培养学生的大局意识、爱岗敬业和团结协作精神；(2) 培养学生严谨细致、耐心专注的工匠精神	(1) 了解G120变频器多段速控制的两种方法；(2) 学会变频器多段速控制宏命令的接线图和参数设置；★■ (3) 能进行变频器多段速控制的参数设置★	能使用Startdrive软件对多段速功能进行软件调试★	(1) 教师：引导、讲授、演示、评价；(2) 学生：模仿、讨论、练习、互评、反馈、改进

续表

章节/单元		素质目标	知识目标	技能目标	教学活动
项目1 变频器的运行与常用功能	任务1.6 变频器的PID控制功能	(1) 具有团队协作能力和沟通表达能力; (2) 具有产品质量控制意识、环保意识、安全生产意识、信息素养、工匠精神、创新思维	(1) 了解PID闭环控制系统的组成; (2) 学会变频器PID控制时的接线方法和参数设置★■	能进行变频器PID控制功能的调试★	(1) 教师: 引导、讲授、演示、评价; (2) 学生: 模仿、讨论、练习、互评、反馈、改进
项目2 变频器与PLC在工程中的典型应用	任务2.1 离心机多段速变频控制	(1) 具有发现问题和解决问题的能力,并具有终身学习与专业发展能力; (2) 具有诚实守信、敢于担当的精神,能够弘扬中华优秀传统文化; (3) 具有工匠精神、劳动精神,能够树立社会主义核心价值观; (4) 具有正确的价值观、择业观和良好的职业道德和职业意识	(1) 掌握变频器与PLC的连接方式; (2) 掌握离心机的硬件电路和软件编程★	学会离心机多段速变频控制的安装与调试方法★■	(1) 教师: 引导、讲授、演示、评价; (2) 学生: 模仿、讨论、练习、互评、反馈、改进
	任务2.2 风机的变频/工频自动切换控制	(1) 具有发现问题和解决问题的能力,并具有终身学习与专业发展能力; (2) 具有工匠精神、劳动精神,能够树立社会主义核心价值观; (3) 具有团队协作能力和沟通表达能力	(1) 掌握变频器输出端子转速到达功能的设置; (2) 学会利用变频器转速到达功能控制变频/工频切换的方法	能完成风机变频/工频切换硬件电路的安装并能调试程序	(1) 教师: 引导、讲授、演示、评价; (2) 学生: 模仿、讨论、练习、互评、反馈、改进
	任务2.3 验布机本地/远程无级调速切换控制	(1) 具有发现问题和解决问题的能力,并具有终身学习与专业发展能力; (2) 具有诚实守信、敢于担当的精神,能够弘扬中华优秀传统文化; (3) 具有工匠精神、劳动精神,能够树立社会主义核心价值观	(1) 了解S7－1200 PLC模拟量模块的特点及接线; (2) 掌握PLC模拟量模块控制变频器的程序编写方法★	能完成验布机硬件电路的安装并能调试程序■	(1) 教师: 引导、讲授、演示、评价; (2) 学生: 模仿、讨论、练习、互评、反馈、改进
	任务2.4 G120变频器的通信	(1) 具有良好的专业精神、职业精神和工匠精神; (2) 具有产品质量控制意识、安全生产意识、环保意识、创新思维、信息素养	(1) 了解G120变频器通信接口的特点及接线; (2) 掌握G120变频器的报文类型及结构;★■ (3) 会编写G120变频器的通信程序★	(1) 学会S7－1200 PLC与G120变频器的PROFIBUS DP通信系统的构建和调试;■ (2) 学会S7－1200 PLC与G120变频器的PROFINET通信系统的构建和调试■	(1) 教师: 引导、讲授、演示、评价; (2) 学生: 模仿、讨论、练习、互评、反馈、改进

续表

章节/单元		素质目标	知识目标	技能目标	教学活动
项目3 步进控制系统的应用	任务3.1 单轴步进电机的控制	（1）培养学生的质量意识、标准意识、安全意识； （2）继承和发展马克思主义的实践观	（1）了解步进电机的工作原理； （2）掌握步进驱动器的端子功能；★ （3）学会设置步进驱动器的工作电流（动态电流）、细分精度和静态电流； （4）掌握PLC控制步进电机的硬件接线图；★ （5）能够构建S7-1200 PLC的运动控制系统并能组态运动轴，编写运动控制程序★■	（1）学会步进电机和步进驱动器的选型； （2）能使用轴控制面板调试运动轴；★ （3）能用PLC Open标准程序块编写单轴步进电机的控制程序并进行调试★■	（1）教师：引导、讲授、演示、评价； （2）学生：模仿、讨论、练习、互评、反馈、改进
	任务3.2 双轴行走机械手的控制	（1）遵守职业规范，具有良好的专业精神、职业精神和工匠精神； （2）具有工匠精神、劳动精神，能够树立社会主义核心价值观	（1）掌握PLC控制双轴步进电机的硬件接线图； （2）能用运动控制指令编写双轴步进电机的控制程序★■	能够构建S7-1200 PLC的双轴运动控制系统并进行调试■	（1）教师：引导、讲授、演示、评价； （2）学生：模仿、讨论、练习、互评、反馈、改进
项目4 伺服控制系统的应用	任务4.1 伺服控制系统的认识	（1）培养学生的历史使命感和责任担当； （2）培养学生的工程意识和质量观念； （3）培养学生的创新意识	（1）了解伺服电机的结构及工作原理； （2）理解伺服驱动器的内部结构及控制原理； （3）掌握V90伺服控制系统的配置； （4）理解V90 PTI伺服驱动器和V90 PN版伺服驱动器的异同； （5）掌握V90伺服驱动器的接线方式；★ （6）掌握V90伺服驱动器输入输出引脚的功能★	（1）能进行伺服电机和伺服驱动器的选型； （2）能说出伺服驱动器关键引脚的功能★	（1）教师：引导、讲授、演示、评价； （2）学生：模仿、讨论、练习、互评、反馈、改进
	任务4.2 V90 PTI伺服驱动器的应用	（1）遵守职业规范，具有良好的专业精神、职业精神和工匠精神； （2）具有工匠精神、劳动精神，能够树立社会主义核心价值观	（1）能用V-ASSISTANT软件调试V90伺服驱动器； （2）掌握V90 PTI版伺服驱动器的位置控制和速度控制的接线、参数设置；★ （3）能用S7-1200 PLC进行工艺对象组态并用PLC Open标准程序块编写PTI伺服驱动器的控制程序并进行调试■	（1）会进行PLC与V90 PTI伺服驱动器的位置控制和速度控制的接线；★ （2）会构建简单的伺服控制系统并能安装和调试■	（1）教师：引导、讲授、演示、评价； （2）学生：模仿、讨论、练习、互评、反馈、改进

续表

章节/单元		素质目标	知识目标	技能目标	教学活动
项目4 伺服控制系统的应用	任务4.3 V90 PN 伺服驱动器的应用	（1）培养学生的质量意识、标准意识、安全意识； （2）继承和发展马克思主义的实践观	（1）了解 V90 PN 伺服驱动器速度控制和位置控制支持的报文类型； （2）掌握 V90 PN 伺服驱动器的速度控制和位置控制的接线、参数设置；★ （3）学会使用标准报文 3 和工艺对象对 V90 PN 伺服驱动器进行位置控制；★ （4）学会使用西门子报文 111 和 FB284 对 V90 PN 伺服驱动器进行 EPOS 控制；■ （5）学会使用标准报文 1 和 SINA_SPEED 对 V90 PN 进行速度控制； （6）学会使用 PLC 通过 I/O 地址直接控制 V90 PN 伺服驱动器的速度	（1）会使用标准报文 3 对 V90 PN 伺服驱动器进行 TO 控制；★ （2）会使用西门子报文 111 对 V90 PN 伺服驱动器进行 EPOS 控制■	（1）教师：引导、讲授、演示、评价； （2）学生：模仿、讨论、练习、互评、反馈、改进

备注：教学重点、难点在表中标出，其中，打★的为教学重点，打■的为教学难点。

2. 教学方法和教学手段

1）教学方法

（1）采用任务驱动式教学方法，加强对学生职业能力的培养，注重以工作任务为导向型任务或项目激发学生学习热情，使学生在任务分析或项目活动中获得职业技能。

（2）采用行动导向的线上线下混合式教学方法，以学生为中心、学习成果为导向，按照"课前启化、课中内化、课后转化"三阶段，通过温故知新→导入咨询→示范模仿→引领应用→评价汇报→回顾总结"六环节"组织线上线下混合式教学。通过选用典型任务应用项目，由教师进行操作性示范，并组织学生进行实际操作活动，让学生在任务应用项目教学活动中明确学习领域的知识点，并掌握本课程的核心专业技能。

（3）采用案例教学方法，不断将前沿技术和最新成果的案例纳入课程，及时更新课程资源；在教学过程中教师要不断丰富思政案例，浸润学生心灵，积极引导学生提升职业素养，提高职业道德。

2）教学手段

（1）依托本课程在智慧职教 MOOC 学院的在线开放课程平台，给学生建构多维学习空间，破解教学难点和痛点，提升教学质量。

（2）在教学过程中，通过虚拟仿真技术创设工作场景，同时应加大实践实操的占地，要紧密结合职业技能，实操项目的训练，提高学生的岗位适应能力。

（3）注重专业案例的积累与开发，以多媒体、录像与光盘、案例分析、在线答疑等方法提高学生分析和解决生产问题的专业技能。

（4）在教学过程中，要强调校企合作、工学结合，要重视本专业领域新技术、新工艺、新设备发展趋势,贴近生产现场。为学生提供职业生涯发展的空间,努力培养学生参与社会实践的创新精神和职业能力。

3. 教学评价

1) 考核要求

学生成绩的认定包括两个方面:一是平时过程性考核,满分50分;二是按照课程考核标准进行的期末终结性考核,满分50分。两项分之和,即为学生最终成绩。

课程考核应符合有关管理规定,具体要求如表40-3所示。

表40-3 课程考核要求

考核类别	平时过程性考核50%	期末终结性考核50%	考核形式
考核要求	平时表现30%(考勤、作业、实验实践等)+任务考核20%	理论考试、实践考核、课题报告、答辩等方式,可选择一种或多种方式,要明确各部分分数占比	过程考核以实操完成质量打分,期末笔试

2) 说明

本课程按照百分制进行考核,考核主要包括平时过程性考核和期末终结性考核两大方面,平时过程性考核占50%,期末终结性考核占50%。

(1) 平时过程性考核包括学习态度、学习水平和实践动手能力三个方面。

学习态度——学生学习纪律与态度、学习活动中参与的积极性、学习交流与团队协作能力占10%。采用课堂学习活动评比、学习效果自评、互评、问卷调查等形式,主要由学生与学生团队给予评价。

学习水平——教学各单元模块知识结构与技能的训练占30%。以各学习单元的理论与实践项目活动鉴定为依据进行考核,主要由教师与学生互评给予评价。

实践动手能力——项目综合训练、创新能力占10%。以综合项目设计内容为依据进行综合项目考核,对查阅与应用设计手册、掌握设计软件能力以及创新设计能力进行评定,主要由教师与学生团队给予评价。

(2) 期末终结性考核以试卷考核形式进行评定,试卷从知识、技能、素质三维度对学生最终成绩进行评价。知识评价占25%,技能评价占20%,素质评价占5%。

课程考核评价内容与标准如表40-4、表40-5所示。

表40-4 平时过程性考核评价内容与标准

项目	内容	分值			
学习态度(10分)	出勤情况(5分)	5(优秀)	4(良好)	3(合格)	0(不合格)
	听课态度(5分)	5(优秀)	4(良好)	3(合格)	0(不合格)
学习水平(30分)	课堂提问(5分)	5(优秀)	4(良好)	3(合格)	0(不合格)
	讨论课发言(5分)	5(优秀)	4(良好)	3(合格)	0(不合格)
	线上课件学习(20分)	20(优秀)	16(良好)	12(合格)	0(不合格)
实践动手能力(10分)	查阅与应用设计手册、掌握设计软件能力以及创新设计能力(10分)	10(优秀)	8(良好)	6(合格)	0(不合格)

表 40-5 期末终结性考核内容与标准

项目	考核内容与标准	分值
试卷考试（50分）	变频器基本知识考核	7
	变频器功能设置、PLC与变频器的综合应用	15
	步进控制系统	10
	伺服控制系统	15
	课程思政、工匠精神、职业素养考核	3
	共计	50

（3）注意事项。

建议课程任课教师平时成绩均采用线上课程平台考核，课程考核内容可参照考核标准要求实施考核，注意做好学习过程、到课情况、平时作业、实验实践情况、考核情况的相关记录，将其作为学生最终评定成绩的明确依据，并与成绩册一同形成成绩档案保存。

四、课程资源

1. 教材选用

（1）按照学院《教材管理办法》，选用的教材要符合高职教学的要求，优先选用职业教育国家规划教材，尽量选用近三年出版的教育部规划教材。

（2）搭建产学合作平台，充分利用合作企业资源，组织由主讲教师与企业专家技术骨干组成的教学团队编写工学结合的教材。

2. 网络资源

（1）智慧职教变频及伺服应用技术在线课程平台（icve.com.cn）（智慧职教 MOOC - 变频及伺服应用技术）。

（2）充分认识信息技术与学科的整合，积极使用国家精品在线课程资源、国家专业教学资源库相关资源实现线上线下混合式教学、翻转课堂教学，如教学资源库、网络资源、MOOC 课程、SPOC 课程等。

（3）利用现代信息技术开发教学用多媒体课件，包含"授课要点、模拟实验、在线答疑、自主测试"等内容，通过搭建多维、动态、活跃、自主的课程学习与训练平台，使学生的主动性、积极性和创造性得以充分调动。

（4）给学生提供电子书籍、电子期刊、数字图书馆、专业网站（siemens.com.cn）（西门子下载中心 - 西门子官网技术文档资料下载中心 - 西门子工业技术支持中心 - 西门子中国）等网络资源的导引信息以及操作方法，使学生充分利用网络资源自主学习，实现教学内容从单一化向多元化转变，为学生的研究性学习和自主性学习创造条件，使学生能力得到充分拓展。

五、师资队伍

1. 课程教学团队

本课程为理实一体化课程，要求课程授课教师应具有良好的理论水平和较强的实践动手能力，课程教学师资队伍如表 40-6 所示。

表40-6 课程教学师资队伍

序号	姓名	出生年月	学历	职称	教师属性
1	郭艳萍	1968.1	大学本科	教授	校内专职、课程负责人
2	郑益	1986.9	大学本科	讲师、工程师	校内专职
3	黄斌	1987.6	硕士研究生	助理讲师、工程师	校内专职
4	张鑫	1990.3	硕士研究生	讲师、工程师	校内专职
5	杨淞淇	1994.10	硕士研究生	助理讲师	校内专职
6	岳海胜	1992.7	大学本科	工程师	企业兼职，重庆西门雷森精密装备制造研究院有限公司
7	吴欣懋	1986.5	大学本科	高工	企业兼职，重庆化工设计研究院

2. 教师责任

（1）电气自动化技术专业建设指导委员会把握课程发展方向。

（2）教研室主任、专业负责人与课程负责人负责课程的整体建设、内容的调整、课程的持续发展。

（3）专职教师负责课程的授课，专职教师与实训指导教师共同负责课程的实训指导。

（4）课程负责人负责监督课程的实施。

六、实践教学

1. 校内实训条件要求

本课程需要建立电气传动实训室，学生通过自己动手，熟悉变频器和伺服驱动器的结构、组成与工作原理，掌握使用 Startdrive 软件调试变频器，能使用运动控制指令编写运动控制程序。课程校内实训室配置如表40-7所示。

表40-7 课程校内实训室配置

序号	实训室名称	实训功能	实训内容	主要设备配置
1	电气传动实训室	变频器及伺服驱动器实践教学	G120变频器软件调试、面板操作、外部操作、多段速、PLC与变频器综合实训，步进、伺服等运动控制系统的构建、编程、安装及调试等实训	配置有G120变频器、步进驱动、步进电机、伺服驱动器和伺服电机、S7-1200 PLC、丝杆滑台/转盘等对象设备20台（套），配置电脑40台

2. 校外实训条件要求

校企合作开发实验实训课程资源。充分利用本行业典型企业的资源，加强校企合作建立校外实训基地，满足学生的实习实训需求，在此过程中进行实验实训课程资源的开发，同时为学生提供就业机会，开创就业渠道。课程校外实习实训由校内专职和企业教师共同指导，课程校外实习实训一览表如表40-8所示。

表40-8 课程校外实习实训一览表

序号	实习实训基地名称	实习实训功能	实习实训条件	指导老师
1	重庆西门雷森精密装备制造研究院有限公司	跟岗实习	满足实习要求	校内专职和企业兼职教师
2	重庆元创自动化设备有限公司	跟岗实习	满足实习要求	校内专职和企业兼职教师

41　传感器与智能检测技术课程标准

（编写：沈燕卿　校对：王俊洲　审核：朱开波）

课程代码：02150251
课程类型：理实一体化课
学时/学分：48 学时/3 学分
适用专业：电气自动化技术

一、课程概述

1. 课程性质

本课程是电气自动化技术专业必修的一门专业核心课程，是在学习了模拟电子技术、数字电子技术、电路分析等课程、具备了相关电子技术、电路原理等专业知识和实验操作能力的基础上开设的一门理实一体课程。其功能是对接专业人才培养目标，面向装备制造类企业的自动化系统工程师、电气设备装配工、自动化设备装调维修工等工作岗位，通过对各种传感器与检测仪表工作原理、特性与应用等内容的学习，培养学生从事传感器与检测仪表选型、装调、维护和数据处理的技术技能，为后续智能生产线数字化集成与仿真、自动生产线安装调试和工业控制网络等课程的学习奠定基础。

2. 课程定位

本课程对接的是装备制造类企业的自动化系统工程师、电气设备装配工、自动化设备装调维修工等工作岗位，通过学习使学生理解传感器的工作原理、特性和应用，掌握传感器的特性与技术指标，具备从事传感器选型、装调、维护和数据处理的基本技能。

二、课程目标

学生通过本课程的学习，使学生能认识传感器，了解测量基本原理和基本结构，理解各种传感器进行非电量测量的方法，掌握传感器的基本使用方法；初步具备根据测量要求进行传感器选型、典型信号处理电路设计、制作、调试、测量数据分析等，解决智能制造业中信息采集与转换等实际问题的知识和技能，以及求真务实、开拓创新、团队合作等社会能力，树立正确的世界观、人生观、价值观，培养德才兼备、全面发展的社会主义建设者和接班人。具体素质目标、知识目标和技能目标如下：

1. 素质目标

（1）具备信息查询、资料收集与整理的能力。
（2）具备独立分析问题、解决问题的能力。
（3）具备良好的学习态度和诚实守信、和谐文明的工作作风。
（4）具备良好的沟通表达能力和良好的团队合作精神。
（5）践行社会主义核心价值观，爱国、爱党、爱社会、敬业、诚信。
（6）遵守职业规范，具有良好的专业精神、职业精神和工匠精神。
（7）具有质量意识、安全意识、环保意识和求真务实、开拓创新思维。

2. 知识目标

（1）学会测量、误差理论及测量数据统计处理等知识。

(2) 能够解释传感器的特性指标概念、计算和分析处理方法。
(3) 能够描述各种常用传感器的工作原理、性能特点、适用场合和使用方法。
(4) 学会分析和设计常用传感器的典型信号转换电路。
(5) 能够解释测量信号处理及抗干扰技术的基本知识。
(6) 能举例说明常见传感器在特定工程场景中的实际应用。
(7) 学会分析典型检测系统与智能仪表的组成、工作原理和特性。

3. 技能目标

(1) 能查阅传感器资料、相关国家标准、行业规范以及编制技术文件。
(2) 能判别传感器性能并依据工程要求实施传感器选型。
(3) 能设计典型传感器的信号检测与转换电路。
(4) 能安装、使用、调试与维护常见传感器和智能仪表。

三、课程实施和建议

1. 课程内容和要求

本课程是以本专业的学生就业为导向,在相关企业的行业专家与本院专业课教师共同反复研讨下,结合专业教学经验与专业工作过程特点,通过精选内容、归类编排的方法增强传感器教学的系统性,从而有利于学生对传感器的现状和发展有一个完整的概念。鉴于传感器与检测仪表种类繁多,涉及的学科广泛,不可能也没有必要对各种具体产品逐一剖析。本课程力求突出传感器与智能检测技术共性基础,以装备制造类企业的自动化设备和生产控制系统的设计与开发、运行与调试、管理与优化等工作岗位涉及的专业知识学习领域为课程主线,以工作过程所需要的岗位职业能力为依据,着重介绍常用传感器与检测仪表的工作原理、测量转换电路及其典型应用,着眼于传感器与检测仪表的选型、调试、测量数据分析等解决实际问题的基本技能上,倡导学生在项目实施过程中掌握各种相关专业知识,使之初步具备实际工作过程所需的专业知识和技能。

通过本课程的学习,使学生获得误差理论、传感器、自动检测方法等方面的基本知识和基本技能,并能将所学到的传感器与智能检测技术知识和技能灵活地应用到今后的工作和生产实际中去。在课程的教学实践一体化实施过程中,注重理论联系实际,加强实践环节,并结合当前国内外的最新传感器技术及应用,分享创新与科技进步、数字中国、科技报国、新时代工匠精神、辩证唯物主义思想等科技素养及家国情怀。通过与技术相关的小故事大情怀等思政元素融入,引导学生吸收最新传感器技术的同时,养成学生分析问题和解决问题的能力以及良好的人文素养。课程学时分配、课程内容和要求如表41-1、表41-2所示。

表41-1 课程学时分配

项目(情景/模块/章节/单元)	学时		
	理论	实践	小计
项目一 检测技术基础	4	2	6
项目二 温度检测仪表	6	4	10
项目三 力学及其相关参量检测仪表	4	2	6
项目四 气温磁光检测仪表	4	6	10
项目五 位移与加速度检测仪表	6	4	10
项目六 传感器综合应用实例	0	6	6
小计	24	24	48

表 41-2 课程内容和要求

章节/单元		素质目标	知识目标	技能目标	教学活动
项目一 检测技术基础	工作任务 1.1 测量的基本概念及误差	(1) 践行社会主义核心价值观、爱国、爱党、爱社会、敬业、诚信；(2) 遵守职业规范，具有良好的专业精神、职业精神和工匠精神；(3) 具有质量意识、安全意识、环保意识和求真务实、开拓创新思维；(4) 具备信息查询、资料收集与整理的能力；(5) 具备独立分析问题、解决问题能力；(6) 具备良好的学习态度和诚实守信、和谐文明的工作作风；(7) 具备良好的交往与沟通表达能力和良好的团队合作精神	(1) 能够理解传感器的定义、典型组成及作用；★ (2) 学会自动检测系统的典型组成、结构、工作原理和发展趋势	(1) 具备查阅传感器元件知识的技能；(2) 能够掌握自动检测技术方面的基本知识和基本技能	利用多媒体演示法、预设问题法、讨论法、讲授法等讲授测量的基本概念及误差
	工作任务 1.2 传感器基本特性及测量结果数据统计	(1) 践行社会主义核心价值观、爱国、爱党、爱社会、敬业、诚信；(2) 遵守职业规范，具有良好的专业精神、职业精神和工匠精神；(3) 具有质量意识、安全意识、环保意识和求真务实、开拓创新思维；(4) 具备信息查询、资料收集与整理的能力；(5) 具备独立分析问题、解决问题能力；(6) 具备良好的学习态度和诚实守信、和谐文明的工作作风；(7) 具备良好的交往与沟通表达能力和良好的团队合作精神	(1) 学会测量结果数据统计处理的方法；(2) 学会传感器的组成、特性和特征参数；★■ (3) 知道电子仪器仪表装配工国家职业标准；(4) 能够理解基于误差理论的数据处理★■	(1) 能够用数据统计方法处理传感器测量结果；(2) 能够阅读与传感器相关的国家标准及行业规范；(3) 能根据传感器的测量数据利用统计学原理和工程经验实施简单的数据处理；★■ (4) 能够规范编写技术文档；(5) 能够掌握误差的分析计算及基于误差要求的仪表选型★	采用多媒体演示法、预设问题法、讨论法、演示法、案例分析法等，多种方法综合应用，使学生掌握传感器特性及其输出数据处理

续表

章节/单元		素质目标	知识目标	技能目标	教学活动
项目二 温度检测仪表	工作任务2.1 膨胀式温度计	（1）践行社会主义核心价值观、爱国、爱党、爱社会、敬业、诚信； （2）遵守职业规范，具有良好的专业精神、职业精神和工匠精神； （3）具有质量意识、安全意识、环保意识和求真务实、开拓创新思维； （4）具备信息查询、资料收集与整理的能力； （5）具备独立分析问题、解决问题能力； （6）具备良好的学习态度和诚实守信、和谐文明的工作作风； （7）具备良好的交往与沟通表达能力和良好的团队合作精神	（1）知道温标概念及典型测温方法； （2）了解膨胀式温度计的分类组成； （3）理解膨胀式温度计的工作原理； （4）学会膨胀式、温度计的选型方法；★ （5）学会膨胀式温度计的典型应用★■	（1）能根据膨胀式温度计的结构、工作原理以及项目需求实施传感器选型； （2）能根据说明书，掌握膨胀式温度计的接线、安装和调试方法；■ （3）能够规范编写技术文档	采用演示教学法、启发式教学法、讲授法等多种教学法，将课内、课外相结合，掌握膨胀式温度传感器的原理及其应用
	工作任务2.2 电阻式温度传感器	（1）践行社会主义核心价值观、爱国、爱党、爱社会、敬业、诚信； （2）遵守职业规范，具有良好的专业精神、职业精神和工匠精神； （3）具有质量意识、安全意识、环保意识和求真、开拓创新思维； （4）具备信息查询、资料收集与整理的能力； （5）具备独立分析问题、解决问题能力； （6）具备良好的学习态度和诚实守信、和谐文明的工作作风； （7）具备良好的交往与沟通表达能力和良好的团队合作精神	（1）了解电阻式温度传感器的结构组成； （2）理解电阻式温度传感器的工作原理； （3）学会电阻式温度传感器的选型方法；★ （4）学会电阻式温度传感器的典型应用★■	（1）能根据电阻式温度传感器的结构、工作原理以及项目需求进行传感器选型； （2）能根据说明书，掌握电阻式温度传感器的接线、安装和调试方法；■ （3）能规范编写技术文档	采用演示教学法、小组讨论法、启发式教学法、讲授法、直观教学法等多种教学法，将课内、课外相结合，掌握电阻式温度传感器的原理及其应用

续表

章节/单元		素质目标	知识目标	技能目标	教学活动
项目二 温度检测仪表	工作任务2.3 热电偶温度传感器	（1）践行社会主义核心价值观，爱国、爱党、爱社会、敬业、诚信；（2）遵守职业规范，具有良好的专业精神、职业精神和工匠精神；（3）具有质量意识、安全意识、环保意识求真务实、开拓创新思维；（4）具备信息查询、资料收集与整理的能力；（5）具备独立分析问题、解决问题能力；（6）具备良好的学习态度和诚实守信、和谐文明的工作作风；（7）具备良好的交往与沟通表达能力和良好的团队合作精神	（1）了解热电偶温度传感器的结构组成；（2）理解热电偶温度传感器的工作原理；（3）学会热电偶温度传感器的选型方法；★（4）学会热电偶温度传感器的典型应用★■	（1）能根据热电偶温度传感器的结构、工作原理以及项目需求进行传感器选型；（2）能根据说明书，掌握热电偶温度传感器的接线、安装和调试方法；■（3）能规范编写技术文档	采用演示教学法、小组讨论法、启发式教学法、讲授法、直观教学法等多种教学法，将课内、课外相结合，掌握热电偶温度传感器的原理及其应用
	工作任务2.4 辐射式及其他温度传感器	（1）践行社会主义核心价值观，爱国、爱党、爱社会、敬业、诚信；（2）遵守职业规范，具有良好的专业精神、职业精神和工匠精神；（3）具有质量意识、安全意识、环保意识求真务实、开拓创新思维；（4）具备信息查询、资料收集与整理的能力；（5）具备独立分析问题、解决问题能力；（6）具备良好的学习态度和诚实守信、和谐文明的工作作风；（7）具备良好的交往与沟通表达能力和良好的团队合作精神	（1）了解辐射式及其他温度传感器的结构组成；（2）理解辐射式及其他温度传感器的工作原理；（3）学会辐射式及其他温度传感器的选型方法；★（4）学会辐射式及其他温度传感器的典型应用★■	（1）能根据辐射式及其他温度传感器的结构、工作原理以及项目需求进行传感器选型；（2）能根据说明书，掌握辐射式及其他温度传感器的接线、安装和调试方法；■（3）能规范编写技术文档	采用演示教学法、小组讨论法、启发式教学法、讲授法、直观教学法等多种教学法，将课内、课外相结合，掌握辐射式等温度传感器的原理及其应用

续表

章节/单元		素质目标	知识目标	技能目标	教学活动
项目三 力学及其相关参量检测仪表	工作任务3.1 电阻应变式力传感器	（1）践行社会主义核心价值观，爱国、爱党、爱社会、敬业、诚信； （2）遵守职业规范，具有良好的专业精神、职业精神和工匠精神； （3）具有质量意识、安全意识、环保意识和求真务实、开拓创新思维； （4）具备信息查询、资料收集与整理的能力； （5）具备独立分析问题、解决问题能力； （6）具备良好的学习态度和诚实守信、和谐文明的工作作风； （7）具备良好的交往与沟通表达能力和良好的团队合作精神	（1）了解电阻应变式力敏传感器的结构组成； （2）理解电阻应变式力敏传感器的工作原理； （3）学会电阻应变式力敏传感器的选型方法；★ （4）学会电阻应变式力敏传感器的典型应用★■	（1）能根据电阻应变式力敏传感器的结构、工作原理以及项目需求进行传感器选型；★ （2）能根据说明书，掌握电阻应变式力敏传感器的接线、安装和调试方法； （3）能够规范编写技术文档	采用演示教学法、启发式教学法、讲授法、直观教学法等多种教学法，将课内、课外相结合，掌握电阻应变式传感器的原理及其应用
	工作任务3.2 压电式传感器	（1）践行社会主义核心价值观，爱国、爱党、爱社会、敬业、诚信； （2）遵守职业规范，具有良好的专业精神、职业精神和工匠精神； （3）具有质量意识、安全意识、环保意识和求真务实、开拓创新思维； （4）具备信息查询、资料收集与整理的能力； （5）具备独立分析问题、解决问题能力； （6）具备良好的学习态度和诚实守信、和谐文明的工作作风； （7）具备良好的交往与沟通表达能力和良好的团队合作精神	（1）知道压电式传感器的原理、结构； （2）学会压电式传感器的选型方法；★ （3）学会压电式传感器的典型应用★■	（1）能根据压电式力敏传感器的结构、工作原理以及项目需求进行传感器选型； （2）能根据说明书，掌握压电式力敏传感器的接线、安装和调试方法；■ （3）能够规范编写技术文档	利用演示教学法、讲授法、直观教学法等多种教学法，将课内、课外相结合，掌握压电式传感器的原理及其应用

续表

章节/单元		素质目标	知识目标	技能目标	教学活动
项目四 气温磁光检测仪表	工作任务4.1 电感式位移传感器	（1）践行社会主义核心价值观，爱国、爱党、爱社会、敬业、诚信；（2）遵守职业规范，具有良好的专业精神、职业精神和工匠精神；（3）具有质量意识、安全意识、环保意识和求真务实、开拓创新思维；（4）具备信息查询、资料收集与整理的能力；（5）具备独立分析问题、解决问题能力；（6）具备良好的学习态度和诚实守信，和谐文明的工作作风；（7）具备良好的交往与沟通表达能力和良好的团队合作精神	（1）能够理解电感式位移传感器的原理、结构；（2）学会电感式位移传感器的选型方法；★（3）学会电感式位移传感器的典型应用★■	（1）能根据电感式位移传感器的结构、工作原理以及项目需求进行传感器选型；（2）能根据说明书，掌握常见电感式位移传感器的接线、安装和调试方法；■（3）能够规范编写技术文档	采用演示教学法、启发式教学法、讲授法、直观教学法等多种教学法，将课内、课外相结合，掌握电感式位移传感器的原理及其应用
	工作任务4.2 电容式位移传感器	（1）践行社会主义核心价值观，爱国、爱党、爱社会、敬业、诚信；（2）遵守职业规范，具有良好的专业精神、职业精神和工匠精神；（3）具有质量意识、安全意识、环保意识和求真务实、开拓创新思维；（4）具备信息查询、资料收集与整理的能力；（5）具备独立分析问题、解决问题能力；（6）具备良好的学习态度和诚实守信，和谐文明的工作作风；（7）具备良好的交往与沟通表达能力和良好的团队合作精神	（1）能够理解电容式位移传感器的原理、结构；（2）学会电容式位移传感器的选型方法；★（3）学会电容式位移传感器的典型应用★■	（1）能根据电容式位移传感器的结构、工作原理以及项目需求进行传感器选型；（2）能根据说明书，掌握电容式位移传感器的接线、安装和调试方法；■（3）能够规范编写技术文档	采用演示教学法、启发式教学法、讲授法、直观教学法等多种教学法，将课内、课外相结合，掌握电容式位移传感器的原理及其应用

续表

章节/单元		素质目标	知识目标	技能目标	教学活动
项目四 气温磁光检测仪表	工作任务4.3 超声波位移传感器	（1）践行社会主义核心价值观，爱国、爱党、爱社会、敬业、诚信； （2）遵守职业规范，具有良好的专业精神、职业精神和工匠精神； （3）具有质量意识、安全意识、环保意识和求真务实、开拓创新思维； （4）具备信息查询、资料收集与整理的能力； （5）具备独立分析问题、解决问题能力； （6）具备良好的学习态度和诚实守信、和谐文明的工作作风； （7）具备良好的交往与沟通表达能力和良好的团队合作精神	（1）知道超声波位移传感器的原理、结构； （2）学会超声波位移传感器的选型方法；★ （3）学会超声波位移传感器的典型应用； （4）知道接近开关的基本结构和工作原理； （5）学会超声波位移传感器的选型和简单应用★■	（1）能根据超声波位移传感器的结构、工作原理以及项目需求进行传感器选型； （2）能根据说明书，掌握超声波传感器的接线、安装和调试方法；★■ （3）能够规范编写技术文档	采用演示教学法、启发式教学法、讲授法、直观教学法等多种教学法，将课内、课外相结合，掌握超声波位移传感器的原理及其应用
项目五 位移与加速度检测仪表	工作任务5.1 气敏传感器	（1）践行社会主义核心价值观，爱国、爱党、爱社会、敬业、诚信； （2）遵守职业规范，具有良好的专业精神、职业精神和工匠精神； （3）具有质量意识、安全意识、环保意识和求真务实、开拓创新思维； （4）具备信息查询、资料收集与整理的能力； （5）具备独立分析问题、解决问题能力； （6）具备良好的学习态度和诚实守信、和谐文明的工作作风； （7）具备良好的交往与沟通表达能力和良好的团队合作精神	（1）了解气敏传感器的结构和组成； （2）能够理解气敏传感器的工作原理及适用场合； （3）学会气敏传感器的选型方法； （4）学会气敏传感器的典型应用★■	（1）能根据常见气敏传感器的结构、工作原理以及项目需求进行传感器选型；★ （2）能根据说明书，掌握常见气敏传感器的接线、安装和调试方法；★■ （3）能够规范编写技术文档	采用演示教学法、启发式教学法、讲授法、直观教学法等多种教学法，将课内、课外相结合，掌握气敏传感器的原理及其应用

续表

章节/单元		素质目标	知识目标	技能目标	教学活动
项目五 位移与加速度检测仪表	工作任务5.2 湿敏传感器	（1）践行社会主义核心价值观，爱国、爱党、爱社会、敬业、诚信； （2）遵守职业规范，具有良好的专业精神、职业精神和工匠精神； （3）具有质量意识、安全意识、环保意识和求真务实、开拓创新思维； （4）具备信息查询、资料收集与整理的能力； （5）具备独立分析问题、解决问题能力； （6）具备良好的学习态度和诚实守信、和谐文明的工作作风； （7）具备良好的交往与沟通表达能力和良好的团队合作精神	（1）了解湿度的概念及常见测量方法； （2）能够理解湿敏传感器的原理、结构； （3）学会湿敏传感器的选型方法； （4）学会湿敏传感器的典型应用★■	（1）能根据常见湿敏传感器的结构、工作原理以及项目需求进行传感器选型；★ （2）能根据说明书，掌握常见湿敏传感器的接线、安装和调试方法；★■ （3）能够规范编写技术文档	采用演示教学法、启发式教学法、讲授法、直观教学法等多种教学法，将课内、课外相结合，掌握湿敏传感器的原理及其应用
	工作任务5.3 磁敏传感器	（1）践行社会主义核心价值观，爱国、爱党、爱社会、敬业、诚信； （2）遵守职业规范，具有良好的专业精神、职业精神和工匠精神； （3）具有质量意识、安全意识、环保意识和求真务实、开拓创新思维； （4）具备信息查询、资料收集与整理的能力； （5）具备独立分析问题、解决问题能力； （6）具备良好的学习态度和诚实守信、和谐文明的工作作风； （7）具备良好的交往与沟通表达能力和良好的团队合作精神	（1）了解测量磁场的常见方法； （2）能够理解霍尔传感器的原理、结构； （3）学会霍尔传感器的选型方法； （4）学会霍尔传感器的典型应用★■	（1）能根据霍尔传感器的结构、工作原理以及项目需求进行传感器选型；★ （2）能根据说明书，掌握常见霍尔传感器的接线、安装和调试方法；★■ （3）能够规范编写技术文档	采用演示教学法、启发式教学法、讲授法、直观教学法等多种教学法，将课内、课外相结合，掌握磁敏传感器的原理及其应用

续表

章节/单元		素质目标	知识目标	技能目标	教学活动
项目五 位移与加速度检测仪表	工作任务 5.4 光电传感器	(1) 践行社会主义核心价值观，爱国、爱党、爱社会、敬业、诚信；(2) 遵守职业规范，具有良好的专业精神、职业精神和工匠精神；(3) 具有质量意识、安全意识、环保意识和求真务实、开拓创新思维；(4) 具备信息查询、资料收集与整理的能力；(5) 具备独立分析问题、解决问题能力；(6) 具备良好的学习态度和诚实守信、和谐文明的工作作风；(7) 具备良好的交往与沟通表达能力和良好的团队合作精神	(1) 知道光电传感器的原理、结构；(2) 学会光电传感器的选型方法；★(3) 能够掌握典型光电元件的测量电路设计；(4) 学会光电传感器的典型应用■★	(1) 能根据常见光电传感器的结构、工作原理以及项目需求进行传感器选型；(2) 能设计典型光电元件（如光敏电阻/二极管/三极管等）及其传感器的应用电路；(3) 能根据说明书，掌握常见光电传感器的接线、安装和调试方法；★■(4) 能够规范编写技术文档	采用项目驱动法、演示教学法、启发式教学法、讲授法、直观教学法等多种教学法，将课内、课外相结合，掌握光电传感器的原理及其应用
	工作任务 5.5 干扰源及防护和检测技术中的电磁兼容原理	(1) 践行社会主义核心价值观，爱国、爱党、爱社会、敬业、诚信；(2) 遵守职业规范，具有良好的专业精神、职业精神和工匠精神；(3) 具有质量意识、安全意识、环保意识和求真务实、开拓创新思维；(4) 具备信息查询、资料收集与整理的能力；(5) 具备独立分析问题、解决问题能力；(6) 具备良好的学习态度和诚实守信、和谐文明的工作作风；(7) 具备良好的交往与沟通表达能力和良好的团队合作精神	(1) 知道常见干扰的类型及产生、干扰信号的耦合方式；★(2) 学会常用的抑制干扰措施；★(3) 知道电磁干扰的来源；(4) 知道电磁干扰的传播路径；(5) 学会常见的克服电磁干扰的方法★	(1) 能够根据现象判断常见干扰的类型及产生的原因；★(2) 能够根据已知干扰采取合适的抑制干扰的措施和方法★■	采用演示教学法、启发式教学法、讲授法等多种教学法，将课内、课外相结合，知道电磁干扰来源及其克服方法

续表

章节/单元		素质目标	知识目标	技能目标	教学活动
项目六 传感器综合应用实例	工作任务6.1 智能仪表	（1）践行社会主义核心价值观，爱国、爱党、爱社会、敬业、诚信； （2）遵守职业规范，具有良好的专业精神、职业精神和工匠精神； （3）具有质量意识、安全意识、环保意识和求真务实、开拓创新思维； （4）具备信息查询、资料收集与整理的能力； （5）具备独立分析问题、解决问题能力； （6）具备良好的学习态度和诚实守信、和谐文明的工作作风； （7）具备良好的交往与沟通表达能力和良好的团队合作精神	（1）能陈述智能传感器的概念、构成、功能和实现途径；★ （2）结合典型智能传感器，能描述智能传感器的功能和一般使用方法	（1）能参照电子仪器仪表装配工和维修电工国家职业标准实施操作；■ （2）能参照IEEE 1451智能传感器接口标准等实施操作■	采用演示教学法、小组讨论法、启发式教学法、讲授法、直观教学法等多种教学法，掌握智能仪表应用
	工作任务6.2 智能家居	（1）践行社会主义核心价值观，爱国、爱党、爱社会、敬业、诚信； （2）遵守职业规范，具有良好的专业精神、职业精神和工匠精神； （3）具有质量意识、安全意识、环保意识和求真务实、开拓创新思维； （4）具备信息查询、资料收集与整理的能力； （5）具备独立分析问题、解决问题能力； （6）具备良好的学习态度和诚实守信、和谐文明的工作作风； （7）具备良好的交往与沟通表达能力和良好的团队合作精神	（1）知道火灾自动报警系统的概念和典型结构； （2）知道火灾发生后伴随产生的物理和化学现象及相应的探测传感器；★ （3）能够掌握典型烟雾、温度传感器的测量电路设计■	（1）能够分析判断传感器在火灾自动报警系统中所起的作用； （2）能根据项目需求判断需要采用的检测系统类型；★■ （3）能分析设计典型的温度超限和烟雾报警传感器■	采用演示教学法、小组讨论法、启发式教学法、讲授法、直观教学法等多种教学法，掌握传感器在智能家居中的综合应用

续表

章节/单元		素质目标	知识目标	技能目标	教学活动
项目六 传感器综合应用实例	工作任务6.3 智能检测系统	(1) 践行社会主义核心价值观，爱国、爱党、爱社会、敬业、诚信； (2) 遵守职业规范，具有良好的专业精神、职业精神和工匠精神； (3) 具有质量意识、安全意识、环保意识和求真务实、开拓创新思维； (4) 具备信息查询、资料收集与整理的能力； (5) 具备独立分析问题、解决问题能力； (6) 具备良好的学习态度和诚实守信、和谐文明的工作作风； (7) 具备良好的交往与沟通表达能力和良好的团队合作精神	(1) 知道传感器在机床、温度压力检测控制系统和模糊控制洗衣机中的应用；★ (2) 知道典型的闭环负反馈控制原理；■ (3) 能够解释判断传感器在智能机器人、自动驾驶、智慧医学中所起的作用	(1) 能根据项目需求选择相应的传感器； (2) 能分析设计典型的红外测距传感器、远红外火烟探测器、地面灰度传感器等■	采用小组讨论法、启发式教学法、直观教学法等多种教学法，将课内、课外相结合，理解检测技术综合应用

2. 教学方法和教学手段

（1）加强对学生职业能力的培养，强化案例教学或项目教学，注重以工作任务为导向型案例或项目激发学生学习热情，使学生在案例分析或项目活动中了解传感器技术与智能仪表工作领域与工作过程。

（2）以学生为本，注重"教"与"学"的互动，融"教学做"于一体。通过选用典型案例应用项目，由教师进行操作性示范，并组织学生进行实际操作活动，让学生在案例应用项目教学活动中明确学习领域的知识点，并掌握本课程的核心专业技能。

（3）在教学过程中，要创设工作情景，同时应加大实践实操的占比，要紧密结合职业技能，实操项目的训练，提高学生的岗位适应能力。

（4）注重专业案例的积累与开发，以多媒体、案例分析、网络平台教学、在线答疑等方法提高学生分析和解决生产问题的专业技能。

（5）在教学过程中，要强调校企合作、工学结合，要重视本专业领域新技术、新工艺、新设备发展趋势，贴近生产现场，为学生提供职业生涯发展的空间，努力培养学生参与社会实践的创新精神和职业能力。

（6）教学过程中教师应积极引导学生提升职业素养，提高职业道德。

（7）注重推进专业课程思政改革，深化工匠职业素养教育。

3. 教学评价

（1）考核要求

课程考核应符合有关管理规定，具体要求如表41-3所示。

表 41-3 课程考核要求

考核类别	平时过程性考核 50%	期末综合性考核 50%	补考
考核要求	平时表现 20%（考勤、作业、实验实践等）+ 阶段考核 30%	理论考试、实践考核、课题报告、答辩等方式，可选择一种或多种方式，要明确各部分分数占比	理论考试

课程学习考核评价内容与标准如表 41-4、表 41-5 所示。

表 41-4 平时过程性考核评价内容与标准

项目	内容	分值			
学习态度（10分）	出勤情况（5分）	5（优秀）	4（良好）	3（合格）	0（不合格）
	听课态度（5分）	5（优秀）	4（良好）	3（合格）	0（不合格）
学习水平（30分）	课堂提问（5分）	5（优秀）	4（良好）	3（合格）	0（不合格）
	讨论课发言（5分）	5（优秀）	4（良好）	3（合格）	0（不合格）
	线上课件学习（20分）	20（优秀）	16（良好）	12（合格）	0（不合格）
实践动手能力（10分）	查阅与应用设计手册、完成实验实训项目以及创新设计能力（10分）	10（优秀）	8（良好）	6（合格）	0（不合格）

表 41-5 期末综合性考核内容与标准（100 分 × 50%）

项目	考核内容与标准	分值
试卷考试	传感器的定义、类型及特性指标	17
	传感器的选型	20
	传感器的装调、维护及使用	20
	传感器的综合应用	40
	课程思政、工匠精神、职业素养考核	3
	共计	100

（2）注意事项。

建议课程任课教师平时成绩均采用线上课程平台考核，课程考核内容可参照考核标准要求实施考核，注意做好学习过程、到课情况、平时作业、实验实践情况、考核情况的相关记录，将其作为学生最终评定成绩的明确依据，并与成绩册一同形成成绩档案保存。

四、课程资源

1. 教材选用

按照学院《教材管理办法》，选用的教材要符合高职层次职业教育教学的要求，尽量选用近三年出版的国家规划教材；拟采用由中国电力出版社出版的沈燕卿主编的《传感器技术（第三版）》，该教材为"十三五""十四五"职业教育国家规划教材；其他参考教材如表41-6所示。

表41-6　其他参考教材

1	自动检测技术及应用	梁森	机械工业出版社
2	传感器原理设计及应用	洪志刚	中南大学出版社
3	检测技术及应用	柳桂国	电子工业出版社

2. 网络资源

（1）智慧职教课程平台检测技术在线课程、自动检测技术在线课程（http://www.cnhenet.org/course/5197）、传感器应用在线开放课程（http://www.cchve.com.cn/hep/portal/courseId_450）。

（2）充分认识信息技术与学科的整合，积极使用国家精品在线课程资源、国家专业教学资源库相关资源实现线上线下混合式教学、翻转课堂教学，如教学资源库、网络资源、MOOC课程、SPOC课程等。

（3）利用现代信息技术开发教学用多媒体课件，包含"授课要点、模拟实验、在线答疑、自主测试"等内容，通过搭建多维、动态、活跃、自主的课程学习与训练平台，使学生的主动性、积极性和创造性得以充分调动。

（4）给学生提供电子书籍、电子期刊、数字图书馆、专业网站等网络资源的导引信息以及操作方法，使学生充分利用网络资源自主学习，实现教学内容从单一化向多元化转变，为学生的研究性学习和自主性学习创造条件，使学生能力充分得到拓展。

五、师资队伍

1. 课程教学团队

通过人才引进、聘请兼职教师等手段，增加师资数量；通过教师职业能力和职业技能培训，提高师资队伍的"双师"素质，形成合理的"双师"结构。

本课程为理实一体化课程，要求课程授课教师应具有良好的理论水平和较强的实践动手能力，具体要求包括：

（1）从事本课程教学的专职教师，应具备以下相关知识、技能和资质：
①具有高校教师资格证书。
②获得国家的电气工程师资格证书或同等地位的职业水平/资格证书。

（2）从事本课程教学的兼职教师，应具备以下相关知识、技能和资质：
①具有5年以上电气/电子行业工作经历，独立承担过中等复杂程度以上电气/电子控制项目的开发并具备工程师以上职业资格证书（理论讲授）。
②具有较好的语言表述能力及教学组织能力。
③本课程的教师资源由专职教师和兼职教师共同组成，其中30%以上的课程教学任务由兼职教师完成。

课程教学师资队伍如表41-7所示。

课程教学团队中：教授1人，全国技术能手1人，副教授/高级工程师4人，讲师2人，硕士6人，本科1人；所有专职教师均为"双师型"教师，兼职教师均为来自装备制造行业龙头企业的经验丰富的工程技术人员。

表41-7 课程教学师资队伍

序号	姓名	学历	职称	职业资格	行业经历	承担任务
1	沈燕卿	硕士研究生	教授	考评员	3年	校内专职、课程负责人
2	杨乐	硕士研究生	副教授	考评员	5年	校内专职、课程建设及教学
3	张玲	硕士研究生	讲师	工程师	3年	校内专职、课程建设及教学
4	王乐	硕士研究生	讲师	工程师	3年	校内专职、课程建设及教学
5	庄建兵	硕士研究生	高级工程师	高级工程师	18年	联合汽车电子有限公司、课程建设指导及课程教学
6	庹奎	硕士研究生	高级工程师	高级工程师	12年	重庆华数机器人有限公司、课程建设指导及课程教学
7	吴胜光	大学本科	高级工程师	高级工程师	22年	重庆建设工业（集团）有限责任公司、课程建设指导及课程教学

2. 课程团队职责

（1）电气自动化技术专业建设指导委员会确定课程发展方向。

（2）教研室主任、专业负责人与课程负责人负责课程的整体建设、内容的调整、课程的持续发展。

（3）专职教师负责课程的授课，专职教师与实训指导教师共同负责课程的实训指导。

（4）课程负责人负责监督课程的实施。

六、实践教学

本课程实验实训在智能制造大楼"传感器与智能检测技术"理实一体化实训室进行，内有传感器技术实验箱、智能仪表实训台、万用表、示波器等；通过实验实训，理实一体，让学生熟悉典型传感器的结构组成、原理、选型和典型应用以及智能仪表的安装、调试、使用、维护和数据处理等，为学生实训、设计提供平台。

42　电机及电气控制课程标准

（编写：孙惠娟　校对：黄礼超　审核：张玉平）

课程代码：02150169
课程类型：理实一体化课
学时/学分：64学时/4学分
适用专业：电气自动化技术

一、课程概述

1. 课程性质

本课程是电气自动化技术专业必修的一门专业核心课程，是在学习了工程制图与CAD、电工技术和电子技术等课程，具备了电工常用物理量的分析与计算、常用电工工具使用和计算机绘图等能力的基础上开设的一门理实一体化课程。其功能是对接专业人才培养目标，通过对三相异步电动机的认识、常规电气控制电路设计与实现、典型通用机床常见电气故障检修等内容的学习，培养学生三相异步电动机使用和检测的能力、常规电气控制电路分析装调与检修等能力，为后续课程PLC原理及应用、变频及伺服应用技术、自动生产线安装调试等课程的学习奠定基础。

2. 课程定位

本课程对接的工作岗位是装备制造自动化行业电气设备装配工、自动化设备维修工、电气设备的调试和试验员、自动化设备运行维护员等工作岗位，通过学习学生应具备三相异步电动机的检测与使用、自动化设备电气控制电路的装调及检修的能力和中等复杂程度以下的常规电气控制电路开发、控制方案优化和改造的能力。

二、课程目标

本课程的目标是培养学生诚实、守信的品德，负责的态度，善于沟通和合作的团队意识，培养学生重质量、守规范和良好安全意识的职业能力，培养学生吃苦耐劳的职业精神与创新设计意识、严谨求实的科学态度和必备的专业知识与技术技能。通过学习使学生具有良好职业道德，并能对三相异步电动机性能进行分析及检测，对常用低压电气元件进行选用，对常规电气控制线路进行分析、装调、检修、技术改造，成为具有可持续发展能力的高素质高技能型人才，以适应市场对装备制造自动化行业高素质的电气控制系统设计、装调与检修技能型人才的需求。学习完本课程，学生可考取中级电工等相关职业能力等级证书。

具体目标如下：

1. 知识目标

（1）了解电机的基本概念和分类。
（2）知道三相交流异步电动机的基本结构、铭牌数据、工作原理和基本特性。
（3）知道常规电气控制元件的结构、工作原理及使用方法。
（4）知道常规电气控制电路的分析方法、安装及调试、设计和技术改进方法。

(5) 知道常规电气控制电路常见电气故障的分析、检测与排除方法。

2. 技能目标

(1) 具备检测三相异步电动机基本电气性能的能力。
(2) 具备对常用低压电气元件进行选用与装调的能力。
(3) 能熟练对常规电气控制线路进行分析、装调和设计。
(4) 能熟练对中等复杂程度常规电气控制线路的常见故障进行分析并排除。

3. 素养目标

(1) 具有爱国主义和集体主义精神，拥护中国共产党领导和我国社会主义制度，爱国、敬业、诚信。
(2) 遵守职业规范，具有质量意识、安全意识、环保意识、创新思维、信息素养，具有良好的专业精神、职业精神和工匠精神。
(3) 养成良好的学习态度，培养诚实守信、和谐文明的工作作风，培养学生发现问题和解决问题的能力，并具有终身学习与专业发展能力。
(4) 提高交往与沟通表达能力，培养良好的团队合作精神，养成独立思考的学习习惯。

三、课程实施和建议

1. 课程内容和要求

本课程标准以电气自动化技术专业就业为导向，以自动化设备电气控制线路安装调试、优化技改、设计开发和维修维护工作过程所需要的岗位职业能力需求为依据，结合专业人才培养方案中培养目标、培养规格和毕业要求、国家电工职业资格四级标准、国家职业技能大赛相关赛项标准，以及职业院校学生的认知特点等制定。本课程以各种常规电气控制电路的分析、设计、安装、调试、维修维护过程涉及的职业素养、专业知识和技术技能学习单元为课程主线，依托真实典型的工作任务，以工作过程为导向，以项目实施、任务驱动为教学单元，设计教学过程，以突出课程的职业性、实践性和开放性为前提，采用循序渐进、由简单到复杂思路序化并展示课程内容。

课程学时分配、课程内容和要求如表42-1、表42-2所示。

表42-1 课程学时分配

项目（情景/模块/章节/单元）	学时		
	理论	实践	小计
1. 认识三相异步电动机	6	2	8
2. 电动机自锁控制电路设计与实现	4	4	8
3. 多台电动机顺序控制电路设计与实现	4	2	8
4. 工作台自动往复控制电路设计与实现	4	2	6
5. 双速电动机控制电路设计与实现	2	4	6
6. 电动机降压启动控制电路设计与实现	2	4	6
7. 电动机制动控制电路设计与实现	2	4	6
8. Z3040摇臂钻床常见电气故障分析与排除	4	4	8
9. X62W万能铣床常见电气故障分析与排除	4	4	8
机动	2	0	2
小计	34	30	64

表 42-2 课程内容和要求

项目/单元	素质目标	知识目标	技能目标	教学活动
1 认识三相异步电动机	(1) 具有爱国主义和集体主义精神，拥护中国共产党领导和我国社会主义制度，爱国、敬业、诚信； (2) 遵守职业规范，具有良好的专业精神、职业精神和工匠精神； (3) 提高交往与沟通表达能力，培养良好团队合作精神	(1) 知道三相异步电动机的基本结构及铭牌数据的含义； (2) 知道三相异步电动机的工作原理；★■ (3) 知道三相异步电动机的基本机械特性与控制之间的关联；★■ (4) 知道三相电动机基本电气性能的检测与判别方法★	(1) 能根据任务要求结合铭牌数据正确连接定子绕组；★ (2) 能对三相异步电动机的基本性能进行分析和计算； (3) 能利用仪器仪表测试三相异步电动机的基本性能★	(1) 教师：引导、讲授、演示、评价； (2) 学生：模仿、讨论、练习、互评、反馈、改进
2 电动机自锁控制电路设计与实现	(1) 养成独立思考学习的习惯，同时兼顾协同设计能力培养； (2) 能对所学内容进行较为全面的比较、概括和阐释； (3) 具有质量意识、安全意识、创新思维、信息素养	(1) 知道开关元件、控制元件和保护元件结构、工作原理及使用方法； (2) 知道自锁触点作用及使用方法；★■ (3) 电动机连续运行控制线路组成、工作原理、装调及设计方法★	(1) 能正确绘制出相关电气元件符号、阐明其工作原理并正确使用； (2) 能正确分析电动机单向控制线路工作原理并按工艺要求装调成功；★ (3) 能根据任务要求对电动机直接启动控制线路进行设计并实现★■	(1) 教师：引导、讲授、演示、评价； (2) 学生：模仿、讨论、练习、互评、反馈、改进
3 多台电动机顺序控制电路设计与实现	(1) 养成独立思考学习的习惯，同时兼顾协同设计能力培养； (2) 能对所学内容进行较为全面的比较、概括和阐释； (3) 具有质量意识、安全意识、创新思维、信息素养	(1) 知道时间继电器结构、工作原理及使用方法；★ (2) 知道联锁触点基本作用及使用方法；★■ (3) 熟悉多被控对象顺序控制线路组成、工作原理、装调及设计方法	(1) 能正确使用时间继电器； (2) 能正确分析多被控对象顺序控制线路工作原理并按工艺要求装调成功；★ (3) 能根据任务要求对多设备进行顺序控制线路进行设计并实现★■	(1) 教师：引导、讲授、演示、评价； (2) 学生：模仿、讨论、练习、互评、反馈、改进
4 工作台自动往复控制电路设计与实现	(1) 养成独立思考学习的习惯，同时兼顾协同设计能力培养； (2) 能对所学内容进行较为全面的比较、概括和阐释； (3) 具有质量意识、安全意识、创新思维、信息素养	(1) 了解三相异步电动机实现正反转控制基本方法； (2) 了解行程开关结构、工作原理及使用方法； (3) 理解互锁基本作用及使用方法；★■ (4) 理解电动机双向运行控制线路组成、工作原理、装调及设计方法★	(1) 能正确使用行程开关； (2) 能正确分析电动机正反转控制线路工作原理并按工艺要求装调成功；★ (3) 能根据任务要求对电动机双向运行控制线路进行设计并实现★■	(1) 教师：引导、讲授、演示、评价； (2) 学生：模仿、讨论、练习、互评、反馈、改进

续表

项目/单元	素质目标	知识目标	技能目标	教学活动
5 双速电动机控制电路设计与实现	（1）养成独立思考学习的习惯，同时兼顾协同设计能力培养；（2）能对所学内容进行较为全面的比较、概括和阐释；（3）具有质量意识、安全意识、创新思维、信息素养	（1）知道三相异步电动机调速方法及特点；★（2）知道三相异步电动机变极调速接线方法及控制方案；（3）知道三相电动机变极调速控制电路组成、工作原理、装调及设计方法★■	（1）能正确分析双速运行电气控制线路的工作原理并按工艺要求装调成功；★（3）能根据任务要求选择合适调速控制方案、设计合理控制电路并实现★■	（1）教师：引导、讲授、演示、评价；（2）学生：模仿、讨论、练习、互评、反馈、改进
6 电动机降压启动控制电路设计与实现	（1）养成独立思考学习的习惯，同时兼顾协同设计能力培养；（2）能对所学内容进行较为全面的比较、概括和阐释；（3）具有质量意识、安全意识、创新思维、信息素养	（1）知道大功率设备降压启动原因、方法及特点；（2）知道电动机启动方案选择方法；★（3）知道各种常用降压启动控制电路组成、工作原理、装调及设计方法★■	（1）能根据任务要求选择合适的降压启动控制方案并设计合理控制电路；★■（2）能对电动机降压启动控制线路进行分析并按工艺要求进行装调直至成功★	（1）教师：引导、讲授、演示、评价；（2）学生：模仿、讨论、练习、互评、反馈、改进
7 电动机制动控制电路设计与实现	（1）养成独立思考学习的习惯，同时兼顾协同设计能力培养；（2）能对所学内容进行较为全面的比较、概括和阐释；（3）具有质量意识、安全意识、创新思维、信息素养	（1）知道速度继电器结构、工作原理使用方法并能够正确绘制其电气符号；（2）知道三相交流异步电动机制动过程的基本特性；★（3）知道三相交流异步电动机制动电路组成、工作原理、装调及设计方法★■	（1）能根据任务要求对电动机制动控制线路进行设计并实现；★■（2）能正确分析电动机制动电路工作原理并根据工艺要求进行装调直至成功★	（1）教师：引导、讲授、演示、评价；（2）学生：模仿、讨论、练习、互评、反馈、改进
8 Z3040摇臂钻床常见电气故障分析与排除	（1）养成独立思考学习的习惯，同时兼顾协同设计能力培养；（2）能对所学内容进行较为全面的比较、概括和阐释；（3）培养学生发现问题和解决问题能力，并具有终身学习与专业发展能力	（1）知道Z3040摇臂钻床工作过程及特点；（2）知道Z3040摇臂钻床电气控制线路组成及工作原理；★（3）理解机床电气控制线路常见电气故障的分析与排除方法★■	（1）能根据Z3040摇臂钻床故障现象结合电气原理图进行故障范围的分析并正确标注；★■（2）会利用仪器仪表对Z3040摇臂钻床常见电气故障进行查找及排除，并在图纸中进行标注★	（1）教师：引导、讲授、演示、评价；（2）学生：模仿、讨论、练习、互评、反馈、改进

续表

项目/单元	素质目标	知识目标	技能目标	教学活动
9 X62W万能铣床常见电气故障分析与排除	（1）养成独立思考学习的习惯，同时兼顾协同设计能力培养； （2）能对所学内容进行较为全面的比较、概括和阐释； （3）培养学生发现问题和解决问题能力，并具有终身学习与专业发展能力	（1）知道X62W万能铣床工作过程及特点； （2）知道X62W万能铣床电气控制线路组成及工作原理；★ （3）熟悉机床电气控制线路常见电气故障的分析与排除方法★■	（1）能根据X62W万能铣床故障现象，结合电气原理图进行故障范围的分析并正确标注；★■ （2）会利用仪器仪表对X62W万能铣床常见电气故障进行查找及排除，并在图纸中进行标注★	（1）教师：引导、讲授、演示、评价； （2）学生：模仿、讨论、练习、互评、反馈、改进

备注：教学重点、难点在表中标出，其中，打★的为教学重点，打■的为教学难点。

2. 教学方法和教学手段

电机及电气控制这门课程，具有较强的理论性、实践性、职业性，高等职业院校的学生大部分来自普高，企业实践经验不足，虽掌握一定程度的电学理论知识但是动手实践能力需进一步加强，建议综合应用以下教学方法和教学手段。

1）教学方法建议

（1）强化案例教学或项目教学，注重以工作任务为导向型案例或项目激发学生学习热情，使学生在案例分析或项目活动中了解电气控制电路设计、分析、装调、检修工作及过程，加强对学生职业能力的培养。

（2）以学生为本，注重"教"与"学"的互动，融"教学做"于一体。选用典型案例应用项目，由教师进行操作性示范，并组织学生进行实际操作活动，让学生在案例应用项目教学活动中明确学习领域的知识点，并掌握本课程的核心专业技能。

（3）在教学过程中，要创设工作情景，同时应加大实践实操的占比，使学生了解职业，热爱职业、岗位，帮助学生树立正确的价值观、择业观，培养其良好的职业道德和职业意识，不仅传授知识，而且要突出能力的培养。

（4）小组教学法，即以学生为主体，将课题内容分解成多个并列知识点，通过小组探究实现教学目标，形成人人有课题，学生之间、小组之间相互教授各自掌握的内容，通过朋辈导修的形式实现全员参与的一种教学方法。此方法可以激发每个学生学习兴趣，培养总结提炼、知识架构搭建及传授能力，提高学生的自信心和责任心，培养团队协作能力和沟通表达能力。

2）教学手段

（1）注重专业案例的积累与开发，以多媒体、录像与光盘、案例分析、在线答疑等方法提高学生分析和解决生产问题的专业技能。

（2）在教学过程中，要强调校企合作、工学结合，要重视本专业领域新技术、新工艺、新设备发展趋势，贴近生产现场，为学生提供职业生涯发展的空间，努力培养学生参与社会实践的创新精神和职业能力。

（3）教学过程中，教师应积极引导学生提升职业素养，提高职业道德，注重推进专业课程思政改革，深化工匠职业素养教育。

3. 教学评价

1）考核要求

课程考核应符合有关管理规定，采用平时测评与期末终结性鉴定相结合、线上评价与线下评价相结合、理论评价与实操评价相结合的方式进行，考核主要包括过程考核和期末考核两大方面，过程考核占50%，期末考核占50%。建议工作过程与模块评价相结合，定性评价与定量评价相结合，加强实践性教学环节的考核，注重理解与分析能力的提高与培养。建议加大对学生学习过程评价与控制，教学中分工作任务模块评分，设计各环节的考核标准和相应的考核表格，形成对工程素质、实践技能、合作能力等综合评价体系。

课程考核要求如表42-3所示。

表42-3 课程考核要求

考核类别	平时过程性考核50%	期末终结性考核50%	补考
考核要求	平时表现25%（学习态度5%、学习水平10%、动手实践10%）+阶段考核25%	理论考试50%	理论考试

2）说明

（1）平时过程性考核包括学习态度、学习水平和实践动手能力三个方面。

学习态度——学生学习纪律与态度、学习活动中参与的积极性、学习交流与团队协作能力，占5%。采用课堂学习活动评比、学习效果自评、互评、问卷调查等形式，主要由学生与学生团队给予评价。

学习水平——以检查作业、分组竞赛、课堂提问为主，检测各单元模块知识结构掌握情况，占10%，主要由教师与学生团队给予评价。

实践动手能力——以各单元学习中实践训练中的积极性、组织管理、学习交流与团队协作能力以及完成质量等为主占10%，主要由教师与学生团队给予评价。

阶段考核是对各单元项目进行考核，共占25%，对查阅与应用设计手册、掌握设计软件能力以及创新设计能力进行评定，主要由教师给予评价。

（2）期末终结性考核以闭卷考试的形式进行评定，在课程结束时，终结性考核以考查学生对所学知识或专业能力的掌握程度，试卷成绩占50%。

本课程具体考核方式及标准如表42-4~表42-6所示。

表42-4 平时表现考核评价内容与标准

项目	内容	分值			
学习态度（5分）	出勤情况（2分）	2（优秀）	1.5（良好）	1（合格）	0（不合格）
	听课态度（3分）	3（优秀）	2（良好）	1（合格）	0（不合格）
学习水平（10分）	课堂提问（3分）	3（优秀）	2（良好）	1（合格）	0（不合格）
	讨论课发言（3分）	3（优秀）	2（良好）	1（合格）	0（不合格）
	线上课件学习（4分）	4（优秀）	3（良好）	2（合格）	0（不合格）
实践动手能力（10分）	查阅与应用设计手册、掌握仿真软件能力以及工装设计能力（10分）	10（优秀）	8（良好）	6（合格）	0（不合格）

表42-5 平时过程性考核评价内容与标准

项目	内容	分值			
学习态度（10分）	出勤情况（5分）	5（优秀）	4（良好）	3（合格）	0（不合格）
	听课态度（5分）	5（优秀）	4（良好）	3（合格）	0（不合格）

续表

项目	内容	分值			
学习水平（30分）	课堂提问（5分）	5（优秀）	4（良好）	3（合格）	0（不合格）
	讨论课发言（5分）	5（优秀）	4（良好）	3（合格）	0（不合格）
	线上课件学习（20分）	20（优秀）	16（良好）	12（合格）	0（不合格）
实践动手能力（10分）	查阅与应用设计手册、掌握仿真软件能力以及工装设计能力（10分）	10（优秀）	8（良好）	6（合格）	0（不合格）

表42-6 期末终结性考核标准

序号	学习项目	考核的知识点、技能点及要求	考核分值	说明
1	认识三相异步电动机	三相异步电动机的结构认识、原理分析、性能检测与使用	8	试卷考试满分100占比50%
2	电动机自锁控制电路设计与实现	电气元件的使用，自锁控制电路的分析、设计与装调	12	
3	多台电动机顺序控制电路设计与实现	电气元件的使用、顺序控制电路的分析、设计与装调	12	
4	工作台自动往复控制电路设计与实现	电气元件的使用、互锁控制电路的分析、设计与装调	12	
5	双速电动机控制电路设计与实现	电气元件的使用、双速电机控制电路的分析、设计与装调	12	
6	电动机降压启动控制电路设计与实现	电气元件的使用、降压启动控制电路的分析、设计与装调	12	
7	电动机制动控制电路设计与实现	电气元件的使用、制动控制电路的分析、设计与装调	10	
8	Z3040摇臂钻床常见电气故障分析与排除	Z3040摇臂钻床常见电气故障的分析与排除	9	
9	X62W万能铣床常见电气故障分析与排除	X62W万能铣床常见电气故障的分析与排除	8	
10	课程思政、工匠精神、职业素养考核		5	

（3）注意事项。

课程任课教师要按照课程考核要求实施考核，注意做好学习过程、到课情况、平时作业、实验实践情况、考核情况的相关记录，将其作为学生最终评定成绩的明确依据，并与成绩册一同形成成绩档案保存。课程以过程性考核评价为主，平时过程性考核一般由平时表现（考勤、作业、实验实践等）及阶段考核组成，其中，阶段考核的次数一般不少于每24课时1次。期末终结性考核的主要形式为理论考试。

四、课程资源

1. 教材选用

（1）按照学院《教材管理办法》，选用的教材要符合职业本科教学的要求，尽量选用近三年出版的教育部规划教材。

（2）搭建产学合作平台，充分利用模具行业的企业资源，组织由主讲教师与企业专家技术骨干组成的教学团队编写工学结合的教材。

2. 网络资源

（1）智慧职教课程平台电机及电气控制在线课程。

（2）充分认识信息技术与学科的整合，积极使用国家精品在线课程资源、国家专业教学资源库相关资源实现线上线下混合式教学、翻转课堂教学，如教学资源库、网络资源、MOOC 课程、SPOC 课程等。

（3）利用现代信息技术开发教学用多媒体课件，包含"授课要点、模拟实验、在线答疑、自主测试"等内容，通过搭建多维、动态、活跃、自主的课程学习与训练平台，使学生的主动性、积极性和创造性得以充分调动。

（4）给学生提供电子书籍、电子期刊、数字图书馆、专业网站等网络资源的导引信息以及操作方法，使学生充分利用网络资源自主学习，实现教学内容从单一化向多元化转变，为学生的研究性学习和自主性学习创造条件，使学生能力得到充分拓展。

五、师资队伍

1. 课程教学团队

本课程为理实一体化课程，要求课程授课教师应具有良好的理论水平和较强的实践动手能力。课程教学团队通过自身培养、人才引进、聘请兼职教师等手段，增加师资数量；通过教师职业能力和职业技能培训，提高师资队伍的"双师"素质，形成合理的"双师"结构。

1）专兼职教师数量、结构

课程教学团队中，校内专职教师6人，行业企业兼职教师2人，兼职教师占比25%；硕士3人，本科5人，硕士及以上学历占比37.5%；副高级以上职称6人，副高级以上职称占比75%；专职教师中，双师型教师5人，双师型教师占比达83.3%。

2）专兼职教师素质

根据《深化新时代职业教育"双师型"教师队伍建设改革实施方案》精神和数控技术岗位人才标准，本课程专兼职教师素质能力要求如表42-7所示。

表42-7 专兼职教师素质能力要求

教师类型	素质要求	能力要求
专职教师	具备爱国守法、爱岗敬业、关爱学生、教书育人、为人师表、终身学习等素质	（1）具备通识性教育、课程教学、素养教育等专业知识； （2）具备教学设计、教学实施、教学管理能力； （3）具备社会服务和科研能力
兼职教师	具备爱国守法、爱岗敬业、关爱学生、教书育人、为人师表、终身学习等素质	（1）具备较强的专业技能； （2）具备教学设计、教学实施、教学管理能力

3) 职业能力课程任课教师资格

具有相应职业资格证书、受过技能培训的专职教师基本情况如表42-8所示。受过职业教学能力培训的企业技术人员、能工巧匠等兼职教师基本情况如表42-9所示。

表42-8 专职教师基本情况

序号	姓名	学历	职称	职业资格	行业经历	承担任务
1	赵淑娟	大学本科	教授	电工	2年	课程建设及教学
2	郭选明	大学本科	高级实验师	技师	8年	课程建设及教学
3	黄礼超	大学本科	副教授	电工	2年	课程建设及教学
4	倪元敏	硕士研究生	副教授	电工	2.5年	课程建设及教学
5	王帅	硕士研究生	助教	高级电工	0.2年	课程建设及教学
6	潘鑫	硕士研究生	助教	无	0.1年	课程建设及教学

表42-9 兼职教师基本情况

序号	姓名	性别	单位	职称	承担任务
1	黄蕙	女	重庆针织厂	教授、工程师	课程建设指导及课程教学
2	张洪麟	男	国家电网重庆市供电公司	高级工程师	课程建设指导及课程教学

2. 课程团队职责

(1) 电气自动化技术专业建设指导委员会把握课程发展方向。
(2) 教研室主任、专业负责人与课程负责人负责课程的整体建设、内容的调整、课程的持续发展。
(3) 专职教师负责课程的授课,专职教师与实训指导教师共同负责课程的实训指导。
(4) 课程负责人负责监督课程的实施。

六、实践教学

校内实训条件要求：建立电气控制理实一体化实训室,使学生通过自己动手,熟悉电动机结构、组成与工作原理,熟悉电气控制电路的安装、调试方法,熟悉常见电气故障的检修方法,为学生参与控制电路设计、后续相关课程和职业岗位铺垫平台。已建成的校内实训室如表42-10所示。

表42-10 已建成的校内实训室

序号	教室名称	配置标准	完成的理论环节教学
1	电机拖动实训室 M308	电动机性能测试实训台10套	电动机基本拖动性能测试
2	电气安装与调试实训室 M301	电气装调实训台20套	现代电气控制系统装调,电气控制系统组建
3	电气故障诊断实训室 M304	电气故障诊断实训台20套	机床电气故障诊断与排故
4	电机及电气控制实训室 M306、M307	电机及电气控制实训台32套	电机结构与原理,电气控制线路连接

所有实训室均按理实一体化教学环境建立,配备较为完善的安全保护措施,配备多媒体教学设施,可同时容纳50名学生同时训练,需1~2名教师进行指导。

43　电力电子技术课程标准

(编写：杨淞淇　校对：沈燕卿　审核：朱开波)

课程代码：02150238
课程类型：专业核心课（理实一体化课）
学时/学分：48学时/3学分
适用专业：电气自动化技术

一、课程概述

1. 课程性质

本课程适用于三年制高职电气自动化技术专业，是电气自动化技术专业的一门重要职业知识课程，是在学习电工电子技术、电路原理与CAD等课程后开设的一门理实一体化课程，其功能是对接专业人才培养目标，面向企业电气设备调试工、自动化系统工程师工作岗位，实现电气自动化技术专业人才培养要求，发挥课程思政功能，落实立德树人根本任务，将理论与实践相结合，支持专业教学标准达成。该课程培养学生从事电力电子设备的运行、维护、技术改造、安装调试等的基本技能，也是后续变频及伺服应用技术、自动生产线安装调试专业课程、毕业设计及顶岗实习的重要支撑课程。

2. 课程定位

本课程对接的是电气设备调试工、自动化系统工程师工作岗位，通过教学使学生掌握电力电子元件的基本特性和交直流电力转换的原理与方法，具备电力电子相关设备的运行、维护、技术改造、安装调试的基本技能。

二、课程目标

学生通过本课程的学习，掌握各种电力电子器件的机理、特点、选取方法，以及由其组成的各种变流电路的结构、功能和应用。培养本专业相关工作岗位所要求的电力电子设备的运行、维护、技术改造、安装调试等所需的知识和技能，充分体现职业性、实践性和开放性的要求，培养学生诚实、守信的品质和善于沟通和合作的能力，树立环保、节能、安全意识，培养德才兼备、全面发展的社会主义建设者和接班人。

具体目标如下：

1. 知识目标

（1）了解电力电子技术的发展概况及应用领域。
（2）学会分析常用电力电子器件的原理、电气特性和主要参数。
（3）掌握典型电力电子电路的电路结构、工作过程及参数计算方法。
（4）学会分析典型电力电子技术的应用案例。

2. 技能目标

（1）具备使用常用电力电子器件的能力。
（2）具备使用常用电测仪表和工具的能力。
（3）具备信息查询、资料收集与整理的能力。

(4) 具备安装、调试与维护典型电力电子电路与设备的能力。
(5) 具备识读常用电力电子设备的电气原理图等专业资料的能力。

3. 素质目标

(1) 具备独立分析问题、解决问题能力。
(2) 具备良好的学习态度和诚实守信、和谐文明的工作作风。
(3) 具备良好的交往与沟通能力和良好的团队合作精神。
(4) 践行社会主义核心价值观，爱国、爱党、爱社会、敬业、诚信。
(5) 遵守职业规范，具有良好的专业精神、职业精神和工匠精神。
(6) 具有质量意识、安全意识、环保意识和求真务实、开拓创新思维。

三、课程实施和建议

1. 课程内容和要求

本课程是以重庆工业职业技术学院电气自动化技术专业的学生就业为导向，在相关的行业企业专家与本院智控技术教研室专业课教师共同研讨下，结合《电气自动化技术专业人才培养方案》、《电气自动化技术专业人才专业调研报告》、电气自动化技术专业对应工作岗位的相关职业标准等，以及完成职业岗位实际工作任务所需要的知识要求、技能要求、素质要求，选取课程内容。

以电力电子技术的应用能力为核心，将实际项目（如卷扬机升降控制电源、开关电源）引入到教学过程中。以工作任务引领提高学生学习兴趣，恰当地在各教学环节融入标准、规范、协作及质量体系的内容，增强课程内容与职业岗位能力要求的相关性，提高学生的就业能力。

根据行业专家对电气自动化技术专业所涵盖的岗位的任务和职业能力分析，遵循学生职业能力培养的基本规律，整合课程内容。将课程内容分解设计成若干工作项目，根据完成这些项目所需要的知识、能力、素质要求开展教学，使学生在项目实践中加深专业知识的理解和提高专业技能的应用，培养学生的综合职业能力。

针对每个项目，结合学生认知规律，再细分为若干学习单元，同时为学生提供仿真实训与现实实训相结合的互为补充的学习资源与环境，提高学生解决实际问题的能力，突出对其能力的培养，促使其能力的形成。

在课程实施过程中，采用边讲边练的方法，以学生为主体，以教师为主导，采用任务驱动的方式，充分调动学生的积极性，使"教学做"一体化。教学大部分安排在多媒体教室、理实一体教室、实训室进行。

在每个项目的实施过程中，学生可以通过辅导课件、引导文、设备视频、行业网站与企业网站资源、图书文件资源等的引导，开展多种途径的自主学习，通过小组讨论、项目汇报与总结、开放实验与兴趣探究等，进一步提高自主学习的质量。课程学时分配、课程内容和要求如表43-1、表43-2所示。

表43-1 课程学时分配

项目（情景/模块/章节/单元）		学时		
		理论	实践	小计
项目一 调光灯	任务1.1 电力电子器件（晶闸管）	1	1	2
	任务1.2 单相半波可控整流电路	1	1	2
	任务1.3 单结晶体管触发电路	2	2	4
	任务1.4 调光灯电路安装与调试	2	2	4

续表

项目（情景/模块/章节/单元）		学时		
		理论	实践	小计
项目二 卷扬机升降控制电源	任务 2.1 单相桥式可控整流电路	1	1	2
	任务 2.2 有源逆变电路	1	1	2
	任务 2.3 整流—逆变的可逆运行的安装与调试	2	2	4
项目三 电风扇无级调速器	任务 3.1 单相交流调压电路	2	1	3
	任务 3.2 交流调功电路	2	1	3
	任务 3.3 三相交流调压及交流电力电子开关	2	2	4
项目四 开关电源	任务 4.1 全控型开关器件	2	1	3
	任务 4.2 DC/DC 变换电路	2	1	3
项目五 中频感应加热电源	任务 5.1 三相可控整流电路	2	1	3
	任务 5.2 锯齿波同步触发电路及集成触发器	2	1	3
	任务 5.3 三相无源逆变电路	2	2	4
机动		2	0	2
小计		28	20	48

表 43－2　课程内容和要求

章节/单元		素质目标	知识目标	技能目标	教学活动
项目一 调光灯	任务 1.1 电力电子器件 （晶闸管）	（1）培养学生心怀使命、刻苦学习、科技报国的担当精神； （2）培养学生的标准意识和规范意识	（1）了解电力电子技术的发展史； （2）了解电力电子技术的应用； （3）熟练掌握晶闸管的结构； （4）理解晶闸管的工作原理； （5）掌握晶闸管的特性与主要参数★	（1）能够使用万用表测试晶闸管的性能； （2）能够正确选用晶闸管★■	（1）多媒体演示电力电子技术的发展和应用，晶闸管实物展示，教师示范晶闸管的测试方法； （2）探究、讨论法进行教学
	任务 1.2 单相半波 可控整流电路	（1）养成独立分析问题的习惯； （2）培养学生爱国、爱党的社会主义核心价值	（1）描述单相半波可控整流的工作原理；★ （2）理解电感负载的工作特点； （3）学会单相半波可控整流电路的波形分析、参数计算方法；★■ （4）了解电力电子电路的分析方法	学会单相半波可控整流电路的安装与调试方法★■	（1）调光灯案例教学，示范单相半波可控整流电路的安装与调试； （2）启发、讨论法进行教学

续表

章节/单元		素质目标	知识目标	技能目标	教学活动
项目一 调光灯	任务1.3 单结晶体管触发电路	(1)培养学生纪律意识、标准意识、安全意识、环保意识； (2)培养学生自主学习、独立思考、发现问题并解决问题的能力	(1)理解对单结晶体管触发电路的要求； (2)掌握单结晶体管的结构和特性；■ (3)分析单结晶体管触发电路	(1)学会测试单结晶体管； (2)使用单结晶体管组成触发电路★	(1)单结晶体管实物展示，教师示范单结晶体管的测试方法； (2)启发、讨论法进行教学
	任务1.4 调光灯电路安装与调试	(1)践行"劳动光荣、技能宝贵"的社会主义核心价值观； (2)养成爱岗敬业、团结协作、吃苦耐劳的职业精神	(1)熟悉调光灯电路主电路；★ (2)了解调光灯电路的组成元件及参数数值	(1)会使用常用电子仪器和工具； (2)能够安装与调试调光灯电路■	启发、探究、讨论法进行教学
项目二 卷扬机升降控制电源	任务2.1 单相桥式可控整流电路	(1)培养团队合作精神与语言表达能力； (2)培养面对困难、难题理性分析的能力	(1)理解单相全控桥式可控整流电路的结构及工作原理；★ (2)理解单相半控桥式可控整流电路的结构及工作原理；★■ (3)学会单相全控桥式、单相半控桥式可控整流电路的波形分析、参数计算方法	能够进行单相桥式可控整流电路的安装与调试■	(1)升降机案例教学； (2)启发、讨论、探究法进行教学
	任务2.2 有源逆变电路	(1)培养信息查询、资料收集与整理的能力； (2)遵守职业规范，具有良好的专业精神、职业精神和工匠精神	(1)理解有源逆变电路的工作原理；■★ (2)熟悉逆变产生的条件判别；★ (3)分析逆变失败的原因	能够进行单相桥式有源逆变电路的安装与调试	启发、讨论法进行教学
	任务2.3 整流—逆变的可逆运行的安装与调试	(1)培养创新设计意识和严谨求实的科学态度； (2)培养学生爱国精神和民族自豪感	(1)熟悉整流—逆变的可逆运行电路的结构； (2)掌握整流—逆变的可逆运行电路的工作情况★■	能够进行整流—逆变的可逆运行的安装与调试■	启发、探究、讨论法进行教学

续表

章节/单元		素质目标	知识目标	技能目标	教学活动
项目三 电风扇 无级调速器	任务3.1 单相交流 调压电路	（1）培养学生的质量意识、标准意识、安全意识； （2）培养开拓创新的思维	（1）熟悉双向晶闸管的结构及工作原理；★ （2）分析双向晶闸管的特性； （3）了解双向晶闸管的触发电路； （4）理解单相交流调压电路的工作原理★■	（1）能够使用万用表测试双向晶闸管的性能； （2）能够进行双向晶闸管的触发电路的安装及调试； （3）能够进行单相交流调压电路的调试★■	（1）电风扇无级调速案例教学，双向晶闸管实物展示； （2）启发、探究、讨论法进行教学
	任务3.2 交流调功电路	培养敬业、诚信的社会主义核心价值	（1）了解电加热炉的工艺； （2）理解单相交流调功的工作原理；★ （3）理解三相交流调功的工作原理★■	学会调试单相交流调功电路■	（1）温控电炉案例教学； （2）启发、讨论法进行教学
	任务3.3 三相交流调压及交流电力电子开关	（1）培养学生方案设计与评估决策能力； （2）养成良好地交往与沟通表达能力和良好的团队合作精神	（1）理解三相交流调压的工作原理；★ （2）分析三相交流调压的应用；■ （3）分析交流电力电子开关的应用	能够进行三相交流调压电路的安装与调试	（1）晶闸管投切电容器案例教学； （2）启发、探究、讨论法进行教学
项目四 开关电源	任务4.1 全控型 开关器件	（1）培养学生严谨认真、注重细节的工匠精神； （2）培养学生的节能意识，践行绿色发展观	（1）认识全控型开关器件的结构、工作原理和特性；★■ （2）了解全控型开关器件的驱动和保护电路	（1）学会进行全控型开关器件的性能测试； （2）会使用全控型开关器件	（1）全控型开关器件实物展示； （2）启发、讨论法进行教学
	任务4.2 DC/DC 变换电路	培养学生的规则意识和契约精神	（1）熟悉DC/DC变换电路的基本概念； （2）理解DC/DC变换电路的工作原理；★ （3）分析开关电源电路	（1）能识读开关电源的电气原理图；■ （2）能进行开关电源典型故障的判别	（1）开关电源实物展示； （2）启发、讨论法进行教学
项目五 中频感应 加热电源	任务5.1 三相可控 整流电路	（1）培养良好的交往与沟通表达能力； （2）培养质量意识、安全意识	（1）熟悉三相桥式可控整流电路的基本概念； （2）掌握三相桥式可控整流电路的结构及工作过程分析；★■ （3）学会三相半波、三相桥式可控整流电路的波形分析、参数计算方法■	能够进行三相可控整流电路的安装与调试	（1）中频感应加热电源案例教学； （2）活动探究、小组讨论

285

续表

章节/单元		素质目标	知识目标	技能目标	教学活动
项目五 中频感应加热电源	任务5.2 锯齿波同步触发电路及集成触发器	(1) 培养良好的学习态度和诚实守信、和谐文明的工作作风； (2) 养成解决问题能力	(1) 理解锯齿波同步触发电路工作原理；★ (2) 了解集成触发器的连接及应用； (3) 知道确定触发电路与主电路的同步方法■	(1) 能分析集成触发器的管脚； (2) 学会使用集成触发器■	(1) 示范集成触发器的管脚使用方法； (2) 启发、讨论法进行教学
	任务5.3 三相无源逆变电路	(1) 具有诚实守信、敢于担当的精神，能够弘扬中华优秀传统文化； (2) 具有工匠精神、劳动精神，能够树立社会主义核心价值观	(1) 理解三相无源逆变电路的结构和工作原理；★ (2) 掌握三相无源逆变电路的波形分析、参数计算方法； (3) 熟悉中频感应加热装置基本原理及应用	能识读中频感应加热装置的电气原理图★■	小组讨论、师生互动、多媒体演示

备注：教学重点、难点在表中标出，其中，打★的为教学重点，打■的为教学难点。

2. 教学方法和教学手段

1) 教学方法建议

(1) 加强对学生职业能力的培养，强化案例教学或项目教学，注重以工作任务为导向型案例或项目激发学生学习热情，使学生在案例分析或项目活动中了解变流器设计的工作领域与工作过程。

(2) 以学生为本，注重"教"与"学"的互动，融"教学做"于一体。选用典型应用项目，由教师进行操作性示范，并组织学生进行实际操作活动，让学生在案例应用项目教学活动中明确学习的知识点，并掌握本课程的核心专业技能。

(3) 教学过程中教师应以小组的形式，通过小组讨论引导学生完成教学任务，让学生之间相互学习，激发团队精神，培养自主学习的能力；积极引导学生提升职业素养，提高职业道德；注重推进专业课程思政改革，深化工匠职业素养教育。

2) 教学手段

(1) 注重专业案例的积累与开发，以多媒体、录像与光盘、案例分析、在线答疑等方法提高学生分析和解决生产问题的专业技能。

(2) 运用现代教育技术，将教学视频、电子教材、电子课件、电子讲稿、MATLAB仿真软件、网络教学等现代化教学手段相结合。

(3) 在教学过程中，要强调校企合作、工学结合，要重视本专业领域新技术、新工艺、新设备发展趋势，贴近生产现场，为学生提供职业生涯发展的空间，努力培养学生参与社会实践的创新精神和职业能力。

3. 教学评价

1) 考核要求

课程考核应符合有关管理规定，具体要求如表43-3所示。

表43-3 课程考核要求

考核类别	平时过程性考核50%	期末终结性考核50%	补考
考核要求	平时表现30%（考勤、作业、实验实践等）+阶段考核20%	期末成绩评定为理论考试	理论考试

2) 说明

（1）平时过程性考核包括学习态度、学习水平和实践动手能力三个方面。

学习态度——学生学习纪律与态度、学习活动中参与的积极性、学习交流与团队协作能力。采用课堂学习活动评比，学习效果自评、互评，问卷调查等形式，主要由学生与学生团队给予评价。

学习水平——教学各单元模块知识结构与技能的训练。以各学习单元的理论与实践项目活动鉴定为依据进行考核，主要由教师与学生团队给予评价。

实践动手能力——项目综合训练、创新能力。以项目设计内容为依据进行考核，对查阅与应用说明手册、掌握仿真软件能力以及创新应用能力进行评定，主要由教师与学生团队给予评价。

（2）期末终结性考核以试卷的形式进行评定，课程考核评价内容与标准如表43-4、表43-5所示。

表43-4　平时过程性考核评价内容与标准

项目	内容	分值			
学习态度（10分）	出勤情况（5分）	5（优秀）	4（良好）	3（合格）	0（不合格）
	听课态度（5分）	5（优秀）	4（良好）	3（合格）	0（不合格）
学习水平（30分）	课堂提问（5分）	5（优秀）	4（良好）	3（合格）	0（不合格）
	讨论课发言（5分）	5（优秀）	4（良好）	3（合格）	0（不合格）
	线上课件学习（20分）	20（优秀）	16（良好）	12（合格）	0（不合格）
实践动手能力（10分）	查阅与应用设计手册、掌握仿真软件能力以及创新设计能力（10分）	10（优秀）	8（良好）	6（合格）	0（不合格）

表43-5　期末终结性考核评价内容与标准

项目	考核内容与标准	分值
试卷考试（50分）	电力电子技术的发展概况及应用领域	10
	常用电力电子器件的原理、电气特性和主要参数	10
	电力电子装置的装调、维护及使用	10
	典型电力电子转换电路的电路结构、工作过程及参数计算方法	17
	课程思政、工匠精神、职业素养考核	3
	共计	50

（3）注意事项。

建议课程任课教师平时成绩均采用线上课程平台考核，课程考核内容可参照考核标准要求实施考核，注意做好学习过程、到课情况、平时作业、实验实践情况、考核情况的相关记录，将其作为学生最终评定成绩的明确依据，并与成绩册一同形成成绩档案保存。

四、课程资源

1. 教材选用

（1）按照学院《教材管理办法》，选用的教材要符合高职教学的要求，尽量选用近三年出版的教育部规划教材。

（2）搭建产学合作平台，充分利用电力电子技术行业的企业资源，组织由主讲教师与企业专家技术骨干组成的教学团队编写工学结合的教材。

2. 网络资源

根据课程目标、学生实际以及本课程的理论性和实践等特点，本课程的教学建设由文字与电子教材、教学视频、电子课件、电子讲稿等多种形式的教学资源与 MATLAB 仿真软件及电力电子实验平台相结合，共同完成教学任务，达成教学目标。

（1）中国大学慕课电力电子技术在线课程，课程网址：icourse163.org，课程路径是：电力电子技术_金华职业技术学院_中国大学MOOC（慕课）

（2）充分认识信息技术与学科的整合，积极使用国家精品在线课程资源、国家专业教学资源库相关资源实现线上线下混合式教学、翻转课堂教学，如教学资源库、网络资源、MOOC课程、SPOC课程等。

（3）给学生提供电子书籍、电子期刊、数字图书馆、专业网站等网络资源的导引信息以及操作方法，使学生充分利用网络资源自主学习，实现教学内容从单一化向多元化转变，为学生的研究性学习和自主性学习创造条件，使学生能力得到充分拓展。

五、师资队伍

1. 课程教学团队

本课程为理实一体化课程，要求课程授课教师应具有良好的理论水平和较强的实践动手能力，从事本课程教学的专职教师，应具备以下相关知识、技能和资质，具体要求包括：

（1）具有高校教师资格证书。

（2）获得国家的电气工程师资格证书或同等地位的职业水平/资格证书，具有电气自动化技术专业的工程技术水平及技术能力，具有丰富的电力电子技术理论知识，电力电子设备的设计、安装、运行及调试能力，课程教学设计能力、组织能力、语言沟通表达能力。

从事本课程教学的兼职教师，应具备以下相关知识、技能和资质：

（1）具有5年以上电气/电子行业工作经历，独立承担过中等复杂程度以上电气/电子控制项目的开发并具备工程师以上职业资格证书（理论讲授）。

（2）具有基于行动导向的教学设计能力，掌握先进的教学方法和具备驾驭课堂的能力，具有良好的职业道德、遵纪守法意识和责任心。

本课程的教师资源由专职教师和兼职教师共同组成，其中30%以上的课程教学任务由兼职教师完成，课程教学师资队伍如表43-6所示。

表43-6 课程教学师资队伍

序号	姓名	年龄	职称	教师属性
1	沈燕卿	40	教授	校内专职、课程负责人
2	杨乐	41	副教授	校内专职
3	刘艳菊	32	讲师	校内专职
4	杨淞淇	29	助教	校内专职
5	庄建兵	39	高工	联合汽车电子有限公司
6	庹奎	33	高工	重庆华数机器人有限公司
7	吴胜光	42	高工	重庆建设工业（集团）有限责任公司

2. 课程团队职责

（1）紧跟前沿科技，把握电力电子技术新方向，及时更新课堂。

（2）教研室主任、专业负责人与课程负责人负责课程的整体建设、内容的调整、课程的持续发展。

（3）专职教师负责课程的授课，专职教师与企业指导教师共同负责课程的实训指导。

（4）课程负责人负责监督课程的实施。

六、实践教学

1. 校内实训条件要求

（1）多媒体教学设备。

（2）电气控制线路安装调试实训台。

（3）机器人综合实训室。

（4）常用电工工具及仪器仪表。

（5）不小于 100 m² 的理实一体化教学场地。

（6）教学环境中具备良好的安全防范措施，配备相应的急救物品。

本课程实验实训可在智能制造大楼进行。课程教学实验室如表 43-7 所示。

表 43-7 课程教学实验室

序号	实训室名称	实训功能	实训内容	主要设备配置
1	电力电子技术仿真实训室	电力变换仿真练习	仿真观察波形	计算机、MATLAB 仿真软件
2	电力电子技术实训中心	电工职业技能等级证书	完成项目实操练习	电力电子实训台

2. 校外实训条件要求

校企合作开发实验实训课程资源。充分利用本行业典型企业的资源，加强校企合作，建立校外实训基地，满足学生的实习实训需求，在此过程中进行实验实训课程资源的开发，同时为学生提供就业机会，开创就业渠道。课程校外实习实训由校内专职和企业教师共同指导，课程校外实习实训一览表如表 43-8 所示。

表 43-8 课程校外实习实训一览表

序号	实习实训基地名称	实习实训功能	实习实训条件	指导老师
1	联合汽车电子有限公司	跟岗实习	满足实习要求	校内专职和企业教师
2	重庆华数机器人有限公司	跟岗实习	满足实习要求	校内专职和企业教师
3	重庆建设工业（集团）有限责任公司	岗位实习	满足实习要求	校内专职和企业教师

44　工业机器人编程课程标准
（适用于工业机器人技术专业）

（编写：丘柳东　校对：张　玲　审核：朱开波）

课程代码：02150215
课程类型：理实一体化
学时/学分：80学时/5学分
适用专业：工业机器人技术

一、课程概述

1. 课程性质
本课程是工业机器人技术专业限选的一门专业课程，是在学习了模拟电子技术、数字电子技术、C语言程序设计等课程，具备了基本电路与程序逻辑分析能力的基础上开设的一门理实一体化课程。其功能是对接专业人才培养目标，面向智能自动化生产线上的工业机器人编程工作岗位，通过对工业机器人的系统组成、轨迹规划、信号处理与流程控制等内容的学习，培养学生专业知识与技能的综合运用与创新能力，并且也是智能生产线数字化集成与仿真课程的前置课程。

2. 课程定位
本课程对接的工作岗位是工业生产中的工业机器人编程与维护，通过学习，学生应具备普通运动轨迹与基本流程控制的编程能力，以满足工业机器人维护岗位的知识技能需求。

二、课程目标

本课程的培养目标是使学生成为具有良好职业道德、掌握工业机器人基本编程技能并具有可持续发展能力的高素质高技能型人才。

具体目标如下：

1. 目标知识
（1）了解工业机器人的组成。
（2）了解工业机器人的分类依据及应用场合。
（3）理解工业机器人常用坐标系的含义及其应用特点。
（4）掌握工业机器人的常见运动方式及其应用。
（5）掌握信号的分类及其应用特点。
（6）掌握工业机器人常见的流程控制方式。
（7）掌握工业机器人模块化与中断程序的设计方法。

2. 技能目标
（1）能够熟练使用软件的常用与辅助功能。
（2）能够使用示教器对工业机器人进行手动操纵。
（3）能够利用示教器和软件编辑程序。
（4）能够利用不同指令与功能实现不同的轨迹。

(5) 能够利用各类信号和流程结构实现常见功能。
(6) 能够对程序进行模块化与中断设计。

3. 素质目标

(1) 遵守现场纪律、安全操作设备。
(2) 具备通过互联网等方式查找、阅读、理解专业资料的能力。
(3) 具有诚实守信的精神，具备良好的沟通表达能力。
(4) 具有正确的价值观、择业观和良好的职业道德和职业意识。

三、课程实施和建议

1. 课程内容和要求

本课程在广泛行业调研的基础上，与工业机器人技术的行业专家、本院工业机器人专业的骨干教师一起，通过对毕业生初始工作岗位及后续发展需求进行分析，确定其后续发展所需要达到的岗位能力。本课程选择常见功能及学生工作岗位可能接触到的工业机器人应用为学习实例，按照实际生产需要和从易到难的原则安排教学内容，采用讲解设计、实际操作、虚拟仿真等多种教学方法，按理实一体化的方式进行教学实施，最终培养学生具备完成工作任务所需的工作能力。

课程学时分配如表44-1所示，课程内容和要求如表44-2所示。

表44-1 课程学时分配

项目（情景/模块/章节/单元）	学时		
	理论	实践	小计
基础知识与手动操纵	8	12	20
运动轨迹控制与坐标系	8	10	18
信号与流程控制	8	12	20
高级功能及其应用	11	11	22
小计	35	45	80

表44-2 课程内容和要求

章节/单元	素质目标	知识目标	技能目标	教学活动
基础知识与手动操纵	(1) 养成现场安全作业习惯； (2) 遵守职业规范，具有良好的专业精神、职业精神和工匠精神； (3) 具有一定的协作和沟通表达能力	(1) 了解工业机器人的发展过程、基本组成、分类及应用； (2) 理解常用坐标系的含义及其应用特点； (3) 掌握专业软件安装的注意事项；★ (4) 了解工业机器人仿真与编程软件的界面使用；★ (5) 了解工业机器人的控制与动作模式； (6) 了解工业机器人速度控制与位姿表示方式	(1) 能够正确安装仿真软件； (2) 建立与管理机器人工作站与系统； (3) 熟练使用软件的常用辅助功能； (4) 能够使用示教器对工业机器人进行手动操纵★	(1) 教师：引导、讲授、演示、评价； (2) 学生：模仿、讨论、练习、互评、反馈、改进

续表

章节/单元	素质目标	知识目标	技能目标	教学活动
运动轨迹控制与坐标系	（1）具备通过互联网等方式查找、阅读、理解专业资料的能力； （2）遵守职业规范，具有良好的专业精神、职业精神和工匠精神； （3）具有一定的协作和沟通表达能力	（1）掌握工业机器人的常见运动方式及应用；★ （2）轨迹指令的参数含义及设置；★ （3）理解工具和工件坐标系在工业机器人运动中的作用； （4）工件坐标系的建立方法；★■ （5）工具坐标系的建立方法★■	（1）能够利用不同指令与功能实现不同的轨迹；★ （2）能够根据实际轨迹判断使用地轨迹指令以及合理设置轨迹参数；★ （3）能够对工具坐标系进行声明并正确定义；★■ （4）能够对工件坐标系进行声明并正确定义；★■ （5）能够利用示教器和软件编辑程序	（1）教师：引导、讲授、演示、评价； （2）学生：模仿、讨论、练习、互评、反馈、改进
信号与流程控制	（1）具备通过互联网等方式查找、阅读、理解专业资料的能力； （2）遵守职业规范，具有良好的专业精神、职业精神和工匠精神； （3）具有一定的协作和沟通表达能力	（1）理解相对运动的概念以及掌握相对平移和旋转指令的使用；★ （2）掌握使用软件（非示教器）编辑程序的方法与步骤；★ （3）掌握信号的分类及应用特点；★ （4）了解分支循环选择结构（指令）的应用场合及使用规则； （5）了解分支循环结构嵌套的含义及掌握其使用规则★	（1）能够对工业机器人进行相对位姿的修改；★ （2）能够使用软件进行程序的编辑；★ （3）能够定义与连接I/O信号；★ （4）能够实现基本的分支、循环功能程序；★ （5）能够综合应用分支循环结构以解决基本实践应用★■	（1）教师：引导、讲授、演示、评价； （2）学生：模仿、讨论、练习、互评、反馈、改进
高级功能及其应用	（1）具备通过互联网等方式查找、阅读、理解专业资料的能力； （2）遵守职业规范，具有良好的专业精神、职业精神和工匠精神； （3）具有一定的协作和沟通表达能力	（1）理解例行程序的概念并掌握例行程序的实现方法；★ （2）理解功能的概念并掌握例行程序的实现方法；★ （3）掌握示教器输入输出指令的使用；★ （4）掌握系统时钟的使用；★ （5）掌握中断的连接步骤以及中断函数的编写★■	（1）能够将常见功能的实现封装进例行程序；★ （2）能够将常见功能的实现封装进功能；★ （3）能够利用示教器的输入输出指令构建基本的人机交互；★■ （4）能够利用系统时钟对时间花费进行精确计时； （5）能够利用中断功能处理外部响应★■	（1）教师：引导、讲授、演示、评价； （2）学生：模仿、讨论、练习、互评、反馈、改进
备注：教学重点、难点在表中标出，其中，打★的为教学重点，打■的为教学难点。				

2. 教学方法和教学手段

（1）立足于加强学生实际操作能力的培养，根据课程特点，采用项目或任务式教学，以工作任务或实际需求引导并提高学生学习兴趣，激发学生的成就动机。

（2）创设工作情景，加大实践实操的占比；紧密结合职业能力，加强实操项目的训练和考核，提高学生的岗位适应能力。

（3）应用多媒体、投影、课件、视频等教学资源辅助教学，帮助学生理解不易在实训基地实施的较为抽象的内容。

（4）注重仿真软件与实际设备相结合。让学生在正常授课时间外，能够开辟第二学习空间，积极自主地完成本课程的学习。

（5）重视与发挥第二、三课堂的作用。结合学习项目，提出相应的社会实践课题，努力培养学生参与社会实践的创新精神和职业能力，为学生提供职业生涯发展的空间。

（6）建立与本课程教学项目配套，可实施一体化教学的实验室或实训基地，使之具备现场教学、实验实训、职业技能证书考证的功能，实现教学与实训合一、教学与培训合一、教学与考证合一，满足学生综合职业能力培养的要求。

（7）要充分利用本行业典型的生产企业的资源，进行产学合作，建立相应的校外实习实训基地，实践"做中学、学中做、边做边学"的育人理念，满足学生实习实训的要求，同时为学生的就业创造机会。

3. 教学评价

1）考核要求

课程考核应符合有关管理规定，具体要求如表44-3所示。

表44-3 课程考核要求

考核类别	平时过程性考核50%	期末终结性考核50%	补考
考核要求	平时表现35%（考勤、作业、实验实践等）+阶段考核15%	理论考试50%	理论考试

2）说明

阶段考核在教学中分手动操纵实践考核和轨迹应用与坐标系综合考核，在课程结束时进行期末终结性考核以考查学生对所学知识或专业能力的掌握程度。

教学评价建议应明确说明课程教学采用的主要评价方式，突出过程考核、实践考核、多元评价。应坚持过程性评价与终结性评价相结合，把学生的知识与技能、学习态度、情感表现与合作精神纳入考核评价的范围，注重学生动手能力和在实践中分析问题、解决问题能力的考核。

（1）平时过程性考核。

包括学习态度、学习水平和实践动手能力三个方面。

学习态度——学生学习纪律与态度、学习活动中参与的积极性、学习交流与团队协作能力占10%。采用课堂学习活动评比、学习效果自评、互评、问卷调查等形式，主要由学生与学生团队给予评价。

学习水平——教学各单元模块知识结构与技能的训练占30%。以各学习单元的理论与技能提炼的实验项目作为考核依据，主要由教师与学生团队给予评价。

实践动手能力——项目综合训练、创新能力占30%。以手动操作、坐标系应用、流程控制等内容进行阶段项目考核，对查阅资料、掌握设计软件能力以及创新设计能力进行评定，主要由教师与学生团队给予评价。

（2）期末终结性考核。

以试卷、课程总结报告或课程综合能力考核等形式进行评定，试卷占30%，课程总结报告或课程综合能力考核占 20%。其中，课程综合能力考核以综合项目设计内容（1 个）为依据，以课题答辩方式进行，主要由教师给予评价。课程具体考核要求如表 44-4～表 44-6 所示。

表 44-4 考核方式

考核分类		考核方式	成绩比例
形成性评价	课堂理论测试	检查作业、分组竞赛、课堂提问、平时测验为主	25%
	实训技能测试	实验项目的上机仿真、实训项目的操作与编程	25%
终结性评价	主要考核学生对该门课程的综合应用能力	笔试	30%
综合评价	考核学生的基本综合素质	观察学生的考勤情况、学习态度、职业道德、团队合作、语言交流、组织管理、数控技能竞赛等	20%

表 44-5 考核标准

序号	学习情境	考核的知识点、技能点及要求	考核比例
1	手动操纵	控制器与示教器的操纵	30%
2	轨迹与坐标系应用	坐标系的建立，不同类型轨迹与坐标系的联合应用	30%
3	流程控制	利用不同流程结构进行功能的实现	30%
4	学生综合评价	学生的基本综合素养	10%

表 44-6 平时过程性考核评价内容与标准

项目	内容	分值			
学习态度（10 分）	出勤情况（5 分）	5（优秀）	4（良好）	3（合格）	0（不合格）
	听课态度（5 分）	5（优秀）	4（良好）	3（合格）	0（不合格）
学习水平（30 分）	课堂提问（5 分）	5（优秀）	4（良好）	3（合格）	0（不合格）
	讨论课发言（5 分）	5（优秀）	4（良好）	3（合格）	0（不合格）
	线上课件学习（20 分）	20（优秀）	16（良好）	12（合格）	0（不合格）
实践动手能力（10 分）	查阅说明文档、掌握仿真软件能力以及程序设计能力（10 分）	10（优秀）	8（良好）	6（合格）	0（不合格）

（3）注意事项。

说明：课程任课教师要按照课程考核要求实施考核，注意做好学习过程、到课情况、平时作业、实验实践情况、考核情况的相关记录，将其作为学生最终评定成绩的明确依据，并与成绩册一同形成成绩档案保存。课程可以过程性考核评价为主，也可以目标性考核评价为主。本课程是以过程性考核评价为主的课程。平时过程性考核一般由平时表现（考勤、作业、实验实践等）及阶段考核组成，其中，阶段考核的次数一般不少于每 24 课时 1 次；期末终结性考核的主要形式为理论考试，技能操作性较强的课程可采用综合性技能操作考核、课题报告、答辩、考证成绩、技能竞赛等方式。

四、课程资源

1. 教材选用

1）选用原则

（1）按照学院《教材管理办法》，选用的教材要符合高职教学的要求，尽量选用近三年出版的教育部规划教材。

（2）搭建产学合作平台，充分利用模具行业的企业资源，组织由主讲教师与企业专家技术骨干组成的教学团队编写工学结合的教材。

2）当前使用教程

《工业机器人操作与编程（ABB）（第2版）》 刘罗仁、傅子霞 北京理工大学出版社（"十四五"职业教育国家规划教材）

2. 网络资源

（1）智慧职教课程平台工业机器人编程在线课程。

（2）课程资源的开发和利用，充分利用教学视频、多媒体数控加工仿真软件、电子讲稿、动画等资源创设形象生动的工作情境，激发学生的学习兴趣，促进学生对知识的理解和掌握。建议加强常用课程资源的开发，建立多媒体课程资源的数据库，努力实现跨学校多媒体资源的共享，以提高资源利用效率。

（3）积极开发和利用网络课程资源，充分利用诸如电子书籍、电子期刊、数据库、数字图书馆、教育网站和电子论坛等网络信息资源，使教学媒体从单一媒体向多种媒体转变，使教学活动从信息的单向传递向双向交互转变，使学生从单独的学习向合作学习转变。

五、师资队伍

通过人才引进、聘请兼职教师等手段，增加师资数量；通过教师职业能力和职业技能培训，提高师资队伍的"双师"素质，形成合理的"双师"结构。

课程教师应该具备爱国守法、爱岗敬业、关爱学生、教书育人、为人师表、终身学习等素质。

1. 专任教师专业要求

从事本课程教学的专职教师，应具备以下相关知识、技能和资质：

（1）具有高校教师资格证书。

（2）具备国家认证的大学本科及以上学历。

（3）自身参加过或指导学生参加过市级以上的工业机器人或机器人竞赛项目。

（4）熟悉工业机器人的组成与控制，具有丰富的工业机器人应用经验，能对使用过程中的故障进行正确地分析和排除。

（5）具有教学活动的组织、管理及协调能力。

2. 兼职教师专业要求

从事本课程教学的兼职教师，应具备以下相关知识、技能和资质：

（1）具备工程师及以上，或其他等同于讲师及以上的职称。

（2）主持或作为骨干参与过市级以上的工业机器人或机器人竞赛，或者相关研发项目。

（3）具有3年以上智能化控制领域的工作经历，具有丰富的工业机器人应用与调试经验（实践指导）。

（4）具有较好的语言表述能力及教学组织能力。

3. 课程教学团队

本课程为理实一体化课程，要求课程授课教师具有良好的理论水平和较强的实践动手能力，课程教学师资队伍如表44-7、表44-8所示。课程教学团队中，全国技术能手1人，校内专职教师4人，博士1人，硕士3人；高级职称3人，中级职称1人；双师型专职教师3人，双师型教师占比达75%；行业企业兼职教师1人，占专职教师总人数的25%。

表44-7 课程教学专职师资队伍

序号	姓名	年龄	职称	承担任务
1	丘柳东	43	副教授	课程负责人
2	张玲	36	讲师	课程建设及教学
3	朱开波	41	副教授	课程建设及教学
4	杨乐	40	副教授	课程建设及教学

表44-8 课程教学兼职师资队伍

序号	姓名	性别	单位	职称	承担任务
1	岳海胜	男	重庆西门雷森精密装备制造研究院有限公司	工程师	课程建设指导及教学

六、实践教学

校内实训条件要求：明确说明实验实训室的功能、设备、配置等方面的要求。

校内实训场所：工业机器人1+X实训室。

实训室能够满足一个标准班40名学生的实验实训教学，由16个工业机器人工作站组成，每个工作站具备基本轨迹绘制、常见坐标系设定与应用、常见信号设置、常见应用实现等功能，并配备以下模块：

（1）各类常见的抓手、吸盘等末端工具。
（2）工件、工具坐标系的标定工具。
（3）信号观测与控制（外部）模块。
（4）实现常见功能（如装配、码垛等）所需的工件和组合工件。
（5）与工业机器人互连的计算机1台。

校内外实训安排说明：对各实训项目时间、软硬件准备，同时对实训学生数及同时指导老师人数等作出说明。

本课程不进行专门的实训安排，以下所列实验项目均为教学中使用，以一个标准班40人10个小组为基准，每个小组1个工作站的方式进行实验教学，教师1人，课程教学老师同时兼任实验指导老师。

（1）手动操作：可进行关节移动、线性运动、基于工具坐标系的运动、末端工具的手动控制等实验，实验学时为6学时。
（2）轨迹运动：可编程实现关节、线性、圆弧等运动轨迹，实验学时为8学时。
（3）坐标系的建立及应用：可建立工件坐标系、工具坐标系的建立及应用等实验，实验学时为2学时。
（4）信号建立：可实现对各类信号的建立和观测，实验学时为6学时。
（5）流程控制：可实现各类常见的选择及码垛功能，实验学时为6学时。

45　工业机器人系统集成课程标准

（编写：张玲　校对：杨乐　审核：朱开波）

课程代码：02150181
课程类型：实习课
学时/学分：56 学时/3 学分
适用专业：工业机器人技术

一、课程概述

1. 课程性质

本课程是在学习电机拖动与控制技术、液压与气动应用技术、PLC 应用技术、工业机器人编程后开设的一门实习课程。其功能是对接专业人才培养目标，培养学生从事电气设备和自动化系统集成开发、智能控制系统集成岗位的基本技能，也是后续专业课程、毕业设计及顶岗实习的重要支撑课程。

2. 课程定位

本课程对接自动化设备和生产控制系统的设计与开发岗位和工业机器人智能系统设计、运维、操作、集成、管理岗位。

培养学生具备遵循智能控制系统安全操作规范，依据机械装配图、电气原理图和工艺指导文件独立完成智能控制系统的安装、调试及标定的能力；能够对工业机器人智能系统进行基本参数设定、编程和操作，依据维护手册对工业机器人智能控制系统进行定期保养与维护；具备发现工业机器人智能控制系统的常见故障和异常故障并进行处理的能力。

二、课程目标

本课程的目标是培养学生诚实、守信的品德，负责的态度，善于沟通和合作的团队意识；培养学生重质量、守规范和良好安全意识的职业能力；培养学生完成岗位工作任务的基本技能，使学生具有良好职业道德、职业素养和创新能力，能根据应用需求进行集成方案适配、原理图绘制以及操作手册和维护保养手册编制，能在离线编程软件中搭建并仿真工作站应用，能根据典型工作任务完成示教编程，能根据工艺要求对集成系统进行联机调试与优化，能遵循规范对集成系统进行维护、备份及异常处理，能根据维护保养手册查找机械、电气故障并维修。

具体目标如下：

1. 知识目标

（1）掌握工业机器人系统集成设计方法。
（2）掌握工业机器人系统程序指令及编写方法。
（3）掌握 PLC、触摸屏程序指令及编写方法。
（4）掌握 MES 的配置方法。
（5）掌握工业机器人系统调试与优化的步骤和方法。

2. 技能目标

通过学习，使学生获得必备的技术技能，培养学生诚实守信、爱岗敬业、团结协作、吃苦耐劳的职业精神，创新设计意识和严谨求实的科学态度。

必备的技术技能如下：

（1）能根据应用需求进行集成方案适配、原理图绘制以及操作手册和维护保养手册编制。

（2）能根据典型工作任务完成工业机器人示教编程。

（3）能根据典型工作任务完成 PLC、触摸屏、MES 的编程。

（4）能根据工艺要求对集成系统进行联机调试与优化。

3. 素质目标

（1）培养学生发现问题和解决问题的能力，并具有终身学习与专业发展能力。

（2）培养耐心、专注的意志力。

（3）培养良好地交往与沟通表达能力和良好的团队合作精神。

（4）养成独立思考的学习习惯，同时兼顾协同设计能力的培养，能对所学内容进行较为全面的比较、概括和阐释。

（5）培养探索精神和求知能力，具有动手、动脑和勇于创新的积极性。

三、课程实施和建议

1. 课程内容和要求

1）课程内容总体要求

本课程是根据企业对工业机器人技术专业的职业岗位需求及国家劳动和社会保障部门的就业指导中心制定的，以企业工业机器人系统集成开发应用人员所应达到的标准为依据而开发的。

本课程在总体设计上引入自动化行业标准，以工程项目和企业自动化技术员职业成长过程所对应的典型工作任务为学习内容，将职业素质培养融入课程，实施教学做一体化的过程性评价方法，具体设计思路如下：

（1）组建以学院专任教师为主的课程开发和实施团队，分析工业机器人技术专业在岗位的工作任务，按照一定的逻辑关系进行排序，对完成任务应具备的知识、能力、素质做出较为详细的描述，形成团队成员认可、线索清晰、层次分明的工作任务分析表。

（2）根据能力复杂程度，整合典型工作任务。召开有教学专家、课程建设团队人员参与的课程标准建设会议，形成课程标准。

（3）引入行业标准，校企共同进行课程整体设计、单元设计、教学组织设计、教学情景设计。

（4）以笔筒加工生产线为教学平台进行系统认知、系统开发及维护维修等岗位的工作过程为导向，从初级到高级，从简单到复杂，有工业机器人上下料工作站、焊接工作站、雕刻机工作站、码垛工作站及加工工作站共五个学习项目，包含简单工程的建立与运行、复杂多机器人系统联合运行系统综合设计等二十几个学习情境。

（5）根据教学规律及认知过程，构建教学计划、考核评价办法、课程考核标准及题库、多媒体教学资源建设，按照资讯计划、决策实施、评价反馈等步骤组织教学。

（6）根据学生的认知特点，结合职业能力培养的基本规律，以工作过程为主线，将陈述性知识与过程性知识整合、理论知识与实践知识整合，科学设计学习型工作任务，以企业真实化工作任务为载体，由简单到复杂整合、序化课程内容。

2）课程学时、内容和要求

课程学时分配如表 45-1 所示，课程内容和要求如表 45-2 所示。

表 45－1　课程学时分配

项目（情景/模块/章节/单元）	学时		
	理论	实践	小计
项目 1　系统总体认识	2	0	2
项目 2　工艺流程介绍	2	0	2
项目 3　设备操作练习	2	4	6
项目 4　机器人操作及编程	2	6	8
项目 5　系统通信	2	6	8
项目 6　步进、变频、伺服控制	2	6	8
项目 7　PLC 编程	2	6	8
项目 8　智能产线控制系统集成	4	10	14
小计	18	38	56

表 45－2　课程内容和要求

章节/单元	素质目标	知识目标	技能目标	教学活动
项目 1 系统总体认识	（1）具有爱国主义和集体主义精神，拥护中国共产党领导和我国社会主义制度，爱国、敬业、诚信；（2）遵守职业规范，具有良好的专业精神、职业精神和工匠精神；（3）具有质量意识、安全意识、环保意识、创新思维、信息素养	（1）工业机器人系统集成的基本概念；（2）了解常用工装夹具的类型；★（3）了解常用周边设备的类型；（4）了解常用传感设备的类型	（1）能掌握上下料工作站设备介绍和功能说明；★■（2）能掌握焊接工作站设备介绍和功能说明；（3）能掌握雕刻机工作站的设备介绍和功能说明；（4）能掌握码垛工作站的设备介绍和功能说明；★■（5）能掌握加工工作站的设备介绍和功能	教师讲解演示，学生学习记录笔记
项目 2 工艺流程介绍	（1）培养学生自我管理、团队精神、交往能力；（2）诚实守信，具有完成任务和解决问题的能力；（3）培养学生独立操作设备的能力	（1）知道全线工艺流程；★（2）上下料工作站功能；★（3）焊接工作站功能；（4）雕刻机工作站功能；（5）码垛工作站功能；★（6）加工工作站功能■	（1）会根据需求，分析工艺流程；★■（2）能掌握单站功能及控制要求★■	（1）教师：引导、讲授、演示、评价；（2）学生：模仿、讨论、练习、互评、反馈、改进

续表

章节/单元	素质目标	知识目标	技能目标	教学活动
项目3 设备操作练习	培养质量意识、环保意识、安全意识、信息素养、工匠精神、创新思维	(1) 知道上下料工作站组成及应用； (2) 知道焊接工作站组成及应用； (3) 雕刻机工作站组成及应用； (4) 码垛工作站组成及应用； (5) 加工工作站组成及应用； (6) 知道全线操作前检查步骤，检查要点；★ (7) 知道全线操作步骤和方法★	(1) 会根据需求，分析工艺流程；★ (2) 能掌握单站功能及控制要求；★ (3) 能进行上下料工作站单站操作；★ (4) 能进行焊接工作站单站操作；★ (5) 能进行雕刻机工作站单站操作；★ (6) 能进行码垛工作站单站操作；★ (7) 能进行加工工作站单站操作；★ (8) 会进行全线操作前的检查；★ (9) 会进行全线操作★■	(1) 教师：引导、讲授、演示、评价； (2) 学生：模仿、讨论、练习、互评、反馈、改进
项目4 机器人操作及编程	(1) 培养探索精神和求知能力； (2) 培养动手、动脑和勇于创新的积极性； (3) 培养耐心、专注的意志力	(1) 知道工业机器人的动作方式及各种动作方式的特点；★ (2) 知道工业机器人示教编程内容及方法； (3) 掌握工业机器人程序指令；★ (4) 知道工具坐标系标定的原理； (5) 知道斜导柱分型与抽芯机构设计工件坐标系建立方法；★ (6) 知道工具坐标系和工件坐标系的作用★■	(1) 会进行单轴操作及应用；★■ (2) 会手动线性操作及应用；★■ (3) 会进行重定位操作及应用；★■ (4) 会进行方形轨迹的示教编程；★■ (5) 会进行圆形轨迹的示教编程★ (6) 会建立工具坐标系；★ (7) 会创建工件坐标系；★ (8) 会灵活运用工具坐标系和工件坐标系解决问题★■	(1) 教师：引导、讲授、演示、评价； (2) 学生：模仿、讨论、练习、互评、反馈、改进
项目5 系统通信	(1) 培养协同合作的团队精神； (2) 培养动手、动脑和勇于创新的积极性； (3) 具有严谨求实、认真负责、踏实敬业的工作态度	(1) 掌握触摸屏与S7－1200以太网通信配置与程序指令；★■ (2) 掌握触摸屏与S7－1500以太网通信配置与程序指令；★■ (3) 掌握机器人与IO板的通信配置方法；★■ (4) 掌握机器人与PLC通信指令；★■ (5) 掌握S7－1500与S7－1200以太网通信配置与程序指令★■	(1) 会进行触摸屏与PLC之间的通信配置；★■ (2) 能够编写程序实现触摸屏与PLC之间的数据传输；★■ (3) 会进行机器人与PLC之间的通信配置；★■ (4) 能够编写程序实现机器人与PLC之间的数据传输；★■ (5) 会进行多个PLC之间的通信配置；★■ (6) 能够编写程序实现多个PLC之间的数据传输；★■	(1) 教师：引导、讲授、演示、评价； (2) 学生：模仿、讨论、练习、互评、反馈、改进

续表

章节/单元	素质目标	知识目标	技能目标	教学活动
项目6 步进、变频、伺服控制	（1）培养严谨求实、认真负责、踏实敬业的工作态度； （2）领悟吃苦耐劳、精益求精等工匠精神的实质； （3）培养耐心、专注的意志力	（1）掌握步进电机控制方法和程序指令；★■ （2）掌握变频器参数设置方法和程序指令；★■ （3）掌握伺服电机控制方法和程序指令★■	（1）能进行步进电机控制； （2）能进行变频器控制； （3）能进行伺服控制	（1）教师：引导、讲授、演示、评价； （2）学生：模仿、讨论、练习、互评、反馈、改进
项目7 PLC编程	（1）培养探索精神和求知能力； （2）具有动手、动脑和勇于创新的积极性； （3）培养耐心、专注的意志力	（1）知道上下料工作站流程；★ （2）知道焊接工作站单站流程；■ （3）知道雕刻机工作站单站流程；■ （4）知道码垛工作站单站流程；★ （5）知道加工工作站单站流程■	（1）能够绘制上下料工作站流程图，编写单站程序；★■ （2）能够绘制焊接工作站单站流程图； （3）能够绘制雕刻机工作站单站流程图； （4）知道码垛工作站单站流程；★■ （5）知道加工工作站单站流程	（1）教师：引导、讲授、演示、评价； （2）学生：模仿、讨论、练习、互评、反馈、改进
项目8 智能产线控制系统集成	（1）具有守纪律、讲规矩、明底线、知敬畏的精神； （2）具有协同合作的团队精神； （3）具有严谨求实、认真负责、踏实敬业的工作态度	（1）知道上下料工作站机器人工作流程；★ （2）知道焊接工作站单机器人工作流程；■ （3）知道雕刻机工作站单站机器人工作流程；■ （4）知道码垛工作站单机器人工作流程；★ （5）知道加工工作站单机器人工作流程；■ （6）掌握全线调试方法	（1）能够编写上下料工作站机器人程序；★■ （2）会调试焊接工作站机器人程序； （3）能够编写雕刻机工作站机器人程序； （4）能够编写码垛工作站机器人程序；★■ （5）会调试加工工作站机器人程序	（1）教师：引导、讲授、演示、评价； （2）学生：模仿、讨论、练习、互评、反馈、改进
备注：教学重点、难点在表中标出，其中，打★的为教学重点，打■的为教学难点。					

2. 教学方法和教学手段

（1）本课程是理实一体化课程。在教学过程中应立足于加强学生实际操作能力的培养，采用项目教学，以任务引领型项目激发学生的学习兴趣。

（2）本课程建议采用现场实训教学，注重以学生为主，教与学互动。在教学过程中由教师边讲解边示范操作，学生进行分组操作训练，让学生在操作过程中学习软件的使用及系统搭建，以具备进行基本开发和设计的能力。

（3）教学中应让学生反复操作熟练使用，切实提高学生的实践动手能力。同时尽可能地为学生提供自主学习、自主发展的空间，努力培养学生的创新能力和职业能力。

（4）教学过程中要强调校企合作、工学结合，要重视本专业领域新技术、新工艺、新设备发展趋势，贴近生产现场。为学生提供职业生涯发展的空间，努力培养学生参与社会实践的创新精神和职业能力。

（5）注重专业案例的积累与开发，以多媒体、录像与光盘、案例分析、在线答疑等方法提高学生分析和解决生产问题的专业技能。

（6）教学过程中教师应积极引导学生提升职业素养，提高职业道德。注重推进专业课程思政改革，深化工匠职业素养教育。

3. 教学评价

1）考核要求

课程考核应符合有关管理规定，具体要求如表 45-3 所示。

表 45-3 课程考核要求

考核类别	平时过程性考核 60%	期末终结性考核 40%	考核形式
考核要求	平时表现 25%（考勤、作业、实验实践等）+ 任务考核 35%	实践考核、课题报告、答辩等方式，可选择一种或多种方式，要明确各部分分数占比	过程考核以实操完成质量打分，期末采用实践考核和课题报告

说明：

阶段考核在教学中按项目任务对学生进行评分，在课程结束时提交实习报告及总结考核以考查学生对所学知识或专业能力的掌握程度。课程考核评价内容与标准如表 45-4、表 45-5 所示。

表 45-4 平时过程性考核评价内容与标准

项目	内容	分值			
学习态度（10 分）	出勤情况（5 分）	5（优秀）	4（良好）	3（合格）	0（不合格）
	听课态度（5 分）	5（优秀）	4（良好）	3（合格）	0（不合格）
学习水平（15 分）	课堂提问（5 分）	5（优秀）	4（良好）	3（合格）	0（不合格）
	讨论发言等课堂活动（10 分）	10（优秀）	8（良好）	6（合格）	0（不合格）
实践动手能力（35 分）	查阅与应用设计手册、掌握设计软件能力以及创新设计能力、完成过程考核项目（35 分）	35（优秀）	28（良好）	21（合格）	0（不合格）

表 45-5 期末终结性考核内容与标准

项目	考核内容与标准	分值
实践考核（40 分）	工业机器人系统集成认知	2
	PLC、工业机器人、通信、变频伺服、MES 配置、系统集成基本知识考核	4
	PLC 编程	6
	机器人操作及编程	6
	步进、伺服控制系统	4
	系统集成设计、编程、调试	16
	课程思政、工匠精神、职业素养考核	2
共 计		40

2) 注意事项

课程考核内容可参照考核标准要求实施考核,注意做好学习过程、到课情况、平时作业、实践情况、考核情况的相关记录,将其作为学生最终评定成绩的明确依据,并与成绩册一同形成成绩档案保存。平时过程性考核一般由平时表现(考勤、作业、小组 PK 等)及阶段考核组成,其中,阶段考核的次数一般不少于每 24 课时 1 次,期末终结性考核的主要形式为实践考核。另外,由于本课程技能操作性较强,也可采用综合性技能操作考核、课题报告、答辩、考证成绩、技能竞赛等方式。

四、课程资源

1. 教材选用

(1) 按照学院《教材管理办法》,选用的教材要符合高职层次职业教育教学的要求,尽量选用近三年出版的教育部规划教材。

(2) 搭建产学合作平台,充分利用企业资源,组织由主讲教师与企业专家技术骨干组成的教学团队编写工学结合的教材。

2. 网络资源

采用智慧职教的职教云在线课程,积极导入和使用国家精品在线课程资源、国家专业教学资源库相关资源实现混合式教学、翻转课堂教学;同时开展资源自建,结合校本教材和实训室的实训设备进行视频、图片等网络教学资源的建设,实现学生线上、线下学习的互补与提升。

智慧职教:https://zjy2.icve.com.cn
中国慕课大学:https://www.icourse163.org/
慕课网:https://www.imooc.com/
工控网:http://www.gongkong.com/
工控论坛:http://bbs.gkong.com/

五、师资队伍

1. 课程教学团队

本课程为理实一体化课程,要求课程授课教师应具有良好的理论水平和较强的实践动手能力,课程师资队伍如表 45-6 和表 45-7 所示。

表 45-6 专职教师基本情况

序号	姓名	学历	职称	职业资格	行业经历	承担任务
1	张玲	硕士研究生	讲师	工业机器人操作与运维技师	3 年	课程建设及教学
2	朱开波	硕士研究生	副教授	电工高级技师	1 年	课程建设及教学
3	杨乐	大学本科	副教授	电工三级	1 年	课程建设及教学

表 45-7 兼职教师基本情况

序号	姓名	性别	单位	职称	承担任务
1	熊壮	男	中移物联网有限公司	工程师	课程建设指导及课程教学
2	岳海胜	男	重庆西门雷森精密装备制造研究院有限公司	工程师	课程建设指导及课程教学

2. 课程团队职责

（1）工业机器人技术专业建设指导委员会把握课程发展方向。

（2）教研室主任、专业负责人与课程负责人负责课程的整体建设、内容的调整、课程的持续发展。

（3）专职教师负责课程的授课，专职教师与实训指导教师共同负责课程的实训指导。

（4）课程负责人负责监督课程的实施。

六、实践教学

本课程实验实训可在智能制造大楼、第一实训楼、现代制造技术实训中心进行。课程教学实验室如表45-8所示。

表45-8 课程教学实验室

序号	实训室名称	实训功能	实训内容	主要设备配置
1	笔筒加工生产线	工业机器人系统集成实习	五个工作站的集成应用	工业机器人5台、数控加工机床1台PLC、触摸屏5套
2	工业机器人1+X实训室	工业机器人系统集成实习	工业机器人操作与编程，工件智能装配	工业机器人1+X证书考训平台16套

校外实训条件要求：

校企合作开发实验实训课程资源。充分利用本行业典型企业的资源，加强校企合作建立校外实训基地，满足学生的实习实训需求，在此过程中进行实验实训课程资源的开发，同时为学生提供就业机会，开创就业渠道。课程校外实习实训由校内专职和企业教师共同指导，课程校外实习实训一览表如表45-9所示。

表45-9 课程校外实习实训一览表

序号	实习实训基地名称	实习实训功能	实习实训条件	指导老师
1	重庆西门雷森精密装备制造研究院有限公司	跟岗实习	满足实习要求	校内专职和企业教师
2	重庆华数机器人有限公司	跟岗实习	满足实习要求	校内专职和企业教师
3	重庆宗申集团	跟岗实习	满足实习要求	校内专职和企业教师

46　工业控制网络课程标准

(编写：王俊洲　校对：窦作成　审核：朱开波)

课程代码：02150159
课程类型：专业核心课（理实一体化课）
学时/学分：48学时/3学分
适用专业：电气自动化技术

一、课程概述

1. 课程性质

本课程是电气自动化技术专业的一门专业核心课程，是在学习了电工电子技术、电气控制技术、传感器检测技术、PLC应用技术、变频及伺服应用技术等课程，具备了系统分析、电气控制、传感检测、PLC编程、变频调速及运动控制等电气自动化技术专业所需的相关知识和操作技能的基础上开设的一门理实一体化课程。其功能是对接专业人才培养目标，面向装备制造业从事电气控制系统的网络布局与组态、网络接口设备的使用和维护、网络控制系统的设计与装调等工作，通过学习网络拓扑结构、计算机网络及工业网络体系结构、网络模式、工业网络通信等，掌握工业网络控制系统主要连接件和接口设备以及硬件连接、组态技术，培养学生具备工业网络控制系统的设计、拓扑结构、通信模式、系统正常运行维护和故障诊断与检修等核心职业能力，为后续开展毕业设计、岗位实习等环节夯实基础。

2. 课程定位

工业控制网络课程是电气自动化技术专业的一门专业技术课，该课程为专业必修课。通过本课程的学习，使学生掌握工业网络拓扑结构、主要技术指标、主要连接件和接口设备使用与维护、硬件和软件组态操作等，了解目前应用最广泛的几种工业控制网络技术，能够制作通信线缆，进行正确的设备组态与相关编程，能够实现小型工业网络系统的设备集成，为今后从事智能设备和自动生产控制系统的设计、开发、运维、调试与技术优化等工作打下坚实的基础。

二、课程目标

本课程培养学生诚实、守信的品德，负责的态度，善于沟通和合作的团队意识，培养学生重质量、守规范和良好安全意识的职业能力，培养学生完成岗位工作任务的基本技能。本课程培养学生成为具有良好职业道德，能建立工业控制网络概念、基本特点，建立DCS和FCS概念，掌握工业控制网络的通信原理和拓扑结构、系统布局、接口连接与组态等，紧跟时代发展，能适应市场需求的工业控制网络高层次技能人才。

具体目标如下：

1. 知识目标

(1) 熟悉工业控制系统体系结构。
(2) 熟悉计算机局域网及其拓扑结构。
(3) 了解信号的传输和编码技术。
(4) 了解现场总线网络结构与互联网的网络结构的不同。

(5) 熟悉现场总线常用的主要连接件、仪表和接口设备。
(6) 熟悉现场总线技术指标。
(7) 熟悉现场总线工程与设计。
(8) 掌握现场总线使用和维护原则。

2. 技能目标

(1) 掌握主要连接件使用。
(2) 掌握接口设备使用。
(3) 掌握现场总线常用的电缆和电源操作。
(4) 掌握现场总线项目改造指标和原则。
(5) 掌握硬件和软件组态操作。
(6) 掌握现场总线三级网络拓扑结构和布线。

3. 素质目标

(1) 具有爱国主义和集体主义精神，拥护中国共产党的领导和我国社会主义制度，爱国、敬业、诚信。
(2) 遵守职业规范，具有良好的专业精神、职业精神和工匠精神。
(3) 具有质量意识、安全意识、环保意识、创新思维、信息素养。
(4) 培养学生发现问题和解决问题的能力，并具有终身学习与专业发展能力。
(5) 培养良好的学习态度，培养诚实守信、和谐文明的工作作风。
(6) 养成良好地交往与沟通表达能力和良好的团队合作精神。
(7) 养成独立思考的学习习惯，同时兼顾协同设计能力的培养，能对所学内容进行较为全面的比较、概括和阐释。

三、课程实施和建议

1. 课程内容和要求

本课程以电气自动化技术专业学生的就业为导向，结合专业人才培养方案中培养目标、人才规格要求、相应职业资格标准以及本科层次职业院校学生的认知特点等方面的要求，以各种电气控制系统或设备涉及的专业知识学习单元为课程主线，以各种自动化控制系统现场总线和工业以太网设计的工作过程所需要的岗位职业能力为依据，以企业常用工业控制网络为平台，结合典型的工作任务，以项目任务驱动为导向设计教学过程，以突出课程的职业性、实践性和开放性为前提，采用循序渐进与典型案例相结合的方式来展现教学内容。

同时根据学生的认知特点，结合职业能力培养的基本规律，以工作过程为主线，将陈述性知识与过程性知识整合、理论知识与实践知识整合，科学设计学习型工作任务，以企业真实化工作任务为载体，由简单到复杂整合、序化课程内容。

课程学时分配如表46-1所示，课程内容和要求如表46-2所示。

表46-1 课程学时分配

项目（情景/模块/章节/单元）	学时		
	理论	实践	小计
计算机网络概述	2	2	4
工业控制网络概述	2	2	4
网络数据通信基础	4	2	6
计算机网络体系结构	4	2	6

续表

项目（情景/模块/章节/单元）	学时		
	理论	实践	小计
工业控制网络基础	4	2	6
现场总线技术及其应用	4	6	10
工业以太网技术及其应用	4	8	12
小计	24	24	48

表46-2 课程内容和要求

章节/单元	素质目标	知识目标	技能目标	教学活动
计算机网络概述	（1）具有爱国主义和集体主义精神，拥护中国共产党领导和我国社会主义制度、爱国、敬业、诚信； （2）具有质量意识、环保意识、安全意识、信息素养、工匠精神、创新思维	（1）计算机网络发展阶段； （2）计算机网络的定义、分类、结构、功能与作用★	（1）能够识别计算机网络中各类型设备；★ （2）制作常用网线接头；★ （3）组建简单局域网★■	养成独立思考的学习习惯，同时兼顾协同设计能力的培养，能对所学内容进行较为全面的比较、概括和阐释
工业控制网络概述	（1）具有爱国主义和集体主义精神，拥护中国共产党领导和我国社会主义制度、爱国、敬业、诚信； （2）具有质量意识、环保意识、安全意识、信息素养、工匠精神、创新思维	（1）工业控制网络的发展历程； （2）现场总线控制系统概念；★ （3）工业以太网概述	（1）了解工业网络发展历史； （2）能够识别不同类型的现场总线★■	养成独立思考的学习习惯，同时兼顾协同设计能力的培养，能对所学内容进行较为全面的比较、概括和阐释
网络数据通信基础	（1）具有爱国主义和集体主义精神，拥护中国共产党领导和我国社会主义制度、爱国、敬业、诚信； （2）具有质量意识、环保意识、安全意识、信息素养、工匠精神、创新思维	（1）网络数据通信基本概念；★ （2）数据编码技术；■ （3）数据传输技术；■ （4）数据交换技术；■ （5）数据传输介质；★ （6）媒体访问控制技术；★ （7）差错控制技术；■ （8）RS232串口通信★	（1）能够根据接口和连线判断系统的数据传输方式；★ （2）能够分析通信系统不同线路的工作方式； （3）知道传输差错的种类； （4）会利用冗余循环校验进行数据传输差错的检测；■ （5）会利用不同的网络介质进行组网设计； （6）能根据实际要求确定网络传输介质的访问控制方式； （7）能进行RS232串口硬件连接和软件配置（编程）★■	培养学生发现问题和解决问题的能力，并具有终身学习与专业发展能力

续表

章节/单元	素质目标	知识目标	技能目标	教学活动
计算机网络体系结构	（1）具有爱国主义和集体主义精神，拥护中国共产党领导和我国社会主义制度、爱国、敬业、诚信； （2）遵守职业规范，具有良好的专业精神、职业精神和工匠精神； （3）具有质量意识、安全意识、环保意识、创新思维、信息素养	（1）计算机网络OSI参考模型； （2）TCP/IP参考模型★	（1）能判断OSI各层次的网络协议； （2）能根据网络互联设备判断该OSI的层次结构； （3）能够使用常用的网络互联设备■	养成独立思考的学习习惯，同时兼顾协同设计能力的培养，能对所学内容进行较为全面的比较、概括和阐释
工业控制网络基础	（1）具有爱国主义和集体主义精神，拥护中国共产党领导和我国社会主义制度、爱国、敬业、诚信； （2）遵守职业规范，具有良好的专业精神、职业精神和工匠精神； （3）具有质量意识、安全意识、环保意识、创新思维、信息素养	（1）工业控制网络的产生和发展； （2）工业企业网的体系结构；★ （3）集散控制系统；★ （4）现场总线；★ （5）工业以太网★	（1）知道不同类型工业网络技术的来源及优劣；★ （2）知道工业企业网络的体系结构；★ （3）能够识别不同网络设备在整个网络中的作用★	培养学生发现问题和解决问题的能力，并具有终身学习与专业发展能力
现场总线技术及其应用	（1）具有爱国主义和集体主义精神，拥护中国共产党领导和我国社会主义制度、爱国、敬业、诚信； （2）遵守职业规范，具有良好的专业精神、职业精神和工匠精神； （3）具有质量意识、安全意识、环保意识、创新思维、信息素养	（1）现场总线概述； （2）PROFIBUS介绍；★ （3）西门子编程软件STEP7使用；★ （4）利用I/O接口实现小于4字节直接PROFIBUS通信； （5）学会系统功能SFC14、SFC15的PROFIBUS通信应用； （6）利用PROFIBUS实现PLC与外围设备、PLC与PLC之间的通信； （7）通过HW Config进行硬件组态；★ （8）通过LAD/STL/FBD进行编程★	（1）能根据实际的网络判断PROFIBUS的种类； （2）能进PROFIBUS物理层线路的连接；■ （3）能根据数据格式判断报文帧的类型；■ （4）能运用STEP7编程软件进行PROFIBUS的通信设计；★ （5）能运用STEP7软件实现多个设备之间的PROFIBUS通信★■	养成独立思考的学习习惯，同时兼顾协同设计能力的培养，能对所学内容进行较为全面的比较、概括和阐释

续表

章节/单元	素质目标	知识目标	技能目标	教学活动
工业以太网技术及其应用	（1）具有爱国主义和集体主义精神，拥护中国共产党领导和我国社会主义制度，爱国、敬业、诚信； （2）遵守职业规范，具有良好的专业精神、职业精神和工匠精神； （3）具有质量意识、安全意识、环保意识、创新思维、信息素养	（1）工业以太网的OSI参考模型； （2）工业以太网的物理连接方式；★ （4）实时以太网的基本知识；★ （5）PROFINET的基本知识；★ （6）高速以太网HSE	（1）能进行工业以太网的传输数据格式分析；■ （2）能进行工业以太网的物理连接与组网；★ （3）能根据实际情况判断工业以太网的类型；★ （4）掌握PROFINET的使用和OPC的数据交换★	培养学生发现问题和解决问题的能力，并具有终身学习与专业发展能力

2. 教学方法和教学手段

1）教学方法建议

（1）课程以"典型工作任务及工作过程知识"作为主体内容，突出如何借助"学习任务"实施职业教育教学。

（2）将"教学材料"的特征和"学习资料"的功能进行结合，通过任务引领，构建"教学做"于一体的学习管理体系。使学生了解职业、热爱职业岗位，帮助学生树立正确的价值观、择业观，培养良好的职业道德和职业意识，不仅传授知识，而且要突出能力的培养。

（3）采用行动导向教学法：以学生为中心、学习成果为导向，促进学生自主学习，以"行动导向驱动"为主要形式的教学方法，在教学过程中充分发挥学生的主体作用和教师的主导作用，注重对学生分析问题、解决问题能力的培养，从完成某一方面的"任务"着手，引导学生通过认知、资讯、计划、决策、实施、检查控制、评估反馈七步完成"任务"，从而实现教学目标。

（4）在教学过程中，注重理实一体化。根据不同的项目内容，采用不同的方法。可以用演示讲授法，即将项目展开后，通过演示操作及相关内容的学习进行总结并引出一些概念、原理进行解释、分析和论证，依据教材，既突出重点，又系统地传授知识，使学生在较短的时间内获得构建的系统知识。也可以用练习法，即上完理论课后，在教师的指导下进行操作练习，从而掌握一定的技能和技巧，把理论知识通过操作练习进行验证，系统地了解所学的知识。

（5）在实践课中进行分组教学，即通过小组探究实现教学目标，学生之间、小组之间相互教授各自掌握的内容；激发每个学生学习兴趣，培养总结提炼、知识架构搭建及传授能力，提高学生的自信心和责任心，培养团队协作能力和沟通表达能力。

（6）教学过程中教师应积极引导学生提升职业素养，提高职业道德，将职业素养、职业道德以润物细无声的方式，融入课堂教学中。

2）教学手段

（1）提供丰富、适用和引领创新作用的多种类型立体化、信息化课程资源，实现教学案例项目化的作用。

（2）运用现代教育技术，将教学视频、电子教材、电子课件、电子讲稿、仿真软件、网络教学等现代化教学手段相结合。

（3）将理论与实践相结合，理中有实，实中有理，突出学生动手能力和专业技能的培养，充分调动和激发学生学习兴趣。

（4）在教学过程中，重视本专业领域新技术、新工艺、新设备发展趋势，努力为学生提供职业生涯发展的空间，着力培养学生参与社会实践的创新精神和职业能力。

3. 教学评价

1) 考核要求

课程考核应符合有关管理规定，具体要求如表46-3所示。

表46-3 课程考核要求

考核类别	平时过程性考核50%	期末总结性考核50%	补考
考核要求	平时表现25%（考勤、作业、实验实践等）+阶段考核25%	理论考试、实践考核、课题报告、答辩等方式，可选择一种或多种方式，要明确各部分分数占比	理论考试

2) 说明

（1）平时过程性考核包括学习态度、学习水平和实践动手能力三个方面。

学习态度——学生学习纪律与态度、学习活动中参与的积极性、学习交流与团队协作能力，占5%。采用课堂学习活动评比、学习效果自评、互评、问卷调查等形式，主要由学生与学生团队给予评价。

学习水平——以检查作业、分组竞赛、课堂提问为主，检测各单元模块知识结构掌握情况，占10%，主要由教师与学生团队给予评价。

实践动手——以各单元学习中实践训练中的积极性、组织管理、学习交流与团队协作能力以及完成质量等为主占10%。主要由教师与学生团队给予评价。

阶段考核占25%，以不超过24课时作为一个阶段，对每一阶段所学理论知识和实操进行评定，主要由教师给予评价。

（2）期末终结性考核以闭卷考试的形式进行评定，在课程结束时，终结性考核考查学生对所学知识或专业能力的掌握程度，试卷成绩占50%。本课程具体考核要求如表46-4~表46-6所示。

表46-4 平时过程性考核评价内容与标准

项目	内容	分值			
学习态度（5分）	出勤情况（2分）	2（优秀）	1.5（良好）	1（合格）	0（不合格）
	听课态度（3分）	3（优秀）	2（良好）	1（合格）	0（不合格）
学习水平（10分）	课堂提问（3分）	3（优秀）	2（良好）	1（合格）	0（不合格）
	讨论课发言（3分）	3（优秀）	2（良好）	1（合格）	0（不合格）
	线上课件学习（4分）	4（优秀）	3（良好）	2（合格）	0（不合格）
实践动手能力（10分）	回路设计安装调试、团队协作能力（10分）	10（优秀）	8（良好）	6（合格）	0（不合格）

表46-5 阶段考核评价内容与标准

序号	考核内容及要求	考核分值	说明
1	不超过24学时，进行某一工业控制网络系统的设计、安装、调试、原理分析，包括实操的职业素养和职业道德	100	每次阶段考核满分100，两次求平均分，占比25%
2	不超过24学时，进行某一工业控制网络系统的设计、安装、调试、原理分析，包括实操的职业素养和职业道德	100	

表46－6　期末终结性考核内容及标准

序号	学习项目	考核的知识点、技能点及要求	考核分值	说明
1	计算机网络概述	计算机网络的定义、分类、结构、功能与作用	5	试卷考试，满分100，占比50%
2	工业控制网络概述	工业控制网络发展历程、现场总线控制系统、工业以太网概念	10	
3	网络数据通信基础	数据编码技术、数据传输技术、数据交换技术、数据传输介质、差错控制技术、通信设备连接	15	
4	计算机网络体系结构	OSI网络模型、网络协议、网络互连设备判断该OSI的层次结构、使用常用的网络互连设备	10	
5	工业控制网络基础	工业控制网络的产生和发展、工业企业网的体系结构、集散控制系统、现场总线、工业以太网	15	
6	现场总线技术及其应用	PROFIBUS的种类、PROFIBUS物理层线路连接、报文帧、能运用STEP7编程软件进行PROFIBUS的通信设计、能运用STEP7软件实现多个设备之间的PROFIBUS通信	30	
7	工业以太网技术及其应用	工业以太网的传输数据格式分析、工业以太网的物理连接与组网、判断工业以太网的类型、PROFINET的使用和OPC的数据交换	10	
8	课程思政、工匠精神、职业素养考核		5	

（3）注意事项

说明：课程任课教师要按照课程考核要求实施考核，注意做好学习过程、到课情况、平时作业、实验实践情况、考核情况的相关记录，将其作为学生最终评定成绩的明确依据，并与成绩册一同形成成绩档案保存。课程可以过程性考核评价为主，也可以目标性考核评价为主。本课程是以过程性考核评价为主的课程。平时过程性考核一般由平时表现（考勤、作业、实验实践等）及阶段考核组成，其中，阶段考核的次数一般不少于每24课时1次；期末终结性考核的主要形式为理论考试，技能操作性较强的课程可采用综合性技能操作考核、课题报告、答辩、考证成绩、技能竞赛等方式。

四、课程资源

1. 教材选用

（1）按照学院《教材管理办法》，选用的教材要符合高职教学的要求，尽量选用近三年出版的教育部规划教材。

（2）搭建产学合作平台，充分利用电气行业的企业资源，组织由主讲教师与企业专家技术骨干组成的教学团队编写工学结合的教材。

2. 网络资源

（1）智慧职教课程平台计算机工业控制网络技术在线课程。

（2）充分认识信息技术与学科的整合，积极使用国家精品在线课程资源、国家专业教学资源库相关资源实现线上线下混合式教学、翻转课堂教学，如教学资源库、网络资源、MOOC课程、SPOC课程等。

（3）利用现代信息技术开发教学用多媒体课件包含"授课要点、模拟实验、在线答疑、自主测试"等内容，通过搭建多维、动态、活跃、自主的课程学习与训练平台，使学生的主动性、积极性和创造性得以充分调动。

（4）给学生提供电子书籍、电子期刊、数字图书馆、专业网站等网络资源的导引信息以及操作方法，使学生充分利用网络资源自主学习，实现教学内容从单一化向多元化转变，为学生的研究性学习和自主性学习创造条件，使学生能力得到充分拓展。

五、师资队伍

1. 课程教学团队

通过人才引进、聘请兼职教师等手段，增加师资数量；通过教师职业能力和职业技能培训，提高师资队伍的"双师"素质，形成合理的"双师"结构。

1）专兼职教师数量、结构

课程教学团队中：校内专职教师4人，行业企业兼职教师1人；博士1人，硕士3人，本科1人；高级职称3人，中级职称2人；双师型专职教师4人。

2）专兼职教师素质

根据《深化新时代职业教育"双师型"教师队伍建设改革实施方案》精神和电气自动化岗位人才标准，本课程专兼职教师素质能力要求如表46-7所示。

表46-7 专兼职教师素质能力要求

教师类型	素质要求	能力要求
专职教师	具备爱国守法、爱岗敬业、关爱学生、教书育人、为人师表、终身学习等素质	（1）具备通识性教育、课程教学、素养教育等专业知识； （2）具备教学设计、教学实施、教学管理能力； （3）具备社会服务和科研能力
兼职教师	具备爱国守法、爱岗敬业、关爱学生、教书育人、为人师表、终身学习等素质	（1）具备较强的专业技能； （2）具备教学设计、教学实施、教学管理能力

3）职业能力课程任课教师资格

具有相应职业资格证书、受过技能培训的专职教师基本情况如表46-8所示。受过职业教学能力培训的企业技术人员、能工巧匠等兼职教师基本情况如表46-9所示。

表46-8 专职教师基本情况

序号	姓名	学历	职称	职业资格	行业经历	承担任务
1	王俊洲	硕士研究生	副教授	高级技师	3年	课程建设及教学
2	窦作成	博士研究生	讲师	工程师	2年	课程建设及教学
3	朱开波	硕士研究生	副教授	高级技师	3年	课程建设及教学
4	郑益	大学本科	讲师	工程师	4年	课程建设及教学

表46-9 兼职教师基本情况

序号	姓名	性别	单位	职称	承担任务
1	李乾隆	男	长安汽车股份有限公司	高级工程师	课程建设指导及课程教学

2. 课程团队职责

（1）电气自动化技术专业建设指导委员会把握课程发展方向。
（2）教研室主任、专业负责人与课程负责人负责课程的整体建设、内容的调整、课程的持续发展。
（3）专职教师负责课程的授课，专职教师与实训指导教师共同负责课程的实训指导。
（4）课程负责人负责监督课程的实施。

六、实践教学

校内实训条件要求

本课程实验实训可在智能制造大楼进行。课程教学实验室如表46-10所示。

表46-10 课程教学实验室

序号	实训室名称	实训功能	实训内容	主要设备配置
1	工业网络实训室 M412	工业控制网络教学应用及开发	工业控制网络系统的搭建与调试	工业控制网络应用及开发实训平台（中级）14台，工业控制网络应用及开发实训平台（高级）2台

47　液压与气动技术应用课程标准

（编写：张晓娟　校对：骆冬智　审核：朱开波）

课程代码：02150171
课程类型：专业基础课（理实一体化课）
学时/学分：48学时/3学分
适用专业：电气自动化技术

一、课程概述

1. 课程性质

本课程是电气自动化技术专业必修的一门专业基础课程，是在学习了高等数学、机械基础、自动化导论课程，具备了微积分基本概念、机械结构原理、自动化控制基本认知能力的基础上开设的一门理实一体化课程。其功能是对接专业人才培养目标，面向自动化设备和生产控制系统的运维、调试与技术优化，自动化设备和生产控制系统的设计与开发工作岗位。通过气压、液压元件的学习，学生可以系统了解相关元件的工作原理及使用方法；通过气压、液压典型回路的学习，可以培养学生流体传动系统的分析与设计能力，使学生初步具备阅读、分析和设计气压与液压传动回路的工程能力；为后续PLC应用技术、智能产线控制系统开发设计、智能生产线数字化集成与仿真、工业机器人编程与操作课程学习奠定气动液压传动与控制基础。

2. 课程定位

本课程对接的工作岗位是自动化安装调试与维护工作岗位，通过学习使学生具备从事自动化液压气动设备的安装调试与维护的能力。

二、课程目标

本课程培养学生诚实、守信的品德，负责的态度，善于沟通和合作的团队意识；培养学生重质量、守规范和良好安全意识的职业能力；培养学生完成岗位工作任务的基本技能，使学生成为具有良好职业道德，掌握自动化安装调试与维护技能并具有可持续发展能力的高素质高技能型人才，以适应市场对自动化技术人才的需求。

具体目标如下：

1. 知识目标

（1）了解气动、液压系统的用途及原理、组成，了解气动系统与液压系统的区别。
（2）了解能源装置组成及用途，了解辅助元件种类、结构特点，熟悉液压泵、空压机的分类、特点、原理及选用。
（3）熟悉气动液压执行元件的种类、结构特点、选用。
（4）熟悉气动液压系统控制元件的种类、工作原理、特点、选用。
（5）熟悉气动液压系统元件的符号及含义，掌握气动液压系统控制流程和气动液压回路的绘制，熟悉气动液压基本回路和常用回路。
（6）了解液压气动系统设计的指导思想以及要考虑的安全问题，熟悉气液压传动系统常用的传感器及气液系统的电气控制方法、PLC 控制方法。

2. 技能目标

（1）能够读懂设备气动液压系统原理图。

（2）能够绘制气动液压系统控制流程和液压气动回路，能够设计简单的气动液压控制回路，能够设计简单的电气气动液压回路。

（3）能够根据负载情况，对系统所需元件进行选型。

（4）能够安装和调试液压、气动系统，并能进行故障分析与检修。

3. 素质目标

（1）具有爱国主义和集体主义精神，拥护中国共产党的领导和我国社会主义制度，爱国、敬业、诚信。

（2）遵守职业规范，具有良好的专业精神、职业精神和工匠精神。

（3）具有质量意识、安全意识、环保意识、创新思维、信息素养。

（4）培养学生发现问题和解决问题的能力，并具有终身学习与专业发展能力。

（5）培养良好的学习态度，培养诚实守信、和谐文明的工作作风。

（6）培养良好的交往与沟通表达能力和良好的团队合作精神。

（7）养成独立思考的学习习惯，同时兼顾协同设计能力的培养，能对所学内容进行较为全面的比较、概括和阐释。

三、课程实施和建议

1. 课程内容和要求

本课程以电气自动化技术专业学生的就业为导向，结合专业人才培养方案中培养目标、人才规格要求、相应职业资格标准以及高职院校学生的认知特点等方面的要求，以各种气动液压传动回路设计过程涉及的专业知识学习单元为课程主线，以各种自动化控制系统的工作过程所需要的岗位职业能力为依据，以企业特定的自动化产品的设计、生产、销售和服务为平台，结合典型的工作任务，以项目任务驱动为导向设计教学过程，以突出课程的职业性、实践性和开放性为前提，采用循序渐进与典型案例相结合的方式来展现教学内容。

根据学生的认知特点，结合职业能力培养的基本规律，以工作过程为主线，将陈述性知识与过程性知识整合、理论知识与实践知识整合，科学设计学习型工作任务，以工作任务为载体，由简单到复杂整合、序化课程内容。课程学时分配、课程内容和要求如表 47 – 1、表 47 – 2 所示。

表 47 – 1　课程学时分配

项目（情景/模块/章节/单元）		学时		
		理论	实践	小计
1 气液传动概述	任务 1 – 1　认识气液传动	2	0	2
2 气源系统及气压辅助元件认知	任务 2 – 1　空气压缩机的选用	1	0	1
	任务 2 – 2　净化装置的应用	1	0	1
	任务 2 – 3　气动辅件的应用	1	0	1
3 气压传动执行元件认知	任务 3 – 1　认识气动执行元件	2	1	3

续表

项目（情景/模块/章节/单元）		学时		
		理论	实践	小计
4 气压传动控制元件认知及控制元件的应用——设计组建回路	任务 4-1 认识压力控制元件并组建压力控制回路	1	1	2
	任务 4-2 认识方向控制元件并组建方向控制回路	5	17	22
	任务 4-3 认识流量控制元件并组建流量控制回路	2	2	4
5 气压传动基本回路与气动案例分析	任务 5-1 气动基本回路	1	2	3
	任务 5-2 气压传动系统案例分析	1	0	1
6 液压传动基础	任务 6-1 认识液压元件	2	0	2
7 液压传动基本回路与液压系统案例分析	任务 7-1 液压基本回路与液压系统案例分析	2	2	4
8 气液系统的装调维护与故障诊断	任务 8-1 熟悉系统常见故障及维修方法	2	0	2
小计		23	25	48

表 47-2　课程内容和要求

章节/单元		素质目标	知识目标	技能目标	教学活动
1 气液传动概述	任务 1-1 认识气液传动	（1）具有爱国主义和集体主义精神，拥护中国共产党的领导和我国社会主义制度，爱国、敬业、诚信；（2）培养良好的学习态度，培养诚实守信、和谐文明的工作作风	（1）气液系统的概念；（2）气液系统组成和工作原理；（3）气液系统特点；（4）气液系统各组成部分的作用；（5）气液系统所用介质基本性质、基本概念	认识气动、液压系统★	讲授、图片视频、分析认知
2 气源系统及气压辅助元件认知	任务 2-1 空气压缩机的选用	（1）具有质量意识、安全意识、环保意识、创新思维、信息素养；（2）养成独立思考的学习习惯，同时兼顾协同设计能力的培养，能对所学内容进行较为全面的比较、概括和阐释	（1）空压机的分类、特点、原理；★（2）空压机选用注意事项	能够根据工况选用合适类型的空压机	讲授、图片

续表

章节/单元		素质目标	知识目标	技能目标	教学活动
2 气源系统及气压辅助元件认知	任务2-2 净化装置的应用	（1）具有质量意识、安全意识、环保意识、创新思维、信息素养； （2）养成独立思考的学习习惯，同时兼顾协同设计能力的培养，能对所学内容进行较为全面的比较、概括和阐释； （3）遵守职业规范，具有良好的专业精神、职业精神和工匠精神	（1）常用的气源净化装置的类型； （2）后冷却器的结构、原理； （3）油水分离器的结构、原理； （4）干燥器的结构、原理； （5）储气罐（包括压力表、自动排水阀、安全阀等辅件）的作用及原理	（1）能够正确使用相关工具； （2）对于一般常用的气源净化器件能够正确选择和使用； （3）能够组建一个满足使用要求的气源装置；★■ （4）能够规范编写气源装置的使用说明书	讲授、图片
	任务2-3 气动辅件的应用	（1）具有质量意识、安全意识、环保意识、创新思维、信息素养； （2）养成独立思考的学习习惯，同时兼顾协同设计能力的培养，能对所学内容进行较为全面的比较、概括和阐释； （3）遵守职业规范，具有良好的专业精神、职业精神和工匠精神	（1）过滤器的结构、原理； （2）油雾器的结构、原理； （3）消声器的结构与工作原理； （4）压力表与真空压力表的结构与工作原理； （5）管道与管接头的种类与应用	（1）能够阅读并理解气动控制系统安装的相关文件和国家标准或行业规范；★ （2）能够根据要求正确布置气动系统的管路系统，使管路系统布局美观实用；★■ （3）能够正确使用各种管道及管接头、达到管路不漏气、主管路不积水、排水顺畅	讲授、图片
3 气压传动执行元件认知	任务3-1 认识气动执行元件	（1）具有质量意识、安全意识、环保意识、创新思维、信息素养； （2）养成独立思考的学习习惯，同时兼顾协同设计能力的培养，能对所学内容进行较为全面的比较、概括和阐释； （3）遵守职业规范，具有良好的专业精神、职业精神和工匠精神	（1）气动执行元件的分类； （2）气缸的种类、结构、工作原理；★ （3）气缸的选用与安装；★ （4）气动马达的分类、结构和工作原理； （5）真空吸盘的工作原理★	（1）能够读懂气缸选型手册、读懂气缸的各种参数； （2）能够根据执行机构的运动类型选择合适的执行元件； （3）根据负载要求，能够计算气缸缸径，进而选择具体型号的气缸作为执行机构★■	实物、图片、分析讲授
4 气压传动控制元件认知及控制元件的应用——设计组建回路	任务4-1 认识压力控制元件并组建压力控制回路	（1）遵守职业规范，具有良好的专业精神、职业精神和工匠精神； （2）培养学生发现问题和解决问题的能力，并具有终身学习与专业发展能力； （3）培养良好的交往与沟通表达能力和良好的团队合作精神； （4）养成独立思考的学习习惯，同时兼顾协同设计能力的培养，能对所学内容进行较为全面的比较、概括和阐释	（1）压力控制阀的工作原理； （2）直动式减压阀的结构与工作原理；★■ （3）先导式减压阀的结构与工作原理； （4）减压阀的选择与使用注意事项； （5）溢流阀的结构与工作原理；★ （6）压力顺序阀的结构与工作原理	（1）能够读懂压力控制阀的选型手册及压力控制阀的参数含义； （2）学会使用实验台； （3）能够根据需求调节压力控制元件； （4）能够绘制压力控制阀符号■	实物、图片、分析讲授、实操与指导

续表

章节/单元		素质目标	知识目标	技能目标	教学活动
4 气压传动控制元件认知及控制元件的应用——设计组建回路	任务4-2 认识方向控制元件并组建方向控制回路	（1）遵守职业规范，具有良好的专业精神、职业精神和工匠精神； （2）培养学生发现问题和解决问题的能力，并具有终身学习与专业发展能力； （3）培养良好的交往与沟通表达能力和良好的团队合作精神； （4）养成独立思考的学习习惯，同时兼顾协同设计能力的培养，能对所学内容进行较为全面的比较、概括和阐释	（1）方向控制阀的工作原理、名称、符号； （2）单向型控制阀（包括单向阀、梭阀、快速排气阀）的工作原理、名称、符号； （3）气控换向阀工作原理、名称、符号；★ （4）人、机械控换向阀工作原理、名称、符号；★ （5）电磁换向阀工作原理、名称、符号；★ （6）换向阀使用注意事项； （7）真空泵、真空发生器的工作原理；★ （8）几种常用类型传感器（磁性开关、行程开关）的结构与工作原理；★ （9）了解气动系统的设计流程■	（1）能够读懂方向控制阀的选型手册及方向控制阀的参数含义； （2）能够绘制换向阀符号； （3）能够根据需要选择合适的方向控制阀；■ （4）能够查阅传感器选型手册，根据实际现场要求选择合适类型的传感器；■ （5）掌握换向阀的连接方法、各种传感器的接线方法；■ （6）掌握仿真软件的使用方法； （7）进一步掌握实验台的使用； （8）能够根据任务要求设计各种方向控制回路、真空吸附回路；■ （9）能够绘制如上气动系统回路图，并在实验台上安装、调试成功■	实物、图片、分析讲授、实操与指导
	任务4-3 认识流量控制元件并组建流量控制回路	（1）遵守职业规范，具有良好的专业精神、职业精神和工匠精神； （2）培养学生发现问题和解决问题的能力，并具有终身学习与专业发展能力； （3）养成良好的交往与沟通表达能力和良好的团队合作精神； （4）养成独立思考的学习习惯，同时兼顾协同设计能力的培养，能对所学内容进行较为全面的比较、概括和阐释	（1）流量控制阀的分类、工作原理； （2）节流阀的结构与工作原理； （3）可调单向节流阀的结构与工作原理； （4）进气节流与排气节流的区别；■ （5）排气阀的几种结构及工作原理； （6）流量控制阀使用注意事项； （7）气动元件符号及含义	（1）能够读懂流量控制阀的选型手册及流量控制阀的参数含义； （2）能够绘制流量控制阀符号； （3）能够根据流量要求选择合适的流量控制阀；■ （4）能够在实验台上搭建流量控制回路并调节■	实物、图片、分析讲授、实操与指导
5 气压传动基本回路与气动案例分析	任务5-1 气动基本回路	（1）培养学生发现问题和解决问题的能力，并具有终身学习与专业发展能力； （2）养成良好的交往与沟通表达能力和良好的团队合作精神； （3）养成独立思考的学习习惯，同时兼顾协同设计能力的培养，能对所学内容进行较为全面的比较、概括和阐释	（1）方向控制回路； （2）速度控制回路； （3）压力控制回路； （4）位置控制回路； （5）其他控制回路	（1）能够读懂气动基本回路，掌握回路的作用；★ （2）能够仿真或者在实验台搭建气动回路	分析讲授、实操与指导

续表

章节/单元		素质目标	知识目标	技能目标	教学活动
5 气压传动基本回路与气动案例分析	任务5-2 气压传动系统案例分析	(1) 培养学生发现问题和解决问题的能力，并具有终身学习与专业发展能力； (2) 养成独立思考的学习习惯，同时兼顾协同设计能力的培养，能对所学内容进行较为全面的比较、概括和阐释	了解典型气动系统案例	能够读懂典型气动系统的原理图★	分析讲授
6 液压传动基础	任务6-1 认识液压元件	(1) 具有质量意识、安全意识、环保意识、创新思维、信息素养； (2) 养成独立思考的学习习惯，同时兼顾协同设计能力的培养，能对所学内容进行较为全面的比较、概括和阐释； (3) 遵守职业规范，具有良好的专业精神、职业精神和工匠精神	(1) 动力元件； (2) 控制元件； (3) 执行元件； (4) 辅助元件	(1) 能够正确识别元件； (2) 能够进行元件选型	实物、图片、讲授
7 液压传动基本回路与液压系统案例分析	任务7-1 液压基本回路与液压系统案例分析	(1) 培养学生发现问题和解决问题的能力，并具有终身学习与专业发展能力； (2) 培养良好的交往与沟通表达能力和良好的团队合作精神； (3) 养成独立思考的学习习惯，同时兼顾协同设计能力的培养，能对所学内容进行较为全面的比较、概括和阐释	(1) 压力回路； (2) 速度回路； (3) 方向回路； (4) 了解典型的液压系统案例	(1) 能够读懂液压基本回路、典型液压系统回路图；★ (2) 能够在试验台上或者仿真软件上搭建液压回路	分析讲授、实操与指导
8 气液系统的装调维护与故障诊断	任务8-1 熟悉系统常见故障及维修方法	(1) 培养学生发现问题和解决问题的能力，并具有终身学习与专业发展能力； (2) 培养良好的学习态度，培养诚实守信、和谐文明的工作作风； (3) 培养良好的交往与沟通表达能力和良好的团队合作精神； (4) 养成独立思考的学习习惯，同时兼顾协同设计能力的培养，能对所学内容进行较为全面的比较、概括和阐释	(1) 熟悉常见的故障； (2) 熟悉维修的思路■	能够查找回路故障并维修■	分析讲授

备注：教学重点、难点在表中标出，其中，打★的为教学重点，打■的为教学难点。

2. 教学方法和教学手段

1）教学方法建议

（1）课程以"典型工作任务及工作过程知识"作为主体内容，突出如何借助"学习任务"实施职业教育教学。

（2）将"教学材料"的特征和"学习资料"的功能进行结合，通过项目引领，构建"教学做"于一体的学习管理体系。使学生了解职业、热爱职业、岗位、帮助学生树立正确的价值观、择业观，培养良好的职业道德和职业意识，不仅要传授知识，而且要突出能力的培养。

（3）采用行动导向教学法，即以学生为中心、学习成果为导向，促进学生自主学习，以"行动导向驱动"为主要形式的教学方法。在教学过程中充分发挥学生的主体作用和教师的主导作用，注重对学生分析问题、解决问题能力的培养，从完成某一方面的"任务"着手，引导学生通过认知、资讯、计划、决策、实施、检查控制、评估反馈七步完成"任务"，从而实现教学目标。

（4）在教学过程中，注重理实一体化。根据不同的项目内容，采用不同的方法。可以用演示讲授法，即将项目展开后，通过演示操作及相关内容的学习，进行总结并引出一些概念、原理进行解释、分析和论证，根据教材，既突出重点，又系统地传授知识，使学生在较短的时间内获得构建的系统知识；也可以用练习法，即上完理论课后，在教师的指导下进行操作练习，从而掌握一定的技能和技巧，把理论知识通过操作练习进行验证，系统地了解所学的知识。

（5）在实践课中分组教学，通过小组探究实现教学目标，学生之间、小组之间相互交流各自掌握的内容。激发每个学生学习兴趣，培养总结提炼、知识架构搭建及传授能力，提高学生的自信心和责任心，培养团队协作能力和沟通表达能力。

（6）教学过程中教师应积极引导学生提升职业素养，提高职业道德，将职业素养职业道德以润物细无声的方式，融入课堂教学中。

2. 教学手段

（1）提供丰富、适用和引领创新作用的多种类型立体化、信息化课程资源，实现工作页多功能作用。

（2）运用现代教育技术，将教学视频、电子教材、电子课件、电子讲稿、仿真软件、网络教学等现代化教学手段相结合。

（3）将理论与实践相结合，理中有实，实中有理，突出学生动手能力和专业技能的培养，充分调动和激发学生学习兴趣。

（4）在教学过程中，重视本专业领域新技术、新工艺、新设备发展趋势，努力为学生提供职业生涯发展的空间，着力培养学生参与社会实践的创新精神和职业能力。

3. 教学评价

1）考核要求

课程考核应符合有关管理规定，具体要求如表47-3所示。

表47-3　课程考核要求

考核类别	平时过程性考核50%	期末终结性考核50%	补考
考核要求	平时表现25%（学习态度5%、学习水平10%、动手实践10%）+阶段考核25%	理论考试50%	理论考试

2）说明

（1）平时过程性考核包括学习态度、学习水平和实践动手能力三个方面。

学习态度——学生学习纪律与态度、学习活动中参与的积极性、学习交流与团队协作能力，占 5%。采用课堂学习活动评比、学习效果自评、互评、问卷调查等形式，主要由学生与学生团队给予评价。

学习水平——以检查作业、分组竞赛、课堂提问为主，检测各单元模块知识结构掌握情况，占 10%，主要由教师与学生团队给予评价。

实践动手——以各单元学习中实践训练中的积极性、组织管理、学习交流与团队协作能力以及完成质量等为主占 10%，主要由教师与学生团队给予评价。

阶段考核占 25%，以不超过 24 课时作为一个阶段，对每一阶段所学理论知识和实操进行评定，主要由教师给予评价。

（2）期末终结性考核以闭卷考试的形式进行评定，在课程结束时，终结性考核以考查学生对所学知识或专业能力的掌握程度，试卷成绩占 50%。本课程具体考核要求如表 47-4~表 47-6 所示。

表 47-4　平时表现考核评价内容与标准

项目	内容	分值			
学习态度（5分）	出勤情况（2分）	2（优秀）	1.5（良好）	1（合格）	0（不合格）
	听课态度（3分）	3（优秀）	2（良好）	1（合格）	0（不合格）
学习水平（10分）	课堂提问（3分）	3（优秀）	2（良好）	1（合格）	0（不合格）
	讨论课发言（3分）	3（优秀）	2（良好）	1（合格）	0（不合格）
	线上课件学习（4分）	4（优秀）	3（良好）	2（合格）	0（不合格）
实践动手能力（10分）	回路设计安装调试、团队协作能力（10分）	10（优秀）	8（良好）	6（合格）	0（不合格）

表 47-5　阶段考核评价内容与标准

序号	考核内容及要求	考核分值	说明
1	不超过 24 学时，进行某一回路的设计、安装、调试、原理分析，包括实操的职业素养和职业道德	100	每次阶段考核满分 100，两次求平均分，占比 25%
2	不超过 24 学时，进行某一回路的设计、安装、调试、原理分析，包括实操的职业素养和职业道德	100	

表 47-6　期末终结性考核内容及标准

序号	学习项目	考核的知识点、技能点及要求	考核分值	说明
1	气液传动概述	气动系统组成、系统能量转换	5	试卷考试，满分 100，占比 50%
2	气源系统及气压辅助元件认知	气源装置、净化装置、辅助元件种类、作用，气动三联件	10	
3	气压传动执行元件认知	气缸类型、工作原理、结构	15	
4	气压传动控制元件认知及控制元件的应用——设计组建回路	压力、流量、方向控制元件种类、结构、工作原理、特点以及应用，各种回路的设计	40	

续表

序号	学习项目	考核的知识点、技能点及要求	考核分值	说明
5	气压传动基本回路与气动案例分析	识图、回路分析	10	试卷考试，满分100，占比50%
6	液压传动基础	液压元件基本认知	5	
7	液压传动基本回路与液压系统案例分析	识图、回路分析	5	
8	气液系统的装调维护与故障诊断	简单故障分析	5	
9	课程思政、工匠精神、职业素养考核		5	

（3）注意事项。

说明：课程任课教师要按照课程考核要求实施考核，注意做好学习过程、到课情况、平时作业、实验实践情况、考核情况的相关记录，将其作为学生最终评定成绩的明确依据，并与成绩册一同形成成绩档案保存。课程可以过程性考核评价为主，也可以目标性考核评价为主。本课程是以过程性考核评价为主的课程。平时过程性考核一般由平时表现（考勤、作业、实验实践等）及阶段考核组成，其中，阶段考核的次数一般不少于每24课时1次；期末终结性考核的主要形式为理论考试，技能操作性较强的课程可采用综合性技能操作考核、课题报告、答辩、考证成绩、技能竞赛等方式。

四、课程资源

1. 教材选用

（1）按照学院《教材管理办法》，选用的教材要符合高职教学的要求，尽量选用近三年出版的教育部规划教材。

（2）搭建产学合作平台，充分利用电气行业的企业资源，组织由主讲教师与企业专家技术骨干组成的教学团队编写工学结合的教材。

2. 网络资源

根据课程目标、学生实际以及本课程的理论性和实践等特点，本课程的教学建设由文字与电子教材、教学视频、电子课件、电子讲稿等多种形式的教学资源与仿真软件及气动实验台相结合，共同完成教学任务，达成教学目标。

（1）智慧职教课程平台液压与气动技术应用在线课程，课程网址：https://zjy2.icve.com.cn/common/courseView/courseDetail.html? courseOpenId = fgkqapqpxjjezpoao6u2a。

（2）课程资源的开发和利用。充分利用教学视频、仿真软件、电子讲稿、动画等资源创设形象生动的工作情境，激发学生的学习，促进学生对知识的理解和掌握。建议加强常用课程资源的开发，建立多媒体课程资源的数据库，努力实现跨学校多媒体资源的共享，以提高资源利用效率。

（3）充分认识信息技术与学科的整合，积极使用国家精品在线课程资源、国家专业教学资源库等实现线上线下混合式教学、翻转课堂教学，如教学资源库、网络资源、MOOC课程、SPOC课程等。

（4）利用现代信息技术开发教学用多媒体课件，包含"授课要点、模拟实验、在线答疑、自主测试"等内容,通过搭建多维、动态、活跃、自主的课程学习与训练平台,使学生的主动性、积极性和创造性得以充分调动。

五、师资队伍

1. 课程教学团队

通过人才引进、聘请兼职教师等手段,增加师资数量;通过教师职业能力和职业技能培训,提高师资队伍的"双师"素质,形成合理的"双师"结构。

1) 专兼职教师数量、结构

课程教学团队中:校内专职教师4人,行业企业兼职教师2人;博士1人,硕士3人,本科2人;高级职称3人,中级职称3人;双师型专职教师3人。

2) 专兼职教师素质

根据《深化新时代职业教育"双师型"教师队伍建设改革实施方案》精神和电气自动化技术岗位人才标准,本课程专兼职教师素质能力要求如表47-7所示。

表47-7 专兼职教师素质能力要求

教师类型	素质要求	能力要求
专职教师	具备爱国守法、爱岗敬业、关爱学生、教书育人、为人师表、终身学习等素质	(1) 具备通识性教育、课程教学、素养教育等专业知识; (2) 具备教学设计、教学实施、教学管理能力; (3) 具备社会服务和科研能力
兼职教师	具备爱国守法、爱岗敬业、关爱学生、教书育人、为人师表、终身学习等素质	(1) 具备较强的专业技能; (2) 具备教学设计、教学实施、教学管理能力

3) 职业能力课程任课教师资格

具有相应职业资格证书、受过技能培训的专职教师基本情况如表47-8所示。受过职业教学能力培训的企业技术人员、能工巧匠等兼职教师基本情况如表47-9所示。

表47-8 专职教师基本情况

序号	姓名	学历	职称	职业资格	行业经历	承担任务
1	张晓娟	硕士研究生	讲师	二级技师	3年	课程建设及教学
2	骆冬智	博士研究生	讲师	工程师	2年	课程建设及教学
3	王俊洲	硕士研究生	副教授	高级技师	4年	课程建设及教学
4	李聪	硕士研究生	讲师	工程师	3年	课程建设及教学

表47-9 兼职教师基本情况

序号	姓名	性别	单位	职称	承担任务
1	高峰	男	长安汽车股份有限公司	高级工程师	课程建设指导及课程教学
2	张峥	男	长安汽车股份有限公司	高级工程师	课程建设指导及课程教学

2. 课程团队职责

（1）电气自动化技术专业建设指导委员会把握课程发展方向。

（2）教研室主任、专业负责人与课程负责人负责课程的整体建设、内容的调整、课程的持续发展。

（3）专职教师负责课程的授课，专职教师与实训指导教师共同负责课程的实训指导。

（4）课程负责人负责监督课程的实施。

六、实践教学

校内实训条件要求：

本课程实验实训可在智能制造大楼进行。课程教学实验室如表47-10所示。

表47-10 课程教学实验室

序号	实训室名称	实训功能	实训内容	主要设备配置
1	气动实训室M212	气动液压回路搭建	气动液压回路搭建与调试	气动实验台12台、液压实训台1台
2	气动实训室M213	气动液压回路搭建	气动液压回路搭建与调试	气动实验台10台、展示台1台、液压实训台1台

48 智能生产线数字化集成与仿真课程标准

(编写：刘艳菊 校对：薛倩倩 审核：朱开波)

课程代码：02150175
课程类型：理实一体化课
学时/学分：64 学时/4 学分
适用专业：工业机器人技术

一、课程概述

1. 课程性质

本课程是工业机器人技术专业必修的一门专业核心课程，同时也是一门知识性、技能性和实践性很强的课程。本课程是在学习了检测技术与智能仪表、C 语言程序设计和 PLC 应用技术课程，具备了 C 语言的编程基础、智能仪表的实践基础和 PLC 编程能力的基础上开设的一门理实一体课程。其功能是对接专业人才培养目标，面向数字化仿真方向的工作岗，实现工业机器人技术专业人才培养规格要求，发挥课程思政功能，落实立德树人根本任务，将育训结合，支持专业教学标准达成。该课程培养学生从事生产线数字化集成与仿真的基本技能，也是后续专业课程、毕业设计及顶岗实习的重要支撑课程。

2. 课程定位

本课程是工业机器人技术专业的职业技能课程、专业必修课。本课程主要培养学生对工业机器人专业知识和专业技能的认识与理解，使学生掌握数字化建模、数字化仿真、CEE 仿真等基本专业技能。课程以西门子数字化平台 Tecnomatix 中 Process Simulate 软件为依托，将讲练结合，加深学生对专业知识与技能的理解，培养学生专业知识与技能的综合运用能力，使其具备一定的系统认知能力，同时提高其交流沟通等职业素质。

二、课程目标

本课程培养学生诚实、守信的品德，负责的态度，善于沟通和合作的团队意识；培养学生重质量、守规范和良好安全意识的职业能力；培养学生完成岗位工作任务的基本技能，使学生成为具有良好职业道德、掌握编写和操作仿真软件的技能并具有可持续发展能力的高素质高技能型人才，以适应市场对模具设计与制造技术人才的需求。具体目标如下：

素质目标：
（1）践行"劳动光荣、技能宝贵"的社会主义核心价值观，厚植爱国情怀和民族自豪感，牢固树立四个自信。
（2）遵守职业规范，具有良好的专业精神、职业精神和工匠精神。
（3）具有质量意识、安全意识、环保意识、创新思维。
（4）培养学生发现问题和解决问题的能力，并具有终身学习与专业发展能力。
（5）培养良好的学习态度，培养诚实守信、和谐文明的工作作风。
（6）养成独立思考的学习习惯，同时兼顾协同设计能力的培养，能对所学内容进行较为全面的比较、概括和阐释。

知识目标：

（1）了解常用的数字化仿真软件。
（2）掌握 Tecnomatix 软件平台 Process Simulate 软件的使用。
（3）学会使用 Process Simulate 软件进行生产线布局及工具安装。
（4）掌握 Process Simulate 软件的标准模式下的工艺仿真。
（5）掌握 Process Simulate 软件的生产线仿真模式下的工艺仿真。
（6）掌握 Process Simulate 软件物料流、传感器的创建。
（7）掌握 Process Simulate 软件机器人的设置及仿真。

技能目标：

（1）能够导入、导出仿真数据。
（2）能够对仿真数据进行设备布局及安装。
（3）能够对设备进行机构设置。
（4）能够建立逻辑块及智能组件。
（5）能够进行物料流的设置。
（6）能够添加传感器并应用。
（7）能够设置机器人并示教运行。
（8）能够进行虚拟调试。

三、课程实施和建议

1. 课程内容和要求

本课程以工业机器人技术专业学生的就业为导向，结合专业人才培养方案中培养目标、人才规格要求、相应职业资格标准以及高职院校学生的认知特点等方面的要求，以仿真系统设计涉及的专业知识学习单元为课程主线，以项目任务驱动为导向设计教学过程，以突出课程的职业性、实践性和开放性为前提，采用循序渐进与典型案例相结合的方式来展现教学内容。

同时根据学生的认知特点，结合职业能力培养的基本规律，以工作过程为主线，将陈述性知识与过程性知识整合、理论知识与实践知识整合，科学设计学习型工作任务，以企业真实化工作任务为载体，由简单到复杂整合、序化课程内容。

课程学时分配如表 48-1 所示，课程内容和要求如表 48-2 所示。

表 48-1 课程学时分配

项目（情景/模块/章节/单元）	学时		
	理论	实践	小计
项目 1 Tecnomatix 软件的安装及介绍	2	2	4
项目 2 生产线布局及机器人工具安装	2	6	8
项目 3 设备机构定义	4	4	8
项目 4 操作建立及标准模式下生产线仿真	4	8	12
项目 5 逻辑块与智能组件	6	6	12
项目 6 物料流及传感器建立	4	4	8
项目 7 机器人设置及程序编程	4	8	12
小计	26	38	64

表 48－2 课程内容和要求

章节/单元		素质目标	知识目标	技能目标	教学活动
项目	任务				
项目1 Tecnomatix 软件的安装及介绍	任务1.1 Tecnomatix 软件简介	（1）厚植爱国精神和民族自豪感； （2）遵守职业规范，具有良好的专业精神、职业精神和工匠精神； （3）具有质量意识、安全意识、环保意识、创新思维、信息素养	（1）了解数字化工厂的概念； （2）了解 Tecnomatix 软件平台	（1）学会 Tecnomatix 平台在数字化工厂中的作用； （2）学会 Process Simulate 软件界面	教师讲授
	任务1.2 Process Simulate 软件安装及软件界面介绍		（1）掌握 Process Simulate 软件安装方法； （2）了解 Process Simulate 仿真软件各个功能区的应用	能够正确安装仿真软件	教师演示、学生训练
项目2 生产线布局及机器人工具安装	任务2.1 项目搭建及仿真数模的导入	（1）培养学生发现问题和解决问题的能力，并具有终身学习与专业发展能力； （2）养成独立思考的学习习惯，同时兼顾协同设计能力的培养，能对所学内容进行较为全面的比较、概括和阐释	（1）掌握新建项目、保存项目、打开项目的方式； （2）掌握组件定义、组件导入	学会新建项目并能将后台项目数据正确导入项目中★■	教师演示、学生训练
	任务2.2 软件常用功能键介绍		掌握常用功能键的用法★	能正确选择并使用常用功能键■	教师演示、学生训练
	任务2.3 参考坐标系的创建	质量意识、环保意识、安全意识、信息素养、工匠精神、创新思维	（1）掌握三点定坐标系、圆心定坐标系； （2）了解六值定坐标系、两点定坐标系	能够正确选择使用功能按键，并正确创建坐标系★	教师演示、学生训练
	任务2.4 设备布局及设备安装	（1）培养学生发现问题和解决问题的能力，并具有终身学习与专业发展能力； （2）养成独立思考的学习习惯，同时兼顾协同设计能力的培养，能对所学内容进行较为全面的比较、概括和阐释	（1）掌握重定位、智能移动安装工具、放置操控器等方法（结合 attach 命令）；★ （2）工作站布局；★ （3）机器人末端执行器安装方法	能够利用常用的功能键、坐标系、设备布局方式、设备安装知识正确进行生产线布局★■	教师演示、学生训练

续表

章节/单元		素质目标	知识目标	技能目标	教学活动
项目	任务				
项目3 设备机构定义	任务3.1 关节Joint定义	（1）继承和发展马克思主义的实践观； （2）遵守职业规范，具有良好的专业精神、职业精神和工匠精神	（1）掌握直线运动的Joint关节定义； （2）掌握旋转运动的Joint关节定义； （3）掌握复杂设备的Joint关节定义★	能够利用几种关节定义方式正确定义设备的运动机构★	教师演示、学生训练
	任务3.2 关节Pose定义	（1）继承和发展马克思主义的实践观； （2）遵守职业规范，具有良好的专业精神、职业精神和工匠精神	（1）掌握直线运动设备的Pose建立； （2）掌握旋转运动设备的Pose建立仪； （3）掌握复杂设备Pose建立★	能够建立各类设备的Pose★	教师演示、学生训练
	任务3.3 关节模拟	（1）继承和发展马克思主义的实践观； （2）遵守职业规范，具有良好的专业精神、职业精神和工匠精神	（1）掌握设备操作的建立； （2）掌握关节模拟方式	能够利用建立设备操作进行相关的关节模拟■	教师演示、学生训练
项目4 操作建立及标准模式下生产线仿真	任务4.1 对象流操作	（1）继承和发展马克思主义的实践观； （2）遵守职业规范，具有良好的专业精神、职业精神和工匠精神； （3）培养学生的创新意识	掌握对象流操作建立的方法	能够在仿真软件里建立正确的对象流	教师演示、学生训练
	任务4.2 机器人拾放操作	（1）继承和发展马克思主义的实践观； （2）遵守职业规范，具有良好的专业精神、职业精神和工匠精神； （3）培养学生的创新意识	（1）机器人工具定义及TCP建立；★ （2）掌握机器人拾放操作； （3）掌握机器人路径点添加方式； （4）掌握机器人示教器示教方式	掌握机器人拾放操作使用的工艺流程及方法★■	教师演示、学生训练
	任务4.3 连续特征操作	（1）继承和发展马克思主义的实践观； （2）遵守职业规范，具有良好的专业精神、职业精神和工匠精神； （3）培养学生的创新意识	（1）掌握制造特征的定义； （2）学会机器人连续特征操作建立的步骤★■	学会建立连续特征操作并进行仿真■	教师演示、学生训练

续表

章节/单元		素质目标	知识目标	技能目标	教学活动
项目	任务				
项目5 逻辑块与 智能组件	任务5.1 逻辑块的 建立及模拟	（1）继承和发展马克思主义的实践观； （2）遵守职业规范，具有良好的专业精神、职业精神和工匠精神	（1）掌握逻辑块的概念及与PLC的关系； （2）掌握具有特定功能的逻辑块的建立步骤及仿真	使用逻辑块，正确编写设备逻辑，进行信号的转换★■	教师演示、学生训练
	任务5.2 智能组件的 建立及模拟	（1）继承和发展马克思主义的实践观； （2）遵守职业规范，具有良好的专业精神、职业精神和工匠精神	（1）掌握智能组件的概念及与PLC的关系； （2）掌握把普通设备转换为智能组件的步骤及仿真	会把相关的设备定义为智能组件★■	教师演示、学生训练
项目6 物料流及 传感器建立	任务6.1 物料流	（1）继承和发展马克思主义的实践观； （2）遵守职业规范，具有良好的专业精神、职业精神和工匠精神	（1）掌握物料流的定义； （2）学会正确建立物料流； （3）掌握上料、下料仿真方法★■	正确应用物料流，运用相关信号的建立，进行物料的上料、下料★■	教师演示、学生训练
	任务6.2 传感器的建立	（1）继承和发展马克思主义的实践观； （2）遵守职业规范，具有良好的专业精神、职业精神和工匠精神	（1）掌握光电传感器建立的方法；★ （2）掌握接近传感器建立的方法；★ （3）掌握关节距离传感器建立的方法； （4）掌握关节值传感器建立的方法	掌握各类传感器建立的方法★	教师演示、学生训练
项目7 机器人 设置及 程序编程	任务7.1 机器人属性设置	（1）继承和发展马克思主义的实践观； （2）遵守职业规范，具有良好的专业精神、职业精神和工匠精神	（1）正确建立机器人TCP坐标系；★ （2）选择机器人控制器及RCS； （3）定义外部轴	掌握机器人属性设置的方法	教师演示、学生训练
	7.2 机器人 控制器设置	（1）继承和发展马克思主义的实践观； （2）遵守职业规范，具有良好的专业精神、职业精神和工匠精神	掌握机器人控制器设置的方法★	掌握机器人控制器设置的方法	教师演示、学生训练
	7.3 机器人 信号编程	（1）继承和发展马克思主义的实践观； （2）遵守职业规范，具有良好的专业精神、职业精神和工匠精神	（1）掌握机器人信号创建的方法；■ （2）掌握机器人OLP命令； （3）掌握生产线联动的仿真★■	掌握机器人编程并能进行生产线联动仿真★■	教师演示、学生训练

备注：教学重点、难点在表中标出，其中，打★的为教学重点，打■的为教学难点。

2. 教学方法和教学手段

（1）加强对学生职业能力的培养，强化项目教学，注重以工作任务为导向型项目激发学生学习热情，使学生在项目活动中了解数字化仿真的过程。

（2）以学生为本，注重"教"与"学"的互动，融"教学做"于一体。选用典型案例应用项目，由教师进行操作性示范，并组织学生进行实际操作活动，让学生在项目任务实施教学活动中明确学习领域的知识点，并掌握本课程的核心专业技能。

（3）在教学过程中，要创设工作情景，同时应加大实践实操的占比，要紧密结合职业技能和实操项目的训练，提高学生的岗位适应能力。

（4）注重课程项目的积累与开发，以在线开放课程、项目分析、在线答疑等方法提高学生分析和解决生产问题的专业技能。

（5）在教学过程中，要强调校企合作、工学结合，要重视本专业领域新技术、新工艺、新设备发展趋势，贴近生产现场，为学生提供职业生涯发展的空间，努力培养学生参与社会实践的创新精神和职业能力。

（6）教学过程中教师应积极引导学生提升职业素养，提高职业道德。

（7）注重推进专业课程思政改革，深化工匠职业素养教育。

3. 教学评价

1）考核要求

课程考核应符合有关管理规定，具体要求如表48-3所示。

表48-3 课程考核要求

考核类别	平时过程性考核50%	期末终结性考核50%	补考
考核要求	平时表现20%（考勤、作业、课堂表现等）+任务考核30%	选择理论闭卷考试方式，其中，生产线的布局及工具安装2分，机构定义及Pose建立6分，各类操作建立12分，生产线联动25分，课程思政、工匠精神、职业素养考核5分	理论考试

2）说明

（1）平时过程性考核包括学习态度、学习水平和实操能力三个方面。

学习态度——学生学习纪律与态度、学习活动中参与的积极性、学习交流与团队协作能力占10%。采用课堂学习活动评比、学习效果自评、互评、问卷调查等形式，主要由学生与学生团队给予评价。

学习水平——教学各单元模块知识结构与技能的训练占20%。以各学习单元的理论与实践项目活动鉴定为依据进行考核，主要由教师与学生团队给予评价。

实操能力——综合仿真训练、创新能力占20%。以综合仿真训练（1个）为依据进行综合项目考核，对掌握软件应用能力以及创新能力进行评定，主要由教师与学生团队给予评价。

（2）期末终结性考核以试卷或课程综合能力考核等形式进行评定，试卷占30%，课程综合能力考核占20%。其中，课程综合能力考核以仿真项目设计内容（1个）为依据，以随堂测试方式进行，主要由教师给予评价。本课程具体考核要求如表48-4～表48-6所示。

表48-4 考核方式

考核分类	考核方式		成绩比例
形成性评价	课堂理论测试	检查作业、分组竞赛、课堂提问、平时测验为主	25%
	实操技能测试	仿真、实训项目	25%

续表

考核分类		考核方式	成绩比例
终结性评价	主要考核学生对该门课程的综合应用能力	笔试	30%
综合评价	考核学生的基本综合素质	观察学生的考勤情况、学习态度、职业道德、团队合作、语言交流、组织管理等	20%

表48-5 考核标准

序号	学习情境	考核的知识点、技能点及要求	考核比例
1	生产线布局及工具安装	生产线布局的方式方法，机器人工具的安装	20%
2	标准模式下仿真	操作建立、机构定义	40%
3	生产线仿真模式下仿真	逻辑块、智能组件、传感器、物料流、机器人等	40%

表48-6 平时过程性考核评价内容与标准

项目	内容	分值			
学习态度（10分）	出勤情况（5分）	5（优秀）	4（良好）	3（合格）	0（不合格）
	听课态度（5分）	5（优秀）	4（良好）	3（合格）	0（不合格）
学习水平（20分）	课堂提问（5分）	5（优秀）	4（良好）	3（合格）	0（不合格）
	讨论课发言（5分）	5（优秀）	4（良好）	3（合格）	0（不合格）
	线上课件学习（10分）	10（优秀）	18（良好）	6（合格）	0（不合格）
实操动手能力（20分）	掌握仿真软件能力（20分）	20（优秀）	15（良好）	10（合格）	0（不合格）

(3) 注意事项。

说明：课程任课教师要按照课程考核要求实施考核，注意做好学习过程、到课情况、平时作业、实验实践情况、考核情况的相关记录，将其作为学生最终评定成绩的明确依据，并与成绩册一同形成成绩档案保存。课程可以过程性考核评价为主，也可以目标性考核评价为主。本课程是以过程性考核评价为主的课程。平时过程性考核一般由平时表现（考勤、作业、实验实践等）及阶段考核组成，其中，阶段考核的次数一般不少于每24课时1次；期末终结性考核的主要形式为理论考试，技能操作性较强的课程可采用综合性技能操作考核、课题报告、答辩、考证成绩、技能竞赛等方式。

四、课程资源

1. 教材选用

按照学院《教材管理办法》，选用的教材要符合高职教学的要求，尽量选用近三年出版的教育部规划教材。

2. 网络资源

根据课程目标、学生实际以及本课程的理论性和实践等特点，本课程的教学建设由文字与电子教材、教学视频、电子课件、电子讲稿等多种形式的教学资源与生产线仿真软件相结合，共同完成教学任务，达成教学目标。

智慧职教智能生产线数字化集成与仿真在线课程平台。

五、师资队伍

本课程为理实一体化课程，要求课程授课教师应具有良好理论水平和较强的实践动手能力，课程教学师资队伍如表48-7所示。

表48-7 课程教学师资队伍

序号	姓名	年龄	职称	教师属性
1	刘艳菊	35	工程师	校内专职、课程负责人
2	薛倩倩	35	工程师	校内专职
3	朱开波	41	副教授	校内专职

六、实践教学

校内实训条件要求：建立智能生产线数字化集成与仿真理实一体化实训室，每个实训室配备48台计算机，满足学生进行团队配合及个人仿真训练的平台要求。

49　自动控制原理课程标准

（编写：窦作成　校对：张鑫　审核：朱开波）

课程代码：02150235
课程类型：理实一体化课
学时/学分：48学时/34学分
适用专业：电气自动化技术

一、课程概述

1. 课程性质

本课程是电气自动化技术（高职）专业的一门必修专业基础课程，是在学习高等数学、电工电子技术、C语言程序技术后开设的一门理实一体化课程，课程理论性强，对高等数学及物理基础知识的要求很强，同时也是一门知识性、实践性很强的课程。其功能与教学目标是使学生在对自动控制的基本概念、基本原理、基本方法有深刻理解的基础上，具备运用自动控制理论对控制系统进行定性分析、定量估算的能力，为专业课学习和参加控制工程实践打下必要的基础，同时为后续课程变频及伺服应用技术、自动生产线安装调试的学习打下必要的理论知识和实践基础。

2. 课程定位

本课程对接的工作岗位是电气自动化，通过学习自动控制的数学模型、时域分析、频域分析等专业技术课程及理论学习的方式，了解自动控制系统的一些工程实例，熟悉典型自动控制系统的时域分析方法和频域分析方法，培养学生逻辑思维能力、综合分析能力和再学习能力。

二、课程目标

本课程培养学生诚实、守信的品德，负责的态度，善于沟通和合作的团队意识；培养学生重质量、守规范和良好安全意识的职业能力；培养学生完成岗位工作任务的基本技能，使学生具有良好职业道德。通过对自动控制原理的学习，使学生能运用现代自动控制原理的基本理论、基本知识和基本技能，了解自动控制原理的发展现状，完成控制系统组成原理、系统调试方法。

具体目标如下：

1. 知识目标

（1）掌握自动控制的概念、基本控制方式、特点及对控制系统性能的要求。
（2）会建立自动控制系统的数学模型。
（3）掌握自动控制系统的控制性能分析法。

2. 技能目标

（1）认识自动控制实验设备结构，具备正确使用自动控制实验设备的能力。
（2）具备独立分析自动控制系统参数调节优化的能力。
（3）能运用自动控制理论解决实际工程中的相关问题。

3. 素质目标

（1）具有发现问题和解决问题的能力，并具有终身学习与专业发展能力。
（2）具有良好的学习态度，培养诚实守信、和谐文明的工作作风。

(3) 具有良好的交往与沟通表达能力和良好的团队合作精神。

(4) 具有独立思考的学习习惯，同时兼顾协同设计能力的培养，能对所学内容进行较为全面的比较、概括和阐释。

(5) 遵守职业规范，具有良好的专业精神、职业精神和工匠精神。

三、课程实施和建议

1. 课程内容和要求

本课程以电气自动化专业学生的就业为导向，结合专业人才培养方案中培养目标、人才规格要求，以各种自动控制过程中涉及的专业知识学习单元为课程主线，通过学习，学生应具有运用自动控制理论分析自动控制系统和解决自动控制系统实际问题的知识技能。

本课程结合典型的工作任务，以项目任务驱动为导向设计教学过程，以突出课程的职业性、实践性和开放性为前提，采用循序渐进与典型案例相结合的方式来展现教学内容。

同时根据学生的认知特点，结合职业能力培养的基本规律，以工作过程为主线，将陈述性知识与过程性知识整合、理论知识与实践知识整合，科学设计学习型工作任务，以企业真实化工作任务为载体，由简单到复杂整合、序化课程内容。

课程学时分配如表49-1所示，课程内容和要求如表49-2所示。

表49-1 课程学时分配

项目（情景/模块/章节/单元）	学时		
	理论	实践	小计
项目一 自动控制系统概述	4	0	4
项目二 自动控制系统数学模型的建立	12	2	14
项目三 自动控制系统的性能分析与改善	18	6	24
项目四 典型控制系统的分析	4	0	4
机动	2	0	2
合计	40	8	48

表49-2 课程内容和要求

章节/单元		素质目标	知识目标	技能目标	教学活动
项目一 自动控制系统概述	任务1-1 了解自动控制系统的基本概念、分类与组成	（1）培养良好的学习态度，培养诚实守信、和谐文明的工作作风；（2）培养良好的交往与沟通表达能力和良好的团队合作精神；（3）养成独立思考的学习习惯，同时兼顾协同设计能力的培养，能对所学内容进行较为全面的比较、概括和阐释	（1）了解开环控制、闭环控制、开环控制系统和闭环控制系统的概念；（2）掌握开环控制系统和闭环控制系统的特点；★（3）掌握自动控制系统的基本组成环节；（4）掌握对控制系统性能的基本要求；★（5）理解自动控制系统的分类	根据实际控制系统绘制系统方框图★■	教学方法：（1）讲授法；（2）比较法；（3）案例法。教学手段：（1）板书；（2）幻灯片

续表

章节/单元		素质目标	知识目标	技能目标	教学活动
项目二 自动控制系统数学模型的建立	任务2-1 控制系统的数学模型	养成独立思考的学习习惯,同时兼顾协同设计能力的培养,能对所学内容进行较为全面的比较、概括和阐释	(1)掌握拉普拉斯变换; (2)掌握控制系统微分方程的建立与求取; (3)掌握传递函数的定义和求取★	(1)会求取普拉斯变换; (2)会建立控制系统微分方程; (3)会求自动控制系统的传递函数★■	教学方法: (1)讲授法; (2)比较法; (3)案例法。 教学手段: (1)板书; (2)幻灯片
	任务2-2 自动控制系统图形建立与分析	(1)培养学生发现问题和解决问题的能力,并具有终身学习与专业发展能力; (2)养成独立思考的学习习惯,同时兼顾协同设计能力的培养,能对所学内容进行较为全面的比较、概括和阐释	(1)掌握结构图的绘制; (2)掌握由结构图等效变换求传递函数的方法;★ (3)掌握信号流图的概念和绘制方法	(1)会绘制结构图; (2)会绘制信号流图; (3)会由结构图等效变换求传递函数★	教学方法: (1)讲授法; (2)比较法; (3)案例法。 教学手段: (1)板书; (2)幻灯片
	任务2-3 MATLAB基础应用与建模	(1)培养学生发现问题和解决问题的能力,并具有终身学习与专业发展能力; (2)养成独立思考的学习习惯,同时兼顾协同设计能力的培养,能对所学内容进行较为全面的比较、概括和阐释	(1)熟悉MATLAB桌面系统; (2)熟悉MATLAB基本操作命令; (3)掌握MATLAB建立自动控制系统传递函数模型的方法;★ (4)用Simulink建立控制系统模型★	会用MATLAB建立自动控制系统传递函数模型★■	教学方法: (1)讲授法; (2)比较法; (3)案例法。 教学手段: (1)板书; (2)幻灯片
项目三 自动控制系统的性能分析与改善	任务3-1 线性系统的稳定性分析方法	(1)培养学生发现问题和解决问题的能力,并具有终身学习与专业发展能力; (2)养成独立思考的学习习惯,同时兼顾协同设计能力的培养,能对所学内容进行较为全面的比较、概括和阐释	(1)典型环节的分析(积分环节、微分环节、一阶惯性环节等);★ (2)掌握线性系统稳定的充分必要条件; (3)掌握系统时间响应的性能指标;★ (4)掌握系统频域响应的性能指标★	掌握系统时域、频域分析基本方法★■	教学方法: (1)讲授法; (2)比较法; (3)案例法。 教学手段: (1)板书; (2)幻灯片
	任务3-2 系统的性能分析	(1)培养学生发现问题和解决问题的能力,并具有终身学习与专业发展能力; (2)养成独立思考的学习习惯,同时兼顾协同设计能力的培养,能对所学内容进行较为全面的比较、概括和阐释	(1)控制系统稳定性能分析;★ (2)控制系统动态性能分析★	(1)具备分析系统稳态性能的能力;★ (2)具备分析系统动态性能的能力★■	教学方法: (1)讲授法; (2)比较法; (3)案例法。 教学手段: (1)板书; (2)幻灯片

续表

章节/单元		素质目标	知识目标	技能目标	教学活动
项目三 自动控制系统的性能分析与改善	任务3-3 MATLAB软件在系统性能分析中的应用	培养学生发现问题和解决问题的能力，并具有终身学习与专业发展能力	(1) 掌握用MATLAB软件对自动控制系统进行稳定性分析的方法；★ (2) 掌握用MATLAB软件对自动控制系统进行动态性能分析的方法★	(1) 熟悉用MATLAB软件对自动控制系统进行稳定性分析；★ (2) 会用Simulink仿真软件对自动控制系统进行性能分析★■	教学方法： (1) 讲授法； (2) 比较法； (3) 案例法。 教学手段： (1) 板书； (2) 幻灯片
	任务3-4 自动控制系统的校正及仿真	培养学生发现问题和解决问题的能力，并具有终身学习与专业发展能力	(1) 掌握基本校正方式； (2) 了解PID控制规律；★■ (3) 掌握反馈校正的原理；★ (4) 理解反馈校正的特点	(1) 会用Simulink仿真软件对系统进行仿真校正； (2) 会用Simulink仿真软件对系统进行仿真反馈校正★	教学方法： (1) 讲授法； (2) 比较法； (3) 案例法。 教学手段： (1) 板书； (2) 幻灯片
项目四 典型控制系统的分析	任务4-1 位置随动控制系统	(1) 培养学生发现问题和解决问题的能力，并具有终身学习与专业发展能力。 (2) 养成独立思考的学习习惯，同时兼顾协同设计能力的培养，能对所学内容进行较为全面的比较、概括和阐释	(1) 了解位置随动系统的组成、数学模型和位置随动系统的控制特点； (2) 掌握对位置随动控制系统的性能要求★	能进行位置随动控制系统性能分析★■	教学方法： (1) 讲授法； (2) 比较法； (3) 案例法。 教学手段： (1) 板书； (2) 幻灯片
	任务4-2 异步电动机调压调速系统	(1) 培养学生发现问题和解决问题的能力，并具有终身学习与专业发展能力； (2) 养成独立思考的学习习惯，同时兼顾协同设计能力的培养，能对所学内容进行较为全面的比较、概括和阐释	(1) 了解异步电动机调压调速的基本概念； (2) 理解异步电动机调压调速系统的组成及调压调速系统的基本原理★	能进行异步电动机调压调速系统的性能分析	教学方法： (1) 讲授法； (2) 比较法； (3) 案例法。 教学手段： (1) 板书； (2) 幻灯片

备注：教学重点、难点在表中标出，其中，打★的为教学重点，打■的为教学难点。

2. 教学方法和教学手段

1) 教学方法建议

(1) 加强对学生职业能力的培养，强化案例教学或项目教学，注重以工作任务为导向型案例或项目激发学生学习热情，使学生在案例分析或项目活动中了解电气自动化工作领域与工作过程。

（2）以学生为本，注重"教"与"学"的互动，融"教学做"于一体。通过选用典型案例应用项目，由教师进行操作性示范，并组织学生进行实际操作活动，让学生在案例应用项目教学活动中明确学习领域的知识点，并掌握本课程的核心专业技能。

（3）实验探究式教学突破法，即倡导"以探究为核心"的课堂教学模式，要求学生在自主、合作、探究的学习基础上，通过教师有效地引导，用自己已有的知识主动去发现和猎取新知识、新技能，从而培养正确的科学态度以及创新精神与实践能力。如何在探究的教学理念下，有效地突破教学的重难点，是课堂教学中的重要内容和环节，也是促使学生进一步探究解决实际问题形成探究能力的重要基础和保证。

（4）多媒体辅助教学突破法，即运用多媒体教学对复杂的现象进行分解和综合，使教学突出重点、突破难点、循序渐进，很好地体现由浅入深、从简到繁、由易到难的过程。同时多媒体不受时间和空间的限制，可以变大为小、变小为大，还能变快为慢、变慢为快，灵活多变，运用自如，促使学生会思考。多媒体辅助教学能强化感知，突破重点、难点。

（5）精选练习教学突破法，即精心设计课堂练习以提高教学质量，因为学生是通过练习来进一步理解和巩固知识的，也必须通过练习，才能把知识转化成技能技巧，从而提高综合运用知识的能力。所谓精心设计练习，关键在于"精"，精就是指在新课上设计的练习要突出重点，即新知识点，并围绕知识重点多层次一套一套地让学生练习。

2）教学手段

（1）在教学过程中，要创设工作情景，同时应加大实践实操的容量，要紧密结合职业技能、实操项目的训练，提高学生的岗位适应能力。

（2）注重专业案例的积累与开发，以多媒体、录像与光盘、案例分析、在线答疑等方法提高学生分析和解决生产问题的专业技能。

（3）在教学过程中，要强调校企合作、工学结合，要重视本专业领域新技术、新工艺、新设备发展趋势，贴近生产现场，为学生提供职业生涯发展的空间，努力培养学生参与社会实践的创新精神和职业能力。

（4）教学过程中教师应积极引导学生提升职业素养，提高职业道德，注重推进专业课程思政改革，深化工匠职业素养教育。

3. 教学评价

1）考核要求

课程考核应符合有关管理规定，具体要求如表49-3所示。

表49-3 课程考核要求

考核类别	平时过程性考核50%	期末终结性考核50%	补考
考核要求	平时表现30%（考勤、作业、实验实践等）+阶段考核20%	期末成绩评定为理论考试	理论考试

2）说明

（1）平时过程性考核包括学习态度、学习水平和实践动手能力三个方面。

学习态度——学生学习纪律与态度、学习活动中参与的积极性、学习交流与团队协作能力占10%。采用课堂学习活动评比、学习效果自评、互评、问卷调查等形式，主要由学生与学生团队给予评价。

学习水平——教学各单元模块知识结构与技能的训练占30%。以各学习单元的理论与实践项目活动鉴定为依据进行考核，主要由教师与学生团队给予评价。

实践动手能力——项目综合训练、创新能力占10%。以综合项目设计内容（1个）为依据进行综合项目考核，对查阅与应用设计手册、掌握设计软件能力以及创新设计能力进行评定，主要由教师与学生团队给予评价。

（3）期末终结性考核以试卷考试形式进行评定。课程学习考核评价内容与标准如表49-4、表49-5所示。

表49-4 平时过程性考核评价内容与标准

项目	内容	分值			
学习态度（10分）	出勤情况（5分）	5（优秀）	4（良好）	3（合格）	0（不合格）
	听课态度（5分）	5（优秀）	4（良好）	3（合格）	0（不合格）
学习水平（30分）	课堂提问（5分）	5（优秀）	4（良好）	3（合格）	0（不合格）
	讨论课发言（5分）	5（优秀）	4（良好）	3（合格）	0（不合格）
	线上课件学习（20分）	20（优秀）	16（良好）	12（合格）	0（不合格）
实践动手能力（10分）	查阅与应用设计手册、掌握设计软件能力以及创新设计能力（10分）	10（优秀）	8（良好）	6（合格）	0（不合格）

表49-5 期末终结性考核内容与标准

项目	考核内容与标准	分值
试卷考试（50分）	自动控制系统认知	2
	自动控制系统数学模型的建立	8
	自动控制系统的性能分析与改善	15
	典型控制系统的分析	20
	课程思政、工匠精神、职业素养考核	5
共 计		50

（3）注意事项。

建议课程任课教师平时成绩均采用线上课程平台考核，课程考核内容可参照考核标准要求实施考核，注意做好学习过程、到课情况、平时作业、实验实践情况、考核情况的相关记录，将其作为学生最终评定成绩的明确依据，并与成绩册一同形成成绩档案保存。

四、课程资源

1. 教材选用

（1）按照学院《教材管理办法》，选用的教材要符合职业高职教学的要求，尽量选用近三年出版的教育部规划教材。

（2）搭建产学合作平台，充分利用电气行业的企业资源，组织由主讲教师骨干组成的教学团队编写工学结合的教材。

2. 网络资源

(1) 充分认识信息技术与学科的整合，积极使用国家精品在线课程资源、国家专业教学资源库相关资源实现线上线下混合式教学、翻转课堂教学，如教学资源库、网络资源、MOOC 课程、SPOC 课程等。

(2) 利用现代信息技术开发教学用多媒体课件，包含"授课要点、模拟实验、在线答疑、自主测试"等内容，通过搭建多维、动态、活跃、自主的课程学习与训练平台，使学生的主动性、积极性和创造性得以充分调动。

(3) 给学生提供电子书籍、电子期刊、数字图书馆、专业网站等网络资源的导引信息以及操作方法，使学生充分利用网络资源自主学习，实现教学内容从单一化向多元化转变，为学生的研究性学习和自主性学习创造条件，使学生能力充分得到拓展。

五、师资队伍

1. 专兼职教师素质

根据《深化新时代职业教育"双师型"教师队伍建设改革实施方案》精神和电气自动化岗位人才标准，专兼职教师素质能力要求如表49-6所示，专职教师基本情况如表49-7所示。

表49-6 专兼职教师素质能力要求

教师类型	素质要求	能力要求
专职教师	具备爱国守法、爱岗敬业、关爱学生、教书育人、为人师表、终身学习等素质	(1) 具备通识性教育、课程教学、素养教育等专业知识； (2) 具备教学设计、教学实施、教学管理能力； (3) 具备社会服务和科研能力
兼职教师	具备爱国守法、爱岗敬业、关爱学生、教书育人、为人师表、终身学习等素质	(1) 具备较强的专业技能； (2) 具备教学设计、教学实施、教学管理能力

表49-7 专职教师基本情况

序号	姓名	学历	职称	教师属性
1	窦作成	博士研究生	讲师	校内专职、课程负责人
2	王俊洲	硕士研究生	副教授	校内专职、全国技术能手
3	郭艳萍	大学本科	教授	校内专职、电工高级
4	赵淑娟	大学本科	教授	校内专职、电工高级

2. 课程团队职责

(1) 电气自动化技术专业建设指导委员会把握课程发展方向。

(2) 教研室主任、专业负责人与课程负责人负责课程的整体建设、内容的调整、课程的持续发展。

(3) 专职教师负责课程的授课。

(4) 课程负责人负责监督课程的实施。

50　自动生产线安装调试课程标准

（编写：郑益　校对：杨乐　审核：朱开波）

课程代码：02150234
课程类型：理实一体化课
学时/学分：72学时/4.5学分
适用专业：电气自动化技术

一、课程概述

1. 课程性质

本课程是电气自动化技术专业的一门专业核心课程，是在学习了电工电子技术、液压与气动应用技术、电气控制技术、传感器检测技术、PLC应用技术、变频及伺服应用技术等课程，具备了电路分析、电气控制、传感检测、PLC编程、变频调速及运动控制等电气自动化技术专业所需的相关知识和操作技能的基础上开设的一门理实一体化课程。其功能是对接专业人才培养目标，面向装备制造业从事自动化生产线安装、调试及维护维修等工作岗位，通过对自动化生产线的单站装调和典型生产线综合联调等内容的学习，培养学生具备自动化设备和生产线的分析、设计、安装、调试及维修维护等核心职业能力，为后续开展毕业设计、岗位实习等环节夯实基础。

2. 课程定位

本课程对接的工作岗位是自动化生产线安装、调试及维护维修，通过学习和实操使学生具备自动化设备安装调试、自动控制系统设计及编程调试、生产线故障诊断及维修的能力。

二、课程目标

本课程的目标是培养学生诚实、守信的品德，负责的态度，善于沟通和合作的社会能力，培养学生的科学素养、崇尚科学的正确价值观、精益求精的工匠精神，培养学生重质量、守规范和良好安全意识的职业能力。通过学习本课程，学生能够安装调试机电设备，能进行生产线控制系统的设计、安装、编程、调试及维护维修，能适应市场对电气自动化技术专业人才的需求。

具体目标如下：

1. 知识目标

（1）能熟练掌握机电设备的常见安装调试方法。
（2）能清楚知道常见机械结构件、电气元器件的性能。
（3）能熟练掌握机械和电气元件配合进行动作控制的关系。
（4）能较好掌握机电设备常见故障的逆推分析及解决方法。
（5）会熟练使用自动化控制系统的一般设计方法。
（6）能清楚知道运用传感器、气动元器件和电气传动装置构建自动化控制系统的方法。

2. 技能目标

通过学习，使学习者获得必备的技术技能，培养学生诚实守信、爱岗敬业、团结协作、吃苦

耐劳的职业精神,创新设计意识和严谨求实的科学态度。必备的技术技能如下:
(1) 能清楚了解安装机电设备时的各种规范。
(2) 能熟练掌握自动化生产线的调试和故障排查的方法。
(3) 能较好运用专业知识进行简单自动化控制系统升级改造和设计。

3. 素质目标

(1) 具有爱国主义和集体主义精神,拥护中国共产党领导和我国社会主义制度,爱国、敬业、诚信,遵守职业规范,具有良好的专业精神、职业精神和工匠精神。
(2) 具有质量意识、安全意识、环保意识、创新思维、信息素养,培养良好的交往与沟通表达能力和良好的团队合作精神。
(3) 培养学生发现问题和解决问题的能力,养成独立思考的学习习惯,并具有终身学习与专业发展能力。

三、课程实施和建议

1. 课程内容和要求

本课程以电气自动化技术专业学生的就业为导向,结合专业人才培养方案中培养目标、人才规格要求、相应职业资格标准以及高职院校学生的认知特点等方面的要求,以自动化生产线安装调试和控制系统设计过程涉及的专业知识学习单元为课程主线,以各种自动化生产线装调工作过程所需要的岗位职业能力为依据,结合典型的工作任务,以项目任务驱动为导向设计教学过程。本课程以突出课程的职业性、实践性和开放性为前提,采用单站装调的循序渐进式和典型生产线综合联调相结合的方式来完成教学内容。

同时根据学生的认知特点,结合职业能力培养的基本规律,以工作过程为主线,将陈述性知识与过程性知识整合、理论知识与实践知识整合,科学设计学习型工作任务,以企业真实化工作任务为载体,由简单到复杂、从单系统到综合系统设计课程内容。

课程学时分配如表 50-1 所示,课程内容和要求如表 50-2 所示。

表 50-1 课程学时分配

项目(情景/模块/章节/单元)	学时		
	理论	实践	小计
项目 1 自动化生产线总体认识	2	0	2
项目 2 自动化生产线核心技术应用	6	2	8
项目 3 供料站安装与调试	4	6	10
项目 4 加工站安装与调试	4	6	10
项目 5 装配站安装与调试	4	6	10
项目 6 分拣站安装与调试	4	6	10
项目 7 输送站安装与调试	4	6	10
项目 8 自动化生产线综合联调	4	8	12
小计	32	40	72

表 50-2 课程内容和要求

章节/单元	素质目标	知识目标	技能目标	教学活动
项目1 自动化 生产线 总体认识	（1）培养爱国主义和集体主义精神，拥护中国共产党领导和我国社会主义制度，培养爱国、敬业、诚信精神； （2）遵守职业规范，养成良好的专业精神、职业精神和工匠精神； （3）培养良好的质量意识、安全意识、环保意识、创新思维、信息素养	（1）自动化生产线的基本组成、功能和特点；★ （2）自动化生产线的相关技术的现状及发展趋势	能对自动化生产线的功能实现进行阐述★■	教师活动：通过现场设备进行总体介绍和功能演示播放； 学生活动：听讲，思考产线所实现的功能
项目2 自动化 生产线 核心技术 应用	（1）培养爱国主义和集体主义精神，拥护中国共产党领导和我国社会主义制度，培养爱国、敬业、诚信精神； （2）培养良好的质量意识、环保意识、安全意识、信息素养、工匠精神、创新思维	（1）掌握气动控制系统的组成原理及应用方法；★ （2）掌握常见传感器的特点及应用方法★	（1）能识读气动系统图； （2）能根据需求选用常见的传感器；★■ （3）能按标准安装传感器和气动元器件★	教师活动：讲授自动化生产线的气动系统和传感器，指导学生如何打开气路系统进行传感器的安装和调试； 学生活动：认识自动化生产线的气动系统和传感器后，根据老师指导进行实际操作和调试
项目3 供料站 安装与 调试	（1）培养良好的质量意识、环保意识、安全意识、信息素养、工匠精神、创新思维； （2）培养学生发现问题和解决问题的能力，并具有终身学习与专业发展能力； （3）培养良好的交往与沟通表达能力和良好的团队合作精神	（1）掌握供料单元的安装方法；★ （2）掌握供料单元的编程调试方法；★■ （3）掌握供料单元故障分析排除方法★■	（1）能安装供料单元；★ （2）能进行编程调试；★■ （3）会分析故障原因，排除故障★■	教师活动：讲授自动化生产线的供料站的安装、气路连接、电气接线和控制过程，指导学生进行调试和故障排除，最后对每小组情况进行统计和评价； 学生活动：听讲后根据供料站的控制要求分组进行程序设计、调试和故障的排除，最后实现其功能
项目4 加工站 安装与 调试	（1）培养学生发现问题和解决问题的能力，并具有终身学习与专业发展能力； （2）养成独立思考的学习习惯，同时兼顾系统分析能力的培养，能对所学内容进行较为全面地比较、概括和阐释； （3）培养良好的交往与沟通表达能力和良好的团队合作精神	（1）掌握加工单元的安装方法；★ （2）掌握加工单元的编程调试方法；★■ （3）掌握加工单元故障分析排除方法★■	（1）能安装加工单元；★ （2）能进行编程调试；★■ （3）会分析故障原因，排除故障★■	教师活动：讲授自动化生产线的加工站的安装、气路连接、电气接线和控制过程，指导学生进行调试和故障排除； 学生活动：听讲后根据加工站的控制要求分组进行程序设计、调试和故障的排除，最后实现其功能

续表

章节/单元	素质目标	知识目标	技能目标	教学活动
项目5 装配站安装与调试	(1) 培养学生发现问题和解决问题的能力，并具有终身学习与专业发展能力； (2) 养成独立思考的学习习惯，同时兼顾系统分析能力的培养，能对所学内容进行较为全面地比较、概括和阐释； (3) 培养良好的交往与沟通表达能力和良好的团队合作精神	(1) 掌握装配单元的安装方法；★ (2) 掌握装配单元的编程调试方法；★■ (3) 掌握装配单元故障分析排除方法★■	(1) 能安装装配单元；★ (2) 能进行编程调试；★■ (3) 会分析故障原因，排除故障★■	教师活动：讲授自动化生产线的装配站的安装、气路连接、电气接线和控制过程，指导学生如何调试和故障排除； 学生活动：听讲后根据装配站的控制要求分组进行程序设计、调试和故障的排除，最后实现其功能
项目6 分拣站安装与调试	(1) 培养学生发现问题和解决问题的能力，并具有终身学习与专业发展能力； (2) 养成独立思考的学习习惯，同时兼顾系统分析能力的培养，能对所学内容进行较为全面地比较、概括和阐释； (3) 培养良好的交往与沟通表达能力和良好的团队合作精神	(1) 掌握分拣单元的安装方法；★ (2) 掌握变频器的参数设置和使用方法；★■ (3) 掌握分拣单元的编程调试方法；★■ (4) 掌握分拣单元故障分析排除方法★■	(1) 能安装分拣单元；★ (2) 能进行变频器的使用；★■ (3) 能进行编程调试；★■ (4) 会分析故障原因，排除故障★■	教师活动：讲授分拣站的安装、气路连接、变频器的使用、电气接线和控制过程，指导学生如何调试和故障排除； 学生活动：听讲后根据分拣站的控制要求分组进行程序设计、调试和故障的排除，最后实现其功能
项目7 输送站安装与调试	(1) 培养学生发现问题和解决问题的能力，并具有终身学习与专业发展能力； (2) 培养良好的交往与沟通表达能力和良好的团队合作精神	(1) 掌握输送单元的安装方法；★ (2) 掌握输送单元的轴组态和编程调试方法；★■ (3) 掌握输送单元故障分析排除方法★■	(1) 能安装输送单元；★ (2) 能进行伺服电机控制和编程调试；★■ (3) 会分析故障原因，排除故障■	教师活动：讲授输送站的安装、伺服驱动器、电气接线和工艺控制，指导学生如何调试和故障排除； 学生活动：听讲后根据分拣站的控制要求分组进行程序设计、调试和故障的排除
项目8 自动化生产线综合联调	(1) 培养学生发现问题和解决问题的能力，并具有终身学习与专业发展能力； (2) 养成独立思考的学习习惯，同时兼顾系统分析能力的培养，能对所学内容进行较为全面地比较、概括和阐释； (3) 培养良好的交往与沟通表达能力和良好的团队合作精神	(1) 知道自动生产线联机调试的步骤和作用； (2) 掌握联机调试的方法；★■ (3) 掌握上位机组态的方法；★ (4) 掌握常见故障的分析方法；★	(1) 会编写联机程序；★■ (2) 会进行联机组网调试；★■ (3) 会分析联机调试过程中的现象并处理★■	教师活动：讲授主站与从站的通信方式和程序编写的大概思路； 学生活动：听讲后根据联机的控制要求分组进行程序设计、调试和故障的排除

备注：教学重点、难点在表中标出，其中，打★的为教学重点，打■的为教学难点。

2. 教学方法和教学手段

根据教学内容的重点、难点分布情况，结合学情分析，建议采用以下方法与手段开展教学。

(1) 本课程的教学内容针对的是自动化生产线安装与调试，为理实一体化课程，需要学生有较强的实践能力，要强调校企合作、工学结合，要重视本专业领域新技术、新工艺、新设备发展趋势，贴近生产现场。因此，本课程需工学结合，通过选用典型案例应用项目，由教师进行操作性示范，并组织学生进行实际操作活动，让学生在案例应用项目教学活动中明确学习领域的知识点，并掌握本课程的核心专业技能。

（2）由于授课对象是本科层次的职业教育，学生理论学习能力较强，设计与开发能力较好，但实践能力较一般，因此在教学过程中，以学生为本，注重"教"与"学"的互动，融"教学做"于一体，可创设工作情景，同时应加大实践实操的容量，要紧密结合本科层次职业技能、实操项目的训练，提高学生的岗位适应能力。

（3）对于课程的教学重点、难点突破等，可采取强化案例教学或项目教学的方式，注重以项目任务为导向型案例或项目激发学生学习热情，项目任务由易到难、循序渐进，使学生在案例分析或项目活动中了解自动化生产线装调工作领域与工作过程。

（4）注重专业案例的积累与开发，以多媒体、案例分析、在线答疑等方法提高学生分析和解决生产问题的专业技能。

3. 教学评价

1）考核要求

课程考核应符合有关管理规定，具体考核要求如表 50 – 3 所示。

表 50 – 3 课程考核要求

考核类别	平时过程性考核 60%	期末终结性考核 40%	补考
考核要求	平时表现 20%（考勤、作业、实践）+ 阶段性实操考核 40%	闭卷考试	理论考试

说明：阶段考核在教学中按项目任务进行评分，在课程结束时进行期末终结性考核以考查学生对所学知识或专业能力的掌握程度。

教学评价建议应明确说明课程教学采用的主要评价方式，突出过程考核、实践考核、多元评价；应坚持过程性评价与终结性评价相结合，把学生的知识与技能、学习态度、情感表现与合作精神纳入考核评价的范围，注重学生动手能力和在实践中分析问题、解决问题能力的考核。

2）评价建议

（1）课程评价采用平时测评与期末终结性鉴定相结合的鉴定方式，采用线上评价与线下评价、理论评价与实操评价的方式进行。

（2）建议工作过程与模块评价相结合，定性评价与定量评价相结合，加强实践性教学环节的考核，注重理解与分析能力的提高与培养。

（3）建议加大对学生学习过程的评价与控制，教学中分工作任务模块进行评分，设计各环节的考核标准和相应的考核表格，形成对工程素质、实践技能、合作能力等的综合评价体系。

（4）建议课程结束后进行综合评价，应用实例分析与讲解、答辩等手段，充分发挥学生的主动性和创造力，考核学生所拥有的综合职业能力及水平。

3）注意事项

课程任课教师要按照课程考核要求实施考核，注意做好学习过程、到课情况、平时作业、实验实践情况、考核情况的相关记录，将其作为学生最终评定成绩的明确依据，并与成绩册一同形成成绩档案保存。课程可以过程性考核评价为主，也可以目标性考核评价为主。本课程是以过程性考核评价为主的课程。平时过程性考核一般由平时表现（考勤、作业、实验实践等）及阶段考核组成，其中，阶段考核的次数一般不少于每 24 课时 1 次；期末终结性考核的主要形式为理论考试，技能操作性较强的课程可采用综合性技能操作考核、课题报告、答辩、考证成绩、技能竞赛等方式。

四、课程资源

1. 教材选用

（1）按照学院《教材管理办法》，选用的教材要符合高职层次教学的要求，尽量选用近三年出版的教育部规划教材。

（2）搭建产学合作平台，充分利用自动化生产线行业的企业资源，组织由主讲教师与企业专家技术骨干组成的教学团队编写工学结合的教材。

2. 网络资源

（1）职教云课程平台自动生产线安装调试课程。

（2）充分认识信息技术与学科的整合，积极使用国家精品在线课程资源、国家专业教学资源库相关资源实现线上线下混合式教学、翻转课堂教学，如教学资源库、网络资源、MOOC课程、SPOC课程等。

（3）利用现代信息技术开发教学用多媒体课件，包含"授课要点、模拟实验、在线答疑、自主测试"等内容，通过搭建多维、动态、活跃、自主的课程学习与训练平台，使学生的主动性、积极性和创造性得以充分调动。

（4）给学生提供电子书籍、电子期刊、数字图书馆、专业网站等网络资源的导引信息以及操作方法，使学生充分利用网络资源自主学习，实现教学内容从单一化向多元化转变，为学生的研究性学习和自主性学习创造条件，使学生能力充分得到拓展。

五、师资队伍

1. 课程教学团队

通过人才引进、聘请兼职教师等手段，增加师资数量；通过教师职业能力和职业技能培训，提高师资队伍的"双师"素质，形成合理的"双师"结构。

1）专兼职教师数量、结构

课程教学团队共5人，其中专职教师4人，企业兼职教师1人，兼职教师占比20%。专职教师中，副教授2人，高级实验师1人，其中高级双师型教师3人，中级双师型教师1人，双师型教师占比达100%。

2）专兼职教师素质

根据《深化新时代职业教育"双师型"教师队伍建设改革实施方案》精神和电气自动化技术专业人才标准，本课程专兼职教师素质能力要求如表50-4所示。

表50-4 专兼职教师素质能力要求

教师类型	素质要求	能力要求
专职教师	具备爱国守法、爱岗敬业、关爱学生、教书育人、为人师表、终身学习等素质	（1）具备通识性教育、课程教学、素养教育等专业知识； （2）具备教学设计、教学实施、教学管理能力； （3）具备社会服务和科研能力
兼职教师	具备爱国守法、爱岗敬业、关爱学生、教书育人、为人师表、终身学习等素质	（1）具备较强的专业技能； （2）具备教学设计、教学实施、教学管理能力

3）职业能力课程任课教师资格

本课程为理实一体化课程，课程授课教师应具有良好的理论水平和较强的实践动手能力，专兼职教师应具备以下相关知识、能力和资质：

（1）具有本科及以上学历，机械、电子、通信、机电类相关专业，并接受过职业教育教学方法论的培训，具备高校教师资格。

（2）具备 PLC、传感器、触摸屏、气路系统等具体项目系统调试的能力，具备自动化专业知识。

（3）具备多媒体课件应用及制作的能力、课堂设计及管理能力、指导学生学习活动及技能训练实践能力。本课程师资队伍如表 50-5、表 50-6 所示。

表 50-5　专职教师基本情况

序号	姓名	学历	职称	职业资格	行业经历	承担任务
1	郑益	大学本科	讲师	工程师	8 年	课程负责人
2	朱开波	硕士研究生	副教授	高级技师	3 年	课程建设及教学
3	郭选明	大学本科	高级实验师	工程师	5 年	课程建设及教学
4	杨乐	硕士研究生	副教授	高级技师		课程建设及教学

表 50-6　兼职教师基本情况

序号	姓名	性别	单位	职称	承担任务
1	李乾隆	男	重庆长安汽车股份有限公司	高级工程师	课程建设指导及课程教学

2. 课程团队职责

（1）电气自动化技术专业建设指导委员会把握课程发展方向。

（2）教研室主任、专业负责人与课程负责人负责课程的整体建设、内容的调整、课程的持续发展。

（3）专职教师负责课程的授课，专职教师与实训指导教师共同负责课程的实训指导。

（4）课程负责人负责监督课程的实施。

六、实践教学

1. 校内实训条件要求

（1）实训室有自动生产线安装调试考核装备，不少于 4 套。

（2）实训室具有多媒体或投影仪设备。

（3）实训室具有足够的场地且满足三相电供电要求。

（4）实训室设备具备编程调试的电脑及相关软硬件。

2. 校外实训条件要求

校企合作开发实验实训课程资源。充分利用本行业典型企业的资源，加强校企合作建立校外实训基地，以满足学生的实习实训需求，在此过程中进行实验实训课程资源的开发，同时为学生提供就业机会，开创就业渠道。

课程校外实习实训由校内专职和企业教师共同指导，其条件不得低于以下要求：

（1）能提供满足实训项目需求的场地和设备。

（2）能提供满足现场实训需求的指导老师人数。根据实际情况进行分组实训，每组最多 10 人，配备现场指导老师 1 人。

（3）能提供满足实训要求的编程电脑，并安装能满足需求的各种工控软件。

（4）实训场所管理规范、制度完善，具有完备的应急响应条件和预案。